污染场地 VOCs 蒸气入侵风险评估与管控

马 杰 著

科 学 出 版 社

北 京

内 容 简 介

　　本书介绍了污染场地挥发性有机物蒸气入侵的途径、危害、调查评估与风险管控方法,从理论、技术、工程案例等角度系统介绍了蒸气入侵的机制和过程,传统和新兴的场地调查技术、数学模型,初步筛查与详细调查的工作流程、风险评估的方法、常用的风险管控技术。本书还对国外在蒸气入侵场地管理方面的成功经验和失败教训进行了总结,对我国面临的"理论短板"和"技术短板"进行了梳理,并进一步提出了构建适应中国国情的"VOCs污染场地多证据层次化风险评估技术体系"以及"以风险管控为核心的蒸气入侵风险处置技术体系"的倡议和构想。

　　本书列举了很多实际的场地案例,在正文和附录中提供了内容丰富的图表数据资料,希望能对我国从事污染场地管理和实践的从业者提供参考和帮助。

图书在版编目(CIP)数据

污染场地VOCs蒸气入侵风险评估与管控/马杰著. —北京:科学出版社, 2020.3

　ISBN 978-7-03-064443-5

　Ⅰ.①污⋯　Ⅱ.①马⋯　Ⅲ.①挥发性有机物–污染防治–研究　Ⅳ.①X513

中国版本图书馆CIP数据核字(2020)第026514号

责任编辑:郭允允　朱　丽 / 责任校对:樊雅琼
责任印制:吴兆东 / 封面设计:耕　者

科 学 出 版 社 出版

北京东黄城根北街16号
邮政编码:100717
http://www.sciencep.com

北京虎彩文化传播有限公司 印刷
科学出版社发行　各地新华书店经销

*

2020年3月第 一 版　开本:787×1092 1/16
2020年4月第二次印刷　印张:22 3/4
字数:540 000

定价:178.00元
(如有印装质量问题,我社负责调换)

序

随着国家"退二进三""退城进园""产业转移"等政策的实施，全国各个城市都面临着重污染行业大批企业的关闭和搬迁问题，导致在全国范围内出现了大量遗留工业污染场地。挥发性有机物（VOCs）是工业场地中最常见的一类污染物，特别是对于石油、化工、焦化、农药、制药等行业，VOCs 场地污染问题尤为突出。由于具有易挥发的特点，污染土壤和地下水中的 VOCs 能够经由土壤包气带进入室内空气，最终通过呼吸摄入对人体造成危害，这个过程也被称为"蒸气入侵"。2014 年环境保护部颁布的《污染场地风险评估技术导则》（HJ 25.3）中考虑了蒸气入侵暴露途径，并选用 Johnson 和 Ettinger 一维筛查模型作为蒸气入侵途径的计算方法。国外大量实践经验表明仅仅依靠简单的模型计算无法对蒸气入侵风险进行可靠评估，而应采用分阶段的调查评估工作流程，基于多证据方法进行层次化的风险评估。在这方面，以美国为代表的发达国家经过二十多年的实践和探索积累了大量宝贵的知识、经验、方法和技术。在蒸气入侵调查评估的研究和实践方面我国与发达国家的差距较大，需要尽快补齐短板。

虽然 VOCs 蒸气入侵的危害正逐步引起国内同行的重视，但是国内专门从事该领域的研究人员非常少，还没有系统介绍蒸气入侵科学原理并能指导场地调查评估管理实践的学术专著。马杰教授在美国留学多年，长期从事有机污染场地调查评估和修复方面的研究，在蒸气入侵领域发表了很多高水平论文，积累了丰富的研究经验。他撰写的《污染场地 VOCs 蒸气入侵风险评估与管控》一书围绕"蒸气入侵"问题，从基本理论、常用技术、工程实践案例等多个角度展开讲解，系统介绍了蒸气入侵的基本原理与过程、传统的场地调查方法、新兴的场地调查方法、蒸气入侵数学模型、调查和评估工作流程、蒸气入侵风险管控技术等，还对国外在 VOCs 蒸气入侵场地管理方面的经验教训进行了总结，对我国面临的科技短板进行了梳理。作者基于自身长期的研究和实践经验，提出了构建"挥发性有机污染场地多证据层次化风险评估技术体系"以及"以风险管控为核心的蒸气入侵风险处置技术体系"的设想。另外，本书还列举了很多生动翔实的实际场地案例，在正文和书后附录中提供了内容丰富的图表数据资料。该书对我国从事 VOCs 污染场地治理的政府部门、科研单位、咨询企业、修复企业的从业人员具有很强的参考价值。

姜 林

北京市环境保护科学研究院　院长

国家城市环境污染控制工程技术研究中心　主任

2019 年 2 月 15 日

前　　言

挥发性有机物（VOCs）是污染场地中最常见的一类污染物，近年来我国发生的多起污染地块群体性事件均与 VOCs 呼吸暴露引起的健康危害密切相关。VOCs 通过入侵室内空气产生人体暴露这一途径在几十年前就被认识到，但是蒸气入侵之前并未引起业界足够的关注。直到 20 世纪 90 年代末，美国科罗拉多州丹佛市的 Redfield 场地首次发现了大规模的蒸气入侵问题，被污染的地下水中的 1,1-二氯乙烯（1,1-DCE）和三氯乙烯（TCE）通过土壤包气带侵入污染羽上方的 300 多栋建筑，该事件拉开了蒸气入侵风险管理的序幕。在那之后，越来越多的污染场地中都发现了蒸气入侵问题。2018 年 9 月，美国环保署（USEPA）第一次仅因为蒸气入侵风险而将两个地块增补进入联邦政府的超级基金场地名单（密西西比州 Rockwell International Wheel & Trim 场地和得克萨斯州 Delfasco Forge 场地）。

由于蒸气入侵的危害逐渐被认知，专门针对蒸气入侵的调查评估已经成为 VOCs 污染场地调查评估的重要内容。经过 20 年的科学研究和调查实践，以美国为代表的发达国家在蒸气入侵调查评估和风险管控方面取得了丰硕的科研成果，开发了种类繁多调查技术，积累了大量的实践经验。我国应利用好这些知识资源，利用好我国的"后发优势"，大力度地吸收国外的先进经验，在此基础上结合我国国情进行"再创新"。我国在场地修复领域起步较晚，国内大部分场地调查和修复专家听说过蒸气入侵，对具体的概念有一定了解，但对其详细的机理、调查评估方法、风险管控技术了解很少。在这方面，我国出版的图书资料非常少，技术指南和规范标准也非常欠缺。为推动我国污染场地修复事业的发展，有必要对蒸气入侵调查评估和风险管控的原理和方法进行系统深入的介绍。

本书围绕 VOCs 蒸气入侵这一主题，分成五部分展开论述。第一部分介绍了蒸气入侵的基本原理和基本过程（第 1~2 章）。第二部分介绍了蒸气入侵调查评估方法，包括：传统的 VOCs 场地调查技术、新兴的 VOCs 场地调查技术、数学模型（第 3~6 章）。第三部分介绍了国外的蒸气入侵调查工作流程，包括初步筛查、详细调查、风险评估（第 7~9 章）。第四部分介绍了蒸气入侵的风险管控技术与设备（第 10 章）。第五部分系统梳理了发达国家在蒸气入侵场地管理方面的成功经验和失败教训，总结了我国面临的"理论短板"和"技术短板"，在此基础上提出了构建适应中国国情的"VOCs 污染场地多证据层次化风险评估技术体系"以及"以风险管控为核心的蒸气入侵风险处置技术体系"的构想（第 11 章）。

我长期聚焦于污染场地风险评估与修复方面的研究，在北京大学学习期间在卢晓霞教授的指导下参与了我国首个污染场地大型研究示范项目"北京焦化厂修复示范工程"。在美国 Rice University 留学期间，在美国工程院院士 Pedro Alavarez 教授指导下围绕石油污染含水层生物修复和自然衰减以及石油类 VOCs 在包气带的迁移转化以及蒸气入侵进行了系统和深入的研究，回国后在国家自然科学基金、校青年拔尖人才等项目的支持下在蒸气入侵的实验监测和数学模型模拟方面取得了一些成绩，相关成果在 *Environmental Science & Technology* 等环境领域高水平期刊上发表。

本书在撰写过程中得到了北京市环科院姜林院长、夏天翔副院长、钟茂生研究员、张丹研究员和李慧颖研究员，中国科学院南京土壤研究所尧一骏研究员，美国雪佛龙石油公司罗虹博士，美国壳牌石油公司 Matthew Lahvis 博士和 George DeVaull 博士，北京大学王喜龙教授、徐福留教授和卢晓霞教授，南开大学陈威教授，吉林大学刘娜教授，南京大学瞿晓磊教授，美国环保署 John Wilson 博士、佛蒙特州环保署 Richard Spiese、密歇根州环保署 Matthew Williams、亚利桑那州立大学郭渊明博士等专家学者的大力支持，他们不仅为本书的撰写提供了很多资料和指导，还在科研道路上给予作者很多关心、帮助和支持！另外，还要感谢本人的研究生导师 Pedro Alavarez 院士以及本科生导师卢晓霞教授多年的培养和指导，是他们为作者打开了污染场地修复领域的大门。本书很多高质量的插图和表格是由本人的研究生廖高明、冯玉琳、孙悦三位同学协助完成的，另外，谷春云、杨欣、马耀等同学还参与了文本的校对，在此一并感谢。作者的科研和求学之路离不开家人一如既往的支持和不求回报的付出，他们的关心、理解、包容和鼓励是作者在科研道路上不断取得进步的最大动力！

本书的研究内容和写作得到了国家自然科学基金（21878332、21407180）、北京市科技新星人才计划（Z181100006218088）、中石油科技创新基金（2018D-5007-0607）、石油石化污染物控制与处理国家重点实验室开放课题（PPC2019019）、石油石化污染物控制与处理国家重点实验室自主课题、中国石油大学青年拔尖人才基金（2462014YJRC016）、中国石油大学双一流学科平台建设项目、中国石油大学双一流学科建设青年创新团队（2462018BJC003）、中国石油大学协同创新学科建设项目（攀登计划）（CXPT3-1）、中国石油大学重质油国家重点实验室自主课题等项目的资助。

本书适合给从事污染场地修复治理的政府管理者、科研人员、调查评估工程师、修复工程师、分析检测人员参考。希望读者能从这本书中获取到有价值的信息，希望本书能够为我国污染场地修复事业的蓬勃发展贡献力量。由于作者的学识和水平有限，书中不足之处在所难免，敬请批评指正。

马 杰

2019 年 8 月

目　　录

第1章 绪 论

1.1 污 染 场 地

1.1.1 我国污染场地现状

新中国成立以后，中国采取了优先发展重化工业的经济政策，用短短几十年时间建立起遍布全国的重化工业体系。时至今日中国已经拥有 41 个工业大类，191 个中类，525 个小类，形成了世界上规模最为庞大、产业链条最为齐全的独立工业体系，造就了世界经济发展史和工业发展史上的奇迹。

改革开放以来，随着经济布局调整和产业结构升级，大量老旧企业关停搬迁。据不完全统计，2001～2012 年全国共有 10 万多家高污染企业搬迁。老旧企业停产或搬迁遗留下大量的废弃工业场地，其中需要修复治理的污染场地占据了相当的比例。北京市 2007～2014 年调查的拟开发场地中需要治理的约为 25%。重庆市 2007～2010 年调查的 200 多家搬迁企业中需要治理的约为 35.7%。据测算我国的污染场地数目可达 100 万块以上，这与美国以及欧盟的污染场地数量大体相当（骆永明，2016a；姜林等，2017）。

在新中国成立初期，大量工矿企业被建设在城市的近郊区。在改革开放以后，随着城市化的快速发展，各个城市的建成区迅速扩张，早期位于城市近郊的工矿企业大都被城市包围。随着城市人口的快速膨胀，迫切需要对城市区域进行重新规划改造，将大批工业企业搬迁至远郊区的工业园，原地块则开发为商业、住宅或服务设施用地。这些搬迁企业原场址中的土壤和地下水大多受到了不同程度的污染，这对土地再利用开发过程以及开发后的建筑设施中的居民健康造成潜在的威胁。2004 年北京宋家庄地铁站建设工人中毒晕倒、2006 年武汉赫山地块建筑工人中毒、2016 年常州外国语学校污染事件等公众事件突出地体现了污染场地问题已成为我国城市土地再利用开发过程中的重要环境问题和社会问题（李广贺等，2010；李发生等，2012；骆永明，2016a）。

1.1.2 污染场地的定义

按照中国环境保护标准《污染场地术语》（HJ 682—2014）中的定义，**场地（site）**是指某一地块范围内的土壤、地下水、地表水以及地块内所有构筑物、设施和生物的总和。**潜在污染场（potential contaminated site）**是指从事生产、经营、处理、贮存有毒有害物质，堆放或处理处置潜在危险废物，以及从事矿山开采等活动造成污染，且对人体健康或生态环境构成潜在风险的场地。**污染场地（contaminated site）**是指对潜在污染场地进行调查和风险评估后，确认构成该空间区域具有潜在危害人体健康的生态环境的风险。

1.1.3　污染场地的危害

随着我国城镇化工作不断推进，城市废弃工业场地的再开发利用已成为必然趋势（李发生等，2013）。但是大量老旧企业关停或搬迁后所遗留的场地污染问题严重，其不经治理直接开发成居民住宅所隐藏的环境风险和健康隐患巨大（李广贺等，2010；陈梦舫等，2011）。石化、化工、冶金、焦化、电镀、制药、印染、机械以及石油、煤炭、有色金属、黑色金属等矿产开采等往往是污染最集中的行业，也是污染场地的主要来源（李发生等，2012）。污染场地中常见的污染物包括挥发性污染物（如苯系物、氯代烃等）、半挥发性有机物（如多环芳烃、苯胺、硝基苯、氯酚等）、重金属（镉、汞、砷、铅、铬、镍等）、农药（滴滴涕、狄氏剂、氯丹、六六六等）、持久性有机物（多氯联苯、多溴联苯、二噁英等）、石油烃等（赵勇胜，2015）。大部分场地往往处于多种污染物共存的复合污染状态。很多挥发性和半挥发性有机物具有神经毒性和遗传毒性，甚至具有致突变、致畸、致癌效应。很多农药是剧毒的，有一部分还有环境激素效应，会对人和动物内分泌系统产生干扰作用。多环芳烃、多氯联苯和多溴联苯的毒性极强，会诱发消化系统、神经系统、生殖系统、免疫系统产生病变甚至癌变（陈梦舫等，2017）。重金属对人体健康也有很严重的危害（骆永明，2016b）。

污染场地中的污染物可以通过不同的暴露途径进入人体，从而对健康造成急性或者慢性的损害。这其中最著名的当属美国的**拉夫运河事件（Love Canal）**。拉夫运河位于美国纽约州尼亚加拉瀑布城，是一段荒废的人工开挖的运河。1920 年当地驻军开始往其倾倒垃圾。1940 年代西方石油公司的子公司——虎克电化学公司买下运河并开始向河道内倾倒化学废物。1940～1953 年，该公司在此倾倒了 200 种化学废物，包括各种酸、碱、氯化物、DDT 杀虫剂、复合溶剂、电路板和重金属，总计超过两万吨。1953 年当地政府在明知有毒倾倒场的情况下，仍以 1 美元的价格购买了该地块，之后陆续兴建了学校和居民区。然而从 1970 年代开始，社区不断有新生儿夭折、先天缺陷、畸形等疾病的报道。流行病学调查发现 1974～1978 年在该社区出生的孩子中 56%有生育缺陷。自从搬进该社区，妇女流产率增加了 300%，泌尿系统疾病增加了 300%，儿童患病率明显偏高。这一事件经媒体曝光后酿成了一场社会事件。卡特总统颁布了紧急令，联邦和州政府负责对拉夫运河小区 660 户居民实施临时性搬迁，并投入联邦政府资金用于该场地的清理和修复。该事件也直接导致美国国会于 1980 年通过了《综合环境反应补偿与责任法》（又被称为《超级基金法》），由此拉开了污染场地治理的序幕（俞飞，2016）。

1.2　我国污染场地管理的制度框架

1.2.1　现有制度框架概述

经过十多年的探索，我国已经建立起了土壤环境管理的制度框架，包括：一部法律、一份国务院规范性文件、三份部门规章、两项风险管控标准以及若干技术指南（表 1.1和表 1.2）。2018 年 8 月全国人大通过了《土壤污染防治法》，于 2019 年 1 月 1 日正式实施。这部法律是我国为防治土壤污染专门制定的法律，是目前污染场地管理的主要法律依据。2016 年 5 月国务院下发了《土壤污染防治行动计划》（简称《土十条》），这份国务院规范性文件对今后一个时期我国土壤污染防治工作做出了全面战略部署。在《土十条》的要求下，环境保护部于 2016 年 12 月颁布了《污染地块土壤环境管理办法（试行）》，2017 年 9 月颁布了《农用地土壤环境管理办法（试行）》，2018 年 5 月颁布了《工矿用地土壤环境管理办法（试行）》，这三份部门规章分别针对关闭搬迁企业用地、农用地、在产企业用地的环境保护监督管理共同构成了一个较为完整的支撑体系。2018 年 6 月生态环境部颁布了《土壤环境质量　建设用地土壤污染风险管控标准（试行）》（GB36600—2018）和《土壤环境质量　农用地土壤污染风险管控标准（试行）》（GB15618— 2018）两项风险管控环境保护标准，为开展建设用地准入管理和农用地分类管理提供技术支撑。针对污染场地，环境保护部于 2014 年 7 月发布了《场地环境调查技术导则》（HJ 25.1—2014）、《场地环境监测技术导则》（H J25.2—2014）、《污染场地风险评估技术导则》（HJ 25.3—2014）、《污染场地土壤修复技术导则》（HJ 25.4—2014）、《污染场地术语》（HJ 682—2014）等五项技术导则。生态环境部于 2018 年 12 月发布了《污染地块风险管控与土壤修复效果评估技术导则(试行)》(HJ 25.5—2018)（表 1.1）。同时还有一系列技术导则在征求意见或制定过程中（表 1.2）。除专门针对土壤环境的法律法规外，我国在地下水和环境影响评价方面也出台了一系列标准和指南,例如,《地下水质量标准》（GB/T 14848—2017）、《环境影响评价技术导则　土壤环境》（HJ 964—2018）、《环境影响评价技术导则　地下水环境》（HJ 610—2016）（表 1.1）。

表 1.1　已发布的污染场地环境管理相关的法律法规和技术指南

名称	类型	发布时间	实施时间
《土壤污染防治法》	法律	2018 年 8 月 31 日	2019 年 1 月 1 日
《土壤污染防治行动计划》	规范性文件	2016 年 5 月 28 日	2016 年 5 月 28 日
《污染地块土壤环境管理办法（试行）》	部门规章	2016 年 12 月 27 日	2017 年 7 月 1 日
《农用地土壤环境管理办法（试行）》	部门规章	2017 年 9 月 25 日	2017 年 11 月 1 日
《工矿用地土壤环境管理办法（试行）》	部门规章	2018 年 5 月 3 日	2018 年 8 月 1 日
《土壤环境质量　建设用地土壤污染风险管控标准（试行）》（GB36600—2018）	风险管控标准	2018 年 6 月 22 日	2018 年 8 月 1 日
《土壤环境质量　农用地土壤污染风险管控标准（试行）》（GB15618—2018）	风险管控标准	2018 年 6 月 22 日	2018 年 8 月 1 日
《地下水质量标准》（GB/T 14848—2017）	环境质量标准	2017 年 10 月 14 日	2018 年 5 月 1 日
《场地环境调查技术导则》（HJ 25.1—2014）	技术指南	2014 年 2 月 19 日	2014 年 7 月 1 日
《场地环境监测技术导则》（H J25.2—2014）	技术指南	2014 年 2 月 19 日	2014 年 7 月 1 日
《污染场地风险评估技术导则》（HJ 25.3—2014）	技术指南	2014 年 2 月 19 日	2014 年 7 月 1 日
《污染场地土壤修复技术导则》（HJ 25.4—2014）	技术指南	2014 年 2 月 19 日	2014 年 7 月 1 日
《污染地块风险管控与土壤修复效果评估技术导则（试行）》（HJ 25.5—2018）	技术指南	2018 年 12 月 29 日	2018 年 12 月 29 日
《污染地块地下水修复和风险管控技术导则》（HJ 25.6—2019）	技术指南	2019 年 6 月 18 日	2019 年 6 月 18 日
《地块土壤和地下水中挥发性有机物采样技术导则》（HJ 1019—2019）	技术指南	2019 年 5 月 12 日	2019 年 9 月 1 日

名称	类型	发布时间	实施时间
《污染场地术语》(HJ 682—2014)	技术指南	2014 年 2 月 19 日	2014 年 7 月 1 日
《土壤质量 城市及工业场地土壤污染调查方法指南》(GBT 36200—2008)	技术指南	2018 年 5 月 14 号	2018 年 12 月 1 号
《工业企业场地环境调查评估与修复工作指南（试行）》(公告 2014 年第 78 号)	技术指南	2014 年 11 月 30 日	2014 年 12 月 1 日
《建设用地土壤环境调查评估技术指南》(公告 2017 年第 72 号)	技术指南	2017 年 12 月 14 日	2018 年 1 月 1 日
《环境影响评价技术导则 地下水环境》(HJ 610—2016)	技术指南	2016 年 1 月 7 日	2016 年 1 月 7 日
《环境影响评价技术导则 土壤环境（试行）》(HJ 964—2018)	技术指南	2018 年 9 月 13 日	2019 年 7 月 1 日

表 1.2　正在征求意见的污染场地环境管理的技术指南

名称	类型	征求意见时间
《污染地块风险管控技术指南——阻隔技术（试行）（征求意见稿）》	技术指南	2017
《污染地块修复技术指南——固化稳定化技术（试行）（征求意见稿）》	技术指南	2017
《铬污染地块风险管控技术指南（试行）（征求意见稿）》	技术指南	2017
《在产企业土壤及地下水自行监测技术指南（征求意见稿）》	技术指南	2018
《污染场地地下水修复技术导则》	技术指南	2018
《建设用地土壤污染状况调查、风险评估、风险管控及修复效果评估报告评审指南（征求意见稿）》	技术指南	2019
《建设用地土壤污染责任人认定办法（试行）（征求意见稿）》	技术指南	2019
《农用地土壤污染责任人认定办法（试行）（征求意见稿）》	技术指南	2019
《土壤气挥发性有机物监测技术导则（征求意见稿）》	技术指南	待定

1.2.2　《土壤污染防治法》

　　《土壤污染防治法》是我国针对土壤污染防治的专门法律法规，是目前污染场地管理的主要法律依据。该法律明确了土壤污染防治应当坚持预防为主、保护优先、分类管理、风险管控、污染担责、公众参与的原则，同时明确了土壤污染防治规划、土壤污染风险管控标准、土壤污染状况普查和监测、土壤污染预防、保护、风险管控和修复等方面的基本制度和规则。《土壤污染防治法》不仅对土壤污染风险管控和修复的条件、土壤污染状况调查、土壤污染风险评估、污染责任人变更的修复义务等内容分别进行了规定，还针对农用地与建设用地两种不同类型土地涉及的土壤污染风险管控和修复制度分别进行了规定。针对污染场地，法律要求建立建设用地土壤污染风险管控和修复名录制度。名录应当根据风险管控、修复情况及时更新，对于列入名录的地块应当如何修复、如何进行污染防治进行了明确规定。

1.2.3　《土壤污染防治行动计划》

　　《土壤污染防治行动计划》（简称《**土十条**》）是一份国务院规范性文件，是当前和今后一个时期全国土壤污染防治工作的行动纲领。《土十条》的工作目标是：到 2020 年，全国土壤污染加重趋势得到初步遏制，土壤环境质量总体保持稳定，农用地和建设用地土壤环境安全得到基本保障，土壤环境风险得到基本管控。到 2030 年，全国土壤环境质量稳中向好，农用地和建设用地土壤环境安全得到有效保障，土壤环境风险得到全面管控。到 21 世纪中叶，土壤环境质量全面改善，生态系统实现良性循环。《土十条》的主要指标是：到 2020 年，受污染耕地安全利用率达到 90%左右，污染地块安全利用率达到 90%以上。到 2030 年，受污染耕地安全利用率达到 95%以上，污染地块安全利用率达到 95%以上。

《土十条》确定了十方面的措施：①开展土壤污染调查，掌握土壤环境质量状况；②推进土壤污染防治立法，建立健全法规标准体系；③实施农用地分类管理，保障农业生产环境安全；④实施建设用地准入管理，防范人居环境风险；⑤强化未污染土壤保护，严控新增土壤污染；⑥加强污染源监管，做好土壤污染预防工作；⑦开展污染治理与修复，改善区域土壤环境质量；⑧加大科技研发力度，推动环境保护产业发展；⑨发挥政府主导作用，构建土壤环境治理体系；⑩加强目标考核，严格责任追究。

1.2.4 《污染地块土壤环境管理办法（试行）》

《污染地块土壤环境管理办法（试行）》是生态环境部为满足污染地块土壤环境管理的实际需要而制定的一份部门规章，主要针对关闭搬迁企业用地的环境保护监督管理。该办法明确了监管重点是拟收回、已收回土地使用权的有色金属冶炼、石油加工、化工、焦化、电镀、制革等行业企业用地，以及土地用途拟变更为居住和商业、学校、医疗、养老机构等公共设施的地块。该办法突出了风险管控的思路，对用途变更为居住用地和商业、学校、医疗、养老机构等公共设施的污染地块用地，重点开展人体健康风险评估和风险管控；对暂不开发的污染地块，开展以防治污染扩散为目的的环境风险评估和风险管控。该办法明确了土地使用权人、土壤污染责任人、专业机构及第三方机构的责任，同时强化信息公开，借鉴国际通行做法，建立污染地块管理流程，规定了全过程各个环节的主要信息应当向社会公开。

该办法规定了五项具体的管理措施：

（1）开展土壤环境调查。对疑似污染地块开展土壤环境初步调查，判别地块土壤及地下水是否受到污染；对污染地块开展土壤环境详细调查，确定污染物种类和污染程度、范围和深度。

（2）开展土壤环境风险评估。对污染地块，开展风险等级划分；在土壤环境详细调查基础上，结合土地具体用途，开展风险评估，确定风险水平，为风险管控、治理与修复提供科学依据。

（3）开展风险管控。对需要采取风险管控措施的污染地块，制定风险管控方案，实行针对性的风险管控措施。如防止污染地块土壤或地下水中污染物扩散，降低危害风险。

（4）开展污染地块治理与修复。对于需要采取治理与修复措施的污染地块，强化治理与修复工程监管，加强二次污染防治。

（5）开展治理与修复效果评估。明确规定治理与修复工程完工后，土地使用权人应当委托第三方机构对治理与修复效果进行评估。

1.2.5 《工矿用地土壤环境管理办法（试行）》

《工矿用地土壤环境管理办法（试行）》是生态环境部为了加强工矿用地土壤和地下水环境保护监督管理，防治工矿用地土壤和地下水污染而制定的一份部门规章。该办法主要针对在产企业用地，定位是防止工矿企业生产经营活动对工矿用地本身造成的污染，即重在防止出现新的污染地块。该办法适用于从事工业、矿业生产经营活动的土壤环境污染重点监管单位用地土壤和地下水的环境现状调查、环境影响评价、污染防治设施的建设和运行管理、污染隐患排查、环境监测和风险评估、污染应急、风险管控和治理与修复等活动，以及相关环境保护监督管理。

该办法规定了八项具体的管理制度：

（1）土壤和地下水环境现状调查制度。重点单位新、改、扩建项目，应当在开展建设项目环境影响评价时，按照国家有关技术规范开展工矿用地土壤和地下水环境现状调查。

（2）设施防渗漏管理制度。重点单位建设涉及有毒有害物质的生产装置、储罐和管道，或者建设污水处理池、应急池等存在土壤污染风险的设施，应当按照国家有关标准和规范的要求，设计、建设和安装有关防腐蚀、防泄漏设施和泄漏监测装置，防止有毒有害物质污染土壤和地下水。

（3）有毒有害物质地下储罐备案制度。重点单位现有地下储罐储存有毒有害物质的，应当在《办法》发布后一年之内，将地下储罐的信息报所在地设区的市级生态环境主管部门备案。新、改、扩建项目地下储罐储存有毒有害物质的，应当在项目投入生产或者使用之前，将地下储罐的信息报所在地设区的市级生态环境主管部门备案。

（4）土壤和地下水污染隐患排查制度。重点单位应当建立土壤和地下水污染隐患排查治理制度，定期对重点区域、重点设施开展隐患排查。发现污染隐患的，应当制定整改方案，及时采取技术、管理措施消除隐患。

（5）企业自行监测制度。重点单位应当按照相关技术规范要求，自行或者委托第三方定期开展土壤和地下水监测，重点监测存在污染隐患的区域和设施周边的土壤、地下水，并按照规定公开相关信息。

（6）土壤和地下水污染风险管控和修复制度。重点单位在隐患排查、监测等活动中发现工矿用地土壤和地下水存在污染迹象的，应当排查污染源，查明污染原因，采取措施防止新增污染，并参照污染地块土壤环境管理有关规定及时开展土壤和地下水环境调查与风险评估，根据调查与风险评估结果采取风险管控或者治理与修复等措施。

（7）企业拆除活动污染防控制度。重点单位拆除涉及有毒有害物质的生产设施设备、构筑物和污染治理设施的，应当按照有关规定，事先制定企业拆除活动污染防治方案，并在拆除活动前十五个工作日报所在地县级生态环境、工业和信息化主管部门备案。重点单位拆除活动应当严格按照有关规定实施残留物料和污染物、污染设备和设施的安全处理处置，并做好拆除活动相关记录，防范拆除活动污染土壤和地下水。拆除活动相关记录应当长期保存。

（8）企业退出土壤和地下水修复制度。重点单位终止生产经营活动前，应当参照污染地块土壤环境管理有关规定，开展土壤和地下水环境初步调查。土壤和地下水环境初步调查发现该重点单位用地污染物含量超过国家或者地方有关建设用地土壤污染风险管控标准的，应当参照污染地块土壤环境管理有关规定开展详细调查、风险评估、风险管控、治理与修复等活动。

1.2.6 《土壤环境质量 建设用地土壤污染风险管控标准（试行）》

《土壤环境质量 建设用地土壤污染风险管控标准（试行）》（GB36600—2018）（简称《建设用地标准》）以保护人体健康为主要目标，规定了保护人体健康的建设用地土壤污染风险筛选值和管制值，适用于建设用地土壤污染风险筛查和风险管制。该标准属于强制性标准，在全国范围内使用。考虑到我国土地利用方式、土壤类型和土壤性质的空间变异性较大，各省级行政区，可根据其技术经济条件和当地土壤特征，制定适合本地区的土壤标准。但是地方土壤标准必须严于国家标准。

《建设用地标准》主要根据保护对象暴露情况的不同，将《城市用地分类与规划用地标准》（GB 50137—2011）规定的城市建设用地分为两类：**第一类用地**：儿童和成人均存在长期暴露风险，主要是 GB 50137 规定的居住用地（R）。考虑到社会敏感性，将学校、医疗、养老相关的用地类型包括公共管理与公共服务用地中的中小学用地（A33）、医疗卫生用地（A5）和社会福利设施用地（A6），公园绿地（G1）中的社区公园或儿童公园用地也列入第一类用地。**第二类用地**：主要是成人存在长期暴露风险，包括 GB 50137 规定的城市建设用地中的工业用地（M），物流仓储用地（W），商业服务业设施用地（B），道路与交通设施用地（S），公用设施用地（U），公共管理与公共服务用地（A）（A33、A5、A6 除外），以及绿地与广场用地（G）（G1 中的社区公园或儿童公园用地除外）等。建设用地规划用途为第一类用地的，适用第一类用地的筛选值和管制值；规划用途为第二类用地的，适用第二类用地的筛选值和管制值。规划用途不明确的，适用于第一类用地的筛选值和管制值。

《建设用地标准》确定了 85 项污染物指标，将污染物清单区分为**基本项目（必测项目）**45 项和**其他项目（选测项目）**40 项，基本涵盖了重点行业污染地块中检出率较高、毒性较强的污染物。针对这 85 项污染物，该标准给出了风险筛选值和风险管制值两套数值标准。**风险筛选值（risk screening values）**指在特定土地利用方式下，建设用地土壤中的污染物含量等于或者低于该值的，对人体健康风险可以忽略；超过该值的，对人体健康可能存在风险，应当开展进一步的详细调查和风险评估，确定具体污染范围和风险水平。**风险管制值（risk intervention values）**指在特定土地利用方式下，建设用地土壤中污染物含量超过该值的，对人体健康通常存在不可接受风险，应当采取风险管控或修复措施。《建设用地标准》的 85 项污染指标的筛选值定值与国际相关标准值的平均水平相当，管制值原则上高于大部分国家筛选值或类似标准值的定值。对于致癌类污染物，筛选值风险水平一般控制在 $10^{-6} \sim 10^{-5}$ 范围内，管制值风险水平一般控制在 $10^{-5} \sim 10^{-4}$

范围内。

《建设用地标准》中风险筛选值和管制值的适用方法如下：在特定土地利用方式下，土壤中污染物含量等于或低于风险筛选值的，对人体健康的风险可以忽略。超过该值的，对人体健康可能存在风险，应当开展进一步的详细调查和风险评估，确定具体污染范围和风险水平；并结合规划用途，判断是否需要开展风险管控或治理修复。若采取修复措施，其修复目标依据 HJ 25.3—2014 等标准及相关技术规定确定。在特定土地利用方式下，土壤中污染物含量超过风险管制值的，对人体健康通常存在不可接受风险，需要开展修复或风险管控行动。若采取修复措施，其修复目标依据 HJ 25.3—2014 等标准及相关技术规定确定，原则上应不超过风险管制值。

1.3　蒸　气　入　侵

1.3.1　蒸气入侵的定义

蒸气入侵（vapor intrusion）是指挥发性有机物从地下污染源通过挥发释放出来后，以气态形式经由包气带土壤孔隙中的运移到建筑物地基附近，通过建筑物室内空气的过程（图 1.1）。VOCs 进入室内过程受到污染物性质、土壤理化性质、微生物降解、房屋建筑物特征和近地表大气活动等多种因素影响，其过程非常复杂，本书第 2 章将专门针对蒸气入侵的具体过程和机制进行详细介绍。

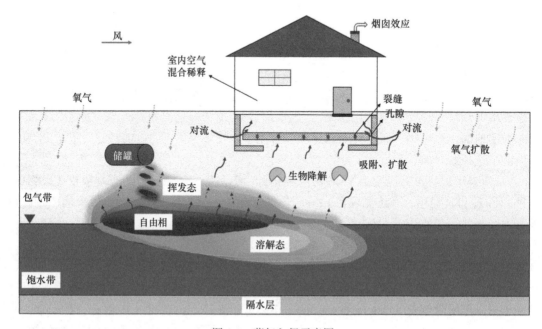

图 1.1　蒸气入侵示意图

挥发性有机物（volatile organic compounds，VOCs）通常用来指代挥发性较强的有机化合物。凡是符合以下标准的有机化合物都属于 VOCs：①沸点在 50～260℃；②

在标准温度和压力（20℃和 1 个大气压，1atm=1.013×10^{5}Pa）下饱和蒸气压超过 133.32 Pa；③亨利常数大于 10^{-5} atm·m^3·mol^{-1}。主要包括：脂肪烃、小分子量芳香烃、卤代烃、醛酮类、醚类等。VOCs 是工业污染场地最常见的一类污染物。美国超级基金污染场地中约 78%存在 VOCs 污染。《建设用地土壤污染风险管控标准（试行）》（GB36600—2018）中规定的 45 个基本项目中超过一半是 VOCs。

常见的导致污染场地蒸气入侵的 VOCs 可以大致分为石油烃和卤代烃两类。石油烃中危害最大的是苯系物，包括：苯、甲苯、乙苯、二甲苯（邻、间、对）、异丙苯、苯乙烯、三甲苯同分异构体等。常见的卤代烃类 VOCs 包括：氯仿、四氯化碳、1,2-二氯乙烷、1,1,1-三氯乙烷、三氯乙烯、四氯乙烯等。三氯乙烯和四氯乙烯的降解产物氯乙烯和顺-二氯乙烯在污染地层中也较为常见。污染场地中其他常见的 VOCs 还包括：甲基叔丁基醚（MTBE）和挥发性较强的农药或其他化工产品。另外，甲烷、硫化氢、汞等具有爆炸性或毒性的气体，虽然不属于 VOCs，也应被纳入蒸气入侵的调查范围。

1.3.2 蒸气入侵的危害

蒸气入侵中常见的挥发性氯代烃和芳香烃都有较强的毒性。这些化合物会伤害人体的肝脏、肾脏、大脑和神经系统，还可能导致人体血液系统出问题，患上白血病等其他严重的疾病。研究表明，长期暴露于受 VOCs 污染的环境中，会对人体健康产生急性或慢性危害，当 VOCs 在室内空气达到一定的浓度时，会引起神经衰弱、头痛、失眠、眩晕、呕吐、四肢乏力等症状；长期暴露甚至会导致抽搐和昏迷。

如果侵入室内的污染物是石油烃，或是由石油厌氧降解产生的甲烷气体，由于这些气体都为易燃性化合物，当在室内积累到其可燃极限时，如有明火则有可能引起火灾或者爆炸等风险（Ma et al.，2012，2014；Yao et al.，2015）。

1.3.3 蒸气入侵的重要性

目前有关污染场地环境风险的研究主要关注污染物对土壤、地下水等环境介质本身的影响以及通过直接接触这些受污染环境介质而产生的人体暴露，例如，经口摄入土壤、皮肤接触土壤、吸入土壤颗粒、饮用地下水等（图 1.2）（陈鸿汉等，2006；郭观林等，2010；陈梦舫等，2011；姜林等，2012，2013，2014；李发生等，2013）。随着研究的深入，蒸气入侵这条暴露途径逐渐引起人们的重视。据统计，成年人平均每天有 64%～94%的时间待在室内，因此室内空气质量对人体健康具有举足轻重的影响（USEPA，2015a）。

蒸气入侵可能是 VOCs 污染场地中最重要的人体暴露途径，特别是对于**棕地再开发项目（brownfield redevelopment）**。这类地块被开发成住宅后由于地面硬化，居民通过直接饮用被污染地下水、直接接触或者吞食被污染的土壤、吸入被污染土壤颗粒受到污染暴露的可能性较低，**只有 VOCs 蒸气入侵最有可能造成实际人体暴露**（图 1.2 中的污染物从表层土/深层土/地下水挥发至室内通过吸入室内挥发气体产生暴露）（Ma et al.，2018；Ma and Lahvis，2020）。

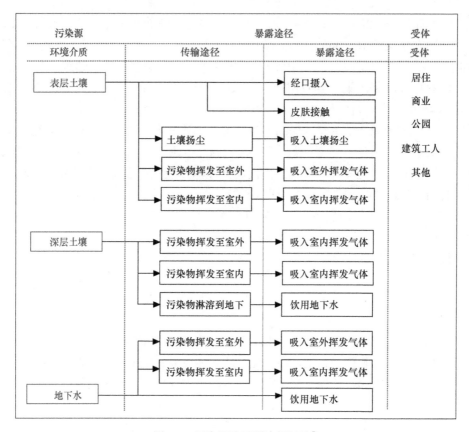

图 1.2　污染场地暴露途径汇总[①]

在发达国家，这一问题已经引起政府、工业界、学术界的高度重视。在北京宋家庄、武汉赫山等棕地再开发项目中，VOCs 气体已经多次造成施工人员急性中毒的事故，说明这些地块中的 VOCs 污染已经积累到相当严重的程度。即使对于很低浓度的污染蒸气，长期暴露也会对人体健康造成严重的损害。因此，加强我国蒸气入侵调查方面的研究具有重要的社会意义和现实紧迫性（Ma et al.，2018；2020）。

1.4　蒸气入侵的实际案例

VOCs 通过蒸气入侵室内空气而产生人体暴露这一途径在几十年前就已经被认识到，但是在 2000 年之前这条暴露途径并没有引起政府管理部门和业界的重视，也没有专门针对蒸气入侵调查评估的技术指南（McHugh et al.，2017）。1990 年代末美国陆续有一些场地发现了较严重的 VOCs 的蒸气入侵问题，在此之后该问题才逐渐引起重视。本节将介绍几个实际场地案例，以便让读者对蒸气入侵问题的由来和重要性有进一步的认识，本书 2.8 节和 2.10 节还有更多的实际场地案例介绍，感兴趣的读者可以参阅。

---

① 资料来源：环境保护部. 2014. 工业企业场地环境调查评估与修复工作指南（试行）。

1.4.1 案例 1：美国丹佛市 Redfield 污染场地

Redfield 场地是蒸气入侵场地管理历史上的标志性案例。这个案例实际上是一个很小的污染源（金属表面清洗装置）导致了很大面积的污染（几平方公里）。其提供的启示甚至超越了蒸气入侵，对污染场地管理的其他方面也都有一定的借鉴意义。

1. 场地历史

Redfield 污染场地位于美国科罗拉多州丹佛市，占地 11 英亩（约 44500 m²）。1962 年到 1998 年期间，该场地一栋建筑中一直生产步枪瞄准镜和双筒望远镜。由于业主想要出售该地块，1993 年启动了场地调查工作，1994 年调查发现地下水受到了氯代烃污染，其原因是厂房内一台金属表面清洗装置发生了泄漏，导致氯代烃清洗剂泄漏。随后业主关闭了金属清洗装置，在之后几年仅仅进行非常小规模的氯代烃清洗作业。1998 年 1 月场地内东北角的地下水监测井发现氯代烃已经随地下水扩散到了周边的居民区，同年 2 月开始场地外调查以确定受污染地下水的范围（图 1.3）。该区域的地下水流向北偏东。场地调查在地下水中检出了三氯乙烯（TCE）、1,1-二氯乙烯（1,1-DCE）、1,1,1-三氯乙烷（TCA）、四氯乙烯（PCE）、二氯甲烷、苯等物质，其中 1,1-DCE 和 TCE 是主要污染物。该场地周边的居民区的饮用水是由 Denver Water 集中供应的，调查确认受影响区域所有的地下水井都未作为饮用水源，因此本场地地下水污染不会通过饮用产生人体暴露。唯一可能的人体暴露的途径就是 VOCs 经蒸气入侵进入室内空气然后通过呼吸进入人体。在此之后，在政府的要求下业主进行了以下五方面的工作：①蒸气入侵调查，主要是室内空气监测；②对存在蒸气入侵风险的建筑安装风险管控系统；③通过抽出-处理-回注进行水力控制，尽量降低场地内的污染进一步扩散；④地下水修复；⑤土壤污染调查。以下分别进行介绍。

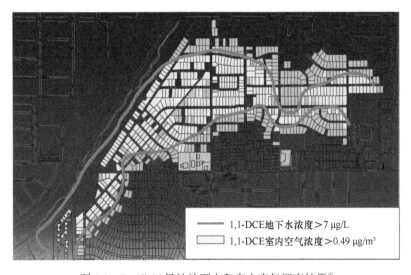

图例：
— 1,1-DCE地下水浓度>7 μg/L
□ 1,1-DCE室内空气浓度>0.49 μg/m³

图 1.3 Redfield 场地地下水和室内空气调查结果[①]

---

① 资料来源：http://redfieldsite.org/。

2. 蒸气入侵调查及风险管控

1998 年在场地周边的居民住宅开始进行室内空气监测以确定是否存在蒸气入侵。具体方法是用采样罐收集 24 小时的时间积分样品，采样结束将采样罐送第三方实验室检测。按照原定方案，室内空气中 1,1-DCE 浓度超过行动标准 0.49 μg/m³（2004 年标准改为 5 μg/m³）的建筑需要安装风险管控设施。截至 2000 年，共对 729 栋建筑进行了室内空气监测，其中 395 栋建筑超标，测得的最高浓度是 131 μg/m³（图 1.3）。之后在 381 栋建筑中安装了风险管控系统，监测数据显示系统开机一周以内即可使室内空气中的污染物浓度降低到行动标准以下。即使室内空气浓度最高的建筑（131 μg/m³）在风险管控系统正常运行能后也可以达标。

在 2004 年底，科罗拉多州环保部门（CDPHE）把 1,1-DCE 室内空气行动标准从 0.49 μg/m³ 提高到了 5 μg/m³。做出这一改变的原因是美国联邦 EPA 在 2002 年对 1,1-DCE 的毒性进行了进一步调查，他们发现该物质的致癌风险有限。同年 CDPHE 制定了 TCE 室内空气的行动标准（0.8～1.6 μg/m³），如果室内空气中的 TCE 浓度超过 1.6 μg/m³，需要进行风险管控。如果室内空气中的 TCE 浓度低于 0.8 μg/m³，则无须进行任何行动。由于 1,1-DCE 的标准放宽到了 5 μg/m³，在 1,1-DCE 室内空气浓度超过 0.49 μg/m³ 原标准的 395 栋建筑中有 154 栋的室内空气浓度低于 1,1-DCE 和 TCE 的 2004 年新标准，因此这 154 栋建筑不需要继续进行风险管控，也不需要进行跟踪监测。

为应对标准更新，在政府指导下 2005 年 4 月开始了新的第一阶段调查，从仍在进行风险管控的 241 栋建筑中挑选了最初测得的 1,1-DCE 浓度在 0.49 ～ 2.5 μg/m³ 并且 TCE 浓度低于 0.8 μg/m³ 的 88 栋建筑。对这些建筑临时关闭风险管控设备，然后通过室内空气调查在关闭风险管控设备的情况下室内空气是否可以达标。调查结果显示 86 栋建筑可以达到新标准，因此不需要再进行风险管控。

第二阶段调查于 2005 年 12 月开始并持续到 2007 年初，这一阶段对初始测得的 1,1-DCE 浓度在 2.5～5 μg/m³ 并且 TCE 浓度低于 0.8 μg/m³ 的建筑进行了关闭风险管控设备的确认性监测。每栋建筑都进行了两次采样，其中至少有一次在冬季取暖季进行，采样时将风险管控设备关闭 1～2 周，然后用采样罐进行采样送检，两次监测结果都低于行动标准的建筑可以停止运行风险管控设备。

2007 年以后开始第三阶段调查，主要对剩余未能排除风险的建筑继续运行风险管控系统并进行长期监测。同时，额外扩大了调查范围，包括历史数据总计调查了 737 栋建筑。截至 2011 年 7 月有 240 栋建筑仍然需要进行风险管控。2012 年 CDPHE 又一次放宽了室内空气行动标准，他们把 1,1-DCE 浓度从 5 μg/m³ 提高到了 7.9 μg/m³，TCE 浓度在 0.8～2.1 μg/m³ 需要进一步调查以确认污染来源。截至 2018 年 1 月，有 180 栋建筑需要进行风险管控。图 1.4 展示了 2007 年和 2010 年分别进行的室内空气监测数据，图 1.5 展示了 2015 年该场地蒸气入侵的风险管控现状。综合以上数据可以看出，该场地的修复和风险管控有效地降低了 1,1-DCE 和 TCE 的室内空气浓度。

2007年6月30日 2010年6月30日

图 1.4 Redfield 场地 2007 年和 2010 年分别进行的室内空气调查结果[①]

3. 地下水水力控制与修复

在 Redfield 场地内共钻了 68 口地下水监测井，在场地外钻了 92 口监测井。第一阶段地下水修复主要采用"抽出-处理-回注"的方式，在场地内东北部钻了 15 口抽提井，将污染地下水抽出并处理达标后通过 26 口回注井注入含水层，回注的地下水用于冲刷含水层下游的污染羽（contaminant plume）。该系统在 2000 年 3 月开始运行，每年抽水量为 7500～11000 m³，需持续运行以保证污染地下水不再迁移出场地边界外。2003 年在污染场地边界增加了 18 口回注井，提高了处理后地下水的回注量以增强对边界外含水层中污染物的冲刷。为增强修复效果，2005 年 1 月至 2009 年 4 月期间采用生物刺激技术，在含水层中一块狭窄的基岩通道（bedrock channel）中注入营养药剂和氧气以促进通道内以及地下水下游土著微生物的降解活性。

对场地外的 92 口地下水监测井每季度进行一次监测，数据显示大部分区域的污染物浓度都逐渐降低。在某片区域发现潜水面下 4～16.7 m 处存在基岩脊（bedrock ridge），污染物残留在里面难以得到冲刷。为加快残留污染的修复，2011 年在基岩脊附近增加了 11 口回注井和 8 口监测井，向其中注入厌氧脱氯生物刺激药剂并增大水力冲刷的强度。2016 年利用场地内东侧的抽出-回注井向含水层注入了厌氧脱氯生物刺激药剂以及脱氯菌以提高残余氯代烃的生物降解速率，同时场地内北侧的抽出-回注井仍进行水力控制作业。2016 年 8 月在场地内原厂房西侧新建了 3 口药剂注入井，同年 12 月注入氧化剂通过原位化学氧化清除含水层中的污染。

---

① 资料来源：http://redfieldsite.org/。

图 1.5　2015 年 Redfield 场地的风险管控现状①

浅绿表示仍在进行风险管控的建筑，灰色表示经监测达标已停止风险管控的建筑，

浅蓝表示室内空气确认不需要进行风险管控的建筑

4. 土壤调查

在 1993 年该场地进行最初的场地调查的时候，调查人员根据现场踏勘和人员访谈

---

① 资料来源：http://redfieldsite.org/。

的结果在清洗金属部件区域以及处置氯代烃清洗剂的区域附近开展过土壤采样监测，但是并未发现污染。2003 年 5 月该场地启动了第一次土壤补充调查，2003 年 7 月启动了第二次土壤补充调查。这两次补充调查共钻土孔 49 个，采集土壤样品 151 个，结合 1993 年初次调查共钻土孔超过 100 个，但是这几次土壤调查均未在包气带土壤发现明显的污染，对于潜在风险区（如原来的清洗金属部件区域、处置氯代烃清洗剂区域、配置除草剂的区域）等的重点调查均未检出 1,1-DCE 或 TCE。只有极少数土壤样品中有氯代烃检出（并非 1,1-DCE 或 TCE），但检出浓度非常接近检出限，几乎可以忽略。

从 Redfield 的场地调查结果可以看出，由于 VOCs 特殊的理化性质（特别是氯代烃等 DNAPL 类物质），其泄漏后在土壤中的环境行为与重金属和半挥发性有机物有显著的区别。这可能导致以下结果：①即使在包气带土壤中未检出 VOCs 也并不能排除地下水中没有该 VOCs，国内一些场地也发现了同样的情况。②即使在包气带土壤中未检出 VOCs 也并不能排除该场地不存在蒸气入侵风险。即使没有包气带土壤污染源，地下水中的 VOCs 仍然可能作为污染源导致蒸气入侵。另外还有两点值得注意：①由于 VOCs 的易挥发性，采样和检测过程的不规范操作可能导致土壤中本来存在的污染未被检出（详见第 3 章和第 4 章）；②由于土壤中污染物分布的空间异质性，采样点位/深度选取得不合适也会导致污染物漏检，从而出现假阴性结果（详见第 2 章）。国外的大量经验并未发现土壤 VOCs 浓度与土壤气 VOCs 浓度存在显著的相关性，因此国外很多技术指南不推荐使用土壤 VOCs 浓度作为蒸气入侵的风险评估依据（详见第 2、4、6 章），本案例也支持这一结论。综合来看，在场地 VOCs 风险评估中，土壤浓度可以作为多证据链条中的一条证据，但这一数据的代表性和可靠性有待我国科研人员通过更多的研究和场地调查实践进行进一步评估。

1.4.2 案例 2：美国 IBM 公司 Endicott 污染场地

1. 场地历史

IBM 公司在美国纽约州 Broome 县 Endicott 村拥有一个 140 英亩（567000 m^2）的微电子工厂，这是 IBM 公司最早的工厂。1904 年 IBM 公司的前身之一 The Bundy Manufacturing 公司从 Endicott Land 公司购得该地块并开始建厂。1979 年 IBM 公司在生产过程中泄漏了 4100 加仑（15520 L）的三氯乙烷（TCA）。事故发生后开始对该场地进行调查，结果显示地下水中含有 TCA、三氯乙烯（TCE）、四氯乙烯（PCE）、1,1-二氯乙烷（DCA）、1,1-二氯乙烯（1,1-DCE）、顺-1,2-二氯乙烯（cis-1,2-DCE），主要的污染物是 TCA、TCE 和 PCE 以及这些物质的降解产物[①]。地下水携带污染物向南迁移出该场地，直接穿过了场地南边 Endicott 村的中心区域，污染羽最后到达距场地南侧 1200 m 的 Susquehanna 河（图 1.6）。地下水污染羽长 1200 m，宽 450 m，深度位于地面以下 7.5～12 m（图 1.7；McDonald and Wertz，2007）。

①资料来源：https://ww.dec.ny.gov.chemical/47783.html。

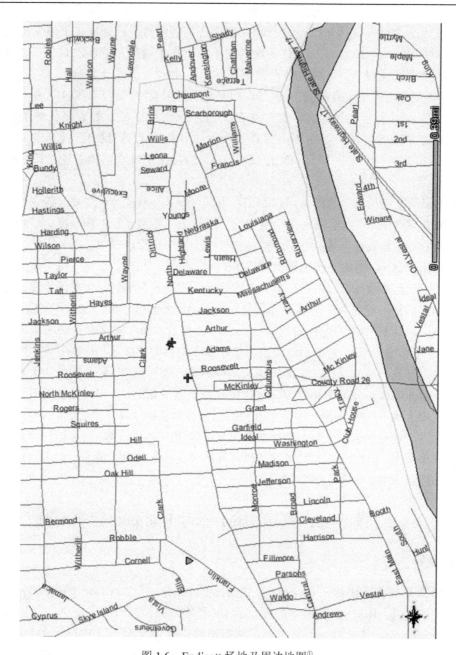

图 1.6　Endicott 场地及周边地图①

图中蓝色十字为场地位置，右侧河流是 Susquehanna 河，注意该图朝左为正北方向

2. 场地修复

该场地早期的地下水修复主要采用抽出处理，后续针对不同区域还开展了原位热脱附、土壤清挖、原位淋洗等修复工程，有些区块已经修复完毕，有些修复系统（如抽出处理）仍在运行。抽出处理系统共计抽出了超过 78000 加仑（295000 L）的有机物②。

---

①资料来源：https://www.dec.ny.gov/chemical/47857.html。
②资料来源：https://www.dec.ny.gov/chemical/47783.html。

图 1.7 2002 年调查得到的 Endicott 场地地下水污染羽中总 VOCs 浓度分布（McDonald and Wertz，2007）

3. 蒸气入侵调查

随着蒸气入侵问题受到越来越多的关注，2002 年纽约州环保局（NYSDEC）要求 IBM 开展蒸气入侵调查，主要包括室内空气和土壤气采样监测（图 1.8），用 6 L 采样罐采集 24 小时积分样品，用 TO-15 方法进行监测。经两年的调查发现地下水中的氯代烃侵入了厂区外 Endicott 村和 Union 镇的 480 栋建筑和 569 个地块（有些地块上没有建筑），

图 1.8 彩色部分表示 Endicott 场地中经过蒸气入侵调查的区域（Carr，2016）

土壤气中的浓度在 3500~35400 µg/m³，室内空气中 TCE 浓度在 0.18~140 µg/m³（Wertz et al.，2007）。室内空气中还检出了其他 VOCs（TCA、DCA、1,1-DCE、*cis*-1,2-DCE 等），但这些物质的浓度普遍较低，大部分低于相应的筛选值，因此不作为蒸气入侵的主要关注污染物[①]。基于这些结果，2004 年 2 月 NYSDEC 将该场地重新归类为 Class 2 州超级基金场地（state superfund site），Class 2 意味着该场地对人体健康和环境安全具有显著的危害（USEPA，2009）。

4. 蒸气入侵风险管控

对于受影响的建筑，IBM 公司需要与业主逐一协商并安装风险管控设备，IBM 公司还需要每年检查并维护风险管控设备以及支付设备运行的电费。对于受到污染影响但尚未兴建建筑的地块，IBM 公司需要跟踪该地块的状态，如果有新建房屋的计划，需要帮助业主安装风险管控设备。除了安装风险管控系统外，IBM 公司还进行了多轮次的室内空气调查。

5. 调查修复花费及赔偿

据统计该场地的调查、修复、风险管控共花费超过 7000 万美金。另外，2015 年法院裁定 IBM 公司还需要向 440 位原告支付 1400 万美金，用于房屋财产损失和人体健康损害的赔偿（Wilber，2018）。

1.4.3　案例 3：德国 Fuldatal 毛皮加工厂污染场地

德国黑森州 Fuldatal 市的 Fuldatal 毛皮加工厂常年使用氯代烃作为毛皮脱脂剂，由于生产中的跑冒滴漏，造成的污染羽长 2300 m，宽 650 m，地下水中的氯代烃浓度最高 20 mg/L（ITRC，2003）。土壤气调查发现氯代烃污染的土壤气面积有 30000 m²，土壤气中氯代烃浓度最高可达 20000 mg/m³。室内空气调查发现室内空气中的氯代烃浓度在 1000~13000 µg/m³（ITRC，2003）。进一步调查发现下水管网的泄漏加剧了氯代烃在地下水、土壤气、建筑中的质量传递（可参考 2.8 节）。该场地的地下水位于地面下 5~7 m，水位季节性波动范围在 1~1.5 m。该场地的地质情况见表 1.3。

表 1.3　Fuldatal 毛皮加工厂污染场地的地质情况

地层	岩土类型	地层厚度/m
第四纪地层	壤土	2~5
古近纪和新近纪地层	细沙	3~5
	褐煤	0.1~0.5
上 Buntsandstein 组地层	黏土粉石	>30

由于在室内空气中检测到了很高浓度的氯代烃，该场地立即启动了应急方案。在受影响的区域中安装了四套土壤气相抽提装置（SVE），SVE 的抽气管被安装在受影响建筑的底板附近，通过 SVE 的抽吸作用将底板附近的污染土壤气抽出。监测结果显示，在 SVE

[①] 资料来源：https://www.health.ny.gov/environmental/investigations/soil_gas/。

运行一段时间后，大部分建筑室内空气中的氯代烃浓度都从 $1000\sim13000$ μg/m³ 降低到了低于 $40\sim100$ μg/m³，但是有一栋建筑其室内空气中的氯代烃浓度始终保持在 $100\sim250$ μg/m³（ITRC，2003）。进一步调查显示该建筑的底板没有用混凝土浇筑，可以推测该建筑对 VOCs 的侵入室内的传质阻力较低，而且可能有较显著的烟囱效应，所以容易产生蒸气入侵（见 2.7 节）。该场地最终采取抽出处理和 SVE 的方法进行场地修复（ITRC，2003）。

1.4.4 案例 4: 德国 Drycleaners Wallstrasse 污染场地

1900 年代中期，德国陆军在黑森州 Kassel 市的 Drycleaners Wallstrasse 场地原址建设了一个大型被服干洗厂。在该厂运行期间氯代烃干洗剂直接通过下水道排入地层，且在该场内有多个排污点（ITRC，2003）。1970 年代，干洗厂拆迁后在原址上兴建了一个住宅小区。该场地的地质情况见表 1.4。

表 1.4 Drycleaners Wallstrasse 污染场地的地质情况

地层	岩土类型	地层厚度/m
第四纪地层	粉砂和黏土	$2\sim6$
	粉质砂砾石	$2\sim7$
上 Buntsandstein 组地层	黏土粉石	>30

经场地调查后发现该场地的含水层受到严重污染，浅层地下水中的氯代烃浓度高达 100 mg/L，深层地下水也有 10 mg/L，包气带土壤气中的氯代烃浓度也高达 200 mg/m³。由于地下水位较浅（地面下 $3\sim4$ m），场地内的民宅与污染物直接接触，污染物通过排水管网直接进入室内（见 2.7 节和 2.8 节）。室内空气监测显示地下室空气中的氯代烃浓度高达 10000 μg/m³，起居室中也有 1000 μg/m³。

由于室内空气被严重污染，该场地在 1995 年立即启动了应急方案。在受影响建筑附近安装了 SVE 系统，通过 SVE 系统的抽吸作用将底板附近的污染土壤气抽出。另外还加装了地下水抽出处理系统，运行十年共抽出 4 t 的有机溶剂。

1.5 世界各国有关蒸气入侵管理的制度框架

在发达国家早期的污染场地风险评估实践中，并不专门针对蒸气入侵进行采样调查，而仅仅基于有限的土壤或者地下水污染数据利用简单的风险评估模型进行风险计算，蒸气入侵仅作为若干暴露途径中的一种连同其他途径一起进行计算（Ferguson，1999）。这与我国目前的情况比较类似（可参考 HJ 25.3 标准）。然而，随着业界对蒸气入侵问题理解的深入，越来越多的国家（如美国、英国、法国、加拿大、澳大利亚、丹麦等国）开始制定专门针对蒸气入侵的场地调查评估指南（表 1.5）。一些跨国公司也按照其母公司所在国家的技术规范在其海外场地进行蒸气入侵调查（McHugh et al.，2017）。在这些新出的导则中仅凭模型计算的结果无法作为蒸气入侵风险评估的依据，必须要进行有针对性的多证据采样调查工作（McHugh et al.，2017）。

表 1.5　各国制定的蒸气入侵场地调查评估技术指南

国家	时间	技术指南的名称
美国	2015	OSWER Technical Guide for Assessing and Mitigating the Vapor Intrusion Pathway from Subsurface Vapor Sources to Indoor Air
	2015	Technical Guide for Addressing Petroleum Vapor Intrusion at Leaking Underground Storage Tank Sites
	2001	Standard Operating Procedures for Soil Sampling
	2007	Standard Operating Procedures for Groundwater Well Sampling
	2001	Standard Operating Procedures for Soil Gas Sampling
	2017	Standard Operating Procedures for Construction and Installation of Permanent Sub-slab Soil Gas Vapor Probes
	2017	Standard Operating Procedures for Field Description of Soil and Sediment Borings
	1998	Soil Gas Sampling Technology
加拿大	2014	A Protocol for the Derivation of Soil Vapour Quality Guidelines for Protection of Human Exposures via Inhalation of Vapours. Canadian Council of Ministers of the Environment，PN 1531. 2014
	2010	Federal Contaminated Site Risk Assessment in Canada，Part VII：Guidance for Soil Vapour Intrusion Assessment at Contaminated Sites
	2013	Guidance Manual for Environmental Site Characterization in Support of Environmental and Human Health Risk Assessment
	2008	Soil Vapor Monitoring Protocols
澳大利亚	2013	National Environment Protection（Assessment of Site Contamination）Measure
	2012	Developing a National Guidance Framework for Australian Remediation and Management of Site Contamination：Review of Australian and International Frameworks for Remediation
	2013	Petroleum Hydrocarbon Vapour Intrusion Assessment：Australian Guidance
英国	2009	The VOCs Handbook
	2012	Remediating and Mitigating Risks from Volatile Organic Compound（VOC）Vapours from Land Affected by Contamination
	2014	Guidance on the Use of Plastic Membranes as VOC Vapour Barriers
法国	2017	Méthodologie Nationale Des Sites et Sols pollués-Note du 19 Avril 2017 Relative Aux Sites et Sols Pollués -Mise À Jour des Textes Méthodologiques de Gestion des Sites et Sols Pollués de 2007
丹麦	2010	Indeklimasager – strategier Og Gode Råd Til Undersøgelserne（Vapor Intrusion – Strategies and Good Advice for Site Investigation）
	2014	Danish：Effektive Poreluftstrategier（Effective Soil Gas Sampling Strategies）
	2016	Danish：Manual for Program Til Risikovurdering-JAGG 2.1（User Manual for Software for Risk Assessment – JAGG 2.1）
马来西亚	2009	Contaminated Land Management and Control Guidelines：No. 1 Recommended Site Screening Levels for Contaminated Land，No. 2：Assessing and Reporting Contaminated Sites
巴西	2016	Vapor Intrusion in the Indoor Air Environment
	2016	White Paper，Latin America Network for Soil and Water Management. Grupo de Trabalho：Intrusão de Vapores
中国	2014	《污染场地风险评估技术导则》（HJ 25.3—2014）
	2019	《地块土壤和地下水中挥发性有机物采样技术导则》（HJ 1019—2019）
	待定	《土壤气挥发性有机物监测技术导则》（征求意见稿）》

1.5.1 美　国

在蒸气入侵场地管理和科学研究方面，美国走在世界的前列。2002 年美国 EPA 发布了蒸气入侵评估导则的草稿 *OSWER Draft Guidance for Evaluating the Vapor Intrusion to Indoor Air Pathway from Groundwater and Soils*（*Subsurface Vapor Intrusion Guidance*）（USEPA，2002），计划在几年之内完成该导则的修订并发布最终版本。然而，随着工程实践和科学研究的推进，蒸气入侵的复杂性和调查评估的技术挑战性愈发显现，新的传质途径被不断发现，一些先前被忽视的环境因素的作用被重新认识和研究，新的调查技术和调查方法被开发并应用。从 2000 年之后经过了十多年的研究，科学家逐渐意识到易生物降解 VOCs（如石油烃）与难生物降解 VOCs（如氯代烃）的环境行为和蒸气入侵潜力差异较大，应该分开管理。

在经过十几年的反复修改完善之后，美国 EPA 于 2015 年分别针对非石油污染场地和石油污染场地发布了两个单独的蒸气入侵调查评估导则 *OSWER Technical Guide for Assessing and Mitigating the Vapor Intrusion Pathway from Subsurface Vapor Sources to Indoor Air*（非石油场地蒸气入侵导则）和 *Technical Guide for Addressing Petroleum Vapor Intrusion at Leaking Underground Storage Tank Sites*（石油场地蒸气入侵导则）（USEPA，2015a；2015b）。对于非石油污染场地，新版导则制定了较为严格筛选值，如果场地调初步调查的结果超过了筛选值，则需要进行加密调查（USEPA，2015a）。该导则推荐优先进行采样的环境介质包括地下水、土壤气、室内空气，对蒸气入侵场地的详细调查评估应采用多证据层次化评估方法。对于石油污染场地，新版导则制定了一系列筛查方法，可以排除很多低风险场地，对于未能排除风险的场地则要依据多证据方法进行详细调查（USEPA，2015b）。

除美国 EPA 以外，美国各州政府组织、行业组织、国防部门也发布了多份针对蒸气入侵的技术导则（表 1.6）。美国州际技术和管理理事会（Interstate Technology & Regulatory Council，ITRC）于 2007 年发布了对非石油污染场地的两份技术导则 *Vapor Intrusion Pathway: A Practical Guideline* 和 *Vapor Intrusion Pathway: Investigative Approaches for Typical Scenarios a Supplement to Vapor Intrusion Pathway: A Practical Guideline*，2014 年发布了石油污染场地技术导则 *Petroleum Vapor Intrusion: Fundamentals of Screening, Investigation, and Management*（ITRC，2007；2014）。美国国防部和各军种还分别发布了各自的蒸气入侵导则：*DOD Vapor Intrusion Handbook*（2009 年国防部）、*Navy/Marine Corps Policy for Vapor Intrusion*（2008 年海军）、*Interim Vapor Intrusion Policy for Environmental Response Actions*（2006 年陆军）、*Guide for the Assessment of the Vapor Intrusion Pathway*（2006 年空军）、*Guidance for Environmental Background Analysis, Volume IV: Vapor Intrusion Pathway*（2011 年海军）、*A Quantitative Decision Framework for Assessing Navy Vapor Intrusion Sites*（2015 年海军）。截至 2018 年美国已经有 42 个州发布了本州的蒸气入侵导则，其中 22 个州在 2016 年后更新过本州的导则（Eklund et al.，2018）（表 1.6）。

表 1.6　美国各州和其他机构发布的蒸气入侵技术指南

机构	导则名称	发布时间
ITRC	Vapor Intrusion Pathway：A Practical Guideline	2007
	Vapor Intrusion Pathway：Investigative Approaches for Typical Scenarios a Supplement to Vapor Intrusion Pathway：A Practical Guideline	2007
	Petroleum Vapor Intrusion：Fundamentals of Screening，Investigation，and Management	2014
	Vapor Intrusion Issues at Brownfield Sites	2003
ASTM	Standard Practice for Active Soil Gas Sampling in the Vadose Zone for Vapor Intrusion Evaluations	2012
	Standard Guide for Sampling Ground-Water Monitoring Wells	2013
	Standard Guide for Sampling Waste and Soils for Volatile Organic Compounds	2009
	Standard Practice for Passive Soil Gas Sampling in the Vadose Zone for Source Identification，Spatial Variability Assessment，Monitoring，and Vapor Intrusion Evaluations	2011
国防部	DOD Vapor Intrusion Handbook	2009
陆军	Interim Vapor Intrusion Policy for Environmental Response Actions	2006
海军	Navy/Marine Corps Policy for Vapor Intrusion	2008
	Guidance for Environmental Background Analysis，Volume IV：Vapor Intrusion Pathway	2011
	A Quantitative Decision Framework for Assessing Navy Vapor Intrusion Sites	2015
空军	Guide for the Assessment of the Vapor Intrusion Pathway	2006
亚拉巴马州	Alabama Risk-Based Corrective Action Guidance Manual，Revision 3.0	2017
阿拉斯加州	Vapor Intrusion Guidance for Contaminated Sites	2012
亚利桑那州	Soil Vapor Sampling Guidance（Revised）	2017
	Site Investigation Guidance Manual	2014
加利福尼亚州	Guidance for The Evaluation and Mitigation of Subsurface Vapor Intrusion to Indoor Air（Vapor Intrusion Guidance）	2011
	Vapor Intrusion Mitigation Advisory. Revision 1	2011
	Leaking Underground Fuel Tank Guidance（Revised）Manual	2015
	Advisory—Active Soil Gas Investigations	2015
	DTSC-Modified Screening Levels（DTSC-SLs）	2017
	Remediation of Chlorinated VOCs in Vadose Zone Soil	2010
	Vapor Intrusion Public Participation Advisory	2012
科罗拉多州	Indoor Air Guidance（Draft）	2004
	Petroluem Hydrocarbon Vapor Intrusion Guidance Document	2007
	Petroleum Program Guidance	2016
康涅狄格州	Connecticut's Remediation Standard Regulations Volatilization Criteria	2003
	Remediation Standard	1996
	ITRC Concurrence Letter	2017
特拉华州	Policy Concerning the Investigation，Risk Determination and Remediation for the Vapor Intrusion pathway	2007
华盛顿特区	Risk-Based Corrective Action Technical Guidance（Risk-based Decision Making）	2011
	Petroleum Vapor Intrusion Interim Technical Guidance for the District of Columbia	2015

续表

机构	导则名称	发布时间
佛罗里达州	Draft—Petroleum Product Indoor Vapor Intrusion Guidelines（Interim）	2011
夏威夷州	Evaluation of Environmental Hazards at Sites with Contaminated Soil and Groundwater	2017
	Technical Guidance Manual for the Implementation of the Hawaii State Contingency Plan. Section 7：Soil Vapor and Indoor Air Sampling Guidance	2014
爱达荷州	Idaho Risk Evaluation Manual	2004
	Idaho Risk Evaluation Manual for Petroleum Releases	2012
	Risk Evaluation Application User Guide	2015
伊利诺伊州	Part 742，Tiered Approach to Corrective Action Objectives（TACO）	2013
印第安纳州	Draft Vapor Intrusion Pilot Program Guidance	2006
	Draft Vapor Intrusion Pilot Program Guidance Supplement	2010
	Remediation Closure Guide	2012
	Technical Guidance Document-vapor Mitigation Systems	2016
	Technical Guidance Document-attenuation Factors	2016
爱荷华州	Tier 2 Site Cleanup Report Guidance. Site Assessment of LUSTs Using Risk-Based Corrective Action	2017
堪萨斯州	Kansas Vapor Intrusion Guidance	2016
肯塔基州	Release Response and Initial Abatement Requirements Outline	2011
路易斯安那州	Draft，Risk Evaluation/Corrective Action Program（RECAP），Appendix G	2014
缅因州	Vapor Intrusion Evaluation Guidance	2010
	Supplemental Guidance for Vapor Intrusion of Chlorinated Solvents and Other Persistent Chemicals	2016
	Summary Report State of Maine Vapor Intrusion Study for Petroleum Sites	2012
马里兰州	Facts About Vapor Intrusion	2012
马萨诸塞州	Vapor Intrusion Guidance：Site Assessment，Mitigation，and Closure. Policy #WSC-16-435	2016
	Massachusetts Contingency Plan；310 CMR 40.0000	2014
密歇根州	Guidance Document for the Vapor Intrusion Pathway	2013
	Media-Specific Volatilization to Indoor Air Interim Screening Levels	2017
	Proposed Cleanup Criteria Rules	2017
明尼苏达州	Risk-based Guidance for the Vapor Intrusion Pathway，Superfund，RCRA and Voluntary Cleanup Section	2008
	Vapor Intrusion Technical Support Document	2010
	Interim ISV Short Guidance	2017
	Best Management Practices for Vapor Investigation and Building Mitigation Decisions	2017
密苏里州	Missouri Risk-Based Corrective Action（MRBCA）for Petroleum Storage Tanks，Soil Gas Sampling Protocol	2005
	Missouri Risk-Based Corrective Action（MRBCA）Technical Guidance Appendices	2006
	Missouri Risk-Based Corrective Action（MRBCA）Appendix C，Evaluation of Indoor Inhalation Pathway	2004
	Missouri Risk Based Corrective Action Process for Petroleum Storage Tanks	2013
	Evaluation of Vapor Intrusion Under MRBCA Draft Guidance	2016
蒙大拿州	Montana Vapor Intrusion Guide	2011
内布拉斯加	Environmental Guidance Document，Risk-based Corrective Action（RBCA）at Petroleum Release Sites：Tier 1/Tier 2 Assessments & Reports	2009
	Protocol for VCP Remediation Goal Lookup Tables；Nebraska Voluntary Cleanup Program	2012
内华达州	Case Officer Screening Method for Identifying Sites Where Vapor Intrusion May Pose An Imminent and Substantial Hazard	2012
新罕布什尔州	Waste Management Division Update，Vapor Intrusion Guidance	2011
	Wastemanagement Division Update；Revised Vapor Intrusion Screening Levels and TCE Update	2013

续表

机构	导则名称	发布时间
新泽西州	Vapor Intrusion Technical Guidance；Version 4.1	2018
	Field Sampling Procedure Manual Chapter 9 Soil Gas Survey	2005
新墨西哥州	Risk Assessment Guidance for Site Investigations and Remediation. Volume 1，Soil Screening Guidance for HHRAs	2017
纽约州	Guidance For Evaluating Soil Vapor Intrusion in the State of New York	2017
北卡罗来纳州	Supplemental Guidelines for The Evaluation of Structural Vapor Intrusion Potential for Site Assessments and Remedial Actions under the Inactive Hazardous Sites Branch	2011
俄亥俄州	Memorandum from Mike Proffitt，Chief，Division of Environmental Response and Revitalization to Environmental Consultants，VAP Certified Professionals，Attorneys，and Other Interested Parties	2016
	Guidance Document-Recommendations Regarding Response Action Levels and Timeframes for Common Contaminants of Concern at Vapor Intrusion Sites in Ohio	2016
	Guidance Document—Sample Collection and Evaluation of Vapor Intrusion to Indoor Air for Remedial Response and Voluntary Action Programs	2008
俄勒冈州	Guidance For Assessing and Remediating Vapor Intrusion in Buildings	2010
宾夕法尼亚州	Land Recycling Program Technical Guidance Manual-Section IV.A.4 Vapor Intrusion into Buildings from Groundwater and Soil under the Act 2 Statewide Health Standard	2017
罗得岛州	Rules and Regulations for the Investigation and Remediation of Hazardous Material Releases	2004
南卡罗来纳州	South Carolina Risk-Based Corrective Action for Petroleum Releases	2001
南达科塔	The Petroleum Assessment and Cleanup Handbook	2003
田纳西州	Requirements for Conducting Soil Gas Surveys	2008
犹他州	Guidelines for Utah's Corrective Action Process for Leaking Underground Storage Tank Sites	2015
佛蒙特州	Investigation and Remediation of Contaminated Properties Procedure	2017
弗吉尼亚州	Virginia Voluntary Remediation Program Vapor Intrusion Screening Fact Sheet	2008
	Risk Based Screening Flow Chart and Screening Level Tables	2012
	Voluntary Remediation Program—Risk Assessment Guidance	2016
华盛顿州	Review Draft，Guidance for Evaluating Soil Vapor Intrusion in Washington State：Investigation and Remedial Action	2016
	Guidance for Remediation of Petroleum Contaminated Sites	2011
西弗吉尼州	User Guide for Risk Assessment of Petroleum Releases	1999
	Risk Assessment Scenarios Decision Tree	2002
威斯康星州	Addressing Vapor Intrusion at Remediation & Redevelopment Sites in Wisconsin	2018

1.5.2 加 拿 大

加拿大制定了联邦政府和州政府两级的蒸气入侵调查评估导则。在场地调查评估方面，加拿大联邦政府于 2013 年起草了详细完整（包括土壤、土壤气、地下水等环境介质）的调查技术规范 *Guidance Manual for Environmental Site Characterization in Support of Environmental and Human Health Risk Assessment*。在蒸气入侵方面，联邦政府于 2008 年颁布了土壤气监测技术规范 *Soil Vapor Monitoring Protocols*，于 2010 年制定了 *Federal Contaminated Site Risk Assessment in Canada，Part VII：Guidance for Soil Vapour Intrusion Assessment at Contaminated Sites*，该导则中详细阐述了调查评估的具体工作程序，土壤、土壤气、地下水、室内外空气采样的具体技术要求等内容。2014 年联邦政府还制定了 *A*

Protocol for the Derivation of Soil Vapour Quality Guidelines for Protection of Human Exposures via Inhalation of Vapours。不过联邦政府至今并未针对 VOCs 污染场地出台相应的风险管理及控制技术规范。

除了联邦政府外，安大略省、不列颠哥伦比亚省、艾伯塔省等多个省份也制定了本省的蒸气入侵导则。安大略省于 2010 年发布了 VOCs 污染场地调查评估技术规范 *Draft Technical Guidance：Soil Vapor Intrusion Assessment* 并于 2013 年对其进行修订，该导则中明确了工作程序、场地不同环境介质的采样技术要求。不列颠哥伦比亚省于 2011 年发布了 *Guidance on Site Characterization for Evaluation of Soil Vapour Intrusion into Buildings*。与联邦政府类似，这些导则均未详细描述风险管理原则等相关内容。

1.5.3　澳　大　利　亚

1999 年澳大利亚环保署发布了 *National Environment Protection（Assessment of Site Contamination）Measure* 导则并于 2013 年进行了修订。2006 年澳大利亚《国家环境保护政策措施（污染场地评估部分）》（NEPM-ASC）明确提出"升级西澳大利亚州环境保护署（WA DEC）的现有场地蒸气评估的模型和方法，在进行选择和吸收的基础上，结合澳大利亚现有条件和技术积累，制定全国场地蒸气评估模型和方法指南。"澳大利亚环境污染评估与修复合作研究中心（CRC CARE）协助联邦政府于 2012 年发布了 *Developing a National Guidance Framework for Australian Remediation and Management of Site Contamination：Review of Australian and International Frameworks for Remediation*，2013 年发布了专门针对石油场地蒸气入侵的导则 *Petroleum Hydrocarbon Vapour Intrusion Assessment：Australian Guidance*。以上导则基本涵盖了 VOCs 调查、风险评估以及风险处置方面的内容。

1.5.4　英　　　国

英国建筑工业研究与情报协会于 2009 年发布了 *The VOCs Handbook*，2012 年发布了 *Remediating and Mitigating Risks from Volatile Organic Compound（VOC）Vapours from Land Affected by Contamination*，2014 年发布了针对蒸气入侵风险管控的 *Guidance on the Use of Plastic Membranes as VOC Vapour Barriers* 导则。

1.5.5　法　　　国

法国生态转型部于 2017 年修改其污染土壤管理的技术指南 *Méthodologie Nationale des Sites et Sols Pollués-Note du 19 Avril 2017 Relative Aux Sites et Sols Pollués -Mise À Jour des Textes Méthodologiques de Gestion des Sites et Sols Pollués de 2007*，在其中引入了美国 EPA 的衰减因子等蒸气入侵评估方法（Derycke et al.，2018）。

1.5.6　丹　　麦

丹麦 2010 年发布了 *Indeklimasager – Strategier og Gode Råd Til Undersøgelserne*（*Vapor Intrusion – Strategies and Good Advice for Site Investigation*），2014 年发布了土壤气采样技术规范 *Danish：Effektive poreluftstrategier*（*Effective Soil Gas Sampling Strategies*），2016 年发布了风险评估软件使用导则 *Danish：Manual for Program Til Risikovurdering- JAGG 2.1*（*User Manual for Software for Risk Assessment – JAGG 2.1*）。

1.5.7　马 来 西 亚

马来西亚环境部 2009 年发布了污染场地筛选值和评估技术规范 *Contaminated Land Management and Control Guidelines：No. 1 Recommended Site Screening Levels for Contaminated Land，No. 2：Assessing and Reporting Contaminated Sites*，其中包含了蒸气入侵调查评估的内容。

1.5.8　巴　　西

巴西环保署参照美国 EPA 的技术导则于 2016 年发布了 *Vapor Intrusion in the Indoor Air Environment* 及 *White Paper，Latin America Network for Soil and Water Management. Grupo de Trabalho：Intrusão de Vapores*。

1.5.9　中　　国

环境保护部 2014 年 7 月发布的《污染场地风险评估技术导则》（HJ 25.3—2014）将蒸气入侵作为暴露途径中的一种，利用 Johnson & Ettinger 模型进行风险计算。发达国家的实践表明由于蒸气入侵途径的重要性和复杂性，需要单独制定调查评估的技术导则，单纯依靠通用的场地调查评估流程借助简单的数学模型模拟无法对蒸气入侵途径进行准确的评估。从本节的介绍可以看出，已经有不少国家制定了专门针对蒸气入侵的场地调查评估技术指南，并且随着科学研究的深入和调查实践经验的积累仍在不断地修改和完善这些指南。

我国在这方面也加快了相关的技术标准的制定，生态环境部 2019 年 5 月发布了《地块土壤和地下水中挥发性有机物采样技术导则》（HJ 1019—2019），未来也会发布《土壤气挥发性有机物监测技术导则》的征求意见稿（表 1.2）。这两项指南分别对土壤和地下水以及土壤气中 VOCs 的采样监测方法进行了规范。作者认为还需要结合我国国情制定专门针对蒸气入侵风险评估的技术指南和筛选值标准体系。有关对未来政策的建议还可以参考本书第 11 章。

参 考 文 献

陈鸿汉, 谌宏伟, 何江涛, 等. 2006. 污染场地健康风险评价的理论和方法. 地学前缘, 13: 216-223

陈梦舫, 韩璐, 罗飞. 2017. 污染场地土壤与地下水风险评估方法学. 北京: 科学出版社

陈梦舫, 骆永明, 宋静, 等. 2011. 中、英、美污染场地风险评估导则异同与启示. 环境监测管理与技术, 23: 14-18

郭观林, 王世杰, 施烈焰, 等. 2010. 某废弃化工场地 VOC/SVOC 污染土壤健康风险分析. 环境科学, 31: 397-402

姜林, 樊艳玲, 钟茂生, 等. 2017. 我国污染场地管理技术标准体系探讨. 环境保护, 45(9): 38-43

姜林, 钟茂生, 贾晓洋, 等. 2012. 基于地下水暴露途径的健康风险评价及修复案例研究. 环境科学, 33: 3329-3335

姜林, 钟茂生, 梁竞, 等. 2013. 层次化健康风险评估方法在苯污染场地的应用及效益评估. 环境科学, 34(3): 1034-1043

姜林, 钟茂生, 张丽娜, 等. 2014. 基于风险的中国污染场地管理体系研究. 环境污染与防治, 36(8): 1-10

李发生, 谷庆宝, 桑义敏. 2012. 有机化学品泄漏场地土壤污染防治技术指南. 北京: 中国环境科学出版社

李发生, 张俊丽, 姜林, 等. 2013. 新型城镇化应高度关注污染场地再利用风险管控. 环境保护, (7): 38-40

李广贺, 李发生, 张旭. 2010. 污染场地环境风险评价与修复技术体系. 北京: 中国环境科学出版社

骆永明. 2016a. 中国土壤污染与修复研究二十年(英文版). 北京: 科学出版社

骆永明. 2016b. 土壤污染毒性、基准与风险管理. 北京: 科学出版社

俞飞. 2016. 38 年前的美国"毒地". 方圆, (13): 54-57

赵勇胜. 2015. 地下水污染场地的控制与修复. 北京: 科学出版社

Carr D. 2016. Endicott 10 years later: 26th Annual International Conference on Soil, Water, Energy, and Air. San Diego, USA

Derycke V, Coftier A, Zornig C, et al. 2018. Environmental assessments on schools located on or near former industrial facilities: Feedback on attenuation factors for the prediction of indoor air quality. Science of the Total Environment, 626: 754-761

Eklund B, Beckley L, Rago R. 2018. Overview of state approaches to vapor intrusion: 2018. Remediation Journal, 28: 23-35

Ferguson C C. 1999. Assessing risks from contaminated sites: Policy and practice in 16 European Countries. Land Contamination & Reclamation, 7: 87-108

ITRC. 2003. Vapor intrusion issues at brownfield sites. Washington DC: Interstate Technology & Regulatory Council

ITRC. 2007. Vapor intrusion pathway: A practical guideline. Washington DC: Interstate Technology & Regulatory Council

ITRC. 2014. Petroleum vapor intrusion: Fundamentals of screening, investigation, and management. Washington DC: Interstate Technology & Regulatory Counci

Ma J, Jiang L, Lahvis M A. 2018. Vapor intrusion management in China: Lessons learned from the United States. Environmental Science & Technology, 52(6): 3338-3339

Ma J, Lahvis M A. 2020. Rationale for gas sampling to improve vapor intrusion risk assessment in China. Ground Water Monitoring & Remediation. DOI:10.1111/gwmr.12361

Ma J, Luo H, DeVaull G E, et al. 2014. Numerical model investigation for potential methane explosion and benzene vapor intrusion associated with high-ethanol blend releases. Environmental Science & Technology, 48: 474-481

Ma J, Rixey W G, DeVaull G E, et al. 2012. Methane bioattenuation and implications for explosion risk reduction along the groundwater to soil surface pathway above a plume of dissolved ethanol. Environmental Science & Technology, 46: 6013-6019

McDonald G J, Wertz W E. 2007. PCE, TCE, and TCA vapors in subslab soil gas and indoor air: A case study in Upstate New York. Groundwater Monitoring & Remediation, 27: 86-92

McHugh T, Loll P, Eklund B. 2017. Recent advances in vapor intrusion site investigations. Journal of Environmental Management, 204: 783-792

USEPA. 2002. OSWER draft guidance for evaluating the vapor intrusion to indoor air pathway fromgroundwater and soils (subsurface vapor intrusion guidance) (EPA530-D-02-004). Washington DC: U.S. Environmental Protection Agency

USEPA. 2009. Hazardous waste cleanup: IBM corporation in Endicott. New York: United States Environmental Protection Agency

USEPA. 2015a. OSWER technical guide for assessing and mitigating the vapor intrusion pathway from subsurface vapor sources to indoor air (OSWER Publication 9200.2-154). Washington DC: U.S. Environmental Protection Agency

USEPA. 2015b. Technical guide for addressing petroleum vapor intrusion at leaking underground storage tank sites (EPA 510-R-15-001). Washington DC: U.S. Environmental Protection Agency

Wertz S, Degrange V, Prosser J I, et al. 2007. Decline of soil microbial diversity does not influence the resistance and resilience of key soil microbial functional groups following a model disturbance. Environmental Microbiology, 9: 2211-2219

Wilber T. 2018-03-01. Environmental sins of the past haunt Southern Tier communities.Ithaca Journal [2019-01-01].http://toxicstargeting.com/MarcellusShale/news/2018-03-01/environmental-sins-past-haunt -southern-tier-communities

Yao Y, Wu Y, Wang Y, et al. 2015. A petroleum vapor intrusion model involving upward advective soil gas flow due to methane generation. Environmental Science & Technology, 49: 11577-11585

第 2 章 蒸气入侵的基本原理

2.1 基本概念及本章内容介绍

2.1.1 挥发性有机物

挥发性有机物（volatile organic compounds，简称 VOCs）是蒸气入侵的主要关注污染物。凡是符合以下标准的有机物都属于 VOCs：①沸点在 50～260℃；②在标准温度和压力（20℃和 1 个大气压）下饱和蒸气压超过 133.32 Pa；③亨利常数大于 10^{-5} atm·m³/mol。污染场地中常见的 VOCs 包括石油烃和卤代烃两大类。污染场地中其他常见的 VOCs 还包括：甲基叔丁基醚（MTBE）和挥发性较强的农药或其他化工产品。甲烷、硫化氢、汞等具有爆炸性或毒性的气体，虽然不属于 VOCs，也应被纳入蒸气入侵的调查范围。

石油是一种由各种烷烃、环烷烃、芳香烃组成的混合物。习惯上把未经加工处理的石油称为原油。原油通常是呈黑褐色并带有绿色荧光，具有特殊气味的黏稠性油状液体。原油经过一系列工艺加工（石油炼制）后，可以裂解为不同用途的成品油，例如：汽油、柴油、航空煤油、重油、燃料油、润滑油等，并在此基础上进一步加工为烯烃、芳烃等基础有机化工品。无论原油还是成品油，其含有的石油烃分子的碳数差异较大，各组分的挥发性随碳数的增大而降低（图 2.1）。石油中危害最大组分是苯系物，许多苯系物具有较强的毒性，有些苯系物具有神经毒性（引起神经衰弱、头痛、失眠、眩晕、下肢疲惫等症状）和遗传毒性（破坏 DNA），长期接触可以导致人体患上贫血症和白血病。常见的苯系物包括：苯、甲苯、乙苯、二甲苯（邻、间、对）、异丙苯、苯乙烯、三甲苯同分异构体等。

卤代烃是一种重要的有机化工产品，有非常广泛的工业应用。三氯乙烯和四氯乙烯常用作干洗剂、金属脱脂剂等，四氯化碳可用作灭火剂，氟利昂可用作冷冻剂，氯仿可用作麻醉剂，六六六可用作杀虫剂，氯乙烯和四氟乙烯是高分子聚合物的常用的原料。在有机合成上，由于卤代烃的化学性质比较活泼，能发生许多反应，如取代反应、消去反应等，从而转化成其他类型的化合物。因此，引入卤原子常常是改变分子性能的第一步反应，卤代烃还是在有机化工中常见的中间体。卤素是强毒性基，卤代烃一般比母体烃类的毒性大。卤代烃经被人体吸收后可以侵犯神经中枢或作用于内脏器官，引起中毒。按照毒性排序，一般按照碘代烃、溴代烃、氯代烃、氟代烃的顺序毒性依次降低。低级卤代烃比高级卤代烃毒性强，饱和卤代烃比不饱和卤代烃毒性强。由于拥有广泛的应用和较强的毒性，卤代烃是常见的土壤地下水污染物，常见的氯代烃污染物有：氯仿、四氯化碳、三氯乙烯、四氯乙烯、1,2-二氯乙烷、1,1,1-三氯乙烷等。三氯乙烯和四氯乙烯的降解产物氯乙烯和顺-二氯乙烯在污染地层中也较为常见。

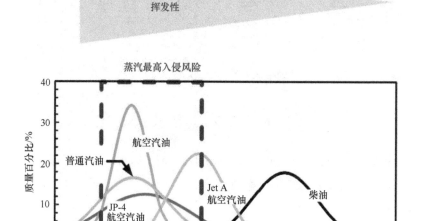

图 2.1　各种成品油的碳数分布及挥发性（ITRC，2014）

2.1.2　蒸气入侵的四个关键步骤

　　蒸气入侵是指挥发性有机物从地下污染源（污染土壤或地下水）通过挥发释放以后，以蒸气态通过扩散和对流等传质方式，穿越土壤多孔介质进入建筑物室内空气，并最终产生人体暴露的过程（图 1.1）。VOCs 蒸气入侵一般可细分为四步：**①VOCs 从污染源释放；②VOCs 在包气带中迁移转化；③VOCs 穿越地板或墙体进入室内；④VOCs 与室内空气混合稀释并最终产生人体暴露。**蒸气入侵涉及挥发、扩散、对流、弥散、吸附、解析、生物降解、化学反应等很多环境过程，VOCs 侵入室内的传质速率受到污染物物理化学性质、土壤理化性质、微生物降解、房屋建筑物特征和近地表大气活动等多种环境因素的影响，十分复杂。

2.1.3　VOCs 在地层中的迁移转化归趋

　　污染物需要从污染源释放，通过在各类环境介质中的迁移，最后到达受体并产生暴露。污染物在环境介质中的**迁移（migration）、转化（transformation）**和**归趋（fate）**等过程统称为污染物的**环境行为（environmental behavior）**。对各类污染物在各类污染介质中环境行为的研究是环境科学的中心任务，对 VOCs 在地下环境中环境行为的研究也是污染水文地质学的重要研究任务。

　　VOCs 在地层中的迁移和转化本质上是一类有机物在多孔介质中的多相流动-耦合反应过程。该过程涉及水、固、气、NAPL（non-aqueous phase liquid）等多个相态，污染物通过挥发、吸附、解析、溶解、分配等过程在不同相态之间来回转化。污染物的质量运移涉及不同相态中发生的扩散、对流和弥散等传质机制，在质量运移的同时 VOCs 还通过好氧生物降解、厌氧生物降解以及非生物化学降解等途径被转化成其他化合物，因此是一个多相流动耦合反应过程（图 2.2）。VOCs 在地层中的迁移转化包含的物理、化学、生物过程繁多，影响因素复杂，因此目前仍然是一个活跃的研究领域，仍然有很多知识空白点有待填补。

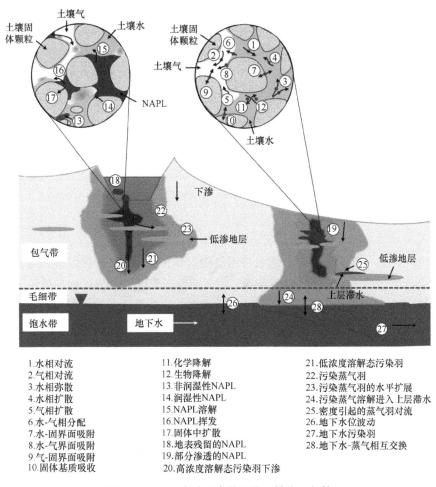

1.水相对流　　　　11.化学降解　　　　21.低浓度溶解态污染羽
2.气相对流　　　　12.生物降解　　　　22.污染蒸气羽
3.水相弥散　　　　13.非润湿性NAPL　　23.污染蒸气羽的水平扩展
4.水相扩散　　　　14.润湿性NAPL　　　24.污染蒸气溶解进入上层滞水
5.气相扩散　　　　15.NAPL溶解　　　　25.密度引起的蒸气羽对流
6.水-气相分配　　　16.NAPL挥发　　　　26.地下水位波动
7.水-固界面吸附　　17.固体中扩散　　　27.地下水污染羽
8.气-固界面吸附　　18.地表残留的NAPL　28.地下水-蒸气相互交换
9.气-固界面吸附　　19.部分渗透的NAPL
10.固体基质吸收　　20.高浓度溶解态污染羽下渗

图 2.2　VOCs 在地层中的迁移、转化、归趋

发达国家对于地下水修复非常重视，因此对 VOCs 在饱水带中的研究较多，而对 VOCs 在包气带中的环境行为关注较少。有关 VOCs 在包气带中的迁移转化的研究在早期（1970 年代）主要围绕垃圾填埋场展开，这类研究重点关注的污染物是有机垃圾厌氧发酵产生的甲烷和挥发性脂肪酸等物质。对于有毒有害 VOCs 的危害后来才逐渐引起关注。2011 年，Rivett 等人发表了一篇长篇综述，对 VOCs 在包气带中的迁移、转化及归趋过程进行了系统梳理（Rivett et al.，2011）。

2.1.4　本章内容介绍

本章的 2.1 节介绍了蒸气入侵过程的基本概念。2.2～2.6 节按照蒸气入侵的四个关键步骤（见 2.1.2 小节）分别进行介绍。2.2 节介绍了 VOCs 从污染源的释放（**关键步骤一**）以及与此紧密联系的三个重要的相平衡过程（水相-气相平衡、NAPL 相-气相平衡、NAPL 相-水相平衡）。2.3～2.6 节介绍了 VOCs 在包气带的迁移转化（**关键步骤二**），这是蒸气入侵中最重要也是最复杂的步骤，因此将细分成四节予以讨论。2.3 节介绍了 VOCs 在包气带中的物理迁移，具体会介绍气相扩散、气相对流、水相对流和弥散、传质阻隔层等内容。2.4 节介绍了 VOCs 在包气带中的吸附-解析行为，VOCs 的界面化学行为对其在地层中的迁移和归趋影响很大，但在 VOCs 蒸气入侵场地调查中远未引起足够的重视。2.5 节介绍了 VOCs 在包气带中的生物降解，生物降解是影响 VOCs 衰减和归趋的关键因素。2.6 节介绍了 VOCs 在包气带中的非生物化学降解，化学降解对部分 VOCs 在地层中的衰减和归趋起了不可忽视的作用。2.7 节介绍了 VOCs 穿越地板或墙体进入室内以及与室内空气混合的过程（**关键步骤三和步骤四**）。2.8 节介绍了最近发现的优先传质通道问题。2.9 节介绍了蒸气入侵中的特殊情景；2.10 节以三个场地案例介绍了时间和空间异质性的概念。

2.2　VOCs 从污染源的释放及三大相平衡

蒸气入侵的第一步是 VOCs 从污染源的释放。导致蒸气入侵的 VOCs 既可以来自饱水带，也可以来自包气带。对于**饱水带污染源**，VOCs 主要通过挥发进入包气带并以气态在包气带中运移。对于**包气带污染源**，挥发性污染物既可以通过挥发进入包气带并以气态进行运移，也可以溶解于土壤孔隙水并随着下渗作用进入饱和带。总而言之，根据污染源位置的不同，VOCs 主要通过挥发和溶解两种途径从污染源释放而进入地层。挥发和溶解的本质就是污染物不同相态之间的**相平衡过程（phase equilibrium）**，这里主要涉及水相-气相、NAPL 相-气相、NAPL 相-水相这三种相平衡过程（图 2.3）（Kueper et al.，2003）。

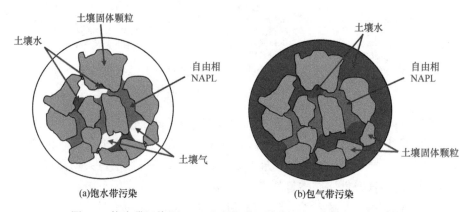

图 2.3　饱水带污染源（a）和包气带污染源（b）中的相平衡过程

2.2.1　水相-气相平衡

污染物从受污染地下水或受污染土壤孔隙水通过挥发进入到土壤气的过程本质就

是污染物在水相和气相之间的相平衡，该过程通常用**亨利定律（Henry's law）**描述。

$$C_g^i = H^i \times C_w^i \tag{2.1}$$

式中，C_g^i 是化合物 i 在土壤气中的浓度，g/m³；C_w^i 是 i 在地下水中的浓度，g/L；H^i（无量纲）是化合物 i 的亨利常数。作为一个平衡常数，亨利常数的取值受到多种环境条件的影响，随不同环境条件的变化而变化，其中比较重要的环境条件包括：温度、水溶液 pH 值、水溶液无机盐浓度、水溶液 VOCs 浓度、水中其他有机物浓度、水中颗粒物性质、水中的溶解态的天然有机质、表面活性剂、水合反应等。

温度：亨利常数与温度之间的关系可以用**范霍夫方程（van't Hoff equation）**描述。

$$\log H^i = A^i - \frac{B^i}{T} \tag{2.2}$$

式中，H^i（无量纲）是化合物 i 的亨利常数，A^i（无量纲）和 B^i（K）是拟合参数；T 是地下水中的温度，K。Staudinger 和 Roberts（2001）利用公式 2.2 对 55 项研究中测定的不同种类 VOCs 的亨利常数进行了分析，结果显示温度每增加 10℃，VOCs 的亨利常数会增加 12%～255%。表 2.1 列出了 20℃下几种常见 VOCs 的亨利常数 H^i 以及 A^i 和 B^i 的取值。

表 2.1　20℃下几种常见 VOCs 的亨利常数 H^i 以及 A^i 和 B^i 的取值

VOCs	H^i（气/水）	A^i		B^i	
		均值	方差	均值	方差
苯	1.91×10^{-1}	5.053	20%	1693	17%
甲苯	2.09×10^{-1}	5.271	21%	1745	25%
乙苯	2.39×10^{-1}	6.541	8%	2100	7%
氯仿	1.26×10^{-1}	5.343	11%	1830	10%
四氯化碳	9.49×10^{-1}	5.736	18%	1689	18%

（1）**pH 值**：具有酸碱性的有机物（如胺、苯胺、酚、羧酸、醇、硫醇、吡啶）可能在水中发生电离而丧失挥发性。这些物质只有在电中性时才具有挥发性，一旦带上电荷都无法挥发。因此 pH 值可以通过影响有机物的电离能力而间接影响其挥发性（Staudinger and Roberts，1996）。

（2）**无机盐**：在离子强度很高的水中（高盐地下水、海水），溶解的无机盐会影响溶质的**水相逸度（water-phase fugacity）**，但不会影响其**气相逸度（air-phase fugacity）**（Schwarzenbach et al.，2002）。自然水体中常见的无机离子通常会降低中性非极性 VOCs 的水相逸度，这一现象也叫作**盐析（salting out）**。由于水相逸度降低而气相逸度不变，因此高浓度无机盐通常会增大 VOCs 的亨利常数（气/水）（Staudinger and Roberts，2001）。

（3）**VOCs 浓度**：根据热力学原理，VOCs 水相浓度增加会导致其亨利常数降低（Munz and Roberts，1987），但是这一现象只有当水中的 VOCs 浓度接近理想稀溶液浓度的上限时（约 10000 mg/L）才有较明显的表现。大部分卤代烃和石油烃在水中溶解度都低于 10000 mg/L，因此浓度效应的影响未必很大（Staudinger and Roberts，2001）。

（4）**其他有机物的增溶效应**：当地下水中同时存在其他有机物时，目标 VOCs 的溶解度可能会增加，这被称为**增溶效应（solubilizing effect）**。增容效应会直接导致 VOCs 亨利常数降低（Munz and Roberts，1987）。对于一个有机混合物体系，溶解度最低的有机物的增溶效果往往最明显。有机混合物中各溶质的相互作用可以分为以下几种情况：①**共溶剂效应（co-solvent effect）**：当水溶液中其他有机物的浓度很高时（>10% $v:v$），目标 VOCs 分子的周边将会被水分子和该有机物分子（共溶剂）包围，此时共溶剂效应以及目标 VOCs 的增容效果较明显；②**共溶质效应（co-solute effect）**：当水溶液中其他有机物的浓度较低时（<10% $v:v$），目标 VOCs 分子的周边将会被自由水分子和该有机物分子（共溶质）水合的水分子包围，此时 VOCs 的增溶效果往往不太明显，可以忽略；③水溶液中其他有机物的浓度很低时（≪10% $v:v$），目标 VOCs 分子的周边主要被自由水分子包围，此时不存在 VOCs 的增溶现象，亨利常数也不会发生变化（Staudinger and Roberts，1996）。

（5）**水中的颗粒物**：水中颗粒物的无机矿物和天然有机质会对 VOCs 产生吸附，由于只有自由的 VOCs 分子才能参与水相-气相分配，因此强烈的吸附作用可能导致目标 VOCs 的亨利常数降低（Chiou et al.，1987）。吸附作用的强弱取决于吸附剂（颗粒物）和吸附质（VOCs）双方的性质。颗粒物中的天然有机质成分的吸附能力强于无机矿物。另一方面，目标 VOCs 的憎水性越强（更高的正辛醇-水分配系数 K_{ow}），则吸附作用越强。

（6）**水中 DOM**：水中的溶解态有机物（DOM）同样也会对 VOCs 产生吸附作用进而降低其亨利常数（Chiou et al.，1987）。通常对于强憎水性的农药类物质，这一现象较明显。对于中等憎水性的 VOCs（log K_{ow}≈1～3），只有很高浓度的 DOM（>1 g/L）才会产生较明显的吸附效应（Staudinger and Roberts，1996）。

（7）**表面活性剂**：表面活性剂能够增加憎水性的 VOCs 的水溶性，并与其形成胶团。由于只有自由的 VOCs 分子才能参与水相-气相分配，因此 VOCs 形成胶团后其亨利常数往往会降低（Staudinger and Roberts，1996）。

（8）**水合反应**：一些有机物分子（如醛）很容易与水分子发生可逆的水合反应（Schwarzenbach et al.，2002），进而改变其挥发性（Staudinger and Roberts，2001）。

2.2.2　NAPL 相-气相平衡

有机物可以从 NAPL 相通过挥发进入气相。如果 NAPL 只由一种有机物单质组成，那么当 NAPL 相与气相达到热力学平衡时，目标 VOCs 在土壤气中的蒸气压会达到饱和蒸气压（P_0^i，atm）。此时目标 VOCs 在土壤气中的浓度（C_g^i，g/m³）可以用理想气体状态方程计算：

$$C_g^i = \frac{P_0^i \times \mathrm{MW}^i}{R \times T} \tag{2.3}$$

式中，MW^i 是化合物 i 的分子量（g/mol）；R 是理想气体常数（82.1 cm³-atm/mol-K）；T 是绝对温度（K）。

如果 NAPL 是由多种有机物组成的混合物，由于混合物中有其他物质存在，每种单一组分的实际蒸气压都小于其饱和蒸气压。如果假设 NAPL 是一个**理想混合物（ideal mixture）**，即构成该混合物的每种有机物的活度系数都是 1，那么化合物 i 的蒸气压（P^i，atm）可以用**拉乌尔定律（Raoult's law）**描述：

$$P^i = x^i \times P_0^i \qquad (2.4)$$

式中，x^i 是 i 在 NAPL 混合物中的摩尔分数，mol/mol；P_0^i 是化合物 i 的饱和蒸气压，atm。化合物 i 在土壤气中的浓度（C_g^i，g/m^3）可以用以下公式计算：

$$C_g^i = \frac{x^i \times P_0^i \times MW^i}{R \times T} \qquad (2.5)$$

式中，MW^i 是化合物 i 的分子量（g/mol）；R 是理想气体常数（82.1 cm^3-atm/mol-K）；T 是绝对温度（K）。

注意：拉乌尔定律是建立在混合物的每种组分的活度系数都是一的理想混合物假设基础上的，地层中的实际情况与此有一定差异。研究发现：如果 NAPL 是由结构类似的几种物质组成（例如：芳香烃或脂肪烃），那么用拉乌尔定律计算出的结果与实测数据的偏差很小（Wang et al.，2003）。如果 NAPL 是由性质差异较大的几类物质构成，那么用拉乌尔定律计算出的结果与实测数据往往会存在较大的偏差（Schaefer et al.，1998）。在后一种情况下，可以考虑用 **universal functional activity coefficient（UNIFAC）方法**对非理想混合物进行校正（Broholm et al.，2005）。

2.2.3 NAPL 相-水相平衡

残留在包气带中的 NAPL 既以通过挥发进入气相，也可以通过溶解进入土壤孔隙水中并随着**入渗水（infiltration water）**进入地下水，这会造成污染物在气相和水相中的浓度同步升高。如果泄漏的 NAPL 体积足够大，在污染源附近气相中的污染物浓度可能接近其饱和蒸气压，水相中的污染物浓度可能接近其溶解度。如果 NAPL 只由一种化合物 i 的单质构成，则当 NAPL 相与水相处于热力学平衡时，化合物 i 在水溶液中的浓度（C_0^i）就是其水相溶解度。

针对 NAPL 溶解行为的研究几乎都集中在饱水带，而有关 NAPL 在包气带中环境行为的研究又侧重其挥发过程以及挥发出的 VOCs 的气相迁移，这导致 NAPL 在包气带的溶解行为未得到充分的研究。传统观点认为挥发和气相迁移是 VOCs 在包气带中的主要传质途径，因此几乎没有实验研究同时调查 NAPL 在包气带中的溶解和挥发，仅有的一些研究都是模型模拟（Sleep and Sykes，1989；Thomson et al.，1997；Jang and Aral，2007）。现有的数学模型一般采用**集中参数（lumped parameter）**来描述 NAPL 在包气带中的挥发和溶解行为（Thomson et al.，1997）：

$$\Gamma_w = \phi S_w \lambda_D (C_w^m - C_w) + \phi S_g \lambda_H (C_g - HC_w) \qquad (2.6)$$

式中，Γ_w 是水相的污染物源/汇项；ϕ 是土壤总孔隙度；S_w 是土壤孔隙中水相的饱和度；S_g 是土壤孔隙中气相的饱和度，$S_w + S_g = 1$；λ_D 是溶解一级速率常数；λ_H 是挥发速率常数（一级动力学）；C_w^m 是 VOCs 饱和水相浓度；C_w 是 VOCs 实际的水相浓度；C_g 是 VOCs 实际的气相浓度。

NAPL 污染源中的污染物质量衰减可以用以下公式计算（Thomson et al.，1997）：

$$\frac{d(\phi \rho_n S_n)}{dt} = -\phi S_w \lambda_D (C_w^m - C_w) - \phi S_g \lambda_v (C_g^m - C_g) \tag{2.7}$$

式中，ρ_n 是 NAPL 的密度；S_n 是 NAPL 的饱和度；C_g^m 是 VOCs 最高的气相浓度。λ_D 和 λ_v 等集中参数的取值取决于很多因素，包括水的渗流速度、气液相界面面积、孔隙的大小和几何形状、地层的空间异质性、NAPL 的饱和程度等（Thomson et al.，1997）。但是尚未有研究实际测定了 λ_D 和 λ_v 的值，甚至连实测的数值范围都没有。因此在该领域亟需通过实验室小试或现场观测对包气带中 NAPL 的质量衰减过程和机理进行深入的研究，对衰减过程中的关键参数的取值（λ_D 和 λ_v）进行测定，对已开发出的数学模型进行模型验证。

如果 NAPL 是由多种有机物构成的混合物，由于混合物中有其他物质存在，每种单一组分的实际溶解度都小于其单质的溶解。化合物 i 的实际溶解度（C_s^i，g/m³）可以用下式计算：

$$C_s^i = x^i \gamma^i C_0^i \tag{2.8}$$

式中，x^i 是 i 在 NAPL 混合物中的摩尔分数（mol/mol）；γ^i 是 i 在 NAPL 中的活度系数；C_0^i 是化合物 i 作为单质时的溶解度（g/m³）。如果假设 NAPL 是一个理想混合物，即构成该混合物的每种组分的活度系数都是一，那么式（2.8）可以简化为类似拉乌尔定律的表达式：

$$C_s^i = x^i C_0^i \tag{2.9}$$

实际上地层中的 NAPL 不可能处于理想混合物状态，非理想状态会导致实际溶解度与基于拉乌尔定律计算得到的理论值差异较大（Lesage and Brown，1994；Garg and Rixey，1999）。不过有研究报道由结构类似的化合物组成的 NAPL，用拉乌尔定律计算得到的结果与实际情况比较吻合（Broholm et al.，2005）。有学者建议使用 UNIFAC 方法对非理想混合物进行校正（Broholm et al.，2005）。不过对于大多数场地，由于场地空间异质性、污染来源多样性、长期风化导致的组分变化等因素实际根本无法知道目标地层中 NAPL 相准确的化学组成，理论上也就无法使用 UNIFAC 方法。因此，在实际的工程项目中，简化的拉乌尔定律仍然是唯一使用的计算方法。

2.3　VOCs 在包气带中的迁移

污染物的迁移（contaminant transport）是指污染物质量的移动。污染物在包气带中的主要迁移机制包括：①VOCs 蒸气在土壤气中的扩散；②VOCs 蒸气在土壤气中的对流；③VOCs 溶解到水相后随土壤水下渗；④包气带中残留的 NAPL 相的迁移。在常见的场地条件下，第四种途径对 VOCs 传质的贡献较小。由于地层空间的异质性，VOCs

在高渗透性区域会比在低渗透性区域迁移得更快,因此 VOCs 在气相中的迁移以及水相中的迁移都会发生**弥散(dispersion)**。另外,VOCs 气相中的扩散传质速率比在水相中的扩散大得多,因为 VOCs 在气相中的扩散系数比水相中的扩散系数高 4 个数量级左右(Wealthall et al.,2010)。本节拟分别对 VOC 是在包气带中的主要迁移机制进行介绍。

2.3.1 气 相 扩 散

扩散(diffusion)是由于分子的热运动而产生的物质传递现象,一般可发生在一种或几种物质在同一相态内或在不同相态之间,由不同区域之间的浓度差所引起,物质从高浓度区域向低浓度区域进行迁移,直至同一相态内各区域中各物质的浓度达到均匀为止。VOCs 分子在气相的扩散系数一般比其水相中的扩散系数的高 4 个数量级,因此 VOCs 的气相扩散传质速率远高于其水相中的扩散传质速率。扩散的传质速率受浓度梯度和扩散系数的影响,浓度梯度越大则传质通量越大,扩散系数越大则传质通量越大。化合物 i 在气相中的有效扩散系数 D_{g-eff}(m^2/s)取决于土壤的总孔隙度 ϕ_T(m^3-void/m^3-soil)和土壤的气体孔隙度 ϕ_g(m^3-soil gas/m^3-soil),ϕ_T 和 ϕ_g 是直接影响气相扩散路径的**迁曲度(tortuosity)**(Moldrup et al.,2004)。

1. 有效扩散系数的计算

描述 D_{g-eff}^i 和 ϕ_g 之间关系的模型有很多,这些模型的推导都是基于各种类型的土壤中有效扩散系数的实验拟合结果。Moldrup 等(2004)总结了六类描述 D_{g-eff}^i 的模型,其中第二类模型在实际中应用最广泛。这类模型都是基于非线性扩散理论,主要考虑了 ϕ_T 和 ϕ_g 的影响,有些模型还定义了迁曲度系数(tortuosity factor)。在第二类模型中,Millington 和 Quirk 模型(公式)被广泛应用于包气带中气相和水相中的溶质扩散模拟,也包括对 VOCs 蒸气入侵过程的模拟。式(2.10)展示了原始的 Millington and Quirk 公式:

$$D_{g-eff}^i = D_g^i \frac{\phi_g^{10/3}}{\phi_T^2} \tag{2.10}$$

式中,D_{g-eff}^i 是化合物 i 在气相中的有效扩散系数(m^2/s);D_g^i 是化合物 i 在气相中的分子扩散系数(m^2/s);ϕ_T 是土壤的总孔隙度(m^3-void/m^3-soil);ϕ_g 是土壤气体孔隙度(m^3-soil gas/m^3-soil)。该公式后来被改进以涵盖更多的地层地质信息,如孔隙度分布(pore size distribution)、粒间孔隙度(intra-granular porosity)(Millington and Shearer,1971)。

Johnson 和 Ettinger 假设 Millington 和 Quirk 公式同时适用于气相和水相的扩散,将该公式推广应用于包气带中 VOCs 总有效扩散系数 D_{eff}^i 的计算:

$$D_{eff}^i = D_g^i \times \frac{\phi_g^{10/3}}{\phi_T^2} + \frac{D_w^i}{H^i} \times \frac{\phi_w^{10/3}}{\phi_T^2} \tag{2.11}$$

式中，D_{eff}^i 是化合物 i 在气相中的有效扩散系数（m^2/s）；D_g^i 是化合物 i 在气相中的分子扩散系数（m^2/s）；D_w^i 是化合物 i 在水相中的分子扩散系数（m^2/s）；ϕ_T 是土壤的总孔隙度（m^3-void/m^3-soil）；ϕ_g 是土壤气体孔隙度（m^3-soil gas/m^3-soil）；ϕ_w 是土壤孔隙水的体积占比（m^3-H_2O/m^3-soil）；H^i 是 i 的亨利常数。著名的 Johnson 和 Ettinger 蒸气入侵模型就使用了式（2.11）进行包气带有效扩散系数的计算。受 Johnson 和 Ettinger 蒸气入侵模型影响，后续的蒸气入侵模型也大多采用了式（2.11）作为其包气带有效扩散系数的计算方法。从式（2.11）可以看出，土壤含水率对 D_{eff}^i 的影响很大，由于 D_w^i 通常比 D_g^i 小几个数量级，因此含水率的增加会显著降低 D_{eff}^i。很多实验也观察到地层中较厚的毛细管层和或者上层滞水（Perched water）都会阻碍 VOCs 的迁移（Ma et al.，2012）。尽管 Millington 和 Quirk 模型被广泛用于计算包气带有效扩散系数，但需要强调的是该模型并没有用未受扰动的土壤进行过严格的模型验证。

2. 有效扩散系数的测定

Paul Johnson 提出了一个现场测定土壤气有效扩散系数的方法（Johnson et al.，1998a）。具体的步骤是：将一定量的示踪剂注入地下，让示踪剂在地层中扩散一段时间，然后从注入井收集并测定示踪剂的浓度，示踪剂浓度的下降程度与其扩散程度成正比。可以根据示踪剂的扩散程度以及扩散时间计算出土壤气的有效扩散系数。该方法只需要几个小时即可完成测试，因此实用性较强。

3. 气相扩散的重要性

现场观测研究表明如果浓度梯度足够大（尤其是在 NAPL 源附近），扩散可以驱动 VOCs 在较短的时间内迁移数十米（Rivett et al.，2011）。两项场地研究发现在 NAPL 源附近扩散主导下的 VOCs 可以在几天或是几十天内迁移 10～20 m（Conant et al.，1996；Christophersen et al.，2005）。这两项场地研究还发现夏天较高的地层温度会增加 VOCs 的挥发和扩散系数，同时降低土壤含水率，因此 VOCs 的产生和迁移通量在夏天都会增加。

气相扩散被认为是 VOCs 在包气带中最主要的迁移方式。一些场地研究还发现在包气带污染物下渗到地下水的过程中气相扩散而非气相对流或者随入渗水下渗起了主导的传质作用，特别是当浓度梯度较大或者水的下渗速率较低的时候（Barber and Davis，1991）。美国 Sandia 国家实验室在新墨西哥州的一个化学品填埋场进行了系统的场地实验（Peterson et al.，2000）。该填埋场在 1962～1985 年期间接受了大量废弃化学品的处置，1990 年在填埋场下方 150 m 深的地下水中发现了三氯乙烯。由于该场地的土壤的含水率较低（5 %～12 %），土壤水的下渗速度很慢（1 cm/a），因此三氯乙烯随水下渗到达 150 m 深的地下水估计需要 1000 年，场地调查和模型计算的结果显示气相扩散是该场地中三氯乙烯污染地下水的主要原因（Peterson et al.，2000）。

2.3.2　气　相　对　流

1. 气相对流的产生因素

对流（advection）是指由于流体微团宏观运动产生的物质传递现象，气压梯度和密度梯度的影响都会导致有机蒸气对流的产生。一些情况下对流是导致 VOCs 在地层中以较快的流速在大范围传播的主要原因（Parker，2003）。在包气带中有多种因素会引起 VOCs 蒸气的对流活动，包括：①大气压力的变化；②地表风力的影响；③气温的波动；④污染源厌氧发酵产生的发酵气积累；⑤垃圾填埋场气体的释放；⑥NAPL 挥发导致的密度流；⑦地表建筑的抽吸作用；⑧潜水面波动；⑨降雨导致渗流（Parker，2003）。VOCs 气相对流的强度取决于包气带的厚度、地层气体渗透性、土壤孔隙度和含水率等多种因素，因此其强度随场地状况以及时间的变化而变化。在某些情况下，对流可能超过扩散成为 VOCs 在包气带最主要的传质方式。

2. 气相对流和气相扩散的相对大小

只有很少的场地研究详细调查过包气带中 VOCs 的传递机理，特别是比较气相对流和气相扩散的相对贡献，其中较典型的场地研究包括 Morley 垃圾填埋场（Barber et al.，1990；Barber et al.，1992）和 Picatinny 兵工厂（Cho et al.，1993；Smith et al.，1996；Choi et al.，2002）。Barber 等（1990，1996）在澳大利亚的 Morley 垃圾填埋场利用氦气注入并结合气压、甲烷和 VOCs 浓度监测等方法区分了气相对流和气相扩散的相对贡献。他们发现甲烷的对流只在距污染源 150～200 m 内有较显著的作用，对流的产生有两个原因：①垃圾填埋场厌氧发酵产气引起的气压差；②被污染地下水厌氧发酵产气引起的气压差。他们还发现在超过 150～200 m 的范围之外，甲烷在土壤气中主要靠扩散传递。Barber 等在该场地还研究了 VOCs 从污染地下水到包气带的传质过程，他们发现地下水中的 VOCs 进入包气带主要受毛细管带中的扩散限制，而且这一过程受到潜水面波动幅度的影响较大。

Choi 等（2002）在美国的 Picatinny 兵工厂场地通过观测研究发现 TCE 通过扩散穿过地表的质量通量远大于其对流的质量通量，除非土壤的含水率非常高以至于扩散传质被抑制。他们发现扩散传质速率对于土壤通气孔隙度和土壤含水率非常敏感，但对流传质速率对这些参数不敏感。当土壤通气孔隙度从 0.411 降低到 0.011 时，扩散传质速率从 1.7 mg/（m²·h）降低到 0.00174 mg/（m²·h），对流传质速率从 0.00182 mg/（m²·h）提高到 0.00593 mg/（m²·h）。Choi 和 Smith 利用一维模型比较了在不同潜水面深度、地层气体渗透性、潜水面波动、土壤含水率、温度等条件下 VOCs 蒸气对流和扩散的相对重要性（Choi and Smith，2005）。模拟结果显示扩散在很多情况下是主要的传质方式，但对流在一些情况下超过扩散的作用，例如：当土壤渗透性大于 10^{-12} m² 或是非饱和带的厚度超过 30 m 时。他们还发现地下水潜水面在 24 h 内波动超过 10 cm 引起的土壤气对流强度可能接近大气压波动引起的对流强度。

3. 密度差引起的对流

NAPL 污染源挥发出的高浓度有机蒸气往往与空气的密度差异较大，导致密度引起的对流运动（Johnson et al.，1992；Altevogt et al.，2003；Jang and Aral，2007）。化合物 i 的相对蒸气密度（RVD_i）可以用式（2.12）计算（Johnson et al.，1992）：

$$RVD_i = \frac{P_i M_i + (1-P_i) M_{air}}{M_{air}} \tag{2.12}$$

式中，P_i 是化合物 i 的分压（无量纲）；M_i 是 i 的分子量；M_{air} 空气的分子量（29）。对于 20 ℃ 的饱和蒸气，四氯化碳的 RVD 是 1.51，TCE 的 RVD 是 1.27。随着 VOCs 在土壤气中稀释程度的增加，其分压和 RVD 值会迅速降低，因此只有 NAPL 污染源附近可能存在显著的密度差引起的对流（Rivett et al.，2011）。在美国 Hanford 场地，580 m³ 的四氯化碳发生泄漏，现场观测和数值模型模拟（STOMP-WOA）证实了密度引起了四氯化碳蒸气显著的对流传质活动（Oostrom et al.，2007；White et al.，2008a）。在该场地密度引起的对流导致四氯化碳的蒸气羽在地层中分布的非常广泛。四氯化碳蒸气先以一个较快的速度向下迁移，遇到低渗透性黏土层或者潜水面后再在水平面扩散开。污染蒸气大概水平迁移了 150 m 并引起了与其接触的地下水和土壤孔隙水的污染，这一污染范围远远超过了其 DNAPL 污染源的范围。

2.3.3　水相对流和弥散

在包气带中，VOCs 可以溶于土壤水中并随着入渗土壤水的对流最终到达地下水潜水面。估算入渗水对流速度最简单的方法是假设入渗水流以**水平推流（plug flow）**的方式向下入渗且各个位置的流动速度是相同的，这样基于地表的入渗速率和孔隙度等参数计算入渗水流的流速，一般默认 VOCs 的水相传质速率与入渗水流的流速是同步的。然而这一概念模型忽略了地层的空间异质性。

实际地层的渗透性存在较大的空间异质性，这会导致入渗水流及其携带的污染物优先沿着高渗透区域，特别是优先通道进行质量传输（Gerke，2006）。包气带中常见的优先传质通道有岩石裂缝、植物根系腐败后残留的通道、土颗粒间孔隙（inter-aggregate pores）、高渗透性地层等（Coppola et al.，2009）。有些优先通道还可以与 VOCs 发生相互作用进而影响其迁移性，例如：植物根系腐败后残留的通道中往往含有较高含量的天然有机质，这会显著增加 VOCs 的吸附作用（White et al.，2008b）。空间的不规则性和土壤润湿性的时间变化可能导致瞬态优先流（transient preferential flow）的产生。**弥散系数（dispersion coefficient）**可以用来表征上述机制导致的弥散现象。

2.3.4　传质阻隔层

低渗透高含水率地层可能会对 VOCs 在包气带中的扩散和对流产生阻隔作用，特别是当阻隔层在水平方向形成了较大面积的连续延展平面，此时的阻隔作用会非常显著。

VOCs 在土壤气中的扩散速率受土壤含水率的影响很大，但受土壤质地的影响相对较小（Moldrup et al.，2003）。例如，细颗粒土壤在干旱地区其土壤含水率较低，这种情况下其对挥发性有机物扩散迁移的阻隔作用并不显著，只有当土壤含水率较高时才会产生较显著的传质阻力。因此季节性降水量的变化引起土壤含水率的波动最终会导致 VOCs 在包气带传质速率以及蒸气入侵潜力等方面的差异。另外，地表裸露的土层的含水率一般高于位于建筑物正下方或地表被沥青/水泥覆盖的土层，因此 VOCs 在地表是裸露的土层中的扩散速率明显更快（Tillman and Weaver，2007）。

1. 包气带气体渗透性的测定

可以通过**渗透性测定（permeability testing）**对地层对 VOCs 气相传质的阻隔能力进行定量评估（Johnson et al.，1990）。对包气带气体渗透性测试的原理与对含水层水力渗透性测试的原理基本相同。如图 2.4 所示，通过#1 井进行抽气，如果#3 井比#2 井的真空度高很多则说明地层的气体渗透性较低。对包气带气体渗透性的测试比对含水层水力渗透性的测试更简单，因为土壤气真空度可以方便测量而且真空度的变化很快（几秒或几分钟）（McHugh and McAlary，2009）。

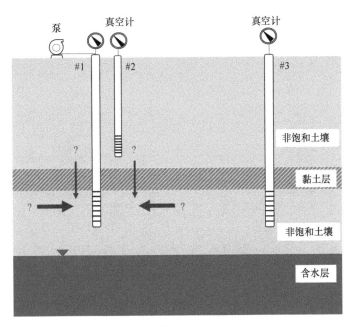

图 2.4　包气带气体渗透性测定的原理图

2. 深层土壤气与地表大气的气压差

另一种评估地层阻隔性的方法是构建深层土壤气气井，对深层土壤气与地表大气之间气压差随时间的波动进行长期观测。如果深层土壤与地表之间存在一层连续分布的阻隔层，则观测到的深层土壤气与地表的气压差会呈现出跟地表大气压波动相反的趋势，即气压差随着大气压的降低而增加或随着大气压的增加而降低。如果深层土壤与地表之间没有阻隔层，那么土壤气在地层中可以自由流动，地表大气压的波动很快就会传到土壤内部，这样一般就不会观察到深层土壤气与地表的大气存在明显的气压差。

2.4　VOCs 在包气带中的吸附-解析

2.4.1　基本概念

吸附（sorption）是一种物质通过物理或者化学过程分配到另一种物质的表面或内部的界面化学过程。具有吸附性的物质叫作**吸附剂（sorbent）**，被吸附的物质叫**吸附质（sorbate）**。吸附的逆过程是**解析（desorption）**。吸附可以细分为两种不同的界面化学过程：**表面吸附（adsorption）**和**吸收（absorption）**。表面吸附是一个表面过程，即吸附质分散到吸附剂的表面上并且浓缩集成一层吸附层（或称吸附膜），并不深入到吸附剂内部。图 2.5（a）展示了一种溶解于液体中的吸附质分子被吸附在固体吸附剂的表面。吸收是指吸附剂物质分散到整个吸附剂相态的内部。图 2.5（b）展示了一种气体分子被液体吸附剂所吸收而分布在液体吸附剂的整个相态内部。在复杂体系中，有时候很难具体区分"表面吸附（adsorption）"和"吸收（absorption）"，因此很多情况下就用"吸附（sorption）"这个词来统一描述这两个界面化学过程。

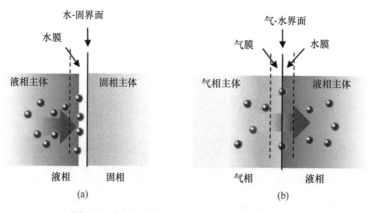

图 2.5　表面吸附（a）和吸收（b）的示意图

按照作用机制，吸附又可分为物理吸附和化学吸附。**物理吸附（physical sorption 或 physisorption）**的特征是吸附剂和吸附质只存在较弱的非特异性相互作用（范德华力、色散力、诱导力、取向力等）以及特异性相互作用（氢键），而不存在共价键。**化学吸附（chemisorption）**的特征是吸附质和吸附剂之间形成了较强的共价键。一般物理吸附的熵变是 20 kJ/mol，化学吸附的熵变往往大于 200 kJ/mol（Breus and Mishchenko，2006）。

2.4.2　吸附机制

有机化合物在包气带中的吸附可以细分为：①在土壤孔隙水中的吸收；②在土壤有机质中的吸收；③在土壤矿物-水交界面的表面吸附（低含水率土壤中比较显著）；④在

土壤孔隙水膜-空气交界面的表面吸附（高含水率土壤中比较显著）；⑤在土壤矿物-空气交界面的表面吸附（Goss，2004）。由于大部分有机物的极性都比水低，因此当较低浓度有机物与水分子竞争通常具有较强极性的矿物表面的吸附位点时，有机物的竞争力远低于水分子，因此第五种途径对于大多数有机物（除非极性极强）来说可以忽略。

2.4.3　吸附平衡时间

有些情况下 VOCs 的吸附在几天内很快可以达到平衡，但有时候该过程可以持续几周甚至几个月。有关 VOCs **非平衡吸附（non-equilibrium sorption）**的研究开始于 1980 年代，但是目前对非平衡吸附的机制了解的仍然十分有限（Breus and Mishchenko, 2006）。常见的非平衡吸附包括非常缓慢的吸附-解析过程和不可逆吸附。非平衡吸附通常会导致污染物在土壤中的残留。很多研究发现 VOCs 在土壤中的吸附可以分为两个阶段：①首先是几个小时或者几天的快速吸附；②之后是非常漫长的缓慢吸附，VOCs 缓慢地通过扩散进入土壤有机质和微孔内部。VOCs 在土壤中的解析可以分为快速解析和缓慢解析两个阶段。

2.4.4　吸附等温线

吸附等温线（sorption isotherm）是指在恒定温度下被土壤吸附的污染物的含量与其土壤气中的浓度（气相-吸附相平衡）或者水溶液中的浓度（水相-吸附相平衡）之间的关系。吸附等温线的形状反映了吸附质与吸附剂以及自由态吸附质与吸附态吸附质之间复杂的相互作用。VOCs 与土壤中颗粒之间的相互作用既有线性作用又有非线性作用，因此吸附等温线的种类和形状各异（图 2.6）。为了简化计算流程，现有的蒸气入侵模型在模拟 VOCs 在包气带中的界面化学行为时往往有以下三条假设：①VOCs 在气相、水相、吸附相中处于三相平衡状态；②该平衡是完全可逆的；③VOCs 在各相中的浓度符合线性分配模型。然而，在实际地层环境中 VOCs 的吸附-解析行为显然比线性分配的三相平衡模型复杂得多。本书作者和北京环科院姜林团队合作尝试利用更复杂的吸附-解析模型（DED 模型）改进现有的蒸气入侵模型，取得了一定进展（Zhang et al.，2010），但是这方面仍有大量改进工作可以做。

2.4.5　水蒸气对 VOCs 在土壤中吸附的影响

很多研究发现土壤水蒸气会显著抑制 VOCs 在土壤中的吸附（如苯、甲苯、1,1,1-三氯乙烷、三氯乙烯）。VOCs 在干土中的吸附量比其在湿土中高 2～4 个数量级。对此 Chiou 提出了一套解释理论（Chiou et al.，1983；Chiou and Shoup，1985；Chiou et al.，1988；Chiou et al.，2000），该理论把土壤看作土壤矿物和土壤有机质组成的双吸附剂系统（Binary solvent），土壤矿物表面一般是极性的，而土壤有机质一般是非极性的。VOCs 在土壤矿物表面发生表面吸附而且这一过程是线性的。VOCs 在土壤有机质中进行类似于分配的吸

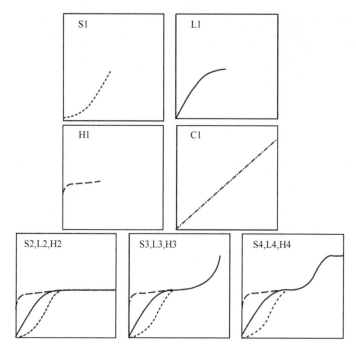

图 2.6　典型的气相-吸附相吸附等温线（Hinz，2001）

收而且这一过程是非线性的。当土壤孔隙中没有水分时（完全干燥的土壤），VOCs 主要在土壤矿物表面发生表面吸附，一般土壤矿物的吸附位点主要位于细颗粒内部（如黏土）。当土壤孔隙水含量增大时，土壤水分会与 VOCs 竞争矿物表面的吸附位点，由于水分子的极性比大多数 VOCs 更强，因此在竞争极性的矿物表面的吸附位点时，水分子的竞争力更强，会对 VOCs 产生较强的驱替作用。即使土壤孔隙中存在较低浓度的水分（如在干旱地带自然环境中的土壤），水分子都会占据绝大多数土壤矿物表面的吸附位点（甚至是完全覆盖）。Kim 等人研究发现，即使对于含水率 0.021 的土壤（处于大部分土壤的含水率的下限），土壤颗粒表面水膜的平均厚度也能达到 13 层水分子（Kim et al.，2005）。

2.5　VOCs 的生物降解

有机污染物在地层中主要通过生物降解和化学降解两种途径实现化学形态的转变和分解。由于土壤孔隙中存在空气，包气带往往被认为是好氧的。不过在以下情况下包气带局部区域也可能出现微厌氧区：①由于地下水水位的波动或入渗水流量加大导致低渗透含水层被水饱和；②易降解有机物对氧气的消耗。有机物在饱水带中的生物降解或化学降解被深入研究并发表了数量众多的论文（Wiedemeier et al.，1999；Alvarez and Illman，2005），但是学术界对包气带中有机物的生物降解或化学转化关注得较少（Ma et al.，2018）。

2.5.1　石油烃的生物降解

石油烃在地层中可以通过生物降解被彻底矿化（Ma et al.，2013）。能够降解石油烃的微生物广泛分布于土壤和地下水环境中，既有好氧菌也有厌氧菌，石油烃既可以通过好氧途径也可以通过厌氧途径被降解。

1. 石油烃的好氧生物降解

石油烃的好氧生物降解是指石油烃在好氧降解微生物的作用下，以氧气为最终电子受体，被彻底矿化为二氧化碳和水。只要土壤中有足量的氧气，大部分石油烃都可以发生好氧生物降解，这一过程会释放大量的能量供微生物使用，同时石油烃分解产生的中间产物还可以作为碳源等营养物质被微生物利用。

苯系物的好氧生物降解研究较多，目前的研究发现苯系物有多条不同的好氧降解途径（图 2.7～图 2.9）。石油烃好氧降解的吉布斯自由能小于零，因此热力学上可以自发进行。该反应的速率较快，如果包气带氧含量充足且其他条件适宜，通常在较短的距离内（约几米）土壤气中的石油烃浓度就能被降低几个数量级，这会显著降低石油烃向地表的传质通量以及蒸气入侵风险（Lahvis et al., 1999；Hers et al., 2000；DeVaull et al., 2002）。

氧气是好氧生物降解的最终电子受体，因此土壤中氧气含量直接决定了好氧降解是否能发生。一般认为 1%～2%（体积分数）氧含量是好氧降解发生的阈值，低于该值好氧生物降解就会变得非常缓慢甚至完全停止（Salanitro，1993）。包气带中的氧气主要来源于地表大气通过扩散、大气压抽吸、随雨水下渗等方式输入。氧气向地层的传输受土壤理化性质的影响较大，一般含水率高、粒径较小的土壤中氧气的传质速率较低。

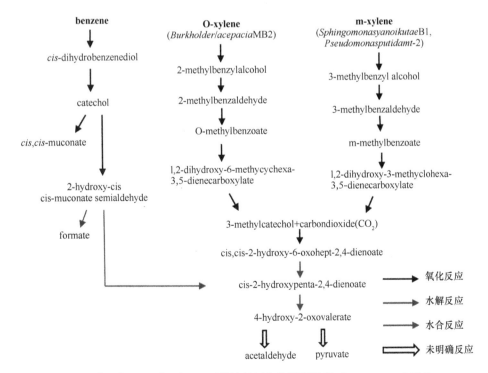

图 2.7　苯、邻-二甲苯、间-二甲苯的好氧生物降解途径（Lawrence，2006）。

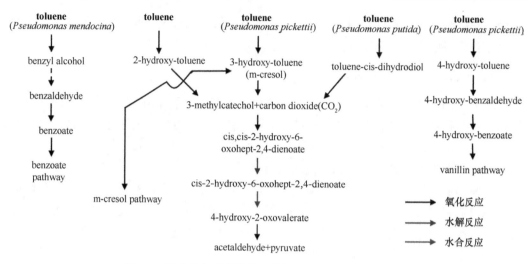

图 2.8　甲苯的好氧生物降解途径（Lawrence，2006）。

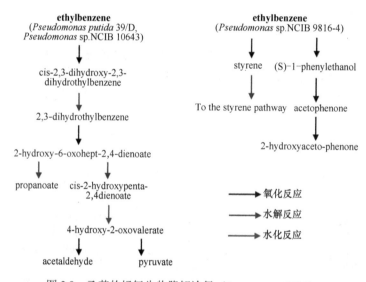

图 2.9　乙苯的好氧生物降解途径（Lawrence，2006）。

　　进入地层的氧气会通过多种途径被消耗，如各类污染物的好氧降解、土壤呼吸等。**土壤呼吸（soil respiration）**是指土壤中的植物根系、食碎屑动物、真菌和细菌等通过新陈代谢活动消耗氧气，降解土壤中的有机物并产生二氧化碳的过程。土壤呼吸的严格意义是指未扰动土壤中产生二氧化碳的所有代谢作用，主要包括三个生物学过程（土壤微生物呼吸、根系呼吸和土壤动物呼吸）以及一个非生物学过程（含碳矿物质的化学氧化）。土壤呼吸是土壤固有的自发进行的活动，其强度常用于衡量土壤微生物总体的活性，也被用于评价土壤肥力。污染物的好氧生物降解和土壤呼吸会竞争土壤中有限的氧气，因此导致从大气输入地层的氧气在向下迁移的过程中被逐渐消耗。

2. 石油烃的厌氧生物降解

　　在缺氧条件下，石油烃也可以通过厌氧生物降解被矿化。在这一过程中，石油烃仍然是电子供体，不过最终电子受体从氧气变为其他外源电子受体（如硝酸盐、硫酸盐、铁锰矿物等）。石油烃厌氧降解产生的中间产物同样可以作为碳源等营养物质被微生物利用，另外该过程中会释放能量供微生物使用。图 2.10 展示了苯系物的厌氧生物降解途径。

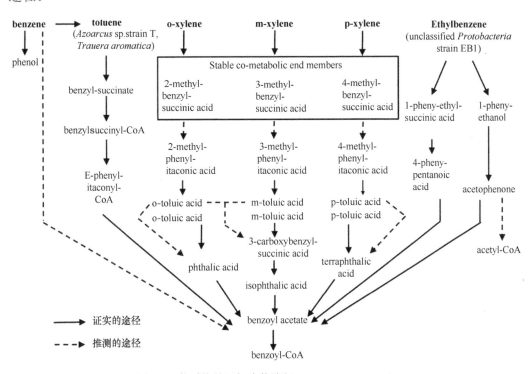

图 2.10　苯系物的厌氧生物降解（Lawrence，2006）

　　取代芳烃的厌氧生物降解一般都可以自发进行，但是苯的厌氧生物降解并不一定在所有场地中都可以发生（Aronson and Howard，1997）。在特定场地中，苯的厌氧生物降解是否发生需要根据场地的情况具体判断。一些场地研究（Reinhard et al.，1984；Barbaro et al.，1992）或实验室微宇宙研究（Barbaro et al.，1992；Krumholz et al.，1996）发现苯无法发生厌氧生物降解，但另一些研究发现苯可以在中等还原环境（硝酸盐还原）（Hutchins et al.，1991）到强还原环境（产甲烷）（Kazumi et al.，1997）中发生厌氧降解。一些研究还发现：即使在强厌氧环境中，只要其他条件适宜，苯的厌氧降解速率可以很快。很多研究报道了地下水含水层介质或海岸带含水层介质中苯可以通过硫酸盐还原途径被快速矿化（Lovley et al.，1995；Coates et al.，1996a，1996b；Phelps et al.，1996）。

2.5.2　卤代烃的生物降解

　　在蒸气入侵调查和模型研究中一般将卤代烃看作不可降解化合物，完全忽略其生物降解和非生物降解作用。实际上卤代烃在包气带和饱水带中都可以发生不同程度的生物降解，虽然降解速度可能较慢。卤代程度不高的卤代烃可以作为初级基质通过好氧降解被代谢，但卤代程度较高的卤代烃往往只能发生厌氧降解，另外卤代烃还可以通过共代谢被降解。截至目前有关卤代烃生物降解的研究主要集中在饱水带含水层介质或沉积物中，但是学术界对于卤代烃在包气带中的生物降解关注得很少，可以参考的文献非常少。因此，5.2 节中介绍的内容主要基于饱水带中的研究成果并尽量搜集包气带中的研究发现。

1. 卤代烃的好氧氧化代谢

卤代程度不高的卤代烃［如氯乙烯（VC）、顺-1,2-二氯乙烯（cDCE）、1,2-二氯乙烷（1,2-DCA）］可以被好氧微生物直接作为**初级代谢基质（primary substrate）**进行好氧代谢。图 2.11 展示了已经探明的 1,2-DCA 的好氧生物降解途径。Bradley 和 Chappell（1998）发现受污染河床沉积物中的土著微生物可以在好氧条件下快速矿化 VC 和 cDCE。还有研究证明：cDCE（Bradley and Chapelle，2000；Coleman et al.，2002）和 VC（Hartmans and De Bont，1992；Elango et al.，2006）能够作为唯一营养物质被微生物通过好氧代谢迅速降解。β 变形菌门的 *Polaromonas* sp. strain JS666 目前仍然是唯一被分离出的可以将 cDCE 作为营养物质（初级代谢基质）进行好氧降解的微生物（Coleman et al.，2002；Jennings et al.，2009）。Jennings 等人通过稳定同位素手段（CSIA）证明了 JS666 菌对 cDCE 的降解是通过新型的**碳-氯键断裂**（类似厌氧脱氯），而更常见的单加氧酶催化的**环氧化途径（epoxidation oxidation）**似乎并未起主要作用（Jennings et al.，2009）。Elango 等（2006）分离出了一株可以同化 VC 和乙烯并将它们作为唯一碳源进行代谢的细菌 *Ralstonia* sp. strain TRW-1。在一个 DNAPL 污染的含水层中进行原位地下水曝气，1,2-DCA 和 VC 被发现经过好氧生物降解被除去，进一步研究发现 1,2-DCA 的实际好氧降解速率远高于实验室测定值（Davis et al.，2009）。

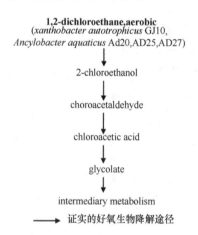

图 2.11　1,2-DCA 的好氧生物降解途径（Lawrence，2006）

2. 卤代烃的厌氧氧化与微氧好氧氧化之间的争议

有关低卤代化合物是否可以通过厌氧氧化（还是实际发生了微好氧氧化）被代谢存在一定的争议。有研究报道了 cDCE 可以在锰还原地层中被氧化并最终矿化成 CO_2

（Bradley and Chapelle，1998）。另一个研究报道了 VC 和 cDCE 似乎可以在铁还原或产甲烷地层中被矿化（Bradley and Chapelle，1997）。还有一篇会议论文报道 VC、cDCE、1,2-DCA 可以在硝酸盐还原条件下被氧化（Dijk et al.，2000）。但是 Fang（2009）的研究得出了相反的结论，他从美国 9 个污染场地采集了大量地层样品并进行了 350 个微宇宙实验，他并没有发现 VC 和 cDCE 存在厌氧氧化。他认为前人研究中报道的氯代烃降解现象是发生在微氧环境下的好氧氧化，而不是厌氧氧化，实际情况很可能是微量的氧气混入了厌氧环境并发生了**微氧好氧氧化**，但这一过程被研究人员误认为是厌氧氧化。

　　Gossett（2010）的研究支持了 Fang 的观点，他发现 $0.02\sim0.1$ mg/L 的低浓度溶解氧可以持续地将 VC 氧化成 CO_2，化学计量学研究显示每降解 1 mol VC 需要消耗 2.025 mol O_2，这说明 VC 氧化的耗氧量并不大。由于野外使用的氧气测定方法灵敏度不足，含水层中微量的溶解氧无法被检测出，因此 Bradley 和 Chapelle 可能是把微好氧环境错误地当成了厌氧环境。基于以上结果，Gossett（2010）建议采用基于 DNA 或 mRNA 的分子生物学技术来验证是否发生了 VC 微好氧降解。如果 VC 可以被微好氧降解，其他易好氧降解的低卤代化合物也应该存在类似的现象。

3. 卤代烃的好氧共代谢

　　当地层中存在易生物降解的初级基质（如甲烷、丙烷、甲苯等）时，高卤代和低卤代化合物都可以通过**共代谢（cometabolism）**被好氧降解。在共代谢途径中，卤代烃作为**次级基质（secondary substrate）**被单加氧酶或双加氧酶误认为是其正常底物（**共代谢基质**）而被氧化，氧气一般是这类共代谢的电子供体（Semprini，1997）。氯代烃的好氧共代谢产物包括 Cl^-、三氯乙醇、氯乙醛、CO_2 等（Hopkins and McCarty，1995；Semprini，1997；Semprini et al.，2007）。目前所有的卤代烃共代谢降解研究都是以污染修复为目的的，因此在研究时都在实验体系中人为添加了初级基质。然而，尚未有人专门研究在天然地层和自然条件下的卤代烃的好氧共代谢，不过理论上讲这一过程完全可能在天然地层中自发进行。从次级基质对共代谢的适配性讲，芳香烃（甲苯、苯酚）更适于作为氯乙烯（TCE、DCE）的共代谢基质（Hopkins and McCarty，1995），而气态烷烃（甲烷、丙烷、丁烷）更适于作为氯代甲烷和氯代乙烷的共代谢基质（Semprini，1997；Semprini et al.，2007）。由于碳含量高、水溶性好，丁烷的共代谢效果比较好（Kim et al.，1997）。

　　在含有多种污染物的混合污染羽中很可能发生共代谢作用，但这一点经常被研究人员忽视。Freedom 等（2001）在美国加利福尼亚州的一个 TCE 和 1,1,1-三氯乙烷（1,1,1-TCA）共存的污染含水层中发现 VC 在地下水污染羽的下游存在甲烷和乙烷的地方被好氧降解，实验室微宇宙实验进一步证实了甲烷和乙烷是 VC 共代谢的初级基质，而且单独存在乙烷的处理组中 VC 降解得最快。Freedom 等（2006）利用微宇宙实验还观察到降解微生物的富集培养菌群在度过一段迟滞期之后能够以 VC 为主要基质共代谢降解顺-/反-二氯乙烯。Frascari 等人证明难降解氯代烃（如 1,1,2,2-四氯乙烷）可以被甲烷或丙烷降解微生物共代谢，他们还发现 VC 可以作为其他氯代烃的共代谢基质。

4. 卤代烃的厌氧还原脱氯

由于高氯代化合物的氧化还原电位较高，一般只能通过厌氧还原脱氯的方式被分解，这是高氯代化合物最常见最重要的生物降解途径。大量研究已经证明氯乙烯会沿着四氯乙烯→三氯乙烯→1,2-二氯乙烯→氯乙烯→乙烯/乙烷的路径进行还原脱氯（图 2.12）。还原脱氯是一个严格的厌氧反应，因此该反应在包气带中并不常见。虽然好氧的包气带内部也可能存在微厌氧环境，也有研究推测包气带内的微厌氧环境可能存在着还原脱氯作用，但这些研究都未能提供直接的证据证实这一推论（Ellis et al.，1997；Kirtland et al.，2003）。

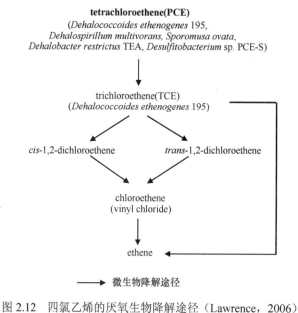

图 2.12　四氯乙烯的厌氧生物降解途径（Lawrence，2006）

2.6　VOCs 的非生物化学降解

在地下环境中，在 VOCs 衰减过程中非生物化学反应起的作用往往没有生物降解显著。一般认为石油烃在地层中很难通过非生物途径被降解，但是一部分卤代 VOCs 在地层中可以发生显著的化学反应（水解、脱氢卤反应等）（Vogel et al.，1987；Jeffers et al.，1989）。因此本节主要介绍卤代烃在地层中的化学降解。

2.6.1　亲核取代反应基础

在包气带或饱水带中能够与有机化合物反应的化学物质大部分属于**亲核试剂（nucleophile）**，例如，HS^-、SO_4^{2-}、Cl^-、Br^-、I^-、F^-、OH^-、HCO_3^-、NO_3^-、$H_2PO_4^-$、HPO_4^{2-}、CH_3COO^-等（Schwarzenbach et al.，2002）。**亲核反应（nucleophilic reaction）**是一类重要的有机反应，一般由电负性高或电子云密度高的亲核基团（由亲核试剂携带）

向反应底物中带正电或者电子云密度较低的部分进攻，进而发生反应。亲核反应可以进一步分为**亲核加成（nucleophilic addition）**和**亲核取代（nucleophilic substitution）。亲核取代**是指有机分子中与碳相连的某原子或基团被作为亲核试剂的某原子或基团所取代的化学反应。在反应过程中，取代基团提供新键的一对电子，而被取代的基团则带着旧键的一对电子离去，被取代的基团也叫**离去基团**。以卤代烃为例［反应式（2.1）］，由于卤族元素的电负性比碳元素高，卤代烃分子中的卤原子带有部分负电荷而碳原子带有部分正电荷。富电子的亲核试剂会进攻带部分正电荷的碳原子并与碳原子形成共价键，卤素原子则带着一对电子以负离子的形式离去（即卤素被亲核试剂取代），这一反应就被称为亲核取代反应。

$$Nu^- + R-X \longrightarrow R-Nu + X^- \qquad\qquad 反应式（2.1）$$

式中，卤代烃 R—X 为底物（substrate），通常用"S"表示，Nu^- 为亲核试剂，X^- 为离去基团，通常用"L"表示。亲核取代反应包括单分子亲核取代（S_N1）和双分子亲核取代（S_N2）两种途径。

地层中较易发生化学反应的 VOCs 大多含有氯、溴或者氧原子，因为这些电负性较强的杂原子使得与其相连的碳原子带正电，进而为亲核试剂提供了进攻的活性位点，另外这些杂原子形成的离子（Cl^-、Br^-）在水溶液中很稳定，因此是理想的离去基团。尽管这样还是有很多卤代 VOCs 在一般地层环境中表现出相当的化学稳定性（Butler and Barker，1996）。例如卤代烯烃在地层中很难发生化学降解，因为碳碳双键也含有很高的电子云密度，这会阻碍亲核试剂的进攻。含芳香环的有机物（苯系物或氯苯等）在地层中很难发生化学降解，因为芳香环也含有高密度电子云，阻碍了亲核试剂的进攻。不过当卤素取代发生在芳环的侧链碳原子上时，卤素会增加该碳原子的反应活性，例如：$Cl-CH_2-C_6H_5$ 和 $Br-CH_2-C_6H_5$ 的水解反应半衰期分别只有 15 h 和 0.4 h（Schwarzenbach et al.，2002）。

当 VOCs 在地层中发生降解反应后，很难根据反应产物区分是生物降解还是非生物化学降解导致了母体 VOCs 化学结构的变化，因为两种反应的产物很相近，另外同一种 VOCs 同时存在多条化学和生物降解途径。

2.6.2　水　解　反　应

虽然水分子并不是强亲核试剂，但由于在地下环境中水分子大量存在，因此水分子是重要的一类亲核试剂。溶于水中的 VOCs 与作为溶剂的水分子或氢氧根离子发生的亲核取代反应也叫**水解（hydrolysis）**，如反应式（2.2）所示。VOCs 水解后一般生成水溶性更高、生物可降解性更强、毒性更低的醇类化合物。如果一步水解产生的醇仍然带有卤原子，该化合物会继续发生水解，进而产生二醇或酸（Vogel et al.，1987）。

$$CH_3CH_2Br + H_2O \longrightarrow CH_3CH_2OH + Br^- + H^+ \qquad 反应式（2.2）$$

水解或其他亲核反应一般会产生能量（即吉布斯自由能小于零），因此热力学上这类反应可自发进行，而且一般是不可逆的单向反应。VOCs 的水解反应对温度和 pH 值较敏感，H^+ 或 OH^- 可以促进水解反应。pH 值的影响在厌氧发酵较强烈的污染源区或者受垃圾渗滤液影响的含水层中可能较明显。温度越高 VOCs 的水解速率越大。

Washington（1995）总结了很多种 VOCs 的水解反应速率和半衰期：在 25℃且 pH 值为 7 的条件下，很多卤代烯烃和卤代芳烃的水解半衰期都大于 1000 年；很多卤代甲烷和卤代醛的水解半衰期都大于 100 年；很多卤代烷烃和卤代醇的半衰期都小于 100 年；水解半衰期小于 10 年的 VOCs 有氯乙烷、2-氯乙醇、2-氯丙醇；水解半衰期小于 1 年的 VOCs 有 1,3-二氯丙烯、1,1,2,2-四氯乙烷、2,2,2-三氯乙醇、1,1,1-三氯乙烷。Butler 和 Barker 总结了卤代 VOCs 的化学降解速率（包括取代反应和脱氢卤反应），他们发现在 10~25 ℃温度范围内，半衰期小于 1 年的卤代 VOCs 有：溴甲烷、溴乙烷、氯乙烷、五氯乙烷、1,1,1-三氯乙烷、1,1,2,2-四氯乙烷（Butler and Barker，1996）。

Vogel 也总结了多种有机化合物的水解速率：由于 Br 更容易脱离，因此溴代有机物的水解速率高于氯代有机物；单卤代烷烃的水解速率最快；由于静电斥力阻碍了亲核反应，卤代烃的水解速率随其卤代程度增加而降低；不过对于某些高度卤代的 VOCs，卤代程度增加反倒提高了其降解速率，这是由于发生了脱氢卤反应（Vogel et al.，1987）。

2.6.3 其他亲核取代反应

除了水分子，地层中还存在其他的亲核试剂，比较重要的有 HS^- 或 H_2S。HS^- 可以与溴代烷烃（alkyl bromides）发生亲核取代反应并生成硫醇（RSH 或 RS^-）[反应式（2.3）]。RSH 或 RS^- 的亲核反应性更强，因此会进一步与另一个溴代烷烃发生反应，生成毒性更强的硫醚（Schwarzenbach et al.，1985）。由于硫醚、硫醇这类物质的毒性本身较强，因此 HS^- 或 H_2S 与卤代烃发生的亲核反应并不会显著降低反应体系总体的毒性，这与水解反应后反应体系毒性降低有显著的差异 [反应式（2.4）]。

$$CH_3CH_2Br + HS^- \longrightarrow CH_3CH_2SH + Br^- \qquad 反应式（2.3）$$

$$CH_3CH_2Br + CH_3CH_2SH \longrightarrow (CH_3CH_2)_2S + H^+ + Br^- \qquad 反应式（2.4）$$

微生物硫酸盐还原代谢通常会产生 HS^-，这种情况下可能同时伴随 HS^- 的亲核反应，不过硫酸盐还原菌引起的亲核取代反应在包气带中并不常见，除非微环境存在厌氧状况时才可能会有 HS^- 的产生。

2.6.4 脱氢卤反应

脱氢卤反应（dehydrohalogenation）是指相邻碳原子上分别脱去一个氢原子和一个卤原子，并形成双键的反应，如反应式（2.5）所示。

$$CHCl_2CHCl_2 \longrightarrow CCl_2CHCl + HCl \qquad 反应式（2.5）$$

脱氢卤反应并不发生电子的转移，因此不是氧化还原反应。Cooper 等人研究了在不同温度（30~95℃）和不同 pH 值（5~9）条件下 1,1,2,2-四氯乙烷（TeCA）脱氢卤生成三氯乙烯（TCE）的反应动力学（Cooper et al.，1987）。他们发现 TeCA 生成 TCE 的反应遵从准一级动力学反应方程，在 25℃且 pH 值为 7 的溶液中，TeCA 的半衰期为 102 天。他们还发现 pH 值对 TeCA 的脱氢卤反应速率影响很大，反应速率与 OH⁻浓度成一级动力学关系。他们通过计算得到在 pH 值为 9 时 TeCA 的半衰期只有 1.02 天。在这一研究基础上，其他学者研究了离子强度和缓冲液组成对 TeCA 脱氢卤反应的影响。结果表明 TeCA 脱氢卤生成 TCE 的反应速率与离子强度及缓冲液组成没有关系。同时发现，TeCA 仅发生碱催化脱氢卤反应，并没有发现有中性催化脱氢卤反应的发生（Haag and Mill，1988；Joens et al.，1995）。

2.6.5　氧化还原反应

氯代脂肪烃可以作为电子受体参与地层中的氧化还原反应。大部分氯代脂肪烃的氧化还原反应在热力学上可以进行的，但从动力学上这类反应的能垒较高，因此通常不会自发进行，除非在强还原环境同时有微生物的催化作用（Butler and Barker，1996）。虽然有文献在灭菌的厌氧沉积物实验组中观察到 1,2-二溴乙烷、1,2-二碘乙烷、1,1,2,2-四氯乙烷产生了明显的降解（Jafvert and Lee Wolfe，1987），但是上述物质的降解可能是多种反应导致的，并不一定全能归因于氧化还原反应。一般认为此类反应在包气带中并不普遍，除非微环境存在较强的厌氧还原环境。

2.6.6　与天然有机质、矿物、硫化物的反应

最新的研究较为关注地层中的天然有机质、矿物、硫化物与氯代脂肪烃的非生物化学反应或微生物参与的反应。在这类反应中，天然有机质、矿物、硫化物一般作为电子供体或传递体。这类研究大多聚焦在含铁矿物上，如黄铁矿（pyrite，FeS_2）、陨硫铁（troilite，FeS）、马基诺矿 [mackinawite, $(Fe, Ni)_{1+x}S$，$x = 0 \sim 0.11$] 以及铁氧化物矿物（如磁铁矿）。这些矿物能将卤代脂肪转化成不含卤素的烃类（如乙烷、乙烯、乙炔等）（Lee and Batchelor，2002a；2002b）。四氯化碳、PCE、TCE、cDCE、1,1-DCE 都可以通过非生物途径脱氯。绿锈（green rust，$[FeII_{6-x}FeIII_x(OH)_{12}]^{x+}[(A)_{x n}yH_2O]^{x-}$）的化学脱氯作用引起了广泛的关注，研究显示其脱氯速率比黄铁矿高 3～8 个数量级，在反应过程中还未检出有毒的含氯中间产物（Lee and Batchelor，2002b）。在包气带中，这类反应的发生前提是存在厌氧的还原环境。

2.6.7　反应动力学参数的可靠性

已有较多文献报道了 VOCs 在地层中化学反应，目前积累了较丰富的反应动力学参数（反应速率常数、半衰期等）（Vogel et al.，1987；Washington，1995；Butler and Barker，1996）。然而直接将这些反应动力学参数用于模拟和预测 VOCs 蒸气在包气带中的环境行为仍然面临一些困难：①已有的研究大多基于饱和带地层，反应参数都是在水相或者水-固并存条件下测定的，尚不清楚能否将这些数据直接用于描述包气带气相 VOCs 的

化学降解；②对一部分 VOCs，不同文献给出降解速率的数值差异较大，造成这一现象的原因包括：实验装置和检测方法的差异、生物降解的贡献、环境因子（温度、pH 值、含水率）的影响。因此，应谨慎使用这类数据。

2.7　污染物进入室内的机制

2.7.1　污染物进入室内的通道

迁移到建筑地板附近的 VOCs 还要通过一定的途径进入建筑物内部才能最终造成人体暴露。VOCs 可以随着土壤气流，沿着建筑物地板或墙体上的缝隙进入室内（图 2.13）。常见的建筑物地板或墙体上的缝隙包括：地板或墙体上的裂缝、管线穿越地板或墙体的孔洞、地板之间或地板和墙体之间的接缝等（图 2.13）。对于年久失修的建筑、有破损的墙体或裸土地基等情形，存在土壤气入侵问题的概率更高。

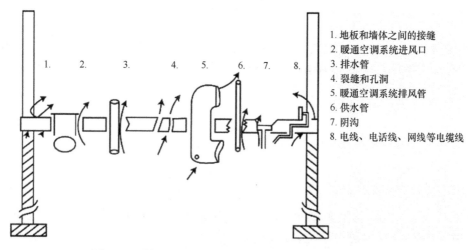

1. 地板和墙体之间的接缝
2. 暖通空调系统进风口
3. 排水管
4. 裂缝和孔洞
5. 暖通空调系统排风管
6. 供水管
7. 阴沟
8. 电线、电话线、网线等电缆线

图 2.13　地板或墙体上常见的裂缝类型（USEPA，2015）

2.7.2　污染物进入室内的推动力

除了存在裂缝、孔洞、接缝等的传质通道外，VOCs 侵入室内的另一个必要条件是存在传质推动力，这一般来自跨地板的气压梯度。很多建筑都存在跨地板的气压梯度（正压、负压、正负压交替）（Nazaroff et al.，1985；McHugh et al.，2006）。产生气压梯度的原因有：①室内供暖或加热源导致的室外气体吸入；②通风和换气系统运行导致的室外气体吸入；③室内外温度梯度导致的烟囱效应（详见本章 7.4 小节）；④风力作用导致的风效应（详见本章 7.4 小节）；⑤大气压波动等。很多研究发现只要存在很小的气压梯度（几个帕）即可引起土壤气穿越地板的对流运动，土壤气进入室内的流速与跨地板的气压梯度的大小成正相关关系（Nazaroff et al.，1987；Fischer et al.，1996；Robinson and Sextro，1997）。上述研究还证明了：①很多建筑都存在跨地板的气压梯度；②在气压梯度作用下，沿着地板裂缝土壤气会产生对流；③在大多数情况下对流而非扩散是 VOCs 进入室内的主要方式。扩散可能在以下情况下成为 VOCs 进入室内的主要方式：①跨地板的气压梯度不存在或很微弱；②地板上不存在任何可供土壤气对流的裂缝，不过在两种情况下发生蒸气入侵的概率较低。

当对流成为 VOCs 进入室内的主要传质方式时，跨地板的气压梯度的正负值直接决定了气流的方向。如果室内保持负压，则土壤气会从不断地底板下方进入室内，进而形成 VOCs 蒸气入侵。如果室内保持正压，则室内空气会持续地从室内流出进入土壤中，这会大大降低 VOCs 蒸气入侵室内的可能性。

2.7.3　大气压的周期性波动

地表大气压的周期性波动会引起表层土壤气的活塞式对流活动，进而影响 VOCs 的蒸气入侵。大气压升高导致土壤气的压缩，因此会推动地表土壤气进入室内或者土壤深部。大气压降低导致土壤气膨胀，因此会推动气体从室内或者土壤深部进入地表。这种大气压波动引起的土壤气对流活动被称为**"大气抽吸（barometric pumping）"**。一般情况下大气压 24 小时内的波动在 3%以内（图 2.14）（Massmann and Farrier，1992）。大气压波动对土壤气产生的影响随着土壤深度的增加而减少，同时也受到土壤性质的影响。细颗粒土壤容易产生气压阻力和土壤气反应的迟滞现象，因此会降低大气压波动对土壤气的影响。

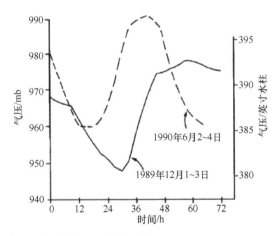

图 2.14　实地测定的大气压周期性波动（Massmann and Farrier，1992）

在以下情况下，大气抽吸作用会对蒸气入侵过程产生较显著的影响。当目标建筑周边的地面被低渗透层覆盖（如沥青道路、混凝土地面），大气压周期性波动会导致室内和底板下土壤气之间产生较大的气压差，从而推动气体进入或者流出建筑物。在大气抽吸作用下室内和底板下土壤气中可以产生 500 Pa 的瞬时气压差（Adomait and Fugler，1997）。对于位于潜水面以上的基岩裂隙介质（unsaturated fractured bedrock），大气压抽吸作用的影响深度会大大增加。大气抽吸作用会导致 100 m 深的基岩裂隙质产生显著的气体对流。

2.7.4　烟囱效应和风效应

室内和室外的气温差会导致空气密度和气压的差异，最终推动气体产生对流。在冬季供暖期间，室内温度高于室外，热空气的密度大因此会向上与建筑物上层发生对流，进而导致建筑物上层的空气向室外排，同时在建筑物下层吸入室外的冷空气（图 2.15）。在夏季，空调制冷会导致室内温度低于室外，冷空气的密度大因此会堆积在建筑物下层，进而导致建筑物下层的空气向外排，同时在建筑物上层吸入室外的热空气。整栋建筑可以被想象成一个烟囱，因此这一现象也被称为**烟囱效应（stack effect）**。照射到屋顶上的太阳管辐射也能引起室内温度的变化并最终导致烟囱效应（McAlary et al.，2011）。烟囱效应的大小与室内外温差以及建筑物高度有关，温差越大，建筑物高度越高，一般烟囱效应越强烈。烟囱效应引起的气压差可以通过经验公式进行估算（Reichman et al.，2017），具体可参考 *ASHRAE Handbook of Fundamentals*（ASHRAE，2013）。

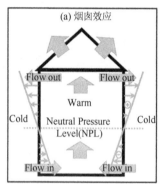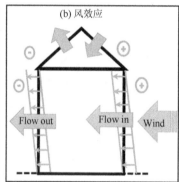

图 2.15　烟囱效应和风效应示意图（Reichman et al.，2017）

Flow out：流出；Flow in：流入；Warm：热；Cold：冷；Neutral Pressure Level：中和界

当风吹向建筑物时，在建筑物的迎风一侧气压会升高，在背风一侧气压会降低，进而引起室内外气压差。在气压差推动下，迎风一侧往往会出现空气进入室内的现象，而背风一侧往往会出现室内空气流出室外的现象，这一现象也被称为"**风效应（wind effect）**"。风效应引起的气压差可以通过经验公式进行估算（Reichman et al.，2017），具体可参考 *ASHRAE Handbook of Fundamentals*（ASHRAE，2013）。

2.7.5　污染地下水直接侵入地下室

潜水面接触到建筑物地下室的地板或墙体的情形被称为**湿地下室（wet basement）**（图 2.16）。在这种情况下，被污染的地下水会通过墙体或地板浸入地下室，地下水中的 VOCs 也会被一并带入。除了浸入室内，被污染地下水还有可能被建筑设备（如泵）直接吸入室内。这两种情形都会导致 VOCs 的室内入侵，如果地下水中有 NAPL 相，则产生蒸气入侵的概率会大很多。

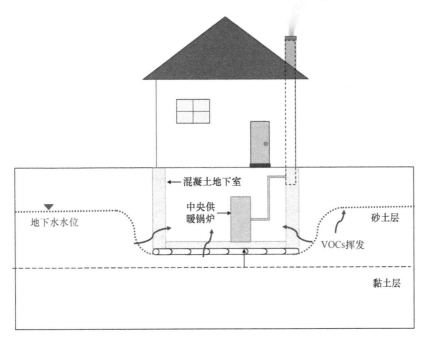

图 2.16　湿地下室示意图

2.8　优先传质通道

2.8.1　基　本　概　念

优先传质通道（preferential transport pathway）也简称为**优先通道**（**preferential pathway**）是指对污染物有较高传输速率的高渗透性人工构筑物或天然地层结构。最常见的优先通道是渗漏的管道，这些管道将地层中的污染区域与建筑物内部连通，地层中的 VOCs 以气体或液体形式进入管道后沿着管道以几乎无衰减的方式直接进入室内（图 2.17）。地下管线周围回填的高渗透性杂填土或者天然形成的孔道地质结构（如喀斯特地层）等也可以成为 VOCs 的优先传质通道。最新的研究发现在建筑物内部也存在 VOCs 的优先传质通道，例如，墙体的壁腔、电梯井、楼梯井、管廊和管线通道（McHugh et al.，2017a；Nielsen and Hvidberg，2017）（详见 8.4 小节）。这些建筑物内部的优先通道会导致 VOCs 分布在超预期的区域，例如，与 VOCs 污染源间隔较远的房间。

据估计在丹麦中部地区超过 20%的干洗店场地中，下水道都是蒸气入侵最重要的传质途径（Nielsen and Hvidberg，2017）。当出现以下情况时，就要考虑该场地是否存在优先通道：①高层建筑上层房间的 VOCs 浓度显著高于下层房间；②卫生间和厨房中的 VOCs 浓度显著高于卧室；③室内空气浓度显著高于基于土壤气监测结果计算的值；④管道中检出了 VOCs；⑤管道中的气压高于室内空气。

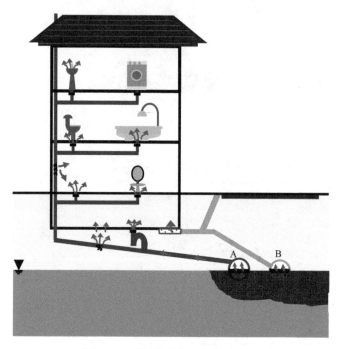

图 2.17　常见的蒸气入侵优先通道

2.8.2　VOCs 通过优先通道侵入室内的场地案例

传统观点认为污染场地中的 VOCs 主要经由包气带迁移然后通过目标建筑地基和墙体的裂隙侵入室内，然而近十年的蒸气入侵场地调查发现 VOCs 还可通过地下管道等优先通道直接进入室内。表 2.2 列举了美国和欧洲的几个场地案例，这些案例均被证实 VOCs 通过优先通道侵入了室内并导致一栋或者多栋建筑的室内空气浓度超标。

表 2.2　VOCs 通过优先通道侵入室内的场地案例

场地名称	污染情形	参考文献
丹麦 PCE 污染场地	由于污水管道的传质作用，位于地下水污染羽之外的几栋建筑也受到了 PCE 蒸气入侵的影响，房间内最高的 PCE 浓度达到了 810 $\mu g/m^3$	Riis et al.，2010
波士顿 PCE 分装厂污染场地	污水管道将地层中的 PCE 传输到卫生间，卫生间空气中 PCE 浓度达到 190 $\mu g/m^3$。第一层起居室空气中的 PCE 浓度为 0.64 $\mu g/m^3$（卫生间门关闭）和 37 $\mu g/m^3$（卫生间门打开）。地下室空气中的 PCE 浓度为 0.36 $\mu g/m^3$（卫生间门关闭）和 3.3 $\mu g/m^3$（卫生间门打开）	Pennell et al.，2013
犹他州 ASU 蒸气入侵 Research House	采用室内气压调节的方法证明排水管将污染地下水中的 TCE 传输到建筑地基附近，TCE 蒸气沿着地板裂隙进入室内，本案例还可参考本书第 5 章	Guo et al.，2015
印第安纳波利斯 USEPA 蒸气入侵 Research Building	利用示踪剂证明了污水和雨水管道将污染地层中的 PCE 和氯仿传输到建筑物地基附近	McHugh et al.，2017b
旧金山南湾半导体工厂污染场地	利用采样罐瞬时采样、2 种被动长期采样方法（CarbopackX 和 Radiello）、AROMA 连续在线采样等 4 种不同方法在 2014～2017 四年期间监测了排水管道内气体中的 VOCs 浓度，该研究证明了 TCE 沿着污水管道侵入了位于污染羽一百多米之外的多栋建筑。该研究还发现管道气体中的 TCE 浓度存在非常大的时间和空间异质性	Roghani et al.，2018

2.8.3　VOCs 通过优先通道侵入室内的途径

理论上讲，安装和维护良好的管道并不会使得 VOCs 传输进入室内，但是经过长期使用的管道总会有各种各样的孔洞或渗漏位点，进而导致污染土壤或地下水中的 VOCs 进入管道并沿着管道进入室内（Roghani et al.，2018）。VOCs 通过优先通道侵入室内常见的途径如下（图 2.18）（Nielsen and Hvidberg，2017）：

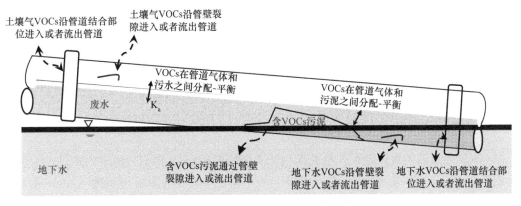

图 2.18　污染场地中的 VOCs 进入管道的途径

（1）土壤中的 VOCs 随着土壤气进入管道中，气态 VOCs 在气压梯度或浓度梯度的推动下通过气相对流或气相扩散沿着管道进入目标建筑。

（2）地下水中的 VOCs 随污染的地下水进入管道内，VOCs 挥发到管道内液面上的顶空，气态 VOCs 在气压梯度或浓度梯度的推动下通过气相对流或气相扩散沿着管道进入目标建筑。

（3）被 VOCs 污染的地下水以水相形态沿着管网系统流入临近的建筑，VOCs 从水中挥发出来并侵入目标建筑。

（4）含 VOCs 污泥通过管壁的裂隙进入管道后，VOCs 通过挥发进入管道气相并以气态沿管道传输，VOCs 还可通过溶解进入管道内的污水中并以水相沿管道传输。

除了以上直接侵入室内的优先通道，VOCs 还可以沿着管道或者管道周围回填的高渗透性的杂填土以及天然形成的孔道地质结构（如喀斯特地层）迁移到建筑物地基附近，然后再沿着底板或墙体的裂隙进入室内。

2.8.4　VOCs 在管道中的自由运移可能产生的结果

由于气相 VOCs 在管道中可以自由流动，既可以沿着管网向下游迁移，也可以逆污水水流方向向上游迁移。因此，如果沿管道迁移是引起目标蒸气入侵的主要传质方式，受影响的往往是多栋建筑，而且可能同时分布在管网的上游和下游（图 2.19）（Rüeeg and Hvidberg，2017）。

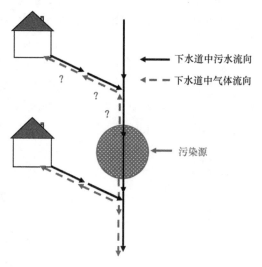

图 2.19　管网中携带 VOCs 的管道气体以及污水的流向示意图

　　VOCs 还能沿着管网在同一栋建筑内的不同房间传输，这可能造成 VOCs 在不同房间随机分布。图 2.20 展示了两个 PCE 沿下水道入侵楼房的场地案例（Nielsen and Hvidberg，2017）。案例 A 中的楼房各层房间均使用同一套下水管，监测结果发现顶层阁楼空气中的 PCE 浓度远远高于底部楼层（特别是地下室），其原因是下水道垂直穿越了整栋建筑，在烟囱效应的作用下，下水道内的气压差推动管道内的气体向上对流，导致大量 PCE 积累在阁楼中。案例 B 的建筑有两套独立的下水管，所监测的房间中 PCE 室内空气浓度和下水道内浓度之间并无明显的规律，各组数据呈随机分布，其原因是每个房间中管道的渗漏情况和气压梯度有差异。

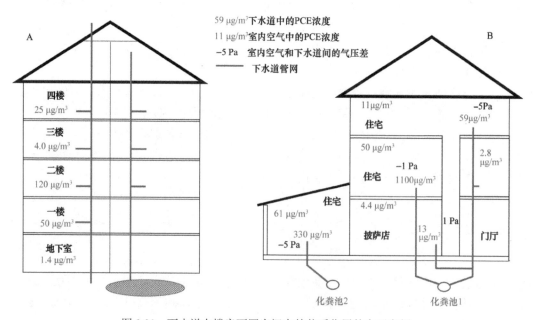

图 2.20　下水道在楼房不同房间中的传质作用的实际案例

2.8.5　优先通道的调查、评估和风险管控方法

虽然优先通道在污染物传质方面的重要作用正逐渐引起重视，但由于该途径被发现得很晚（2010 年前后），所以目前常规的场地调查并不会专门对优先通道进行调查评估（McHugh et al.，2017b）。一般认为优先通道的调查也需要采用多证据的方法，即采集管道内空气、管道内液体、管道水井后气体（area behind water trap）、室内空气、室外空气等环境介质（多证据方法具体可见第 4 章）。如果 VOCs 是通过管道内传输，一种简单快速的筛选方法是人工控制管道内气压，然后进行室内空气监测和气压差监测，如果室内空气中 VOCs 浓度显著下降即可判定存在 VOCs 的管道内运移（Nielsen and Hvidberg，2017）。

目前尚未有专门针对优先通道的风险评估方法，理论上讲 VOCs 经过优先通道进入室内而引起人体暴露风险的大小主要取决于两个因素：①VOCs 进入室内的传质通量；②室内空气交换率（Roghani et al.，2018）。VOCs 进入室内的传质通量越高，室内空气交换率越低，则人体暴露风险越大。专门针对优先通道的风险管控方法在第十章第五节有进一步介绍。

2.9　其他特殊的情形

2.9.1　非稳态现象

在进行场地调查评估时往往假设整个场地处于**稳态（steady state）**，即污染物在地层中和建筑物中的分布处于稳态，其浓度不随时间的变化而变化。然而实际的污染场地，特别是最近发生污染的场地，污染物在地层和建筑物中的迁移和分布很可能处于非稳态过程中，即同一位置污染物的浓度随着时间的变化而变化。当 VOCs 泄漏到地下以后，污染物会通过挥发进入土壤孔隙并且在土壤中迁移。VOCs 在迁移过程中会被土壤颗粒或土壤孔隙水吸附，同时也会发生降解。随着时间的流逝，污染物在土壤中的浓度会渐渐地趋于平衡，即达到稳态。VOCs 在地层中的分布达到稳态的时间间隔取决于污染物种类、距离污染源的距离等因素。污染物的迁移性越好，越不容易被土壤颗粒或土壤孔隙水吸附，则达到稳态的时间间隔越短。距离污染源越近的位置达到稳态的时间越短。

Paul Johnson 曾经提出一个估算泄漏发生后土壤气中 VOCs 浓度达到平衡所需时间（T_{ss}）的经验公式（Johnson et al.，1998b）：

$$T_{ss} \approx > \frac{R_v \theta_v L^2}{D_v^{eff}} \tag{2.13}$$

式中，R_v 是 VOCs 蒸气的**阻滞因子（retardation factor）**，一般来说苯系物和 MTBE 的阻滞因子的范围是 10～100，而短链烷烃（C3～C5）的阻滞因子接近 1；θ_v 是土壤空气

孔隙度，取值范围通常是 0.1～0.3 cm³-void/cm³-soil；D_v^{eff} 是污染物的有效扩散系数，取值范围通常是 0.001～0.01 cm²/s；L 是观测点与污染源之间的距离，cm，如果计算的是整个场地达到平衡的时间，那么 L 的取值是地表与污染源的距离。利用这个公式估算 TCE 在土壤中挥发达到平衡的时间。如果污染源深度 3 m，则达到平衡需要半年左右。如果污染源的深度 10 m，则达到平衡需要 5～6 年。如果目标污染物在地层中存在显著的生物降解，则达到平衡的时间会缩短。图 2.21 给出了无阻滞效应的难降解污染物在不同类型土壤中达到平衡所需要的时间（T_{ss}）与污染源深度的关系，对于有阻滞效应或可生物降解的污染物只需要将该图中的时间乘以阻滞因子即可。非稳态现象的存在说明了需要仔细考虑场地调查采样时间点的选取，如果在不恰当的时间点进行采样，得到的结果可能无法代表场地的实际污染状况。

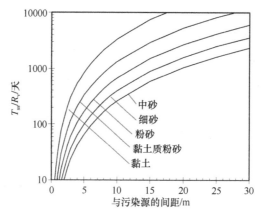

图 2.21　无阻滞效应的难降解污染物在不同类型土壤中达到平衡所需要的时间与
污染源深度的关系（Johnson et al.，1998b）

2.9.2　地下水透镜体和植物蒸腾作用

当雨水或者农业灌溉水通过下渗进入含水层后，可能会在原有的受污染地下水水面上方形成一层干净的地下水层，这层地下水层被称为**清洁地下水透镜体（fresh water lens）**（Fitzpatrick and Fitzgerald，2002），其下方的污染羽被称为**下沉污染羽（diving plume）**（API，2006；McHugh and McAlary，2009）（图 2.22）。VOCs 在水中的扩散速率远低于在土壤气中，因此地下水透镜体的存在阻隔了 VOCs 从地下水向包气带的迁移，显著降低了其挥发传质的速率。地下水位的波动能够促进水体中污染物垂向的混合，因此在地下水位波动剧烈的含水层较难形成稳定的透镜体。

当树木等植被的根系接触到非承压水层后，植物的蒸腾作用会源源不断地将地下水以及其中的污染物从非承压水上部吸出，这可能导致含水层埋深更深的污染向上运移（doucette et al.，2007）（图 2.22）。在很多地区，植物的蒸腾作用具有很强的季节性。夏季蒸腾作用较强则不易形成地下水透镜体，而冬季蒸腾作用较弱则比较容易形成透镜体。存在地下水透镜体的场地需要使用更高精度的采样调查方法以确保数据和结论的可靠性。

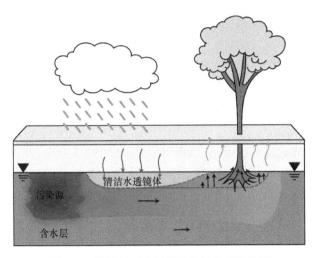

图 2.22　清洁地下水透镜体和植物蒸腾作用

2.9.3　地下水位波动

地下水位的波动是含水层中的常见现象，只是不同场地的波动速度和波动程度有一定差异。地下水位下降导致土壤孔隙中的水被空气取代，此时溶解在水中的 VOCs 或者浮在潜水面上的轻质有机相（LNAPL）会直接暴露在土壤气中，这会大大增加 VOCs 与土壤气的接触面积，从而导致更多的 VOCs 通过挥发进入包气带。另外，当地下水位的下降深度超过地下水透镜体的厚度时会直接导致透镜体被破坏，这也会增加 VOCs 进入包气带的传质通量。McCarthy 和 Johnson（1993）发现地下水位下降时 TCE 从地下水进入土壤气的传质通量比地下水位稳定时大 3 倍。其他研究也报道了地下水位下降导致包裹在其中的气泡破裂和 VOCs 释放的现象（Silliman et al.，2002；Werner and Höhener，2002）。Werner 和 Höhener（2002）等人利用柱实验系统进一步发现在地下水位下降后 cis-DCE 从地下水进入土壤气的通量增大了 2~4 倍，CFC-114 在地下水位稳定时未检出而当地下水位下降时被检出。他们进一步发现土壤气中污染物浓度增幅最大的情况出现在地下水位先上升后下降的情形，其原因可能是水位上升导致一部分土壤气被困在地下水中形成小气泡，此时污染物通过水-气界面进入气泡，当水位下降气泡中的污染物被释放出来，最终导致污染物通量的快速增加（Werner and Höhener，2002）。

由于地下水位波动具有一定的季节性规律，因此针对蒸气入侵的场地调查应考虑在不同季节进行采样。另外在分析深层土壤气数据时要考虑到地下水位波动带来的影响，在水位下降阶段采集到的深层土壤气浓度往往偏高。

2.10　VOCs 浓度分布的时间和空间异质性

2.10.1　概　　述

2002 年美国 EPA 发布了第一个蒸气入侵调查评估的技术指南（草稿），在这之后蒸气入侵问题引起了业界越来越多的关注。随着蒸气入侵方面科研成果和工程经验的积累，科学家逐渐意识到 VOCs 在地下水、土壤、土壤气、底板下土壤气、室内空气中的浓度分布具有非常大的时间和空间异质性，简称 **VOCs 浓度分布的时间和空间异质性**（**Ma et al.，2018**）。一份研究报告分析了美国 40 个场地中的衰减因子（室内空气中的污染物浓度与污染源中的污染物浓度的比值），发现这些数值有 3～4 个数量级的差异，这些差异主要受地层地质状况、地层中的污染物迁移、建筑结构、建筑暖通空调系统运行情况的影响（Dawson et al.，2007）。这里列举了时间和空间异质性研究的三个场地案例（Folkes et al.，2009；Luo et al.，2009；Holton et al.，2013），更多的场地案例可见以下文献（USEPA，2006；McDonald and Wertz，2007；McHugh et al.，2007；USEPA，2009，2010，2012；Johnston and Gibson，2013；Beckley et al.，2014）。

2.10.2　案例 1：ASU Research House 时间异质性研究

Paul Johnson 教授课题在犹他州 Layton 市的 ASU Research House 进行了四年多的场地实验，这里仅介绍该项目的第一阶段研究（Holton et al.，2013），后续研究可参见本书 5.4.4 小节。目标建筑是一个占地 110 m^2 的独栋别墅（图 2.23）。该建筑底板下方 2.5 m 的地下水被 1,1-二氯乙烯（1,1-DCE）、1,1,1-三氯乙烷（1,1,1-TCA）、三氯乙烯（TCE）污染，图 2.24 展示了 TCE 地下水浓度的监测数据。

(a)　　　　　　　　　　　　(b)

图 2.23　ASU Research House 的照片（a）和采样点位置（b）（Holton et al.，2013）

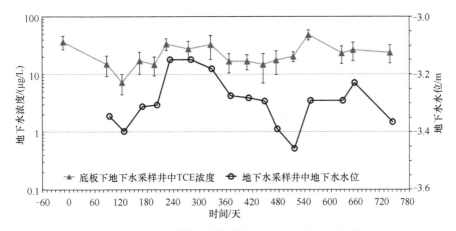

图 2.24　ASU Research House 底板下采样井监测到的 TCE 地下水浓度数据（Holton et al.，2013）

在两年半的实验观测中，Johnson 教授的研究生 Holton 等利用便携式气相色谱-质谱仪（GC-MS）和吸附管采样的方法对土壤气和室内空气进行了高频率监测，另外还用示踪剂方法对室内空气交换率进行了同步监测。图 2.25 显示室内空气交换率存在非常明显的时间和季节波动。图 2.26 展示了室内空气中的 TCE 浓度，从图中可以看出在两年半的时间中，室内空气总的 TCE 浓度存在超过 3 个数量级的波动，在排除人为控制的自然条件下，冬天采暖季更容易导致 VOCs 侵入室内空气（原因可见 2.7.4 小节）。如果把监测数据折算成采样时长 24 小时的平均浓度（一般蒸气入侵导则推荐的时间积分法采样的时长），则数据的波动性会有一定程度的降低，但两年半的数据仍有超过两个数量级的差距（图 2.27）。

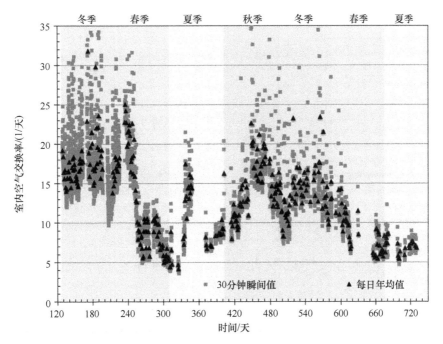

图 2.25　室内空气交换率的长期监测数据（Holton et al.，2013）

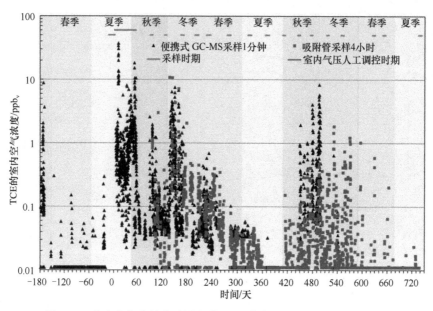

图 2.26　室内空气中的实时测定的 TCE 浓度（Holton et al.，2013）

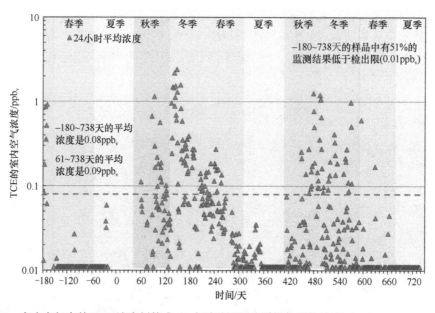

图 2.27　室内空气中的 TCE 浓度折算成 24 小时时间积分采样的平均浓度（Holton et al.，2013）

2.10.3　案例 2：怀俄明州石油污染场地空间异质性研究

美国怀俄明州 Evansville 市有一个停产的炼油厂，该场地地面下 0.6～4.3 m 的地下水油渍区（Smear zone）中都存在残留的 LNAPL。本研究以场地中一座仓库为研究对象，该建筑占地 15 m×14 m，底板位于地表下 0.15 m，底板厚度 12.5 cm（Luo et al.，2009）。

在仓库中钻取了 31 口土壤气监测井（17 口室内监测井和 14 口室外监测井），每口室内监测井采集三个深度的土壤气样品（底板下、0.6 m 深、1.2 m 深），每口室外监测井采集三个深度的土壤气样品（0.15 m 深、0.6 m 深、1.2 m 深）（图 2.28）。主要监测指标包括：土壤气中的总石油烃（TPH）、氧气、甲烷、二氧化碳、气压（Luo et al.，2009）。

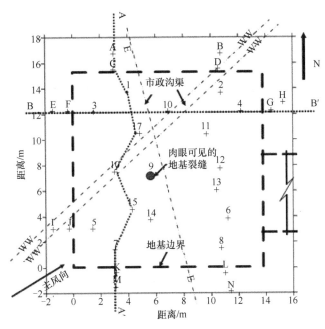

图 2.28　实验仓库的土壤气采样点分布（+号），A-A′和 B-B′是土壤气垂向分布监测横截面的
位置示意图（Luo et al.，2009）

　　图 2.29 展示了在 9 月中旬和下一年 1 月初测得的底板下土壤气-室内空气气压差分布和平均风速和风向。图 2.30 展示了地表下 0.15 m、0.6 m、1.2 m 的底板下土壤气和同等深度建筑物外围土壤气中氧气和 TPH 的浓度分布。图 2.31 展示了两条横截面上土壤气中 TPH 和氧气的浓度分布。从上述数据可以看出，即使对于占地面积中等的建筑其同一深度底板下土壤气和浅层土壤气中的 TPH 和氧气浓度存在非常大的空间异质性，在同一横截面不同深度的土壤气浓度中的 TPH 和氧气浓度也存在较大的空间异质性。建筑物外围土壤气中的 TPH 浓度远低于同等深度底板下土壤气中的 TPH 浓度，因此至少对石油污染场地建筑物外围土壤气浓度数据无法完全替代底板下土壤气浓度数据（4.16 节）。比较图 2.30 和图 2.31 还可以看出氧气含量较高的土壤气中 TPH 的含量极低，这也证明了好氧生物降解可以快速降低土壤气中的石油烃浓度（2.5.1 节和 7.5 节）。

2.10.4　案例 3：纽约皇后区 PCE 污染场地 时间空间异质性研究

美国纽约市皇后区有一个干洗机贮存和分销的仓库，由于该仓库储存的 PCE 泄漏

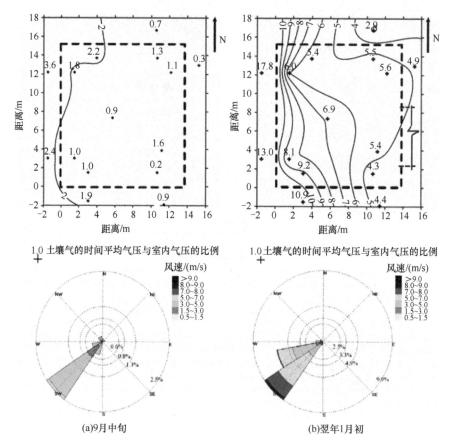

图2.29　在9月中旬（a）和翌年1月初（b）测得的底板下土壤气-室内空气气压差分布
（正值表示底板下土壤气气压大于室内空气）以及平均风速和风向（Luo et al.，2009）

导致较大面积的PCE土壤和地下水污染。该研究选取污染源下游90 m的两栋相邻的独栋住宅（House 1和House 2）作为研究对象，调查了其室内空气和底板下土壤气中PCE浓度的时间异质性（Folkes et al.，2009）。这两栋建筑都建于1920年代，占地面积大约10 m长，5 m宽，两栋建筑相互毗邻，靠一堵墙隔开。在每栋建筑物内设置3个底板下土壤气采样点和1个室内空气采样点。在2006年11月到2008年3月期间，每个月对两栋建筑进行一轮采样。每次采样除了底板下土壤气和室内空气，还会进行地下水浓度、室内-底板下气压差、气温、气压、风速、降水的监测。

　　从图2.32可以看出在实验期间地下水的中的PCE浓度呈现较明显的下降趋势，从2007年2月的27000 μg/L降低到了2008年2月的6300 μg/L。但室内空气和底板下土壤气中的PCE浓度似乎没有显著下降（图2.33），这可能是由于包气带的储存缓释效应引起的（Folkes et al.，2009）。从图2.33还可以看出，House 1的底板下土壤气的空间和时间异质性大于House 2。另外，尽管House 2的底板下土壤气中PCE浓度比House 1高1~2个数量级，但两栋建筑室内空气浓度相近。

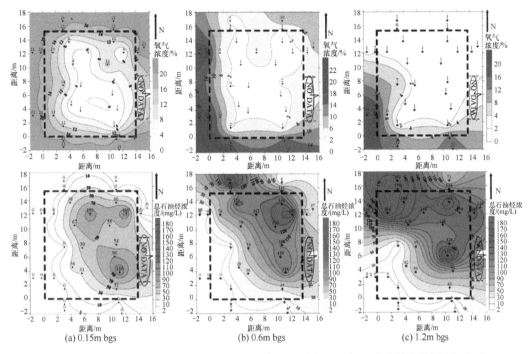

图 2.30　地表下 0.15 m、0.6 m、1.2 m 的底板下土壤气和同等深度建筑物外围土壤气中氧气和 TPH 的浓度分布（Luo et al.，2009）

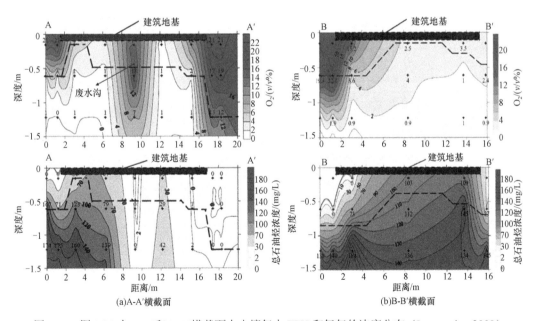

图 2.31　图 2.28 中 A-A′和 B-B′横截面上土壤气中 TPH 和氧气的浓度分布（Luo et al.，2009）

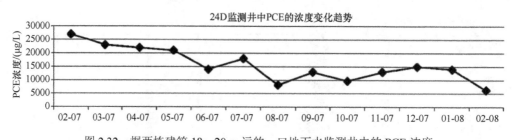

图 2.32　据两栋建筑 18～20 m 远的一口地下水监测井中的 PCE 浓度

监测井的采样过滤网长度 30 cm，大致位于地面下 18～21 m 深处，该区域的地下水位位于地面下 20 m 深（Folkes et al.，2009）

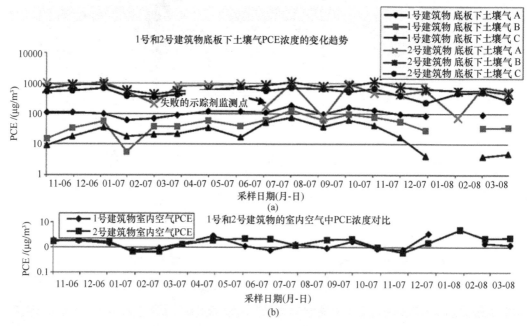

图 2.33　两栋建筑中三口底板下土壤气监测井（a）和室内空气（b）中的 PCE 浓度

（Folkes et al.，2009）

2.10.5　时空异质性产生的原因

从本章 2.10.2～2.10.4 列举的三个例子可以看出蒸气入侵场地中监测数据的时间和空间异质性是一个普遍存在现象，实际上产生这一现象的原因并不难理解。蒸气入侵过程的过程非常复杂，影响因素众多。根据本章 2.1～2.9 的介绍，蒸气入侵涉及水、固、气、NAPL 等多个相态，包含了挥发、吸附、解析、溶解、分配、扩散、对流和弥散、好氧生物降解、厌氧生物降解、化学降解等多个过程，VOCs 侵入室内的程度还受到建筑物结构、建筑物空调暖通系统运行状况、室内居民活动、地面天气状况（温度变化、气压变化、风、降水等）的影响。因此在实际场地中 VOCs 浓度分布存在较大的时间和空间异质性是必然的结果。

常见的导致 VOCs 时间分布异质性的原因包括：①土壤含水率的波动；②室内空气交换率的波动；③非平衡吸附解析；④室内外气压差的波动；⑤场地水文地质状况的时

间波动；⑥污染源随时间的变化，其中对 VOCs 室内空气浓度的短期波动影响较大的是
室内空气交换率和室内外气压差的波动（Folkes et al.，2009）。

　　常见的导致 VOCs 空间分布异质性的原因包括：①地层地质状况的空间异质性；
②场地水文地质状况的空间异质性；③不同建筑物或同一栋建筑不同区域的建筑结构的
差异；④不同建筑物或同一栋建筑不同区域的建筑运行工况的差异；⑤优先通道。上文
仅简单地列举了导致 VOCs 分布时间和空间异质性的原因，实际上每块场地甚至每栋建
筑都不尽相同，需要具体问题具体对待。

参 考 文 献

Adomait M, Fugler D, 1997. A method to evaluate vapour influx into houses: AWMA 90th Meeting. Toronto, Canada

Altevogt A S, Rolston D E, Venterea R T. 2003. Density and pressure effects on the transport of gas phase chemicals in unsaturated porous media. Water Resources Research, 39.DOI: 10.1029/2002WR001338

Alvarez P J, Illman W A, 2005. Bioremediation and natural attenuation: Process fundamentals and mathematical models. Hoboken, USA : Wiley-Interscience

API. 2006. Downward solute plumemigration: Assessment, significance, and implications for characterization and monitoring of "diving plumes". Washington DC: American Petroleum Institute

Aronson D, Howard P. 1997. Anaerobic biodegradation of organic chemicals in groundwater: A summary of field and laboratory studies. Washington DC: American Petroleum Institute

ASHRAE. 2013. Refrigerating and air conditioning engineers, handbook of fundamentals. Atlanta: American Society of Heating

Barbaro J R, Barker J F, Lemon L A, et al. 1992. Biotransformation of BTEX under anaerobic, denitrifying conditions: Field and laboratory observations. Journal of Contaminant Hydrology, 11: 245-272

Barber C, Briegel D J, Power T R, et al. 1992. Pollution of groundwater by organic compounds leached from domestic solid wastes: A case study from Morley, Western Australia//Lesage S, Jackson R E. Groundwater contamination and analysis at hazardous waste sites. New York: Marcell Dekker Inc.

Barber C, Davis G B. 1991. Fugacity model to assess the importance of factors which control movement of volatile organics from soil to groundwater//Moore I. Modelling the fate of chemicals in the environment. Acton, Australia: the Water Research Foundation of Australia

Barber C, Davis G B, Briegel D, et al. 1990. Factors controlling the concentration of methane and other volatiles in groundwater and soil-gas around a waste site. Journal of Contaminant Hydrology, 5: 155-169

Beckley L, Gorder K, Dettenmaier E, et al. 2014. On-site gas chromatography/mass spectrometry(GC/MS) analysis to streamline vapor intrusion investigations. Environmental Forensics, 15: 234-243

Bradley P M, Chapelle F H. 1997. Kinetics of DCE and VC mineralization under methanogenic and Fe(III)-reducing conditions. Environmental Science & Technology, 31: 2692-2696

Bradley P M, Chapelle F H. 1998. Effect of contaminant concentration on aerobic microbial mineralization of DCE and VC in stream-bed sediments. Environmental Science & Technology, 32: 553-557

Bradley P M, Chapelle F H. 2000. Aerobic microbial mineralization of dichloroethene as sole carbon substrate. Environmental Science & Technology, 34: 221-223

Breus I P, Mishchenko A A. 2006. Sorption of volatile organic contaminants by soils (a review). Eurasian Soil Science, 39: 1271-1283

Broholm M M, Christophersen M, Maier U, et al. 2005. Compositional evolution of the emplaced fuel source in the vadose zone field experiment at Airbase Værløse, Denmark. Environmental Science &Technology, 39: 8251-8263

Butler B J, Barker J F. 1996. Chemical and microbiological transformations and degradation of chlorinated solvent compounds//Pankow J F, Cherry J A. Dense chlorinated solvents and other DNAPLs in groundwater: History, behaviour and remediation. Portland, USA: Waterloo Press: 267-312

Chiou C T, Kile D E, Brinton T I, et al. 1987. A comparison of water solubility enhancements of organic solutes by aquatic humic materials and commercial humic acids. Environmental Science & Technology, 21: 1231-1234

Chiou C T, Kile D E, Malcolm R L. 1988. Sorption of vapors of some organic liquids on soil humic acid and its relation to partitioning of organic compounds in soil organic matter. Environmental Science & Technology, 22: 298-303

Chiou C T, Kile D E, Rutherford D W, et al. 2000. Sorption of selected organic compounds from water to a peat soil and its humic-acid and humin fractions: Potential sources of the sorption nonlinearity.Environmental Science & Technology, 34: 1254-1258

Chiou C T, Porter P E, Schmedding D W. 1983. Partition equilibriums of nonionic organic compounds between soil organic matter and water. Environmental Science & Technology, 17: 227-231

Chiou C T, Shoup T D. 1985. Soil sorption of organic vapors and effects of humidity on sorptive mechanism and capacity. Environmental Science & Technology, 19: 1196-1200

Cho H J, Jaffé P R, Smith J A. 1993. Simulating the volatilization of solvents in unsaturated soils during laboratory and field infiltration experiments. Water Resources Research, 29: 3329-3342

Choi J -W, Smith J A. 2005. Geoenvironmental factors affecting organic vapor advection and diffusion fluxes from the unsaturated zone to the atmosphere under natural conditions. Environmental Engineering Science, 22: 95-108

Choi J -W, Tillman F D, Smith J A. 2002. Relative importance of gas-phase diffusive and advective trichloroethene (TCE) fluxes in the unsaturated zone under natural conditions. Environmental Science & Technology, 36: 3157-3164

Christophersen M, Broholm M M, Mosbæk H, et al. 2005. Transport of hydrocarbons from an emplaced fuel source experiment in the vadose zone at Airbase Værløse, Denmark. Journal of Contaminant Hydrology, 81: 1-33

Coates J D, Anderson R T, Lovley D R. 1996a. Oxidation of polycyclic aromatic hydrocarbons under sulfate-reducing conditions. Applied and Environmental Microbiology, 62: 1099-1101

Coates J D, Anderson R T, Woodward J C, et al. 1996b. Anaerobic hydrocarbon degradation in petroleum-contaminated harbor sediments under sulfate-reducing and artificially imposed iron-reducing conditions. Environmental Science & Technology, 30: 2784-2789

Coleman N V, Mattes T E, Gossett J M, Spain J C. 2002. Biodegradation of cis-dichloroethene as the sole carbon source by a β -proteobacterium. Applied and Environmental Microbiology, 68: 2726-2730

Conant B H, Gillham R W, Mendoza C A. 1996. Vapor transport of trichloroethylene in the unsaturated zone: Field and numerical modeling investigations. Water Resources Research, 32: 9-22

Cooper W J, Mehran M, Riusech D J, et al. 1987. Abiotic transformations of halogenated organics.1.Elimination reaction of 1,1,2,2-tetrachloroethane and formation of 1,1,2-trichloroethene. Environmental Science & Technology, 21: 1112-1114

Coppola A, Kutílek M, Frind E O. 2009. Transport in preferential flow domains of the soil porous system: Measurement, interpretation, modelling, and upscaling. Journal of Contaminant Hydrology, 104: 1-3

Davis G B, Patterson B M, Johnston C D. 2009. Aerobic bioremediation of 1, 2 dichloroethane and vinyl chloride at field scale. Journal of Contaminant Hydrology, 107: 91-100

Dawson H, Hers I, Truesdale R. 2007. Analysis of empirical attenuation factors in EPA's expanded vapor intrusion database: AWMA Conference on Vapor Intrusion: Learning from the Challenges. Rhode Island, USA

DeVaull G E, Ettinger R, Gustafson J. 2002. Chemical vapor intrusion from soil or groundwater to indoor air: Significance of unsaturated zone biodegradation of aromatic hydrocarbons. Soil & Sediment Contamination, 11: 625-641

Dijk J A, De'Bont J M, Lu X, et al. 2000. Anaerobic oxidation of (chlorinated) hydrocarbons: Second International Conference on Remediation of Chlorinated and Recalcitrant Compounds. Monterey, CA,USA

Doucette W J, Chard J K, Fabrizius H, et al. 2007. Trichloroethylene uptake into fruits and vegetables: Three-year field monitoring study. Environmental Science & Technology, 41: 2505-2509

Elango V K, Liggenstoffer A S, Fathepure B Z. 2006. Biodegradation of vinyl chloride and cisdichloroethene by a Ralstonia sp. strain TRW-1. Applied Microbiology and Biotechnology, 72: 1270-1275

Ellis D E, Lutz E J, Klecka G M, et al. 1997. Symposium on natural attenuation of chlorinated organics in groundwater (EPA/540/R- 96/509). Washington DC: U.S. Environmental Protection Agency

Fang J, 2009. A search for microorganisms that oxidize cis-dichloroethene and vinyl chloride under iron- or manganese-reducing conditions. Ithaca, USA: University of Cornell

Fischer M L, Bentley A J, Dunkin K A, et al. 1996. Factors affecting indoor air concentrations of volatile organic compounds at a site of subsurface gasoline contamination. Environmental Science & Technology, 30: 2948-2957

Fitzpatrick N A, Fitzgerald J J. 2002. An evaluation of vapor intrusion into buildings through a study of field data. Soil & Sediment Contamination, 11: 603-623

Folkes D, Wertz W, Kurtz J, et al. 2009. Observed spatial and temporal distributions of CVOCs at Colorado and New York vapor intrusion sites. Ground Water Monitoring and Remediation, 29: 70-80

Frascari D, Pinelli D, Nocentini M, et al. 2006. Long-term aerobic cometabolism of a chlorinated solvent mixture by vinyl chloride-, methane- and propane-utilizing biomasses. Journal of Hazardous Materials, 138: 29-39

Freedman D L, Danko A S, Verce M F. 2001. Substrate interactions during aerobic biodegradation of methane, ethene, vinyl chloride and 1, 2-dichloroethenes. Water Science and Technology, 43: 333-340

Garg S, Rixey W G. 1999. The dissolution of benzene, toluene, m-xylene and naphthalene from a residually trapped non-aqueous phase liquid under mass transfer limited conditions. Journal of Contaminant Hydrology, 36: 313-331

Gerke H H. 2006. Preferential flow descriptions for structured soils. Journal of Plant Nutrition and Soil Science, 169: 382-400

Goss K U. 2004. The air/surface adsorption equilibrium of organic compounds under ambient conditions. Critical Reviews in Environmental Science and Technology, 34: 339-389

Gossett, J. M. 2010. Sustained aerobic oxidation of vinyl chloride at low oxygen concentrations. Environmental Science & Technology, 44: 1405-1411

Guo Y M, Holton C, Luo H, et al. 2015. Identification of alternative vapor intrusion pathways using controlled pressure testing, soil gas monitoring, and screening model calculations. Environmental Science & Technology, 49: 13472-13482

Haag W R, Mill T. 1988. Effect of a subsurface sediment on hydrolysis of haloalkanes and epoxides. Environmental Science & Technology, 22: 658-663

Hartmans S, De Bont J A. 1992. Aerobic vinyl chloride metabolism in *Mycobacterium aurum* L1. Applied and Environmental Microbiology, 58: 1220-1226

Hers I, Atwater J, Li L, et al. 2000. Evaluation of vadose zone biodegradation of BTX vapours. Journal of Contaminant Hydrology, 46: 233-264

Hinz C. 2001. Description of sorption data with isotherm equations. Geoderma, 99: 225-243

Holton C, Luo H, Dahlen P, et al. 2013. Temporal variability of indoor air concentrations under natural conditions in a house overlying a dilute chlorinated solvent groundwater plume. Environmental Science & Technology, 47: 13347-13354

Hopkins G D, McCarty P L. 1995. Field evaluation of in situ aerobic cometabolism of trichloroethylene and three dichloroethylene isomers using phenol and toluene as the primary substrates. Environmental Science & Technology, 29: 1628-1637

Hutchins S R, Sewell G W, Kovacs D A, et al. 1991. Biodegradation of aromatic hydrocarbons by aquifer microorganisms under denitrifying conditions. Environmental Science & Technology, 25: 68-76

ITRC. 2014. Petroleum vapor intrusion: Fundamentals of screening, investigation, and management. Washington DC: Interstate Technology & Regulatory Council

Jafvert C T, Lee Wolfe N. 1987. Degradation of selected halogenated ethanes in anoxic sediment-water systems. Environmental Toxicology and Chemistry, 6: 827-837

Jang W, Aral M M. 2007. Density-driven transport of volatile organic compounds and its impact on contaminated groundwater plume evolution. Transport in Porous Media, 67: 353-374

Jeffers P M, Ward L M, Woytowitch L M, et al. 1989. Homogeneous hydrolysis rate constants for selected chlorinated methanes, ethanes, ethenes, and propanes. Environmental Science & Technology, 23: 965-969

Jennings L K, Chartrand M M G, Lacrampe-Couloume G, et al. 2009. Proteomic and transcriptomic analyses reveal genes upregulated by cis-dichloroethene in *Polaromonas* sp. Strain JS666. Applied and Environmental Microbiology, 75: 3733-3744

Joens J A, Slifker R A, Cadavid E M, et al. 1995. Ionic strength and buffer effects in the elimination reaction of 1, 1, 2, 2-tetrachloroethane. Water Research, 29: 1924-1928

Johnson P C, Bruce C, Johnson R L, et al. 1998a. In situ measurement of effective vapor-phase porous media diffusion coefficients. Environmental Science & Technology, 32: 3405-3409

Johnson P C, Kemblowski M W, Colthart J D. 1990. Quantitative analysis for the cleanup of hydrocarboncontaminated soils by in-Situ Soil Venting. Groundwater, 28: 413-429

Johnson P C, Kemblowski M W, Johnson R L. 1998b. Assessing the significance of subsurface contaminant vapor migration to enclosed spaces: Site specific alternatives to generic Estimates. Washington DC: American Petroleum Institute

Johnson R L, McCarthy K A, Perrott M, et al. 1992. Density-driven vapor transport: Physical and numerical modelling//Weyer K U. Subsurface contamination by immiscible fluids. Balkema, Netherlands: Crc Press: 19-27

Johnston J E, Gibson J M. 2013. Spatiotemporal variability of tetrachloroethylene in residential indoor air due to vapor intrusion: A longitudinal, community-based study. Journal of Exposure Science and Environmental Epidemiology, 24: 564

Kazumi J, Caldwell M E, Suflita J M, et al. 1997. Anaerobic degradation of benzene in diverse anoxic environments. Environmental Science & Technology, 31: 813-818

Kim H, Lee S, Moon J-W, et al. 2005. Gas transport of volatile organic compounds in unsaturated soils. Soil Science Society of America Journal, 69: 990-995

Kim Y, Semprini L, Arp D J. 1997. Aerobic cometabolism of chloroform and 1,1,1-trichloroethane by butane-grown microorganisms. Bioremediation Journal, 1: 135-148

Kirtland B C, Aelion C M, Stone P A, et al. 2003. Isotopic and geochemical assessment of in situ biodegradation of chlorinated hydrocarbons. Environmental Science & Technology, 37: 4205-4212

Krumholz L R, Caldwell M E, Suflita J M. 1996. Biodegradation of "BTEX" hydrocarbons under anaerobic conditions//Crawford R L, Crawford D L. Bioremediation-principles and applications. New York: Cambridge University Press: 61-99

Kueper B H, Wealthall G P, Smith J W N, et al. 2003. An illustrated handbook of DNAPL transport and fate in the subsurface. Bristol, UK: Environment Agency

Lahvis M A, Baehr A L, Baker R J. 1999. Quantification of aerobic biodegradation and volatilization rates of gasoline hydrocarbons near the water table under natural attenuation conditions. Water Resources Research, 35: 753-765

Lawrence S J. 2006. Description, properties, and degradation of selected volatile organic compounds detected in ground water-a review of selected literature (Open-File Report 2006-1338). Atlanta: U.S. Geological Survey

Lee W, Batchelor B. 2002a. Abiotic reductive dechlorination of chlorinated ethylenes by ironbearing soil minerals. 1. pyrite and magnetite. Environmental Science & Technology, 36: 5147-5154

Lee W, Batchelor B. 2002b. Abiotic reductive dechlorination of chlorinated ethylenes by ironbearing soil minerals. 2. green rust. Environmental Science & Technology, 36: 5348-5354

Lesage S, Brown S. 1994. Observation of the dissolution of NAPL mixtures. Journal of Contaminant Hydrology, 15: 57-71

Lovley D R, Coates J D, Woodward J C, et al. 1995. Benzene oxidation coupled to sulfate reduction. Applied and Environmental Microbiology, 61: 953-958

Luo H, Dahlen P, Johnson P C, et al. 2009. Spatial variability of soil-gas concentrations near and beneath a building overlying shallow petroleum hydrocarbon-impacted soils. Ground Water Monitoring and Remediation, 29: 81-91

Ma J, Rixey W G, Alvarez P J J. 2013. Microbial processes influencing the transport, fate and groundwater impacts of fuel ethanol releases. Current Opinion in Biotechnology, 24: 457-466

Ma J, Rixey W G, DeVaull G E, et al. 2012. Methane bioattenuation and implications for explosion risk reduction along the groundwater to soil surface pathway above a plume of dissolved ethanol.Environmental Science & Technology, 46: 6013-6019

Ma J, Jiang L, Lahvis M A. 2018. Vapor intrusion management in China: Lessons learned from the United States. Environmental Science & Technology, 52(6): 3338-3339.

Ma J, Lahvis M A. 2020. Rationale for gas sampling to improve vapor intrusion risk assessment in China. Ground Water Monitoring & Remediation. DOI:10.1111/gwmr.12361

Massmann J, Farrier D F. 1992. Effects of atmospheric pressures on gas transport in the vadose zone. Water Resources Research, 28: 777-791

McAlary T A, Provoost J, Dawson H E. 2011. Vapor intrusion//Swartjes F A. Dealing with contaminated sites: From theory towards practical application. New York: Springer: 409-453

McCarthy K A, Johnson R L. 1993. Transport of volatile organic-compounds across the capillary-fringe. Water Resources Research, 29: 1675-1683

McDonald G J, Wertz W E. 2007. PCE, TCE, and TCA vapors in subslab soil gas and indoor air: A case study in Upstate New York. Groundwater Monitoring & Remediation, 27: 86-92

McHugh T, Beckley L, Sullivan T, et al. 2017b. Evidence of a sewer vapor transport pathway at the USEPA vapor intrusion research duplex. Science of the Total Environment, 598: 772-779

McHugh T, Loll P, Eklund B. 2017a. Recent advances in vapor intrusion site investigations. Journal of Environmental Management, 204: 783-792

McHugh T E, De Blanc P C, Pokluda R J. 2006. Indoor air as a source of VOC contamination in shallow soils below buildings. Soil & Sediment Contamination, 15: 103-122

McHugh T E, McAlary T. 2009. Important physical processes for vapor intrusion: A literature review: Proceedings of AWMA Vapor Intrusion Conference. San Diego, USA

McHugh T E, Nickles T, Brock S, 2007. Evaluation of spatial and temporal variability in VOC concentrations at vapor intrusion investigation sites. Proceeding of Air & Waste Management Association's Vapor Intrusion: Learning from the Challenges.[2019-01-01]. http://citeseerx.ist.psu.edu/viewdoc/download; jsessionid=C7520B13AAEFF4E612E466CD2E474020?doi=10.1.1.360.4441&rep=rep1&type=pdf

Millington R J, Shearer R C. 1971. Diffusion in aggregated porous media. Soil Science, 111: 372-378

Moldrup P, Olesen T, Komatsu T, et al. 2003. Modeling diffusion and reaction in soils: X. A unifying model for solute and gas diffusivity in unsaturated soil. Soil Science, 168: 321-337

Moldrup P, Olesen T, Yoshikawa S, et al. 2004. Three-porosity model for predicting the gas diffusion coefficient in undisturbed soil. Soil Science Society of America Journal, 68: 750-759

Munz C, Roberts P V. 1987. Air-water phase equilibria of volatile organic solutes. Journal-American Water Works Association, 79: 62-69

Nazaroff W W, Feustel H, Nero A V, et al. 1985. Radon transport into a detached one-story house with a basement. Atmospheric Environment(1967), 19: 31-46

Nazaroff W W, Lewis S R, Doyle S M, et al. 1987. Experiments on pollutant transport from soil into residential basements by pressure-driven airflow. Environmental Science & Technology, 21: 459-466

Nielsen K B, Hvidberg B. 2017. Remediation techniques for mitigating vapor intrusion from sewer systems to indoor air. Remediation Journal, 27: 67-73

Oostrom M, Rockhold M L, Thorne P D, et al. 2007. Carbon tetrachloride flow and transport in the subsurface of the 216-Z-9 trench at the Hanford site. Vadose Zone Journal, 6: 971-984

Parker J C. 2003. Physical processes affecting natural depletion of volatile chemicals in soil and groundwater. Vadose Zone Journal, 2: 222-230

Pennell K G, Scammell M K, McClean M D, et al. 2013. Sewer gas: An indoor air source of PCE to consider during vapor intrusion investigations. Groundwater Monitoring & Remediation, 33: 119-126

Peterson D M, Singletary M A, Studer J E, et al. 2000. Natural attenuation assessment of multiple VOCs in a deep vadose zone: The 2rd International Conference on Remediation of Chlorinated and Recalcitrant Compounds. Monterey, CA, USA

Phelps C D, Kazumi J, Young L Y. 1996. Anaerobic degradation of benzene in BTX mixtures dependent on sulfate reduction. Fems Microbiology Letters, 145: 433-437

Rüeeg K, Hvidberg B, 2017. Indoor air problems caused by chlorinated solvents spreading through public sewage systems: AquaConsoil 2017, 14th International Conference on Sustainable Use and Management of Soil, Sediment andWater Resources. Lyon, France

Reichman R, Shirazi E, Colliver D G, et al. 2017. US residential building air exchange rates: New perspectives to improve decision making at vapor intrusion sites. Environmental Science: Processes & Impacts, 19: 87-100

Reinhard M, Barker J F, Goodman N L. 1984. Occurrence and distribution of organic chemicals in two landfill leachate plumes. Environmental Science & Technology, 18: 953-961

Riis C E, Christensen A G, Hansen M H, et al. 2010. Vapor intrusion through sewer systems: Migration pathways of chlorinated solvents fromgroundwater to indoor air: Seventh Battelle International Conference on Remediation of Chlorinated and Recalcitrant Compounds. Monterey, CA, USA

Rivett M O, Wealthall G P, Dearden R A, et al. 2011. Review of unsaturated-zone transport and attenuation of volatile organic compound(VOC)plumes leached from shallow source zones. Journal of Contaminant Hydrology, 123: 130-156

Robinson A L, Sextro R G. 1997. Radon entry into buildings driven by atmospheric pressure fluctuations. Environmental Science & Technology, 31: 1742-1748

Roghani M, Jacobs O P, Miller A, et al. 2018. Occurrence of chlorinated volatile organic compounds (VOCs) in a sanitary sewer system: Implications for assessing vapor intrusion alternative pathways. Science of the Total Environment, 616-617: 1149-1162

Salanitro J P. 1993. The role of bioattenuation in the management of aromatic hydrocarbon plumes in aquifers. Ground Water Monitoring & Remediation, 13: 150-161

Schaefer C E, Unger D R, Kosson D S. 1998. Partitioning of hydrophobic contaminants in the vadose zone in the presence of a nonaqueous phase. Water Resources Research, 34: 2529-2537

Schwarzenbach R P, Giger W, Schaffner C, et al. 1985. Groundwater contamination by volatile halogenated alkanes: Abiotic formation of volatile sulfur compounds under anaerobic conditions. Environmental Science & Technology, 19: 322-327

Schwarzenbach R P, Gschwend P M, Imboden D M. 2002. Environmental organic chemistry(2rd edition). Hoboken, USA: Wiley-Interscience

Semprini L. 1997. Strategies for the aerobic co-metabolism of chlorinated solvents. Current Opinion in Biotechnology, 8: 296-308

Semprini L, Dolan M E, Mathias M A, et al. 2007. Laboratory, field, and modeling studies of bioaugmentation of butane-utilizing microorganisms for the in situ cometabolic treatment of 1,1-dichloroethene, 1,1-dichloroethane, and 1,1,1-trichloroethane. Advances in Water Resources, 30: 1528-1546

Silliman S E, Berkowitz B, Simunek J, et al. 2002. Fluid flow and solute migration within the capillary fringe. Ground Water, 40: 76-84

Sleep B E, Sykes J F. 1989. Modeling the transport of volatile organics in variably saturated media. Water Resources Research, 25: 81-92

Smith J A, Tisdale A K, Cho H J. 1996. Quantification of natural vapor fluxes of trichloroethene in the unsaturated zone at picatinny arsenal, New Jersey. Environmental Science & Technology, 30: 2243-2250

Staudinger J, Roberts P V. 1996. A critical review of Henry's law constants for environmental applications. Critical Reviews in Environmental Science and Technology, 26: 205-297

Staudinger J, Roberts P V. 2001. A critical compilation of Henry's law constant temperature dependence relations for organic compounds in dilute aqueous solutions. Chemosphere, 44: 561-576

Thomson N R, Sykes J F, Van Vliet D. 1997. A numerical investigation into factors affecting gas and aqueous phase plumes in the subsurface. Journal of Contaminant Hydrology, 28: 39-70

Tillman F D, Weaver J W. 2007. Temporal moisture content variability beneath and external to a building and the potential effects on vapor intrusion risk assessment. Science of the Total Environment, 379: 1-15

USEPA. 2006. Assessment of vapor intrusion in homes near the Raymark Superfund Site using basement and sub-slab air samples (EPA/600/R-05/147). Washington DC: U.S. Environmental Protection Agency

USEPA. 2009. PVI—Vertical distribution of VOCs in soils from groundwater to the surface/subslab (EPA/600/R-09/073). Washington DC: U.S. Environmental Protection Agency

USEPA. 2010. Temporal variation of VOCs in soils from groundwater to the surface/subslab (EPA/600/R-10/118). Washington DC: U.S. Environmental Protection Agency

USEPA. 2012. Fluctuation of indoor radon and VOC concentrations due to seasonal variations (EPA/600/R/12/673). Washington DC: U. S. Environmental Protection Agency

USEPA. 2015. OSWER technical guide for assessing and mitigating the vapor intrusion pathway from subsurface vapor sources to indoor air (OSWER Publication 9200.2-154). Washington DC: U.S. Environmental Protection Agency

Vogel T M, Criddle C S, McCarty P L. 1987. ES critical reviews: Transformations of halogenated aliphatic compounds. Environmental Science & Technology, 21: 722-736

Wang G, Reckhorn S B F, Grathwohl P. 2003. Volatile organic compounds volatilization from multicomponent organic liquids and diffusion in unsaturated porous media. Vadose Zone Journal, 2: 692-701

Washington J W. 1995. Hydrolysis rates of dissolved volatile organic compounds: Principles, temperature effects and literature review. Groundwater, 33: 415-424

Wealthall G, Rivett M, Dearden R. 2010. A review of transport and attenuation of dissolved-phase volatile organic compounds (VOCs) in the unsaturated zone. British Geological Survey Commissioned Report, OR/10/061. 101pp. [2019-01-01].https://core.ac.uk/download/pdf/53848.pdf

Werner D, Höhener P. 2002. The influence of water table fluctuations on the volatilization of contaminants from groundwater: The Groundwater Quality 2001 Conference. Sheffield, UK

White M D, Oostrom M, Rockhold M L, et al. 2008a. Scalable modeling of carbon tetrachloride migration at the hanford site using the STOMP simulator. Vadose Zone Journal, 7: 654-666

White R A, Rivett M O, Tellam J H. 2008b. Paleo-roothole facilitated transport of aromatic hydrocarbons through a holocene clay bed. Environmental Science & Technology, 42: 7118-7124

Wiedemeier T H, Rifai H S, Newell C J, et al. 1999. Natural attenuation of fuels and chlorinated solvents in the subsurface. New York: John Wiley and Sons

Zhang R, Jiang L, Zhong M, et al. 2010. Applicability of soil concentration for VOC-contaminated site assessments explored using field data from the Beijing-Tianjin-Hebei urban agglomeration. Environmental Science & Technology, 53: 789-797

第 3 章　污染场地 VOCs 检测方法

现场采样监测是场地调查中最核心的环节，也为风险评估提供核心数据，采样监测具体可分为**样品采集**和**分析检测**两步。检测方法往往决定了采样方法的选择，因此本书第 3 章拟首先介绍污染场地调查中常用的分析 VOCs 检测方法，然后在第 6 章再介绍采样方法。

对于蒸气入侵场地调查评估一般需要采用**"多证据方法（multiple lines of evidences)"**，其核心内涵是：任何一项单一证据都无法单独确证蒸气入侵的危害，必须采集不同种类的证据，综合在一起才能得出可靠的结论（ITRC，2007a，2014；USEPA，2015a，2015b；Ma et al.，2018)。虽然多证据方法包括了很多类型的证据，但地下水、土壤气、室内空气中污染物的浓度数据一般构成多证据中的**核心的证据链（primary lines of evidences)**（ITRC，2007b；McHugh et al.，2017)。发达国家大量的实践经验表明：VOCs 土壤浓度数据在评估 VOCs 蒸气入侵时的可靠性及代表性值得商榷（Ma et al.，2018；Ma and Lahvis，2020)，因此发达国家现有的蒸气入侵技术导则一般不把 VOCs 的土壤浓度作为核心证据链（仍然是证据之一)。不过在我国现阶段的场地调查项目中，土壤浓度仍然占据着最核心的位置，因此本章将会对水（地下水)、气体（土壤气、室内空气、室外空气)、土壤中 VOCs 的分析检测方法进行介绍。土壤浓度数据在场地 VOCs 风险评估中的作用和可靠性有待通过更多的研究和场地调查实践来评估，并可能需要进一步优化现有的风险评估指南。

针对 VOCs 类场地调查评估，我国最新发布的技术指南已经增加了对气相特别是土壤气 VOCs 监测的要求，如：《在产企业土壤及地下水自行监测技术指南（征求意见稿)》、《土壤气挥发性有机物监测技术导则》（征求意见稿)》（尚未公开征求意见)。但是我国的场地调查单位对气相 VOCs 的监测原理和方法不够了解，在场地调查实践中对这一领域的关注不足，国内这方面的技术资料和工程经验缺乏，因此本章 3.1~3.4 节将就气相 VOCs 的检测进行详细介绍。气相 VOCs 的检测方法可分为三类：①**便携式 VOCs 检测仪**（3.1 节)；②**便携式气相色谱（GC）和便携式气相色谱-质谱仪**（GC-MS)（3.2 节)；③**实验室检测**。实验室检测根据其采样方法又可分为**吸附管技术**（3.3 节）和**采样罐和气袋技术**（3.4 节)。土壤和地下水中 VOCs 的实验室样品前处理和检测方法是相通的，目前国内外的标准方法普遍采用**顶空技术或吹扫捕集技术**作为样品前处理手段，再利用气相色谱或气相色谱-质谱进行检测，因此 3.5 节和 3.6 节将分别对顶空技术或吹扫捕集技术予以介绍。

3.1　便携式 VOCs 检测仪

便携式 VOCs 检测仪是一类能够对气体样品中的 VOCs 浓度进行现场快速测试，给出定量或者半定量估测值的仪器。使用便携式设备可以对土壤样品进行快速筛选，帮助调查人员快速识别场地的大致污染范围和污染程度，从而降低后续采样的盲目性，减少送检样品的采样量，同时还可以帮助现调查人员动态调整现场工作计划，提高调查效率和目的性。便携式检测设备的优点有：①使用简单；②检测速度快；③能得到实时的数据；④检测成本低。这类仪器的缺点有：①无法识别 VOCs 的种类；②容易受到非目标杂质物质的干扰；③检测结果受环境条件影响较大，易产生误差。常用的便携式 VOCs 检测仪包括：光离子化检测器（PID）、火焰离子化检测器（FID）、可燃气体检测仪、填埋场气体探测仪等。

3.1.1　手持式 PID

光离子化检测器（photo ionization detector，简称 PID）的工作原理是利用紫外灯光源将有机物打碎成为可被检测的正负离子（离子化），检测器测量离子化的气体电荷，将其转化为电流信号，电流被放大并显示有机物的浓度。有机物被检测后，离子可以重新复合变成原始的气体或蒸气，因此 PID 是一种非破坏性检测器，被检测的气体理论上可以被收集作进一步分析（韩春媚等，2010）。图 3.1 展示了一个常见的手持式 PID 检测仪。

图 3.1　手持式 PID 检测仪

PID 的响应机理是电离电位等于或小于紫外灯光电离能量的 VOCs 在气相中发出光电离，因此 PID 的灵敏度取决于紫外灯的光强度以及待测物的电离电位。部分 VOCs 的电离电位如下：苯乙烯（8.4 eV）、苯（9.24 eV）、甲基乙基酮（9.54eV）、氯乙烯（9.99 eV）、异丙醇（10.1 eV）、乙烯（10.5 eV）、乙酸（10.66 eV）、二氯甲烷（11.32 eV）、四氯化碳（11.47 eV）。表 3.1 总结了常见 VOCs 的电离电位。

表 3.1 不同种类 VOCs 的电离电位及其适用的 PID

一类		二类		三类		四类		五类	
VOCs	电离电位	VOCs	电离电位	VOCs	电离电位	VOCs	电离电位	VOCs	电离电位
丙酮	9.69	环氧氯丙烷	10.6	三氯氟甲烷	11.77	乙腈	12.2	1,3-二氯丙烯	/
1,2-二氯乙烯	9.65	溴甲烷	10.54	二氯二氟甲烷	11.75			1,1,1,2-四氯乙烷	/
碘甲烷	9.54	三溴甲烷	10.48	四氯化碳	11.47			1,2,3-四氯乙烷	/
2-丁酮	9.54	丙烯醛	10.13	三氯甲烷	11.42			1,2-二溴-3-氯丙烷	/
三氯乙烯	9.45	二硫化碳	10.08	二氯甲烷	11.32			六氯丁二烯	/
1,2-二溴乙烷	9.45	1,1-二氯乙烯	10	氯甲烷	11.28			顺-1,2-二氯乙烯	/
2-己酮	9.34	氯乙烯	9.99	1,1,2,2-四氯乙烷	11.1			2,2-二氯丙烷	/
四氯乙烯	9.32			1,1-二氯乙烷	11.06			1,1-二氯丙烯	/
4-甲基-2-戊酮	9.3			1,2-二氯乙烷	11.05			一溴二氯甲烷	/
苯	9.24			1,1,1-三氯乙烷	11			二溴甲烷	/
氯苯	9.07			1,1,2-三氯乙烷	11			顺-1,3-二氯丙烯	/
1,2-二氯苯	9.06			氯乙烷	10.97			二溴一氯甲烷	/
1,2,4-三氯苯	9.04			丙烯腈	10.91			1,3-二氯丙烷	/
1,4-二氯苯	8.98			1,2-二氯丙烷	10.87			1,1,2-三氯丙烷	/
2-氯甲苯	8.83			溴氯甲烷	10.77			溴苯	/
甲苯	8.82							正丙苯	/
氯丁二烯	8.79							4-氯甲苯	/
乙苯	8.76							叔丁基苯	/
异丙苯	8.75							1,3-二氯苯	/
间二甲苯	8.56							1,4-二氯苯-d4	/
邻二甲苯	8.56							仲丁基苯	/
对二甲苯	8.44							4-异丙基甲苯	/
苯乙烯	8.4							正丁基苯	/
1,3,5-三甲苯	8.39							1,2,3-三氯苯	/
1,2,4-三甲苯	8.27								
萘	8.12								

注:"一类"表示可使用 9.8 eV、10.6 eV 和 11.7 eV 的 PID 进行筛查。"二类"表示可使用 10.6 eV 和 11.7 eV 的 PID 进行筛查。"三类"表示可使用 11.7 eV 的 PID 进行筛查。"四类"表示可使用现有的 PID 进行筛查。"五类"表示不确定是否可以使用现有的 PID 进行筛查。污染物的电离电位数据来源于文献（NIOSH, 2007），"/"表示不在该文献中。"四类"表示目前没有可作为筛查使用的 PID。"五类"表示不确定是否可以使用现有的 PID。

资料来源：生态环境部. 2019. 《污染地块土壤和地下水中挥发性有机物采样技术导则》编制说明。

市售的 PID 的光源有四种：氩灯（11.7eV）、氪灯（10.2 eV）、氙灯（8.3 eV）、氪灯（9.5 eV）。理论上使用 11.7 eV 的氩灯 PID 能够检测更多种类的 VOCs，但该氩灯的使用寿命（2～6 月）远远低于其他规格的光源（2～3 年）。因此在实际项目中，氪灯应用最多、氙灯次之采用 10.6 eV 的 PID 设备进行现场快速筛查。应根据待测 VOCs 的种类选择光源电离电位高于目标污染物电离电位的 PID 仪器。研究人员用 10.2 eV 灯测定了各类有机物的灵敏度，发现 PID 的摩尔响应值大小顺序是：芳烃>烯烃>烷烃；脂肪族酮>醛>酯>醇>烷烃；环状化合物>非环状化合物；支链化合物>直链化合物；（卤代化合物中）碘>溴>氯>氟；（取代苯中）给电子基团>受电子基团；（同系物中）高碳数>低碳数。PID 的选择性取决于光能量，能量小，可光电离的化合物种类少，选择性高（吴烈钧，2000）。

手持式 PID 能够对大部分有机蒸气和一部分无机气体（H_2S、NH_3）产生响应，其检出限一般在 ppmv 甚至 ppbv 量级。PID 的检测范围大致在 1～4000 ppm 或 0.1～1000 ppm。手持式 PID 给出的结果是的待测物的总浓度，但无法给出每种物质的具体浓度。另外，不同种类的化合物在 PID 上的响应值差别较大，PID 对苯系物的响应很高，但对直链烃（戊烷、己烷、辛烷等）的响应较低，因此 PID 用于混合物测定时得到的结果并非精确的浓度值，仅有参考意义。如果待测物蒸气只有一种物质构成，那么可以使用在 PID 上的读数计算其准确的浓度。

除了待分析物的种类以外，样品中的水分含量以及采样流速也会影响 PID 的信号响应。PID 的读数受气体流速影响很大，因此一般不能将 PID 连接到采样气路中进行测定。正确的使用方法是将样品用气体收集袋收集，然后将 PID 检测器的探头插入收集袋中进行检测（图 3.2）。

图 3.2　手持式 PID 的使用方法

3.1.2　便 携 式 FID

火焰离子化检测器（flame ionization detector，简称 FID）的工作原理是采用氢火焰将样品气体进行电离，电离产生比基流高几个数量级的离子，在高压电场的定向作用下，形成离子流，微弱的离子流经过高阻放大成为电信号，产生的电信号与进入检测器的有机物总量成正比，因此可以根据电信号的强弱对有机物进行定量检测（图 3.3）（梁颖等，2015）。

图 3.3　便携式 FID 检测仪

FID 属于广谱通用型检测器，便携式 FID 对可燃烧有机物均有响应，除了可检测芳香烃类有机物外，对饱和烃、不饱和烃、氯代烃、醇和酮等有机物也有响应。FID 的检测范围大致在 1～50000 ppm 范围内。

FID 能检测的有机物种类比 PID 多，而且比 PID 的灵敏度更高。PID 受有机化合物中不同结构的官能团影响，而 FID 响应情况主要受有机化合物碳链长度的影响。例如，FID 对丙烷、异丙醇和丙酮的响应值较为接近，原因在于它们均有三个碳原子；而 PID 对丙酮响应最强，异丙醇次之，丙烷最弱（生态环境部，2019）。表 3.2 对比了 PID 和 FID 对不同种类有机物的检测灵敏度。便携式 FID 需要氢气作为检测时的燃烧器，目前大部分便携式 FID 都内置小型氢气瓶，并以进样气体作为氧气源点燃火焰，因此在危险环境中使用 FID 的安全性低于 PID。另外便携式 FID 检测器的体积和重量一般比手持式 PID 大，价格也更高。

表 3.2　PID 和 FID 对不同种类有机化合物的检测灵敏度

仪器名称	检测灵敏度排序
PID	芳烃>烯烃、酮类、醚类、胺类>脂类、醛类、醇类、脂肪烃>氯代脂肪烃>乙烷>甲烷（无响应）
FID	芳烃>长链化合物>短链化合物>卤代化合物

资料来源：生态环境部，2019。

3.1.3　可燃气体检测仪

可燃气体检测仪（combustible gas detector）是通过催化燃烧的原理进行可燃气体的检测（图 3.4）。催化燃烧传感器是由两只固定电阻构成惠斯登检测桥路。当可燃性气体扩散到检测元件上时会迅速发生无焰燃烧并产生反应热，这将增大热丝电阻值，导致电桥输出一个变化的电压信号，输出的电压信号的强弱与可燃气体的浓度成正比，从而实现对可燃气体浓度的定量分析。该仪器的测定结果也是可燃气体的总浓度，而无法分别给出每种物质各自的浓度。这种仪器一般只能给出百分含量的数据，其灵敏度远低于PID。可燃气体检测仪在使用前需要校正，一般以甲烷作为标准校正物质。有些型号的仪器具有消除甲烷背景的功能，有些仪器则无此功能，因此在使用这类仪器时一定要明确仪器的型号和操作模式。除了甲烷，该仪器可以对更高分子量的烃（如汽油蒸气）产生响应。

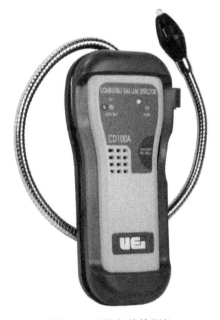

图 3.4　可燃气体检测仪

3.1.4　填埋场气体检测仪

填埋场气体检测仪（landfill gas detector）也叫**多气体检测仪（multi-gas detector）**或**固定气体检测仪（fixed gas detector）**，主要用于氧气、二氧化碳、甲烷这三种垃圾填埋场气体的检测（图 3.5）。在蒸气入侵场地调查中，该仪器可用于评估 VOCs 在土壤中的生物降解情况。填埋场气体检测仪的检测原理是基于 VOCs 的红外光谱信号，因此比较容易受到杂质物质的干扰。例如，Landtec GEM-2000 填埋场气体检测仪在检测甲烷浓度时采集的是波长 3.41 μm 的红外光谱信号，但是己烷、丙烷、正戊烷和异戊烷等物质在这一波长都会产生响应，因此当待测气体中含有高浓度短链烷烃时，甲烷的检测会受到很大的干扰。

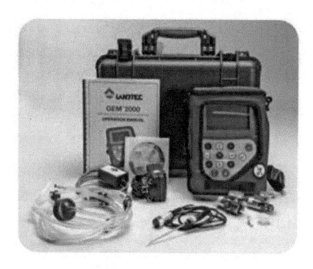

图 3.5　多气体探测器

3.1.5　便携式 VOCs 检测仪的校正和使用方法

便携式气体传感器在使用之前都需要进行校正，一般每天至少需要校正一次。校正时一般按照仪器的使用说明进行即可，但在一些特殊情况下需要根据待测物的化学成分有针对性地选择校正气体。例如，对于可燃气体检测仪，当用于加油站场地的调查时建议使用正己烷作为校正气体，当用于厌氧发酵产甲烷场地的调查时推荐用甲烷作为校正气体。校正之后即可进行检测，待测气体样品通常用采样袋收集，然后将气体传感器的探头插入采样袋读数即可。便携式气体传感器一般不能连接到土壤采样井的采样管路上使用，除非能证明采样井的采样流速和真空度不会影响检测结果。

3.2　便携式 GC 和便携式 GC-MS

在蒸气入侵调查过程中，使用便携式气相色谱仪（GC）或者便携式气相色谱-质谱联用仪（GC-MS）可以在现场实时测定目标 VOCs 的浓度，便携式气相色谱-质谱联用仪还具有对未知物进行化学结构鉴定的功能。

3.2.1　便携式 GC

气相色谱仪（GC）具有高选择性、高灵敏度、检测物质种类多等优点，是环境分析中常用的检测仪器。实验室台式气相色谱仪的体积较大、重量较重、能耗较高、分析时间较长，由于这些不利因素限制了其在野外现场的应用。如果把气相色谱仪的各个模块进行小型化和便携化设计，使其体积和重量大幅减小、分析时间缩短，即可适应现场快速分析检测的要求（图 3.6）。便携式气相色谱仪（简称便携式 GC）常用于分子量低、热稳定性好、易挥发的化合物的定性与定量分析。便携式 GC 符合美国 EPA 8221B 标准方法的要求。

图 3.6　便携式气相色谱仪

便携式 GC 是一种以惰性气体作为流动相，以固定液或固体吸附剂作为固定相进行色谱分离分析的分析仪器。其基本原理是：气化后的待测物中各组分在色谱柱内流动相和固定相间分配系数的存在差异，这些差异导致各组分流出色谱柱的时间不同，进而实现混合物中各组分的分离，再依次对分离得到的各个组分进行检测分析，即可测得各组分的浓度。

便携式 GC 的核心模块包括进样模块（气化室）、分离模块（色谱柱）、检测模块三部分，辅助模块包括气路模块（气源、气体干燥净化器、气体流速控制器）、温度控制模块（色谱柱箱、样品气化室、检测器等的温度控制）和数据处理模块等（图 3.6）。分离模块的核心是**低热容色谱柱技术**。传统的台式气相色谱仪是通过柱温箱的程序升温实现对色谱柱的加热，但低热容色谱柱可以直接加热色谱柱，这大大提高了加热效率，色谱柱的体积和功耗大幅降低，升降温速度更快，为便携式 GC 的商品化提供了必要的基础技术。便携式 GC 通常采用气密进样针进样，可以配备的检测器包括：光离子化检测器（PID）、氢火焰检测器（FID）、电子俘获检测器（ECD）等。

3.2.2　便携式 GC-MS

便携式气相色谱-质谱联用仪（简称便携式 GC-MS）是在便携式 GC 的基础上安装了质谱检测器（MS），将 GC 强大的分离能力与 MS 检测器的强大的定性和定量检测能力相结合，在野外现场实现对多组分复杂有机物的实时分离、鉴定和定量检测（图 3.7）。样品从进样口进入 GC 系统，在 GC 的色谱柱中得到分离，再被高能量的电子轰击成为离子碎片，含离子碎片的气流被导入质谱仪进行检测，得到的质谱图通过与标准物质质谱图比对可以实现对待测物化学结构的鉴定，还可以根据各个待测物质谱信号的丰度对其浓度进行定量检测。便携式 GC-MS 符合美国 EPA 8260B 标准方法的要求。

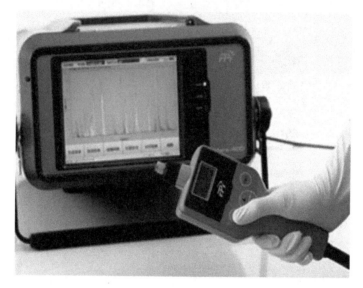

图 3.7　便携式 GC-MS

　　便携式 GC-MS 由进样系统、色谱分离系统、质谱检测器、真空系统和数据处理系统五部分组成。进样系统包括多种进样方式：气体进样、液体分流/不分流进样、固相微萃取进样、静态顶空进样、吹扫捕集进样、固体粉末进样等，不同品牌的仪器拥有的进样方式种类不同，有些进样方式需要额外购置进样附件。气体进样是最常见的进样方式，在进样泵的抽吸作用下气体样品通过采气管进入捕集阱，常温捕集以后再通过加热脱附，脱附下来的待测物被载气携带进入色谱系统。便携式 GC-MS 的液体分流/不分流进样与台式 GC-MS 类似，是在分流/不分流进样口实现的。固相微萃取进样一般利用进样口来进行加热解析。静态顶空和吹扫捕集都需要配备专门的进样附件，原理与台式 GC-MS 类似。固体粉末也需要专门的进样附件。气相色谱仪利用内置气瓶中的高纯氦气或高纯氮气作为载气，不同品牌的仪器使用的载气不同。便携式 GC-MS 的色谱系统跟便携式 GC 一样采用低热容色谱柱，色谱柱的长度一般是 15 m。

　　质谱检测器包含电离合、质量选择器、离子检测器三部分。便携式 GC-MS 一般使用两种质谱检测器：四极杆质谱和离子阱质谱。四极杆质谱小型化的制造加工难度较大，但其定性和定量能力更强，标准的质谱谱库一般基于四极杆质谱图编译，因此利用四极杆质谱进行化合物结构鉴定更方便。质谱的运行需要真空环境，目前的便携式 GC-MS 主要有两种抽真空方式。第一种与台式 GC-MS 一样使用机械泵加分子涡轮泵，先用机械泵抽成低真空，再切换到分子泵抽高真空。还有一种是使用非蒸发吸气剂泵（NEG）和小型溅射离子泵，NEG 泵内装有特殊的锆合金，被加热时可非常有效地吸附气体分子，NEG 泵对抽除活性气体效果明显，但无法抽除惰性气体。溅射离子泵用于抽除氩、氖和氖等惰性气体，从而这些气体聚积在质谱仪中导致压强上升并干扰其运行。分子涡轮泵的优点是：抽真空速度快，在适宜的环境下运行稳定、寿命长，但缺点是抗振动能力弱。NEG 泵的优点是抗振动能力强，但缺点是抽真空效率较低，泵膜的寿命短，更换费用高。

3.2.3 便携式 GC 和 GC-MS 的优点及不足

便携式 GC 和便携式 GC-MS 的优点是：①可以在现场快速获取待测物的浓度数据，便于及时修改调查计划；②如果样品量多，测试成本较低；③可以方便地多次采样，有助于了解样品的时间空间变异性和代表性。这类仪器的缺点是：①检测灵敏度比实验室的台式低；②便携式仪器的价格较高。

便携式 GC 基于保留时间进行化合物的定性，需要同步检测标准物质，在相同的色谱条件下进行图谱比对，该仪器无法对位置化合物进行结构鉴定。便携式 GC-MS 可以有效地弥补便携式 GC 的不足，可以对常见的挥发性有机物进行准确的结构鉴定，分辨率较高，抗干扰能力强，对复杂的多组分气体定性效果好。总体来说，相对于便携式 GC，便携式 GC-MS 的功能更强大，使用更方便，仪器价格也更高。

3.3 气体 VOCs 的吸附管采样

如果想对气体样品中的 VOCs 浓度进行准确测定，需将气体样品按照标准方法收集后送实验室进行气相色谱（GC）或气相色谱-质谱（GC-MS）的检测。VOCs 的 GC 和 GC-MS 分析方法已经非常成熟，本书就不再赘述，只把重点放在气体样品的收集方法以及进入色谱前的样品前处理方法上。污染场地调查中常用的气体收集方法包括吸附管法、采样罐法、采样袋法。3.3 节主要介绍吸附管法，3.4 节将介绍采样罐和采样袋法。

在环境空气和室内空气质量监测中，吸附管（sorbent tube）已经有几十年的应用历史，但是近些年才被应用于土壤气的监测。其原理是采用装填在吸附管中的固体吸附剂富集待测气体样品中的 VOCs，然后通过热脱附或者化学洗脱的方法将被吸附剂吸附的 VOCs 释放出来，经 GC 分离后用质谱或者 FID 检测器进行检测。

3.3.1 吸附管的结构

标准吸附管的尺寸一般是长 89 mm，外径 6.4 mm 或 6 mm，内径 5 mm（不锈钢管）或 4 mm（玻璃管）（图 3.8 和图 3.9）。标准吸附管中可以装填 100～600 mg 的吸附剂，一根管可以只装填一种吸附剂，也可以装填不超过四种吸附剂而制成**复合吸附剂吸附管（multibed sorbent tube）**（图 3.10）。装填多种吸附剂是为了提高对性质差异较大的混合 VOCs 的捕集能力，一般从进样口向内部依次装填吸附能力由弱到强的吸附剂，这样可以保证挥发性弱的组分首先被弱吸附剂捕集，而不会被强吸附剂捕集而导致难以解析。挥发性弱的有机物被强吸附剂吸附后常常因为难以解析而导致不可逆的污染残留，最终导致吸附管报废。无论采用主动采样还是被动采样，在采样结束后都需要将吸附管两端用专用螺帽密封，然后才能送检。

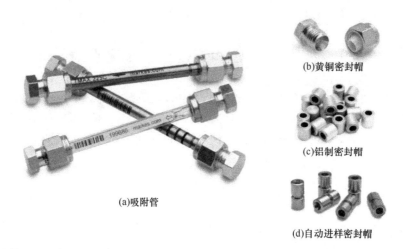

(a)吸附管

(b)黄铜密封帽

(c)铝制密封帽

(d)自动进样密封帽

图 3.8　吸附管以及各类密封帽，包括用于长期保存的黄铜密封帽，用于短期保存的铝制密封帽以及用于自动进样的密封帽

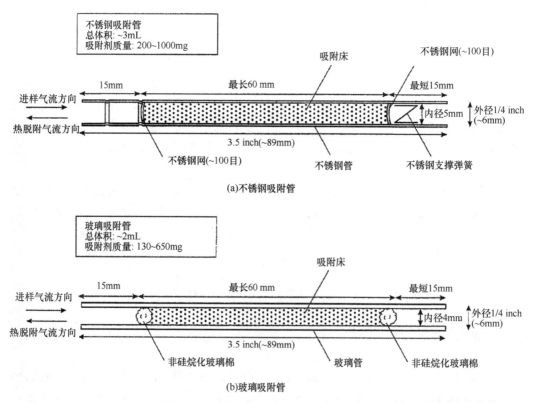

(a)不锈钢吸附管

(b)玻璃吸附管

图 3.9　不锈钢吸附管和玻璃吸附管的结构图和尺寸（参考 Markes 公司产品介绍）

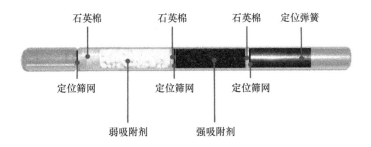

图 3.10　复合吸附剂吸附管（参考 Markes 公司产品介绍）

3.3.2　吸附管采样方法

1. 采样方式

吸附管采样有主动采样和被动采样两种。

主动采样（active sampling） 是指在指定的采样周期内利用泵以指定的采样流速将固定体积的气体样品流经吸附管，吸附管中装填有一种或多种固态吸附剂，气体在流经吸附管时其中的有机物会被吸附剂吸附捕捉。吸附管法的采样流速和采样体积取决于吸附剂的种类和填充质量以及待测 VOCs 的种类和浓度。

被动采样（passive sampling） 也是利用吸附剂将气体中的待测 VOCs 吸附富集，但不同点在于被动采样是靠 VOCs 扩散作用自发进入到吸附剂进而被捕集，而主动采样是靠采样泵主动驱动气体样品进入吸附剂。被动采样法是一种新兴的采样技术，本书第 5 章将做进一步介绍。

2. 采样体积

吸附管主动采样法的采样体积需要依据样品中 VOCs 的浓度、吸附剂的吸附能力、方法检出限来确定。可以基于手持式 PID 检测仪的检测数据设计采样时长和采样气流流速，以防出现吸附剂穿透。另外还可以在采样吸附管后串联一根老化好的候补吸附管，按照中国环境保护标准 HJ644 的要求，每批样品应至少采集一根候补吸附管，以监视采样是否穿透（环境保护部，2013a）。对于湿度较大的样品，应适当减少采样体积。

3. 采样流速

对于吸附管主动采样法，采样流速直接决定了最终结果的准确性，因此需要选用性能稳定、流速准确的采样泵，在使用之前还必须要对采样泵进行流速校正。采样流速受土壤渗透性和真空度的影响，因此在开始采样前和采样期间需要定期检查采样泵的流速并做记录。低温和高湿度可能影响吸附剂对待测 VOCs 的吸附效率，在这种情况下建议采较低的采样流速和较小的采样体积，以确保待测物质都能被吸附剂捕集。

4. 吸附管的老化

吸附管可以重复使用，但是重复使用前需要经过严格的老化和保存程序，否则残留在吸附管中的 VOCs 可能对下一个样品的测定产生干扰。吸附管老化可以在全自动热脱附进样仪上进行，也可以在专用的吸附管老化仪上进行。在热脱附进样仪上只能一次老化一根吸附管，效率很低而且会占用热脱附仪的机时。专用的吸附管老化仪可以同时老化多根，效率更高。按照中国环境保护标准 HJ 644 的要求，采样之前所有的吸附管都应经过老化，并且应抽取 20%的吸附管进行空白检验，当采样量少于 10 个时，应至少抽取 2 根。根据调查计划中设定的采样体积，空白管中等量体积的目标物浓度应小于检出限，否则应该重新老化（环境保护部，2013a）。

3.3.3　吸附剂的种类和研发历史

早期的吸附剂法是使用**活性炭（charcoal）**吸附再利用二硫化碳进行化学洗脱。随着热脱附技术的成熟，化学洗脱的使用频率越来越少。活性炭的亲水性和反应性使其很难应用于除了最易挥发以及最稳定的 VOCs 组分以外的其他 VOCs 的热脱附处理，这导致活性炭作为 VOCs 吸附剂的使用逐渐减少（Woolfenden，2010）。

对于热脱附法，早期常使用**多孔聚合物 Tenax®TA** 和其他常见的**气-固色谱填料**（Chromosorb Century、PoraPak Q、PoraPak N 等）作为吸附剂（Woolfenden，2010）。Tenax®TA 的附性能太弱，因此既不适用于强极性 VOCs，也不适用于挥发性比正己烷更强的 VOCs。其他多孔聚合物类吸附剂在高温会释放杂质 VOCs，同时其使用温度不能太高，这都限制了其在热脱附方面的应用。

意大利科学家在 1970 年代后期开发出了**石墨化炭黑（graphitized carbon black）**，其开发完成不久后很快就作为第一种**碳分子筛（carbonized molecular sieves）**产品实现了商业化（Ciccioli et al.，1976）。碳分子筛具有很强的吸附性，能够有效吸附强挥发性化合物，而且其亲水性较低，因此碳分子筛在市场上被视作活性炭吸附剂的高性能替代品。碳分子筛能够适应很高的热脱附温度，并具有较低的背景 VOCs 干扰，因此碳分子的商业化为**复合吸附剂吸附管（multi-sorbent tube）**的问世奠定了重要基础。利用多组分吸附剂管技术，第一次实现了挥发性跨越极大的多组分 VOCs（挥发性从氯乙烯到正十六烷及更高碳数烷烃）的同时测定（Ciccioli et al.，1993）。

近些年，具有更高强度和更低水分残留的吸附剂 Carbopack^{TM} X 和 Carbograph^{TM} 5 TD 实现了商业化。这类吸附剂在保持很高的疏水性的同时，实现了对 1,3-丁二烯等具有极强挥发性和反应性的化合物的定量吸附，因此扩展了热脱附方法的应用范围（Woolfenden，2010）。

目前对新兴吸附剂的开发主要集中在三类材料上：①纳米颗粒；②分子印迹聚合物（molecularly imprinted polymers），这类物质可以根据化合物的分子形状选择性地吸附大分子组分；③含衍生化材料的吸附剂（Woolfenden，2010）。这三类新兴的吸附材料还有一些技术问题没有解决，因此尚未实现商业化。表 3.3 总结了常用于 VOCs 采集的吸附剂。

表 3.3　常见的吸附剂及其主要特征

吸附剂	强度	峰值温度	特征
石英棉	非常弱	>450℃	惰性的，非保水性
Carbograph™ 2TD	弱	>450℃	疏水的，最小的伪差（<0.1 ng）， 易碎，建议使用 40/60 目，以尽量减少背压
Carbopack™ C			
Carbotrap C			
Tenax® TA	弱	350℃	疏水的，较低的伪差（<1 ng） 惰性强-适用于捕集低稳定性 VOCs
Carbograph™ 1TD	弱/中等	>450℃	疏水的，最小的伪差（<0.1 ng）， 易碎，建议使用 40/60 目，以尽量减少背压
Carbograph™ B			
Carbotrap			
Chromosorb 102	中等	225℃	疏水的，较高的伪差（10～50 ng）， 惰性强-适用于捕集低稳定性 VOCs
PoraPak Q	中等	250℃	疏水的，较高的伪差（10～50 ng） 惰性强-适用于捕集低稳定性 VOCs
Chromosorb 106	中等	225℃	疏水的，较高的伪差（10～50 ng） 惰性强-适用于捕集低稳定性 VOCs
PoraPak N	中等	180℃	疏水的，较高的伪差（10～50 ng） 惰性强-适用于捕集低稳定性 VOCs
HayeSep D	中等	290℃	疏水的，较高的伪差（10～50 ng） 惰性强-适用于捕集低稳定性 VOCs
Carbograph™ 5TD	中等/强	>450℃	疏水的，最小的伪差（<0.1 ng）， 易碎，建议使用 40/60 目，以尽量减少背压
Carbopack™ X	中等/强	>450℃	疏水的，最小的伪差（<0.1 ng）， 易碎，建议使用 40/60 目，以尽量减少背压
Carboxen 569	强	>450℃	最小的伪差（<0.1 ng），惰性强-适用于捕集低稳定性 VOCs，亲水性比大多数碳化分子筛低
Unicarb	强	>450℃	惰性的，非疏水的，伪差低于 0.1 ng 必须缓慢老化，使用前需要大量吹扫以去除永久性气体
Carboxen 1003	非常强	>450℃	惰性的，非疏水的，伪差低于 0.1 ng 必须缓慢老化，使用前需要大量吹扫以去除永久性气体
Carbosieve SIII	非常强	>450℃	最小的伪差（<0.1 ng），惰性强，适用于捕集低稳定性 VOCs，非常强的保水性-不要在潮湿的环境中使用
Molecular sieve 5A	非常强	>400℃	较高的伪差（约 10 ng），非常强的亲水性-不要在潮湿的 环境中使用
Molecular sieve 13 X	非常强	>400℃	较高的伪差（约 10 ng），非常强的亲水性-不要在潮湿的 环境中使用

资料来源：Woolfenden，2010。

3.3.4　热　脱　附

1. 热脱附原理

吸附在吸附剂中的待测 VOCs 需先经过解析（脱附）之后，才能进入色谱进行检测。常见的解析方法包括热脱附和化学洗脱两种。**热脱附（thermal desorption）**利用了温度对于吸附质与吸附剂的吸附力的影响。温度越低，吸附质与吸附剂的吸附力越强。温度越高，吸附质与吸附剂的吸附力越弱。当温度高到一定程度，吸附质就从吸附剂上解析，从而实现了吸附质的热脱附。脱附通常是一个缓慢的过程，需要较长的时间才能达到平衡。然而脱附时间过长会导致进入色谱的待测物的谱带增宽，形成宽的"馒头"峰，这会显著降低色谱的分辨率。解决这一问题的方法是将热脱附出来的待测 VOCs 再次导入一个**聚焦冷阱（focusing trap，图 3.11）**进行二次捕集，捕集之后再瞬间升温（二次热脱附），经二次热脱附后将待测物送入气相色谱，最终实现更高的色谱分离效率以及锐利的色谱峰。

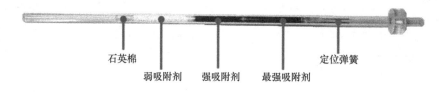

图 3.11　聚焦冷阱实例（参考 Markes 公司产品介绍）

2. 热脱附流程

目前已经有多款商业化的全自动热脱附仪（图 3.12）。热脱附仪的核心部件包括加热器、聚焦冷阱、传输管、气路控制系统、温度控制系统等。热脱附的工作流程是：吸附管在加热器按照设定的升温程序快速加热，同时在吸附管内通过惰性载气(He 或 N$_2$)，受热脱附的待测物被载气携带通过传输管进入聚焦冷阱，待测物在聚焦冷阱的低温环境中被重新捕集，然后将聚焦冷阱快速加热"闪蒸"，使待测物以窄谱带形式进入气相色谱，最终完成检测（图 3.13）。聚焦冷阱可以采用液氮、液体 CO$_2$、电子制冷等不同制冷技术。液氮和液体 CO$_2$ 可以得到较低的制冷温度，但是需要消耗大量的制冷剂，使用成本高昂，PerkinElmer 公司有可以使用液氮和液体 CO$_2$ 制冷的热脱附仪。相比之下，电子制冷的使用成本较低，但这种技术只能达到$-40\sim-30℃$的制冷效果，对个别挥发性极强的 VOCs 的捕集效果可能较低，Markes、PerkinElmer 等公司都有可以电子制冷的热脱附仪。

图 3.12　全自动热脱附仪

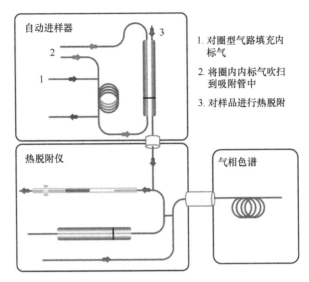

图 3.13　热脱附的流程（参考 Markes 公司产品介绍）

3. 样品重收集与二次分析

对于老款的热脱附仪，一根脱附管经热脱附后解析出的待测物只能一次性进入色谱中进行检测。这样一根脱附管只能进行一次分析，如果检测过程出现错误（操作失误或气路泄漏），无法重新分析，也无法进行故障诊断，只能到现场重新进行采样。不过最新款的热脱附仪增加了样品重收集功能，较好地解决了这一问题。所谓**样品重收集**就是指从聚焦冷阱闪蒸出来的待测物通过气体分流装置，在一定分流比调配下，一部分待测物进入色谱系统进行检测，另一部分待测物被重新捕集到再收集采样管中。如果需要，可以将再收集管中被捕集的物质解析，从而实现二次分析（图 3.14）。实验表明重收集功能后再次分析的结果与原检测结果的重现性非常好（图 3.15）（Woolfenden，2010）。

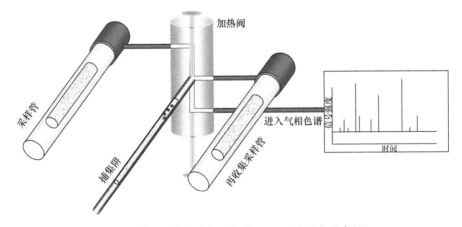

图 3.14　样品再收集功能（参考 Markes 公司产品介绍）

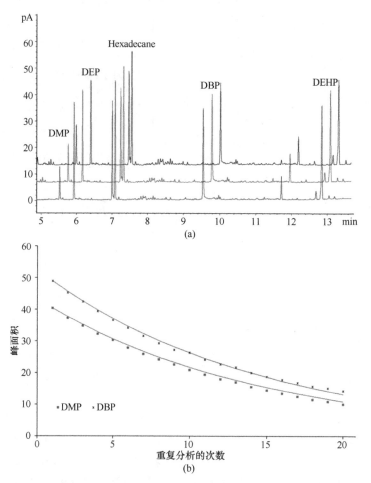

图 3.15 新型的全自动热脱附仪配置了样品再收集功能可以实现良好的样品重复分析，（a）表示三次重复分析的色谱图，（b）表示两种待分析峰面积与重复分析次数的关系（Woolfenden，2010）

4. 热脱附的优缺点

热脱附法的优点是：①能够实现将近 100%的样品组分回收，灵敏度比化学洗脱法高 2～3 个数量级；②色谱图中无溶剂峰，出峰时间短的组分在检测时也不会受到溶剂峰的干扰，可进行较宽范围的有机物检测；③有多款商业化的热脱附仪，可以实现吸附管的全自动快速处理，检测结果的平行性好；④不使用化学试剂，降低了对环境的污染和对实验人员健康的潜在危害。热脱附法缺点是：①需要购置专门的热脱附仪，成本较高；②现有的热脱附仪只能处理标准尺寸的热脱附管，对于非标准热脱附管或者其他形状的采样器（徽章式、轴向式等）无法使用。

3.3.5 化 学 洗 脱

1. 化学洗脱的原理

化学洗脱（solvent extraction）是一种待测物脱附的传统方法，具体是指用洗脱溶剂（常用二硫化碳）对固体吸附剂（常用活性炭）进行化学洗脱，洗脱后的溶剂经过处理后进入色谱进行检测。化学洗脱法是从职业暴露评估的研究中借鉴过来的，主要参考两个标准方法 OSHA 7 和 NIOSH 1501。

2. 化学洗脱的采样和预处理流程

化学洗脱法常用活性炭作为吸附剂，将 100～150 mg 活性炭装入采样管中携带至采样现场（图 3.16）。采样前应先对采样器进行流量校准，具体做法是将一支活性炭采样管与采样器相连，调整采样器流量，这支采样管仅作为调节流量适应，不用作采样分析。然后再拿一根新的采样管与采样器相连，按照设定的流速和采样时间进行采样。如果空气中含有较多颗粒物，可在采样管前连接滤头。气体湿度对活性炭管的吸附效率影响很大，当空气的湿度很大时，水蒸气可能在活性炭管中凝结，这会影响活性炭的穿透体积和采样效率，一般要求空气湿度应小于 90%。采样完毕后，取下采样管，立即用聚四氟乙烯帽密封，送实验室进行预处理和检测（环境保护部，2010）。

图 3.16　活性炭采样管（参考 VOC Zeroing 公司产品介绍）

采样完成后，活性炭采样管应该用聚四氟乙烯帽密封，避光密闭保存并尽快送实验室分析。HJ 584—2010 标准《环境空气　苯系物的测定　活性炭吸附/二硫化碳解吸-气相色谱法》对样品存放时间的规定非常严格：室温下应在 8 小时内完成测定。否则应放入密闭容器中，在-20℃冰箱中保存，保存期限为 1 天。在污染场地调查中，这么短的样品流转时间往往较难实现。后来发布的 HJ 645—2013 标准《环境空气　挥发性卤代烃的测定　活性炭吸附-二硫化碳解吸/气相色谱法》对样品存放时间有所放宽：室温下避光密闭保存应在 3 天内完成测定。否则应放入密闭容器中，在 4℃冰箱中保存，7 天内测定，或者在-20℃冰箱中保存，14 天内测定（环境保护部，2013b）。

在样品预处理阶段，将采样管中的活性炭取出，放入预先加入无水硫酸钠的密闭试管或样品瓶中，然后加入一定体积的二硫化碳密闭，轻轻振动混合，在室温下解析 1 小时后，采用液体进样方式用 GC 进行检测，解析液在 4℃冰箱中可以保存 5 天。

3. 化学洗脱的优缺点

化学洗脱法的优点是：①不需要专门的仪器，成本低；②可以处理非标准尺寸的吸附管或者其他形状的吸附采样器（徽章式、轴向式等）；③可以方便地进行平行重复测试。该方法的缺点是：①需要较多人工操作，耗时较长，样品中 VOCs 易损失，分析结果的平行性相对较差；②解析效率比热脱附低，因此化学洗脱的灵敏度低、检出限高；③二硫化碳有一定毒性。

3.3.6　基于吸附剂的标准方法

吸附剂吸附是气体 VOCs 监测最常用的采样方法之一，在环境空气和室内空气质量监测中已经有几十年的应用历史。富集在吸附剂中的待测 VOCs 可以通过热脱附或者化学洗脱两种方法解析，解析之后可进入 GC 分离后用质谱或者 FID 检测器进行检测。现有的标准方法按照解析方式分为热脱附和化学洗脱两类。这两类方法在中国以及其他国家有多项标准供参考（表 3.4）。

基于热脱附的标准方法有中国环境保护标准 HJ 644、HJ 583 和美国的 TO-17。

中国环境保护标准 HJ 644《环境空气 挥发性有机物的测定 吸附管采样-热脱附/气相色谱-质谱法》中，当取样量为 2 L，35 种 VOCs 的检出限为 $0.3\sim1\ \mu g/m^3$，测定下限为 $1.2\sim4\ \mu g/m^3$。

中国环境保护标准 HJ 583《环境空气 苯系物的测定 固体吸附/热脱附-气相色谱法》中，当取样量为 1 L，如果 GC 使用毛细管柱，苯、甲苯、乙苯、二甲苯（邻、间、对）、异丙苯、苯乙烯的检出限为 $0.5\ \mu g/m^3$，测定下限为 $2\ \mu g/m^3$，如果 GC 使用填充柱，苯的检出限为 $0.5\ \mu g/m^3$，测定下限为 $2\ \mu g/m^3$，其他苯系物的检出限为 $1\ \mu g/m^3$，测定下限为 $4\ \mu g/m^3$。

基于化学洗脱的标准方法有中国环境保护标准 HJ 584 和 HJ 645。

中国环境保护标准 HJ 584《环境空气 苯系物的测定 活性炭吸附/二硫化碳解吸-气相色谱法》中，当采样体积为 10 L 时，苯、甲苯、乙苯、二甲苯（邻、间、对）、异丙苯、苯乙烯的检出限为 $1.5\ \mu g/m^3$，测定下限为 $6\ \mu g/m^3$。

中国环境保护标准 HJ 645《环境空气 挥发性卤代烃的测定 活性炭吸附-二硫化碳解吸/气相色谱法》中，当采样体积为 10 L 时，21 种挥发性卤代烃的检出限为 $0.03\sim10\ \mu g/m^3$，测定下限为 $0.12\sim40\ \mu g/m^3$。

表 3.4 中国和美国气体样品中有机物的采样与监测标准方法

国别	编号	方法名称	环境介质	检测的物质	采样和预处理方法	检测方法
中国	HJ 644	环境空气 挥发性有机物的测定 吸附管采样-热脱附/气相色谱-质谱法 (HJ 644—2013)	环境空气	VOCs	吸附管采样/热脱附	GC-MS
中国	HJ 583	环境空气 苯系物的测定 固体吸附/热脱附-气相色谱法 (HJ 583—2010)	环境空气	苯系物	Tenax 吸附管采样/热脱附	GC-FID
中国	HJ 645	环境空气 挥发性卤代烃的测定 活性炭吸附-二硫化碳解吸/气相色谱法 (HJ 645—2013)	环境空气	挥发性卤代烃	活性炭吸附管吸附/CS_2洗脱	GC-FID
中国	HJ 584	环境空气 苯系物的测定 活性炭吸附/二硫化碳解吸-气相色谱法 (HJ 584—2010)	环境空气	苯系物	活性炭吸附管吸附/CS_2洗脱	GC-FID
中国	HJ 759	环境空气 挥发性有机物的测定 罐采样/气相色谱-质谱法 (HJ 759—2015)	环境空气	VOCs	采样罐	GC-MS
中国	HJ 734	固定污染源废气 挥发性有机物的测定 固相吸附-热脱附/气相色谱-质谱法 (HJ 734—2014)	固定污染源废气	VOCs	吸附管采样/热脱附	GC-MS
美国	TO-1	Method for the Determination of Volatile Organic Compounds (VOCs) in Ambient Air Using Tenax® Adsorption and Gas Chromatography/Mass Spectrometry (GC/MS)	环境空气	VOCs	Tenax®吸附剂	GC-MS
美国	TO-2	Method for the Determination of Volatile Organic Compounds (VOCs) in Ambient Air by Carbon Molecular Sieve Adsorption and Gas Chromatography/Mass Spectrometry (GC/MS)	环境空气	VOCs	分子筛吸附剂	GC-MS
美国	TO-3	Method for the Determination of Volatile Organic Compounds in Ambient Air Using Cryogenic Preconcentration Techniques and Gas Chromatography with Flame Ionization and Electron Capture Detection	环境空气	VOCs	冷阱浓缩	GC-FID/ECD
美国	TO-13	Determination of Polycyclic Aromatic Hydrocarbons (PAHs) in Ambient Air Using Gas Chromatographic/Mass Spectrometry (GC/MS)	环境空气	PAHs	聚氨酯泡沫	GC-MS
美国	TO-14A	Determination of Volatile Organic Compounds (VOCs) in Ambient Air Using Specially Prepared Canisters with Subsequent Analysis by Gas Chromatography	环境空气	非极性 VOCs	采样罐	GC-MS 或 GC-ECD/FID
美国	TO-15	Determination of Volatile Organic Compounds (VOCs) in Air Collected in Specially-Prepared Canisters and Analyzed by Gas Chromatography Mass Spectrometry (GC/MS)	环境空气	VOCs	采样罐	GC-MS
美国	TO-17	Determination of Volatile Organic Compounds in Ambient Air Using Active Sampling Onto Sorbent Tubes	环境空气	VOCs	吸附管	GC-MS

3.4　气体 VOCs 的罐采样和气袋采样

除吸附管外，采样罐和气袋也是常用的气体样品采集方法。采样罐和气袋通常使用相同的样品前处理流程，两者一般可以使用同一台全自动进样设备进行处理，因此在本节将两种采样方法一并介绍。

3.4.1　采样罐类型

在环境空气和室内空气质量监测中，**采样罐（canister）**已经有几十年的应用历史。采样罐在采样之前都需要抽真空，因此也被称为**真空采样罐（vacuum canister）**。采样罐的体积一般从 100 mL 到 15 L，其中 3 L 和 6 L 最常见（图 3.17）。采样罐的外壳一般由不锈钢或玻璃制成，其中不锈钢采样罐更常见。不锈钢的主要成分是铁（图 3.18），而铁是一种化学性质活泼且具有催化活性的金属。待测 VOCs 与罐壁的铁接触可能会发生降解或吸附而损失，因此新型的采样罐一般会在内壁涂布一层惰性涂层以使不锈钢壁**去活（passivated）**。按照惰性涂层的种类，采样罐可分为无涂层罐、苏玛罐、硅烷化罐三类。

图 3.17　不同体积的采样罐（参考 Entech 公司产品介绍）

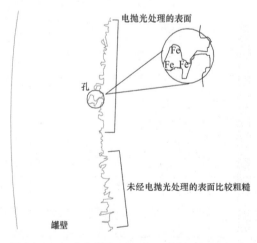

图 3.18　未经抛光处理的无涂层以及经过电抛光处理的不锈钢采样罐内壁（参考 Entech 公司产品介绍）

1. 无涂层采样罐

无涂层采样罐的内壁一般需要经过电抛光和酸性钝化处理。这类罐在刚开始使用时其性能通常能够达到要求，但是在长期采样的过程中空气中的水、臭氧和其他氧化物会不断腐蚀采样罐内壁，导致表面抛光失效。随着内壁光洁度降低，最终导致钝化失效。有研究发现无涂层采样罐在使用 6～12 月以后，对一些性质活泼的 VOCs 即使储存 1 周都会发生明显的质量损失，从而导致检测结果不准确。因此，在污染场地调查时不推荐使用无涂层采样罐。

2. 苏玛罐

苏玛罐（summa canister）是指以镍铬氧化物（NiCrOx）为惰性涂层的不锈钢采样罐。1982 年美国 EPA 首次在其标准方法 EPA Compendium of Methods for the Determination of VOCs in Ambient Air 中明确规定需要采用经镍铬氧化物惰化的采样罐来监测 40 种芳香烃和卤代烃类的 VOCs。苏玛罐内壁的镍铬氧化物涂层采用液体化学沉积法制作，厚度一般为 500～1000 埃（Å）。液体沉积时使用的乙二醇很难完全清除，因此会在内壁表面逐步反应生成乙醛、乙烯等杂质 VOCs，因此可能对目标 VOCs 的测定造成干扰。

3. 硅烷化采样罐

硅烷化采样罐是一种惰性更好更先进的罐体，其内壁采用蒸气沉积的方法涂布了一层硅烷化的惰性涂层，涂层厚度也是 500～1000 埃（Å）。硅烷化涂层能有有效屏蔽活性铁与 VOCs 的接触，消除 VOCs 的降解反应和吸附损失。一般认为硅烷化涂层比镍铬氧化物涂层抗腐蚀的能力更强，有效寿命更长，对 VOCs 的保存效果也更好。

通过以上介绍可以看出苏玛罐只是真空采样罐的一种，目前使用更多的是硅烷化采样罐罐，所以国内常用苏玛罐指代所有类型的采样罐并不准确。

4. 玻璃采样罐

除了不锈钢罐还可以使用玻璃采样罐进行土壤气或者室内空气采样。玻璃采样罐的体积相对较小，一般是 40 mL 到 1 L（图 3.19）。玻璃罐气密性和对 VOCs 的保存能力与不锈钢罐相近，两者的使用方式也基本一致。玻璃罐的优点是便宜，但缺点是易碎，而且采样体积较小。

图 3.19　玻璃采样罐（参考 Entech 公司产品介绍）

3.4.2 气 袋

气体采样袋可采集并短期保存气体样品，是一种简单、低成本的气体采样方法（图 3.20）。当气样中含有高浓度的 VOCs 时（达到百分含量），使用罐采样往往会造成很严重污染残留问题，给后续罐清洗工作带来很多困难，甚至导致采样罐报废（详见 3.4.6 小节）。这种情况下低成本的采样袋是一种较好的替代。

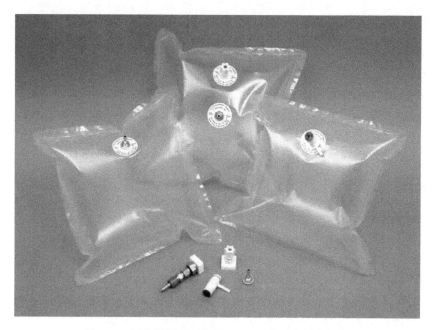

图 3.20　气体采样袋（参考 Supelco 公司产品介绍）

按照使用的膜材质的差异，常用的采样袋可分为六类：Tedlar（泰德拉）采样袋、Devex（得维克）采样袋、铝塑复合膜采样袋、PVDF 气体采样袋、FEP 采样袋、Fluode（氟莱得）采样袋。Tedlar 采样袋是使用最多的气体采样袋，其膜材料为聚氟乙烯（PVF）膜，杜邦公司的 PVF 商标名为 Tedlar（泰德拉）。PVF 膜具有优异的耐腐蚀性，极低的吸附性和气体渗透率，耐热温度为 150~170℃。Tedlar 采样袋可用于高精度 ppm 和 ppb 级分析采样，可采集保存各种强腐蚀性、高化学活性的气态和液态样品。Tedlar 膜主要用于建筑防腐薄膜、透明篷布、太阳能电池。自 1970 年代，Tedlar 膜开始成功地应用于大型公共建筑。美国 SKC 公司在 1970 年代末首次用 Tedlar 膜制成气体采样袋，由于 Tedlar 膜热合封口温度低，加工容易，并具有优异的化学性能和机械性能，薄膜价格低，被大量用于制作气体采样袋。三十多年来，SKC 公司不断地宣传推广，使世界各地用户普遍接受 Tedlar 气体采样袋，并被美国 EPA 认可。当然使用 Tedlar 采样袋需要注意以下两点：①Tedlar 采样袋存在泄漏现象，因此样品不能存放太长时间；②Tedlar 采样袋可能会释放背景 VOCs，从而干扰测定。

3.4.3　采样罐采样流程

　　罐采样的一般流程是：在采样前首先将采样罐抽真空，经检测合格后运输到指定的采样地点，打开控制阀门开始采样，完成采样后关闭阀门，将采样罐送到实验室进行分析检测。罐采样具体分为瞬时采样和恒定流量采样。**瞬时采样**又叫**抓取采样（grab sampling）**，一般指打开采样罐阀门后，靠罐内真空形成的负压在很短时间（2~10 秒）将气体样品吸入罐内，采样完成后关闭阀门，用密封帽密封。瞬时采样法一般用于采集指定地点、指定时间的静态气体样品。**恒定流量采样**又叫**积分采样（time integrated sampling）**是指在较长的采样周期内（几个小时到几天）以一个恒定的低流速持续地采集气体样品，在设定的采样时间达到后，关闭阀门，用密封帽密封。积分采样大大降低了样品浓度随时间波动造成的误差，其样品代表了一段时间内污染物的平均浓度。

　　积分采样需要在采样罐的进样口安装专门的流速控制装置，以维持采样气流流速的恒定。常用的流速控制装置有两种：临界限流孔和流量控制器。

1. 临界限流孔

　　临界限流孔（critical orifice） 是一个固定尺寸的小孔，穿越小孔的气体流量随小孔两端气压差的增加而增加，但是当流量增加到某一临近值后，流量不再受气孔两端气压差的影响而维持恒流状态（图 3.21）。临界限流孔流量具有结构简单、成本低、恒流精度高、控制性能稳定、故障率低、不需现场校正和调节流量等优点，但是当采样罐的压力下降到初始压力一半的时候，临界限流孔的流速就开始显著下降而无法维持恒定，因此使用临界限流孔控制流速的采样罐能够进行的积分采样时间较短。

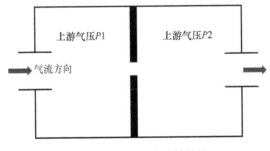

上游气压 P1　　　　上游气压 P2

气流方向

图 3.21　临界限流孔的结构

2. 流量控制器

　　流量控制器（flow controller） 是在临界限流孔的基础上安装了流量稳定装置（图 3.22），该装置可以使恒定采样流速的时间保持得更长，通常只要罐中剩余压力占初始压力的 10% 以上时采样流速都可以保持恒定，因此使用流量控制器能实现的的积分采样时间更长。需要注意该装置对流量的控制效果受到气温和海拔的影响，因此选取采样地点的时候需要考虑这些因素。一些采样罐的生产厂家还开发了专门用于校正流量控制器的流量、温度、海拔等参数的专用设备（图 3.23），该设备还可以进行流路检查和泄漏检查，可以确保采样罐的状态正常。

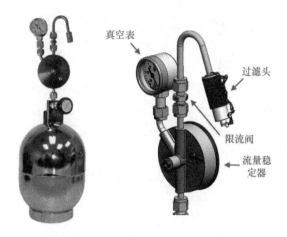

图 3.22　流量控制器示意图（参考 Entech 公司产品介绍）

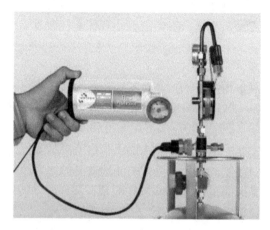

图 3.23　流量控制器校准装置（参考 Entech 公司产品介绍）

3. 真空度检查及样品保存

　　采样罐的真空度是反映采样罐状态的重要指标，一般推荐使用自带真空表的采样罐，在采样前和采样后均需检测并记录罐内的真空度。采样前状态正常的采样罐的真空度应该在 25″～30″Hg（真空表误差 5″Hg），如果真空度低于 25″Hg 则不推荐使用该罐进行采样。如果采样周期是 24 小时，一般需要每 1～4 小时对每个采样罐逐一进行一次真空度检查，如果真空度没有降低或者降低过快，则该罐可能存在故障，用该罐采集的样品作废。采样结束后还应再次检查真空度，一般来说采样罐不能完全装满，需要留有一定的残余真空。收集到采样罐中的气体样品应该在常温下保存，采样后应在 20 天内分析完毕（环境保护部，2015）。

3.4.4　气袋采样流程

1. 气密注射器

当采用气袋对样品进行保存时，可以选择气密注射器和负压采样箱两种采样方法。

气密注射器法比较直观，即采用气密注射器从采样点取样直接注入气袋保存（图 3.24）。

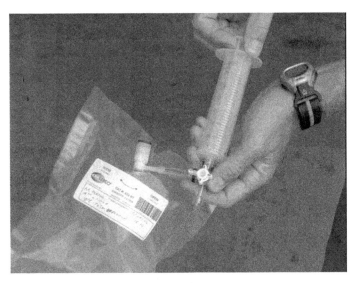

图 3.24　用气密注射器向气袋注入气体样品（ITRC，2014）

2. 负压采样箱

负压采样箱又叫**真空箱或肺箱（lung box）**，是一个由有机玻璃或不锈钢材质制成的气密性良好的箱体，箱体透明或有观察孔，箱上的盖可开启，盖底四边有密封条，（图 3.25）。箱体侧面一般有几根穿越箱壁的导气管，其中一根连接抽气泵供采样时抽真空使用，另一根连接气袋供采用使用。

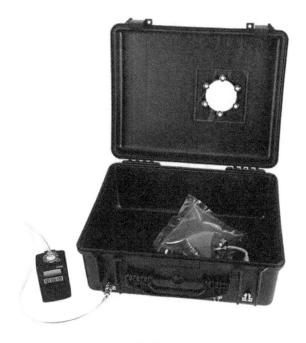

图 3.25　负压采样箱（ITRC，2014）

采样前用抽气泵将气袋中的气体抽去，然后将气袋放入采样箱并与导气管连接，导气管另一端连接采样井的采样管。关闭负压采样箱的密封盖，利用泵对采样箱抽真空，在箱内负压的作用下气体会从采样管进入气袋。当气袋内的采样体积达到气袋最大容积的 80%左右时结束采样，关闭抽气泵及气袋上的阀门，取下气袋，贴上注明样品编号的标签。采样时一般还要记录样品编号、样品采样时的工况条件、环境温度、大气压力、采样时间等信息。使用负压而不是直接将气袋连至采样泵的排气口进行采样是为了避免土壤气在通过采样泵时，泵油可能造成的 VOCs 污染。

3. 气袋的重复使用

样品采集应优先使用新气袋。如需重复使用旧气袋，须在采样前进行空白实验。具体的做法是：在已经使用过的气袋中注入除烃零级空气后密封，室温下放置一段时间，放置时间不少于实际监测时样品的保存时间。然后使用跟样品分析相同的方法测定目标 VOCs 的浓度，如果测定结果均低于方法检出限，可继续使用该气袋，抽空袋内气体后保存，否则必须弃用。

4. 气袋样品的保存时间

中国目前还没有针对环境空气、室内空气或土壤气的气袋采样标准，环境保护部 2014 年发布了针对固定污染源废气的气袋采样标准 HJ 732《固定污染源废气 挥发性有机物的采样 气袋法》。该标准规定了使用聚氟乙烯（PVF）等氟聚合物薄膜气袋手工采集固定污染源废气的方法，主要适用于固定污染源废气中非甲烷总烃和部分 VOCs 的采样（环境保护部，2014）。需要注意该标准是专门针对固定污染源废气的，因此仅具有参考意义。

按照 HJ 732 标准的要求，气袋保存的气体样品一般需要在采样后 8 小时内完成分析，如果需要延长样品保存时间，可参考 HJ 732 标准的附表 A。该表格列出了实验测定的 61 种浓度 1 µmol/mol 的 VOCs（丙烯腈气体浓度为 41.9 µmol/mol）在三种氟聚合物气袋中（聚氟乙烯 PVF、聚全氟乙丙烯 FEP、共聚偏氟乙烯 S-PVDF）分别保存 8 小时和 24 小时后的回收率（表 3.5）。对于污染场地中常见的 VOCs，如苯、甲苯、乙苯、二甲苯、三甲苯、二氯甲烷、氯仿、四氯化碳、三氯乙烯、四氯乙烯、1,1-二氯乙烷、1,2-二氯乙烷、1,1,1-三氯乙烷、氯苯、二氯苯等在气袋中保存 24 小时后的回收率均显著低于 8 小时的回收率（降低十个百分点以上）。这说明上述 VOCs 即使在气袋中存储 24 小时也会发生显著的质量损失，因此在污染场地调查中应谨慎使用气袋，除非采样能快速测定，或者需要进行实验确认含目标 VOCs 的标准气体在所用材质类型气袋中不同保存时间的回收率。

表 3.5 61 种 VOCs 气体样品在气袋中保存 8 小时和 24 小时后的回收率 （单位：%）

化学文摘号	化合物名称	8 小时后回收率			24 小时后回收率		
		聚氟乙烯（PVF）	聚全氟乙丙烯（FEP）	共聚偏氟乙烯（S-PVDF）	聚氟乙烯（PVF）	聚全氟乙丙烯（FEP）	共聚偏氟乙烯（S-PVDF）
115-07-1	丙烯	99.1	99	86.5	97	90.4	78.4
75-71-8	二氯二氟甲烷	90.4	85.2	73	78.7	78.1	72.6

续表

化学文摘号	化合物名称	8 小时后回收率			24 小时后回收率		
		聚氟乙烯（PVF）	聚全氟乙丙烯（FEP）	共聚偏氟乙烯（S-PVDF）	聚氟乙烯（PVF）	聚全氟乙丙烯（FEP）	共聚偏氟乙烯（S-PVDF）
74-87-3	氯甲烷	98.3	96.9	87.9	97	90	84.4
76-14-2	二氯四氟乙烷	94.5	92.6	78.1	86.3	85.1	76.8
1975/1/4	氯乙烯	99.4	97.5	81.8	92.6	85.4	79.6
106-99-0	1,3-丁二烯	92.1	94.6	83.5	92.2	85.4	79.8
74-83-9	溴甲烷	87.8	84.7	79.2	77.2	75.3	71
75-00-3	氯乙烷	88.7	89.3	88.1	87.7	85.1	80.8
67-64-1	丙酮	88.7	96.7	84	81.5	75.5	65.6
75-69-4	三氯氟甲烷	82.4	77.2	73.3	70.8	71	68.2
67-63-0	异丙醇	89.1	79.2	85.5	77.5	86.2	72.8
75-35-4	1,1-二氯乙烯	87.7	82.7	79	74.1	73.1	71.8
75-15-0	二硫化碳	98.7	76.8	88.5	87.1	74.9	82
1975/9/2	二氯甲烷	90.8	75.2	81.1	74.1	74	68.2
76-13-1	三氯三氟乙烷	85.4	80.4	86.6	92.4	93.6	88.4
156-60-5	逆-1,2-二氯乙烯	95.1	90.7	89.2	81.3	73.2	76.3
75-34-3	1,1-二氯乙烷	98.6	96.7	92.2	86.1	87.9	81.2
1634-04-4	甲基特二丁醚	97.3	98.2	90	82.4	84.3	72.1
108-05-4	乙酸乙烯酯	95.4	96.5	90.4	81.6	76	68
78-93-3	甲基乙基酮	96.6	95.6	96.8	85.7	82.2	69.6
156-59-2	顺-1,2-二氯乙烯	96.2	93.7	90.8	80.9	81.1	76.8
110-54-3	正己烷	95.3	93.1	97.7	95.9	92.8	89.9
67-66-3	氯仿	95.8	91.5	87.3	79.8	80.2	76.9
141-78-6	乙酸乙酯	95.2	94.9	95.5	83.6	78.5	75
109-99-9	四氢呋喃	99.2	64.5	96	97	86.3	88.7
107-06-2	1,2-二氯乙烷	87	87.5	79.9	72.1	73	67
71-55-6	1,1,1-三氯乙烷	93.4	90.4	85.7	78.8	79.8	75.4
71-43-2	苯	99.5	99.9	97.8	89.2	86.3	81.7
56-23-5	四氯化碳	93.6	90.5	86.3	79.3	79.2	75.9
110-82-7	环己烷	94.6	98.1	96.5	94.6	96.8	91.9
78-87-5	1,2-二氯丙烷	95.1	96	98.5	89.4	87.9	80.4
75-27-4	溴二氯甲烷	92.9	91.7	86.4	76.5	76.9	74.3
1979/1/6	三氯乙烯	95.2	94.9	96.1	87	76	84.3
123-91-1	1,4-二恶烷	95.6	99.4	72.6	80.7	97.2	75.6
142-82-5	庚烷	93.7	94	94.9	100	91.1	96.9
10061-01-5	顺-1,3-二氯丙烯	93.8	99.1	90.8	76.2	75.7	71.6
108-10-1	甲基异丁基酮	98.8	99	84.3	81.7	79.3	72.2
10061-02-6	逆-1,3-二氯丙烯	87.7	95.6	84.4	64	68	62.9
79-00-5	1,1,2-三氯乙烷	96.5	99.5	94.1	79.9	80.1	77.5

续表

化学文摘号	化合物名称	8 小时后回收率			24 小时后回收率		
		聚氟乙烯（PVF）	聚全氟乙丙烯（FEP）	共聚偏氟乙烯（S-PVDF）	聚氟乙烯（PVF）	聚全氟乙丙烯（FEP）	共聚偏氟乙烯（S-PVDF）
108-88-3	甲苯	94.6	68	97.7	81.6	76	75.3
626-93-7	甲基丁基酮	99.9	97.1	85.7	78.6	70.6	67.6
124-48-1	二溴氯甲烷	92.3	98.1	90.5	75.1	77.1	72.6
540-49-8	1,2-二溴乙烷	92.7	98.2	92.1	70.3	73.2	69.4
127-18-4	四氯乙烯	98.4	90.5	92.7	82.5	64.3	80.9
108-90-7	氯苯	90.9	94.4	91.8	63.3	61.4	67.5
100-41-4	乙苯	94.3	95	95.2	66.1	63.5	67.5
106-42-3	间，对-二甲苯	92.6	91.7	91.4	62.9	58.3	65.2
75-25-2	溴仿	88.2	98.5	88.1	59	70.2	64.1
100-42-5	苯乙烯	90.1	93.9	94.5	53.7	57.3	62.4
79-34-5	1,1,2,2-四氯乙烷	93.9	97.8	90	65.2	71.1	66.4
95-47-6	邻-二甲苯	95.4	91.5	93.4	62.6	61.4	66.1
622-96-8	4-乙基甲苯	90.1	85.8	91.2	57.7	49.8	63.9
108-67-8	1,3,5-三甲苯	91.8	88.2	89.6	58.7	54.7	65.7
95-63-6	1,2,4-三甲苯	87.7	82.6	89.2	53.6	48.6	62.5
541-73-1	1,3-二氯苯	80.3	73.5	86.8	44.8	38.3	58
106-46-7	1,4-二氯苯	80.3	73.5	86.8	44.8	38.3	58
95-50-1	1,2-二氯苯	77.8	76.6	82.4	42.9	40.8	54.3
120-82-1	1,2,4-三氯苯	60.8	47.6	72.1	22.8	19.5	39
87-68-3	六氯-1,3-丁二烯	77	66.8	60.9	42.9	43.3	55.6
107-13-1	丙烯腈	>91.2[3]	/	/	82.3	/	/

资料来源：环境保护部，2014。

3.4.5 采样罐和气袋的实验室前处理和进样检测

采样罐和气袋的实验室样品前处理方法类似，一般可以共用同一台进样设备，因此这里一并介绍。为了获得较低的检出限（约 1～2 ppbv），采样罐或气袋中的气体样品在进入 GC 之前需要对待测组分进行富集（也叫"浓缩"）。由于气体样品中水蒸气和 CO_2 的含量通常远远高于待测有机组分（高 4 个数量级以上），因此在样品的前处理过程中除了浓缩待测组分外，还需要除掉样品中的水分和 CO_2 等杂质，这两类功能可以在商业化的气体冷阱浓缩仪上方便地实现，常见的气体冷阱浓缩仪可以分为三类：①液氮制冷型浓缩仪；②填充吸附电子制冷型浓缩仪；③多级毛细色谱柱捕集阱型浓缩仪。

1. 液氮制冷型浓缩仪

液氮制冷型浓缩仪是目前使用最多的采样罐浓缩进样系统。液氮制冷型浓缩仪主要通过液氮来实现–180℃的超低温制冷，从而有效实现各类 VOCs 的浓缩。醛类 VOCs 的预浓缩方法为冷阱脱水（cold trap dehydration，简称 CTD）法，其他类型 VOCs 采用微量吹扫和捕集的方法（Microscale Purge and Trap，简称 MPT）（图 3.26）。两种方法均采用三级冷阱方式。第一级冷阱将气态的水变成固态的冰，从而实现样品和水的分离。二级冷阱使待测 VOCs 与 CO_2 及空气中的其他主要成分分离。分离后的 VOCs 聚焦在第三级冷阱，进一步浓缩，经过浓缩后几百毫升的气体可以浓缩到几微升。浓缩完毕后通过急剧加热并吹扫第三级冷阱可以将浓缩后的样品转移到 GC 系统进行检测。CTD 法与 MPT 法不同之处在于：CTD 法的第一级冷阱为一个空硅烷化冷阱，而 MPT 方法的第一级冷阱采用的是玻璃珠填料冷阱。液氮制冷型浓缩仪在环境空气检测中有较广泛的应用，但是液氮的消耗较快，经济成本较高，另外有时还会出现气路冰堵的问题。

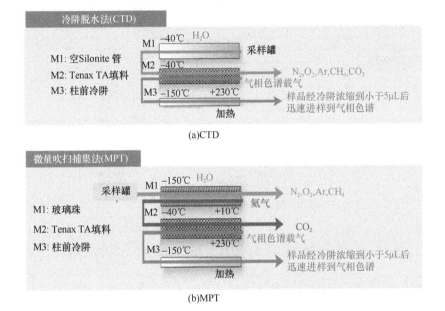

图 3.26　液氮制冷型冷阱浓缩仪的冷阱脱水法（CTD）和用微量吹扫和捕集法（MPT）
两种方法中的 M1、M2、M3 分别为一、二、三级冷阱（参考 Entech 公司产品介绍）

2. 填充吸附电子制冷型浓缩仪

填充吸附电子制冷型浓缩仪是近几年上市的一款采样管浓缩进样系统，该系统与的热脱附仪共用一套聚焦冷阱，因此也可以进行吸附管的热脱附进样，从而实现一套仪器两种全自动进样功能（图 3.27）。对于采样罐进样来说，整个系统分为：①采样罐进样系统；②除水系统；③冷阱聚焦系统三部分。采样罐进样系统负责从采样罐准确采集一定体积的气体样品以及内标气，具体有两种进样方式：高浓度样品可以通过定量环进行小体积进样，低浓度样品可以通过质量流量控制器（mass flow controller，简介 MFC）进行大体积进样。除水系统采用空冷阱在-30℃条件下冷冻除水，在去除气体样品中水气的同时尽量避免目标 VOCs 的损失。当完成进样后，可加热同时用载气反向吹扫除水冷阱，将冷阱中残留的污染物去除，避免样品的交叉污染。冷阱聚焦系统与热脱附仪一样，都是通过-30℃电子制冷结合填充吸附剂的吸附作用实现对样品中 VOCs 的捕集和聚焦。捕集完成后将聚焦冷阱快速加热，这时被捕集的 VOCs 受热解析，随载气以窄谱带形式进入 GC，最终完成检测（图 3.27）。电子制冷的使用运行成本远低于液氮制冷。

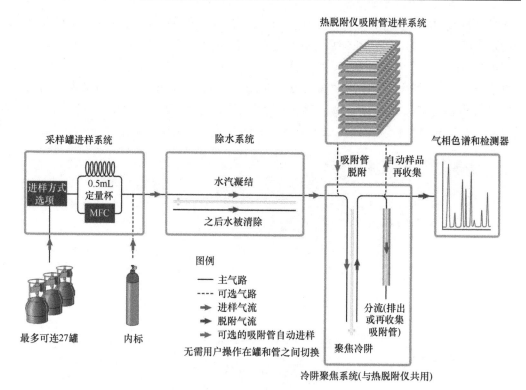

图 3.27　填充吸附电子制冷型浓缩系统（参考 Markes 公司产品介绍）

3. 多级毛细色谱柱捕集阱型浓缩仪

多级毛细色谱柱捕集阱型浓缩仪基于多重毛细柱系统（MCCTS），可以在 35℃下用两级捕集阱实现 C3～C18 的 VOCs 的浓缩（图 3.28）。第一级捕集阱用来捕集样品、标气和内标气，第二级捕集阱用来进行 GC 进样前的样品聚焦。第一级和第二级

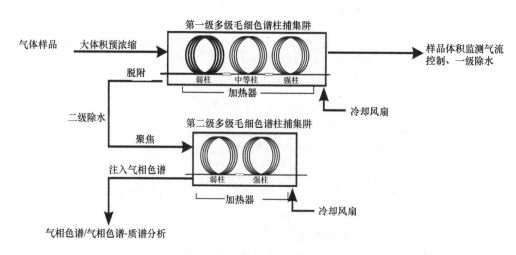

图 3.28　多级毛细色谱柱捕集阱型浓缩系统（参考 Entech 公司产品介绍）

捕集阱的吸附温度都是 35℃，因此只需要用简单的风扇制冷而无须使用液氮制冷或者电子制冷。这款浓缩仪使用了多重开口的管状毛细柱（MCCTS）来增强捕集复杂的空气样品能力。高挥发性的 VOCs 一般在后端最强的吸附柱里被捕集，低挥发性的 VOCs 在前段较弱的吸附柱里被捕集。MCCTS 可提高化合物的捕集能力，捕集的化合物沸点从 –50℃到大于 250℃，进样体积从 10～500 mL。

3.4.6　采样罐的污染残留问题

按照标准方法的要求（TO-15 或 HJ 759）在采样之前需要对采样罐进行罐清洗（清罐），以求彻底除掉前次采样引入罐内的污染物。罐清洗是通过多次地抽真空和填充氮气或零级空气来实现清除残留污染的目的的，清罐操作一般在全自动清罐仪上进行。

不过 McHugh 等（2018）发现当前次采集的气样中含有高浓度的污染物时，即使经过多轮清罐也很难完全清除采样罐和流量控制器中残留的污染，这会导致下一次的检测结果出现假阳性。他们使用两个相同体积的采样罐对同一口土壤气井进行采样，结果发现一个罐中检测到了 6 $\mu g/m^3$ 的 PCE，而另一个罐却未检出 PCE（<0.1 $\mu g/m^3$）。他们询问了送检的实验室后发现第一个罐前次采样的气体中含有 420000 $\mu g/m^3$ 的 PCE，而第二个罐前次采集的样品中未检出 PCE。虽然这两个罐都按照美国 TO-15 方法进行了清罐，并且在清罐结束后也都进行了本底污染物检测，检测也并未发现任何异常（McHugh et al.，2018）。其原因是残留在第一个采样罐中的 PCE 的反向解析速度很慢，由于该实验室在罐清洗结束后很快就进行了本底污染物分析，此时由于残留的 PCE 尚未解析出来而导致残留污染未被检出，但是该罐放置足够长时间还是会缓慢地解析出较高浓度的 PCE（McHugh et al.，2018）。

HJ 759 方法要求每清洗 20 个罐需要至少取 1 个进行本底污染物分析（环境保护部，2015）。这一抽查频率对于环境空气检测也许是合适的，但是对于土壤气检测却未必合适。其原因是不同点位采集的土壤气中的污染物浓度相差几个数量级，20 选 1 的抽检频率显然无法确保每个采样罐都符合重新使用的要求。理想情况下，在清罐后应对每个罐都进行本底污染物分析，并且该分析应该在清罐后等足够长的平衡时间以后再进行，只有检验合格以后的采样罐才可以重新使用。

3.4.7　基于罐采样的标准方法

中国 HJ 759、美国 TO-15 和 TO-14A 等标准方法均基于罐采样/气相色谱-质谱联用仪测定环境空气中的挥发性有机物（表 3.4）。中国环境保护标准 HJ 759《环境空气　挥发性有机物的测定罐采样/气相色谱-质谱法》中，当取样量为 400 mL，用全扫描模式测定，67 种 VOCs 的检出限为 0.2～2 $\mu g/m^3$，测定下限为 0.8～8 $\mu g/m^3$。在北美的污染场地调查中 TO-15 比 TO-14A 更常用，因为 TO-15 在质量控制、采样罐清洗、水分管理等方面做了改进，因此对极性 VOCs 的回收率更高。

3.4.8　罐采样和吸附管采样的对比

在北美地区吸附管法（TO-17）和采样罐法（TO-15）都是被广泛认可的 VOCs 的采样监测标准。改进的 OSHA 和 NIOSH 标准方法（基于化学洗脱的吸附剂法）也用于一部分 VOCs 的采样监测。

1. 吸附管法的优缺点

吸附管法的优点有：①可以分析 C3～C40 内的化合物，对大分子量的化合物回收率较高；②吸附管再生比较容易；③利于样品计算累积时间的平均浓度。吸附剂法的缺点有：①如果样品中 VOCs 浓度过大有可能导致吸附剂穿透进而干扰待测组分的准确定量，不过这个问题可以采用串联两根吸附管的方法解决；②吸附管对小分子量强挥发性 VOCs 的捕集效率较低，无法分析 C3 以下极易挥发性物质；③吸附剂对混合污染物可能存在选择性吸附或竞争性吸附的问题，导致采样不具有代表性；④需要采样泵，准确控制采样泵的流量有一定难度。

2. 采样罐法的优缺点

采样罐的优点是：①采用直接的全空气采样（whole air sampling），理论上不存在选择性吸附或竞争性吸附的问题，而且采集一罐气体可以反复进样检测；②适于分析 C2～C12 范围内的化合物；③适用分析不能长期储存的易挥发且化学性质活泼的化合物，如 H₂S；④采样器的安放和回收简单；⑤采样流程较简单，不需要配备流量泵。采样罐的缺点是：①采样罐易被污染，不适合分析高浓度的气体样品，采集完高浓度样品后罐内残留的 VOCs 很难被彻底清除，甚至导致采样罐报废；②使用时间较长的采样罐内壁可能存在惰性涂层失效的现象，导致某些活泼 VOCs 在存放时发生显著的降解或吸附；③当气体样品中湿度较低时，有些 VOCs 组分容易被吸附在罐壁而损失；④采样罐的单价较高，一旦被污染可能导致采样罐报废；⑤采样罐方法除冷阱浓缩进样仪以外，还需要配备套罐清洗、标准气体配置等一整套专门的设备，整套仪器价格较高。

3. 吸附管法和采样罐法检测结果的比较

Desrosiers 等（2009）发现采样罐和吸附管对于室内空气中氯代烃的测定结果具有较好的可比性，两种方法对 PCE、TCE、1,1,1-TCA 的测定误差在 0～44%，对 1,1-DCE 和 cis-1,2-DCE 的测定误差在 21%～71%。他们的结果显示：采样罐法对小分量化合物的回收率要高于吸附管法。吸附管法对 PCE 的回收率要高于采样罐法。Hayes 等（2007）比较了采样罐和吸附管联合 GC-MS 测定汽油蒸气时的总离子流色谱图，他们发现在 n-C11 以下两个方法的结果相似，但是 n-C11 以上（包括萘）TO-17 的响应值更大。

3.5　顶空分析法

顶空进样系统一般作为样品前处理和进样装置与气相色谱（GC）或气相色谱质谱

仪（GC-MS）联合使用。在环境监测中，顶空分析法可以用于地表水、地下水、海水、生活废水、工业废水、饮用水、土壤、沉积物、固体废弃物等多种介质中 VOCs 的测定，是一种应用广泛的分析方法。

3.5.1　顶空进样的原理

顶空进样（headspace sampling）是一种净化样品的前处理方法，其工作原理是将待测的液体或固体样品放置于一个密闭的容器中（一般称为"顶空瓶"），顶空瓶中除样品外还留有较大体积的顶空气相，恒温加热顶空瓶，样品中的挥发性组分就会从样品基体中挥发出来，最终在气-液或气-固两相中达到热力学动态平衡，之后加压抽取定量抽取顶空中的一小部分气体，送入 GC 进行分析检测（图 3.29）。顶空进样法不是直接测定原始样品基体中的目标物，而是测定挥发到气相中的目标物含量，假设热力学平衡后顶空瓶中气相中的目标物含量与原来液相或固相中的含量成正比，因此是一种间接测定方法。

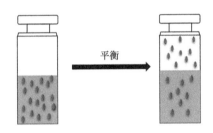

平衡

图 3.29　顶空平衡示意图

顶空分析最早出现在 1939 年，后来与专门分析气体或样品蒸气的 GC 结合，即 GC 顶空进样，如今顶空进样早已经成为一种重要的 GC 进样技术。顶空进样分析法可避免水分、高沸点物或非挥发性物质对色谱柱造成超载和污染问题，而且操作简单、快速，分析结果与气相色谱一样灵敏、可靠、准确，特别适用于水样（地下水、地表水、废水、饮用水）或固体样品（土壤、沉积物、固废）中 VOCs 含量的分析。

静态顶空（static headspace sampling）就是将样品放入在一个密封顶空瓶中，在一定温度下平衡一段时间使待测物在气-液或固-液两相达到分配平衡，然后取气相部分进行 GC 分析。静态顶空只进行一次气相萃取并将其进 GC 分析，根据这一次采样测得的 VOCs 气相浓度推算 VOCs 在样品中的浓度。

动态顶空（dynamic headspace sampling）是连续进行气相萃取，即多次取样，将多次取样的气体通过一个吸附装置将其中的待测物捕集下来，最后通过热解吸将待测物从捕集阱解析出来，用载气送入 GC 进行分析（图 3.30）。动态顶空由于进行了多次萃取，大大提高了方法的灵敏度，降低了检出限和测定下限。

常常有人把"动态顶空"和另一种常用的 VOCs 样品前处理方式"吹扫捕集"混为一谈，严格说来两者是不同的进样方式。**吹扫捕集（purge and trap）**是用在将液体样品中（固体样品需加液体混合）的挥发性成分"吹扫"出来，再用一个捕集阱将吹

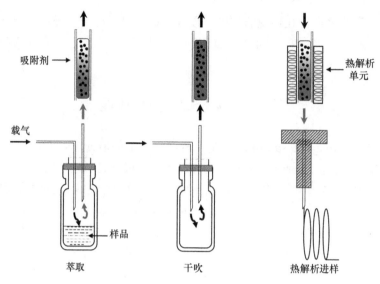

图 3.30　动态顶空流程图

扫出来的待测物吸附，最后通过热解吸将待测物从捕集阱解析进入 GC 分析。图 3.31 清楚地显示了两者的差异，动态顶空是对顶空瓶中的气相进行连续萃取，而吹扫捕集是直接吹脱液体中的挥发性物质。3.6 节会详细介绍吹扫捕集技术在土壤和地下水样品分析方面的应用。

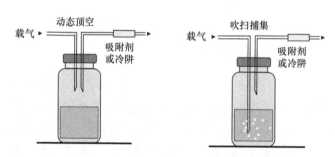

图 3.31　动态顶空和吹扫捕集的区别

3.5.2　顶空进样的模式

顶空进样的方式对分析结果影响较大，目前共有四种常见的顶空进样方式：①手动进样；②气密针自动进样；③定量环自动进样；④压力平衡时间自动进样。

1. 手动进样

该方法利用人工的方式进行加热和顶空进样，具体流程是：在水浴或烘箱中将装有样品的顶空瓶进行恒温加热，达到预定的加热时间后，用气密进样针将固定体积的顶空气样抽出，迅速拿到气相上通过液体进样口进样分析。

手动进样的优点是不需要专门的顶空进样设备、成本低，但该方法有较多缺点：①误差较大，顶空瓶内外的温度差及压力差会导致样品挥发遗失，高沸点的化合物不能被准确分析；②操作人员的经验和技术会影响测定结果，样品重现性差；③气密进样针清洗不干净会出现"鬼峰"；④人工操作速度慢，效率低。

2. 气密针自动进样

该方法利用行架式自动进样器（图 3.32）模拟手动进样方式，具体流程是：自动进样器的机械手臂将装有样品的顶空瓶放到加热器进行恒温加热，达到预定的加热时间后，机械臂将气密进样插入顶空瓶，抽取固定体积的顶空后，拔出气密针迅速移到气相上通过液体进样口进样分析（图 3.33）。这类进样器的气密针是可加热的，因此可以保证热的顶空气体中的化合物不会在针筒内再凝结。

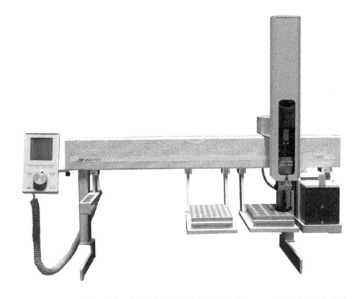

图 3.32　行架式气密针自动进样器（参考 CTC 公司产品介绍）

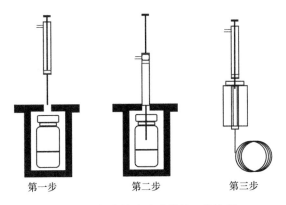

第一步　　　　　　第二步　　　　　　第三步

图 3.33　气密针自动进样的工作流程

该方法的优点是：①可实现无人值守的全自动样品处理，节省人力；②进样重现性比手动进样方式高；③气密针带加热功能，防止 VOCs 遇冷凝结。但手动进样有较多缺点：①进样针将样品从顶空瓶抽出水平移动到进样口进样的过程中，由于样品在顶空瓶内与常压下存在压力差，可能存在样品流失现象；②GC 进样时进样针与进样口对不准容易造成弯针的现象；③气密进样针清洗不干净会出现"鬼峰"。

3. 定量环自动进样

该方法利用定量环实现气体样品的定量和进样，具体流程是：将装有样品的顶空瓶放到加热器进行恒温加热，与此同时载气直接进入 GC 进样口，同时用低流速吹扫定量环，然后放空，避免定量管被污染，等顶空瓶达到预定的加热时间后，将进样器插入顶空瓶，取样泵及进样阀打开，顶空瓶的气体被抽出并流入定量环，取样时间等由自动进样器控制，之后通过切换六通阀，使载气吹扫定量环，将样品带入 GC 进行分析（图 3.34）。该方法的特点是使用六通阀将样品充满定量环后打入 GC，进样量是已知的（由定量环的体积决定）。

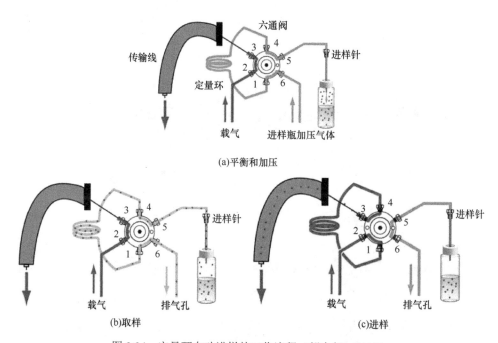

图 3.34　定量环自动进样的工作流程（胡会超，2013）

该方法的优点包括：①定量环可耐受高温，所以可以避免一些高分子或敏感的化合物被定量环内壁吸收；②定量环的使用保证检测结果良好的重现性；③可实现无人值守的全自动样品处理，节省人力。该方法的缺点包括：①样品由载气带入气相色谱仪内，因而在定量环内也存在载气稀释的问题，导致灵敏度的下降；②进样量受到定量环大小的限制，无法自由调节，当要加大/减小进样量时，必须专业工程师更换定量环；③要完成样品传输需要的样品量大，这会导致色谱峰稀释和展宽，因此需使用分流；④有可能发生交叉污染，导致"鬼峰"出现。

4. 压力平衡时间进样

压力平衡时间进样系统中的进样针有两个开孔，上端的开孔用于引入载气，下端的开孔则用于向顶空瓶中加压注入载气或者放压将顶空中瓶的气样采集至 GC。进样针整体置于加热套中，下端的开孔未刺入顶空瓶中时被两个"O 型圈"密封。另外，顶空进样系统的载气压力始终大于 GC 的载气压力。在顶空瓶加热平衡过程中，顶空的载气通过阀门 V1 一部分进入 GC，另一部分则吹扫加热套经阀门 V2 流出［图 3.35（a）］。当达到预设的加热平衡时间，进样针刺穿顶空瓶密封隔垫，此时载气通过上下两端的开孔进入顶空瓶为其加压，并达到压力平衡，此时顶空瓶内压力大于色谱柱头压力［图 3.35（b）］。然后关闭阀门 V1、V2，由于顶空瓶气相的压力大于色谱柱头压力，所以气体样品从顶空瓶进入 GC，开始进样［图 3.35（c）］（胡会超，2013）。

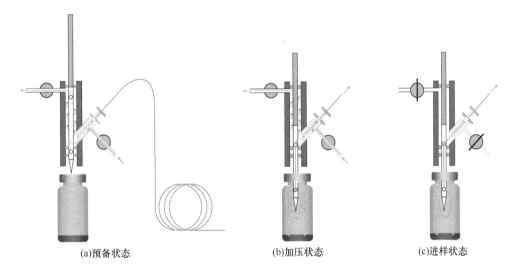

|(a)预备状态|(b)加压状态|(c)进样状态|

图 3.35　压力平衡时间进样法的工作流程（胡会超，2013）

　　该方法的重现性和稳定性非常优异，整个系统全封闭，进样全过程中几乎没有可移动的部件，样品随载气进入 GC 分析。该方法的缺点是：①针的上下移动可能导致载气的波动，最终影响 GC 或 GC-MS 基线的稳定性；②当样品瓶的顶空的气压和色谱柱头压力差值过小时，样品可能无法完全进入气相色谱或者出现"馒头峰"。

3.5.3　基于顶空的标准方法

　　顶空分析法可以用于地表水、地下水、海水、生活废水、工业废水、饮用水、土壤、沉积物、固体废弃物中等多种介质中 VOCs 的测定，在污染场地调查中常用于土壤和地下水的检测，目前生态环境部已经发布了多项基于顶空的标准方法，美国等国也有多项类似的标准。

　　测定土壤沉积物中 VOCs 的国标方法有：HJ 642 和 HJ 741（挥发性有机物）、HJ 742（挥发性芳香烃）、HJ 736（挥发性卤代烃）（表 3.6）。

　　中国环境保护标准 HJ 642《土壤和沉积物 挥发性有机物的测定 顶空/气相色谱-质谱法》中，当取样量为 2 g 土壤时，36 种 VOCs 的检出限为 0.8～4 μg/kg，测定下限为 3.2～14 μg/kg。

表 3.6　中国水体、土壤沉积物中 VOCs 的顶空分析标准方法

编号	方法名称	环境介质	检测的物质	检测方法
HJ 642	土壤和沉积物 挥发性有机物的测定 顶空/气相色谱-质谱法（HJ 642—2013）	土壤沉积物	VOCs	GC-MS
HJ 741	土壤和沉积物 挥发性有机物的测定 顶空/气相色谱法（HJ 741—2015）	土壤沉积物	VOCs	GC-FID
HJ 736	土壤和沉积物 挥发性卤代烃的测定 顶空/气相色谱-质谱法（HJ 736—2015）	土壤沉积物	挥发性卤代烃	GC-MS
HJ 742	土壤和沉积物 挥发性芳香烃的测定 顶空/气相色谱法（HJ 742—2015）	土壤沉积物	挥发性芳香烃	GC-MS
HJ 759	水质 挥发性有机物的测定 顶空/气相色谱-质谱法（HJ 810—2016）	水质	VOCs	GC-MS
HJ 620	水质 挥发性卤代烃的测定 顶空气相色谱法（HJ 620—2011）	水质	挥发性卤代烃	GC-ECD

中国环境保护标准 HJ 741《土壤和沉积物 挥发性有机物的测定 顶空/气相色谱法》中，当取样量为 2 g 土壤时，37 种 VOCs 的检出限为 5~30 μg/kg，测定下限为 20~120 μg/kg。相对于顶空/GC-MS（HJ 642 方法），顶空/GC-FID（HJ 741 方法）灵敏度较低，检出限和测定下限都高一个数量级。

中国环境保护标准 HJ 736《土壤和沉积物 挥发性卤代烃的测定 顶空/气相色谱-质谱法》中，当取样量为 2 g 土壤时，35 种挥发性卤代烃的检出限为 2~3 μg/kg，测定下限为 8~12 μg/kg。

中国环境保护标准 HJ 742《土壤和沉积物 挥发性芳香烃的测定 顶空/气相色谱法》中，当取样量为 2 g 土壤时，12 种挥发性芳香烃的检出限为 3.0~4.7μg/kg，测定下限为 12~18.8 μg/kg。

测定水中 VOCs 的国标方法有：HJ 810（挥发性有机物）、HJ 620（挥发性卤代烃）。

中国环境保护标准 HJ 810《水质 挥发性有机物的测定 顶空/气相色谱-质谱法》中，当取样量为 10 mL 水样时，用全扫描模式测定，55 种 VOCs 的检出限为 2~10 μg/L，测定下限为 8~40 μg/L，用离子选择模式测定，55 种 VOCs 的检出限为 0.4~1.7 μg/L，测定下限为 1.6~6.8 μg/L。

中国环境保护标准 HJ 620《水质 挥发性卤代烃的测定 顶空气相色谱法》中，当取样量为 10 mL 水样时，用 ECD 检测器，14 种挥发性卤代烃的检出限为 0.02~6.13 μg/L，测定下限为 0.08~24.5 μg/L。

3.6　吹扫捕集分析法

吹扫捕集是一种针对水样或固态样品 VOCs 的样品前处理方法。自 1974 年 Bellar 和 Lichtcnherg（1974）首次发表有关吹扫捕集色谱法测定水中挥发性有机物的论文以来，一直受到分析化学界和环境科学界的重视。吹扫捕集技术适用于从液体或固体样品中萃取沸点低于 200℃、溶解度小于 2%的挥发性或半挥发性有机物或有机金属物质，具有分析速度快、重现性好、富集效率高、灵敏度高、无须使用有机溶剂等优点，能够与

GC、GC-MS、GC-FTIR 等分析仪器联用，广泛用于地表水、地下水、海水、生活废水、工业废水、饮用水、土壤、沉积物、固体废弃物中等多种介质中挥发性物质的测定。

3.6.1　吹扫捕集的原理和具体步骤

1. 吹扫捕集的原理

吹扫捕集（purge and trap）是一种净化样品的前处理方法，其工作原理是将待测的液体或固体样品放置于一个密闭的容器中，将惰性的吹扫气（He 或 N$_2$）通入样品溶液中进行鼓泡（曝气），在持续的气流吹扫下样品中挥发性的组分被吹扫出来，随后利用捕集阱将吹扫出来的挥发性组分进行捕集浓缩，当捕集完成之后通过快速加热捕集阱，捕集阱中的挥发性组分受热解析，在载气的携带下进入气相色谱进行分离和检测（图 3.36）。

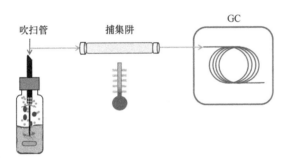

图 3.36　吹扫捕集的流路

2. 吹扫捕集的具体步骤

吹扫捕集一般分为：样品预处理与上样、吹扫、捕集、热解析进样四个步骤。

根据样品的种类和是否配备自动进样器，**样品的预处理与上样**具体步骤有所不同。水样的预处理比较简单，一般需要在采样的同时向 40 mL VOA 瓶中加入抗坏血酸和盐酸（环境保护部，2012）。如果没有自动进样器，可以用气密进样针抽取一定体积的水样，推入吹扫捕集系统的吹扫管中 [图 3.37（a）]。如果有自动进样器，可以将 VOA 瓶直接放入自动进样器的样品槽，仪器会按照设置的进样体积抽取水样到吹扫管。

土壤的预处理相对复杂，需要根据土壤中污染物的含量高低分别处理。对于低含量样品，应该在盛有土样的 40 mL 样品瓶中加入一定体积的蒸馏水，然后将样品瓶放入样品杯中 [图 3.37（b）]，在边搅拌边加热的同时进行吹扫（图 3.38）（环境保护部，2011）。对于高含量样品，应该在盛有土样的样品瓶中先加入一定体积的甲醇，盖好瓶盖后震荡萃取，萃取之后静置沉降或离心分离，然后用气密注射器量取 10~100 μL 的甲醇萃取液与一定体积的蒸馏水混合后放入 40 mL 样品瓶，然后将样品瓶放入样品杯中 [图 3.37（b）]，在边搅拌边加热的同时进行吹扫（图 3.38）（环境保护部，2011）。

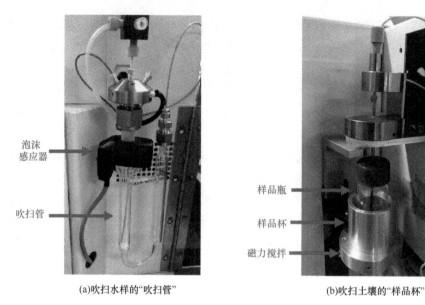

泡沫
感应器

吹扫管

(a)吹扫水样的"吹扫管"

样品瓶

样品杯

磁力搅拌

(b)吹扫土壤的"样品杯"

图 3.37　吹扫捕集进样器的吹扫管和样品杯（参考 OI 公司产品介绍）

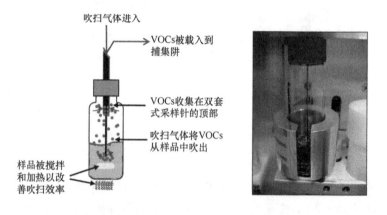

吹扫气体进入

VOCs被载入到
捕集阱

VOCs收集在双套
式采样针的顶部

吹扫气体将VOCs
从样品中吹出

样品被搅拌
和加热以改
善吹扫效率

图 3.38　土壤样品的吹扫捕集流程（参考 OI 公司产品介绍）

　　在**吹扫阶段**，用惰性载气（He 或 N_2）以恒定的气流速度对水样或者土样上方添加的蒸馏水进行鼓泡，将 VOCs 从溶液中吹扫出来（图 3.39）。在**捕集阶段**，吹扫出来的 VOCs 在载气的带同下进入捕集阱，被捕集阱中预装的吸附剂吸附富集，以达到对 VOCs 浓缩富集的目的。在该阶段，必须要确保进入捕集阱的 VOCs 全部被吸附捕集，不能出现穿透现象，否则会直接影响检测结果的可靠性。常见的捕集阱长 5～30 cm，直径 0.6 cm，当捕集结束后，通过**干吹扫**去除冷阱中的部分水分。

　　干吹扫结束后即可进行**热解析进样**，该步可细分为预热脱附、热脱附、烘烤三步。**预热脱附**是指在不通载气的情况下加热捕集阱到预脱附温度，被捕集下来的 VOCs 受热解析。由于没有载气流通，从捕集阱解析出来的目标 VOCs 聚集在捕集阱上，预热脱附是为了使进入 GC 的待测 VOCs 的色谱峰更锐利，以提高检测分辨率和灵敏度。完成预热脱附之后，捕集阱被进一步加热到热脱附温度，同时连通载气将解析出的 VOCs 通过受热的传输管线进入 GC，进行检测。完成进样以后，还通过**烘烤**清除进样系统中残留的污染物，以便为下一个样的吹扫捕集做好准备。烘烤的具体步骤是通过反向流量冲洗高温捕集阱，以清除捕集阱中残留的 VOCs，同时同步加热水资源管理系统以去除残留的污染组分。

3.6.2　吹扫捕集的注意事项

1. 除水

吹扫捕集进样的技术难点之一是吹扫气中水分的去除。对溶液的吹扫过程会带出大量水分，这直接影响到待测组分在 GC 中的分离和检测。研究表明：在室温下用 40 mL/min 的气体对 5mL 的水吹扫 11min，会有 8 mg 的水转移到气相中形成水蒸气。在吹扫实际环境样品时，吹扫出的水蒸气会与待测物一起进入 GC 并造成以下负面影响：①导致分析结果不准确，重现性变差，特别是对保留时间短的物质的检测影响更大；②影响基线稳定性；③降低色谱柱的柱效，导致峰拖尾和鬼峰现象；④影响质谱的真空度和寿命；⑤增加色谱柱老化次数，缩短色谱柱寿命。各个厂家的吹扫捕集进样器都有自己专利的除水技术，如旋风除水技术、6 通阀水管理系统、8 通阀水管理系统等。虽然各个厂家的技术路线不同，但其核心功能都是在吹扫出的气体中最大限度地去除水蒸气，同时最大限度地保留待测组分。

2. 消泡

吹扫捕集进样的另一个技术难点之一是当水样中含有表面活性剂或其他起泡物质时，曝气头的吹扫会导致严重的起泡现象［图 3.39（a）］，这不但会降低检测结果的准确性，鼓起的泡沫还有可能污染后续的流路。为解决这一问题，可以在吹扫管上部加装消泡器和泡沫感应器，当泡沫感应器通过红外技术自动感应到泡沫后，消泡装置即启动消泡操作［图 3.39（b）］。各品牌的吹扫捕集仪器的消泡技术不同，常见的有消泡针物理穿刺消泡和添加化学消泡剂。

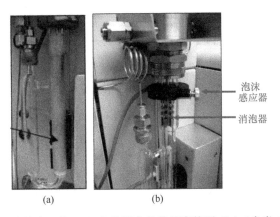

图 3.39　吹扫水样时的鼓泡现象（a）和仪器自带的消泡装置（b）（参考 OI 公司产品介绍）

3.6.3 基于吹扫捕集的标准方法

吹扫捕集进样法可以用于地表水、地下水、海水、生活废水、工业废水、饮用水、土壤、沉积物、固体废弃物中等多种介质中 VOCs 的测定，在污染场地调查中常用于土壤和地下水的监测，目前生态环境部已经发布了多项基于吹扫捕集的标准方法，美国等国也有多项类似的标准。

测定土壤沉积物中 VOCs 的国标方法有：HJ 605（挥发性有机物）、和 HJ 735（挥发性卤代烃）（表 3.7）。

中国环境保护标准 HJ 605《土壤和沉积物 挥发性有机物的测定 吹扫捕集/气相色谱-质谱法》中，当取样量为 5 g 土壤时，在全扫描模式下，65 种 VOCs 的检出限为 0.2～3.2 μg/kg，测定下限为 0.8～12.8 μg/kg。这个方法的检出限和测定下限略低于顶空/GC-MS（HJ 642），而且 HJ 642 的取样量仅有 2 g 土壤。

中国环境保护标准 HJ 735《土壤和沉积物 挥发性卤代烃的测定 吹扫捕集/气相色谱-质谱法》中，当取样量为 5 g 土壤时，35 种挥发性卤代烃的检出限为 0.3～0.4 μg/kg，测定下限为 1.2～1.6 μg/kg。测定挥发性卤代烃时，吹扫捕集/GC-MS（HJ 735）比顶空/GC-MS（HJ 736）的检出限和测定下限要低 5～10 倍，不过需注意顶空/GC-MS（HJ 736）的取样量仅有 2 g 土壤。

测定水中 VOCs 的国标方法有：HJ 639 和 HJ 686（表 3.7）。

表 3.7 中国水体、土壤沉积物中 VOCs 的吹扫捕集分析标准方法

编号	方法名称	环境介质	检测的物质	检测方法
HJ 605	土壤和沉积物 挥发性有机物的测定 吹扫捕集/气相色谱-质谱法（HJ 605—2011）	土壤沉积物	VOCs	GC-MS
HJ 735	土壤和沉积物 挥发性卤代烃的测定 吹扫捕集/气相色谱-质谱法（HJ 735—2015）	土壤沉积物	挥发性卤代烃	GC-FID
HJ 639	水质 挥发性有机物的测定 吹扫捕集/气相色谱-质谱法（HJ 639—2012）	水质	VOCs	GC-MS
HJ 686	水质 挥发性有机物的测定 吹扫捕集/气相色谱法（HJ 686—2014）	水质	挥发性卤代烃	GC-FID 或 GC-ECD

中国环境保护标准 HJ 639《水质 挥发性有机物的测定 吹扫捕集/气相色谱-质谱法》中，当取样量为 5 mL 水时，用全扫描模式测定，57 种 VOCs 的检出限为 0.6～5.0 μg/kg，测定下限为 2.4～20.0 μg/kg，用离子选择模式测定，57 种 VOCs 的检出限为 0.2～2.3 μg/kg，测定下限为 0.8～9.2 μg/kg。这个方法的检出限和测定下限低于顶空/GC-MS 方法（HJ 810）。

中国环境保护标准 HJ 686《水质 挥发性有机物的测定 吹扫捕集/气相色谱法》中，当取样量为 5 mL 水时，21 种 VOCs 的检出限为 0.1～0.5 μg/kg，测定下限为 0.4～2.0 μg/kg。这个方法的检出限和测定下限于吹扫捕集/GC-MS 方法（HJ 639）差不多。

3.6.4　吹扫捕集和顶空进样的对比

　　吹扫捕集与顶空这两种进样方法均具有定量准确、稳定性好、操作简便、分析速度快、无二次污染等优点，两种方法与 GC 或者 GC-MS 联用后都可以用于监测土壤和地下水样品中的 VQCs 含量，两种技术也都分别有很多相应的标准方法可供选择。

　　跟顶空相比，吹扫捕集的富集效率和监测灵敏度更高，但是复杂样品基质的抗污染和抗干扰能力较弱。污染严重的土壤或地下水样都可能残留在仪器吹扫系统或管路中，进而影响后续样品测定的准确性，一旦发现污染残留必须清洗干净以后才能进下一个样。另外，复杂的样品基质也会干扰仪器运行，例如，水样中的颗粒物可能会堵塞吹扫管的曝气头，含有表面活性剂的水样可能会有较严重的鼓泡现象而污染仪器管路。与此对应，由于顶空进样只采集顶空瓶中的一部分气体样品，其抗污染和抗干扰能力非常强。

　　总之，吹扫捕集更适合于测定 VOCs 污染程度较轻的土壤和地下水样品。顶空技术更适合测定基体复杂、受污染较重的环境样品及未知来源样品的预测。如果实验室同时拥有以上两种仪器，当拟分析样品来源不明时，建议先使用顶空进行初步分析，再根据顶空的结果决定是否需要采用吹扫捕集进样。

参 考 文 献

韩春媚, 鲁炳闻, 于冀芳, 等. 2010. 土壤中挥发性有机污染物现场快速监测技术应用进展. 环境监测管理与技术, 22: 8-13

胡会超. 2013. 静态顶空分析的新理论、新技术及其在制浆造纸中的应用. 广州: 华南理工大学博士学位论文

环境保护部. 2010. HJ 584—2010 环境空气 苯系物的测定 活性炭吸附/二硫化碳解吸-气相色谱法. 北京: 中国环境出版社

环境保护部. 2011. HJ 605—2011 土壤和沉积物 挥发性有机物的测定 吹扫捕集/气相色谱-质谱法. 北京: 中国环境出版社

环境保护部. 2012. HJ 639—2012 水质 挥发性有机物的测定 吹扫捕集/气相色谱-质谱法. 北京: 中国环境出版社

环境保护部. 2013a. HJ 644—2013 环境空气 挥发性有机物的测定 吸附管采样-热脱附/气相色谱-质谱法. 北京: 中国环境出版社

环境保护部. 2013b. HJ 645—2013 环境空气 挥发性卤代烃的测定 活性炭吸附-二硫化碳解吸/气相色谱法. 北京: 中国环境出版社

环境保护部. 2014. HJ 732—2014 固定污染源废气 挥发性有机物的采样 气袋法. 北京: 中国环境出版社

环境保护部. 2015. HJ 759—2015 环境空气 挥发性有机物的测定罐采样/气相色谱-质谱法. 北京: 中国环境出版社

梁颖, 陈敏, 葛佳, 等. 2015. 工业用地场地环境调查中现场快速测试技术研究进展. 上海国土资源, 36: 64-67

生态环境部. 2019. HJ 1019—2019 地块土壤和地下水中挥发性有机物采样技术导则. 北京: 中国环境出版社

吴烈钧. 2000. 气相色谱检测方法. 北京: 化学工业出版社

Bellarand T A, Lichtenberg J J. 1974. Determining volatile organics at microgram-per-litre levels by gas chromatography. Journal-American Water Works Association, 66(12): 739-744

Ciccioli P, Bertoni G, Brancaleoni E, et al. 1976. Evaluation of organic pollutants in the open air and atmospheres in industrial sites using graphitized carbon black traps and gas chromatographic-mass spectrometric analysis with specific detectors. Journal of Chromatography A, 126: 757-770

Ciccioli P, Brancaleoni E, Cecinato A, et al. 1993. Identification and determination of biogenic and anthropogenic volatile organic compounds in forest areas of Northern and Southern Europe and a remote site of the Himalaya region by high-resolution gas chromatography—mass spectrometry. Journal of Chromatography A, 643: 55-69

Desrosiers J A, Hayes H P V, Anderson E P. 2009. Comparision of TO-15, TO-17 and a modified NIOSH sampling method for the investigation of vapor intrusion: AWMA Vapor Intrusion Conference. San Diego, CA, USA

Hayes H C, Benton D J, Grewal S, et al. 2007. Evaluation of sorbent methodology for petroleum-impacted site investigation: Preceding of air & waste management association: Vapor intrusion: Learning from the challenges. Providence, USA

ITRC. 2007a. Vapor intrusion pathway: A practical guideline. Washington DC: Interstate Technology & Regulatory Council

ITRC. 2007b. Vapor intrusion pathway: Investigative approaches for typical scenarios a supplement to vapor intrusion pathway: A practical guideline. Washington DC: Interstate Technology & Regulatory Council

ITRC. 2014. Petroleum vapor intrusion: Fundamentals of screening, investigation, and management. Washington DC: Interstate Technology & Regulatory Council

Ma J, Jiang L, Lahvis M A. 2018. Vapor intrusion management in China: Lessons learned from the United States. Environmental Science & Technology, 52(6): 3338-3339

Ma J, Lahvis M A. 2020. Rationale for gas sampling to improve vapor intrusion risk assessment in China. Ground Water Monitoring & Remediation. DOI: 10.1111/gwmr.12361

McHugh T E, Villarreal C, Beckley L M, et al. 2018. Evidence of canister contamination causing false positive detections in vapor intrusion investigation results. Soil and Sediment Contamination: 1-8

McHugh T, Loll P, Eklund B. 2017. Recent advances in vapor intrusion site investigations. Journal of Environmental Management, 204: 783-792

NIOSH. 2007. NIOSH pocket guide to chemical hazards. Washington DC: National Institute for Ocupational Safety and Health

USEPA. 2015a. OSWER technical guide for assessing and mitigating the vapor intrusion pathway from subsurface vapor sources to indoor air (OSWER Publication 9200.2-154). Washington DC: U.S. Environmental Protection Agency

USEPA. 2015b. Technical guide for addressing petroleum vapor intrusion at leaking underground storage tank sites (EPA 510-R-15-001). Washington DC: U.S. Environmental Protection Agency

Woolfenden E. 2010. Sorbent-based sampling methods for volatile and semi-volatile organic compounds in air. Part 2. Sorbent selection and other aspects of optimizing air monitoring methods. Journal of Chromatography A, 1217: 2685-2694

第 4 章　污染场地 VOCs 采样方法

蒸气入侵是一个非常复杂的过程，涉及的环境介质多，参与其中的环境过程多，影响这一过程的环境因素也很多。国外实践经验表明 VOCs 类污染场地中污染物的浓度分布存在较大的时间和空间异质性，因此依赖单一的调查手段无法得到可靠的调查评估结论，必须要采用多证据调查方法（Ma et al.，2018）。多证据方法需要对土壤气、室内空气、室外空气、地下水、土壤等多种环境介质进行采样监测，可分为样品采集和分析检测两步。由于检测方法往往决定了采样方法，因此本书第 3 章先介绍常用的 VOCs 检测方法，本章再介绍常用的 VOCs 采样方法。

VOCs 具有很强的挥发性和降解性，不同的采样方法会导致 VOCs 检测结果产生显著差异，因此使用规范可靠的采样方法对于保证场地调查结果的准确可靠起了至关重要的作用。国内外大量实践表明 VOCs 类样品的采集、保存、运输具有较高的技术难度，稍有不慎就会导致样品中 VOCs 的损失以致质检测结果失真（USEPA，1991；姜林等，2014）。2019 年 5 月生态环境部发布了《地块土壤和地下水中挥发性有机物采样技术导则》（HJ 1019—2019），未来还会发布《土壤气挥发性有机物监测技术导则（征求意见稿）》。另外，北京市 2015 年发布了《污染场地挥发性有机物调查与风险评估技术导则》（DB11/T 1278—2015）。作者结合上述指南以及国外的多份技术指南和众多文献资料完成了本章的写作。监测方法的优化和标准化对监测结果的准确度、可靠性及相互之间的可比较性具有至关重要的作用。VOCs 的采样技术难度较大，无论是国内还是国外发达国家目前的采样方法仍然有一定的优化空间。通过不断积累实践经验，相关的方法还应不断改进和完善。

本章将首先介绍土壤气的分类（4.1 节），然后分别针对室外土壤气（4.2 节）、底板下土壤气（4.3 节）、室内空气（4.4 节）、室外空气（4.5 节）、地下水（4.6 节）、土壤（4.7 节）等各类 VOCs 样品的采样方法进行详细介绍，针对每种样品的采样具体包括了：采样点布设的原则、采样设备的工作原理及各类设备的优缺点和适用性、采样井的建设方法、采样流程等内容。

4.1　土壤气的分类

土壤气中的 VOCs 浓度是蒸气入侵评估的重要依据之一（Ma and Lahvis，2020）。按照采样点位置，土壤气可以分为室外土壤气和室内土壤气两类。室外土壤气是在建筑外围钻井采集的土壤气样品，室内土壤气是在目标建筑的底板钻井采集的土壤气样品，因此通常被称为底板下土壤气。室外土壤气又可以进一步分为近污染源土壤气和建筑周边浅层土壤气（ITRC，2007；2014）。不同位置的土壤气样品的性质和特征有很大差异，在风险评估中的作用也不尽相同，因此在讨论土壤气采样方法之前，有必要对各种土壤气样品的特征进行介绍。

4.1.1　近污染源土壤气

近污染源土壤气（near source soil gas），又叫**深层土壤气**（deep soil gas），是指从污染源附近土壤孔隙中采集到的土壤气样品。实践经验表明：近污染源土壤气中的污染物浓度比较稳定，地表过程（气温、气压、建筑物、天气状况等）和包气带中生物降解对近污染源土壤气浓度的影响较小。因此，当污染发生后近污染源土壤气浓度能够比较迅速地进入稳态。与此相反，随着与污染源间距的增加，包气带生物降解、地表大气活动等因素的影响力越来越大，土壤气浓度的波动就会越来越剧烈，最终导致浅层土壤气浓度具有较大的空间和时间异质性。不过对于 LNAPL 污染源，由于存在**油渍区**（smear zone），地下水水位波动可能导致近污染源土壤气浓度产生显著的波动（参考 3.8 节）。

对于再开发场地，近污染源土壤气浓度对于评估尚未建设的规划中建筑的蒸气入侵风险具有重要意义。规划中建筑未来的建设活动可能会对浅层土壤的状况造成非常大的扰动，直接导致浅层土壤气的浓度分布的剧烈变化，但近污染源土壤气的浓度受此影响较小，因此更适合作为现阶段的评估依据。

4.1.2　建筑周边浅层土壤气

建筑周边浅层土壤气（external shallow soil gas），简称**浅层土壤气**（shallow soil gas），是指从建筑物外围的深度较浅的土壤孔隙中采集的气体样品。浅层土壤气中的污染物浓度受地层地质状况、地表过程、地表覆盖情况的影响较大。影响浅层土壤气浓度的地质状况包括：①土壤的孔隙度、含水率、渗透性和生物降解性；②是否存在低渗性的污染物传质阻隔层；③是否存在优先传质通道。影响浅层土壤气浓度的地表过程包括：①大气压变化；②风速风向；③降水；④温度波动等。地表的覆盖情况（裸露土壤还是被水泥或沥青覆盖）也会影响浅层土壤气中的污染物浓度。另外如果采样点在建筑物附近，室内气压波动引起的建筑物地基附近的土壤气对流运动也能显著改变浅层土壤气的浓度。

相对于深层土壤气和底板下土壤气，浅层土壤气的采集流程较简单，但是这类样品的代表性和有效性仍然存在争议。有观点认为浅层土壤气无法有效地反映目标建筑物被 VOCs 侵害的程度，而且浅层土壤气与同等深度的底板下土壤气浓度的数值有时存在较大的差异。美国 EPA 调查了 9 个氯代烃场地后发现建筑物周边浅层土壤气中的 VOCs 浓度普遍低于在相同采样深度采集的底板下土壤气浓度（USEPA，2012）。对于氯代烃来说，包气带中的生物降解作用可以忽略不计。导致建筑物外围浅层土壤气与底板下土壤气浓度差异的主要原因可能是：①建筑抽吸作用的影响；②建筑物周边和底板下方土壤含水率差异导致的渗透性差异。

对于石油污染场地，不同的研究得出了矛盾的结论。有的场地研究发现在底板下和建筑物外围土壤纵剖面中的石油烃、O_2 和 CO_2 的垂向浓度分布很类似（Lundegard et al.，2008）。但也有研究发现跟底板下土壤气浓度相比，建筑物外围浅层土壤气中的石油烃浓度更低，O_2 浓度更高。这方面研究结果的差异有可能由于不同的底板材料和底板结构对空气的渗透能力不同或者两个场地中污染源的强度的差异引起的。Abreu 和 Johnson 通过 ASU 三维数值模型模拟发现：①当污染源浓度很高时（地下水中石油烃浓度 200 mg/L），底板下土壤气浓度要远远高于同等深度的建筑外围土壤气，此时采集建筑外围土壤气作为风险评估依据就不够保守；②当污染源浓度较低时（地下水中石油烃浓度 20 mg/L），底板下土壤气浓度与同等深度的建筑外围土壤气浓度差异不大，此时建筑外围土壤气样品的代表性更强，使用其作为风险评估依据的可靠性更高（图 4.1）（Abreu and Johnson，2006）。

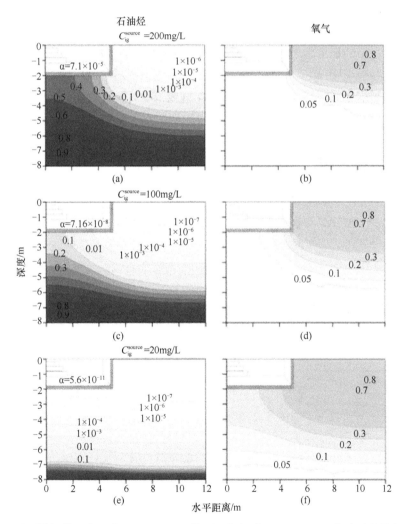

图 4.1　ASU 模型模拟的石油烃 [（a）、（c）、（e）] 以及氧气 [（b）、（d）、（f）] 在建筑物周边浅层土壤气和底板下土壤气中的浓度分布（Abreu and Johnson，2006）

C_{ig}^{source} 为污染源石油烃的土壤气浓度；（a）和（b）的污染源土壤气 TPH 浓度假设为 200mg/L（g/m³）；（c）和（d）的污染源土壤气 TPH 浓度假设为 100mg/L（g/m³）；（e）和（f）的污染源土壤气 TPH 浓度假设为 20mg/L（g/m³）

鉴于目前对于浅层土壤气浓度数据的代表性仍有较大的争议，美国一些州的环境管理部门不认可建筑周边浅层土壤气的浓度数据，而倾向于使用底板下土壤气浓度（ITRC，2014）。不过浅层土壤气的采集流程比深层土壤气和底板下土壤气更简便，因此很多项目仍然把它作为参考证据。作者认为中国需要在借鉴国外已有经验的基础上，通过进一步研究探索浅层土壤气浓度与其他浓度数据的关系，最终评估这类数据的适用性及适用的情形。

4.1.3　底板下土壤气

底板下土壤气（subslab soil gas） 是指从建筑物底板下方紧邻地板的土壤孔隙中采集的土壤气样品。当近污染源土壤气浓度超过筛选值或者污染源位置较浅时，就需要监测底板下土壤气浓度。如果能同步开展底板下土壤气和室内空气的监测，则可为蒸气入侵的评估提供直接的证据。

大量实践经验表明：由于同时受到地表过程和建筑物运行状况的显著影响，底板下土壤气中污染物浓度的空间和时间分布的异质性较大（USEPA，2006a；McHugh et al.，2007；Luo et al.，2009；USEPA，2009）。为了准确表征底板下土壤气浓度的空间异质性，需要进行**多点位采样**。为了准确表征底板下土壤气浓度的时间异质性，则需要在同一个点位进行**多轮次采样**。不过多点位多次采样会显著地增加经济、人力和时间成本。理论上讲，采样点的位置越接近地板上的裂缝，采集到的样品越能够代表侵入室内的土壤气的状况，但实际上地板上的裂缝很难准确定位。

进行底板下土壤气采样还有其他缺点：①需要取得业主的许可进入室内作业，需要将钻井和采样设备带入，有时未必能得到业主的同意；②建设底板下土壤气采样井需要在地板上钻孔，这可能会破坏地板的完整性；③需要查明底板下的管线等设施的位置，否则在钻孔时有可能破坏这些设施，物探技术可以提供有效的帮助。因为以上的缺点，有的导则不推荐进行底板下土壤气样采样，而更倾向于使用近污染源土壤气数据（SABCS，2011），但上一小节也讨论过有些导则推荐使用底板下土壤气浓度。

4.2　室外土壤气采样

4.2.1　采　样　方　案

土壤气采样方案一般包括：采样点数量、采样点位置、采样点深度、采样时间、采样频率等信息。制定土壤气采样方案时，应特别考虑以下因素：①污染源的强度、范围和深度；②场地地质状况和空间异质性；③建筑物的类型和尺寸；④建筑物暖通空调系统的运行情况；⑤地下管线的分布。

1. 水平方向的采样点位置与数量

水平方向布设的土壤气采样井主要用来调查 VOCs 污染的水平分布（图 4.2）。如果不知道污染区域的具体范围，但可以肯定该场地将来要用作房地产开发，则土壤气采样点位必须覆盖整片区域，以免错过任何潜在的高危区域。如果地下污染范围已知，则应重点在污染区域内布设采样点。如果场地现有的建筑没有受到蒸气入侵威胁且场地未来的土地利用方式没有变化，那么一般只需要在场地边界进行采样，以确 VOCs 不会迁移到场地外。当场地中存在建筑物时，应该在建筑物离污染源较近的一侧采集土壤气样品。如果目标建筑的地下管线延伸到了污染源区域，则需要重点对这些管线周边的土壤气进行监测，如果发现土壤气浓度超过筛选值，则接下来需要进行更详细的土壤气调查或者直接进行底板下土壤气或室内空气的采样监测（ITRC，2014）。对于加油站或者干洗店这类小型场地，场地中每一栋现存建筑或者规划建筑的区域都应该进行采样。对于大型污染场地，采样数量应该足以覆盖场地的整个污染区域。对于棕地再开发项目，采样计划需要根据未来的建筑规划的改变而改变。采样点的数量应足以表征土壤气浓度分布的空间异质性。如果使用统计方法进行数据处理，采样点数量还需要满足该统计方法的最低要求（ITRC，2014）。

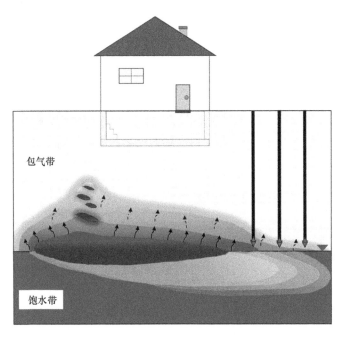

图 4.2　土壤气采样井水平方向布点示意图

　　如果污染源位于目标建筑的侧面并有一定的间隔距离，那么探明 VOCs 在污染源和建筑物间距之间水平断面的浓度分布，将为蒸气入侵风险评估提供重要的证据。这一点对于石油污染场地尤为重要，因为石油烃蒸气较易被生物降解其浓度很可能在较短水平间距内发生显著的衰减（SABCS，2011）。ITRC 和 API 的技术导则规定："在水平方向至少需要布置三个采样点，其中一个点位于污染源近建筑物边缘，一个位于污染源和建筑的水平间距中间点，一个位于建筑物边缘"（API，2005；ITRC，2014）。
　　有关土壤气采样点的水平间隔和数量，加拿大不列颠哥伦比亚省的技术导则规定如下："如果 VOCs 来自已经扩散的地下水污染羽，采样点的间距可以放宽至几十米；如果污染源的面积很小或者污染物是易生物降解的石油烃，则需要在疑似污染源区加密布点，采样点间距应维持在 5～15 米。采集建筑周边浅层土壤气样品时，需要在建筑至少两个侧面进行布点，其中一个点应该设在土壤气浓度最高的区域（基于地下水或土壤监测数据）。采样点既不能离建筑太远（几米以内），也不能距离太近（至少一米以上）"（SABCS，2011）。

有关土壤气采样井布点及数量，北京市地方标准《污染场地挥发性有机物调查与风险评估技术导则》（DB11/T 1278—2015）有较为详细的规定：

8.1.1 采样位置与数量

8.1.1.1 土壤气采样点的布置宜与土壤与地下水采样点布设方案同时考虑，可在土壤与地下水采样过程中完成土壤气监测井的建井。

8.1.1.2 土壤气采样点应重点布设于土壤及地下水挥发性有机物潜在污染区域，具体可按 DB11/T 656 中相应阶段土壤和地下水采样点布设数量及位置的要求执行。

8.1.1.3 评估挥发性有机物污染对场地内正在使用或未来计划重复使用的建筑内受体的健康风险，应在建筑物室内地板下布设土壤气采样点。其中应至少有 1 个点布置于室内空间的中央位置，其余采样点可布置在墙体附近，但与墙体的距离应不大于 1.5 m。无法进入的建筑物，可在墙体四周布设土壤气采样点，采样点与墙体应尽量靠近，但距离应不小于 1.0 m。

8.1.1.4 土壤气采样点的布设数量应足以表征场地的污染现状，其中，土壤气确认采样阶段每个污染地块应布设不少于 3 个土壤气采样点。详细采样阶段可采用网格布点，最少采样点数量可按 DB11/T 656 表 1 中详细采样阶段土壤采样点数量的最低要求执行，并应在重污染区适当加密采样。

2. 垂直方向的采样点位置和数量

在同一个采样点往往需要监测不同深度的土壤气浓度，这就构成了垂直方向的土壤气采样（图 4.3）。在垂直方向上的土壤气中 VOCs 浓度分布数据有两个作用：①探明污染源的深度；②评估 VOCs 在包气带因生物降解或其他过程导致的浓度衰减情况（ITRC，2014）。

一般通过**多层采样井（multilevel sampling well）**、**巢式采样井（nested sampling well）**、**丛式采样井（clustered sampling well）**等方式采集不同深度的土壤气样品（图 4.4）。

实践经验和模拟结果显示：太接近地表的土壤气样品受到地表过程和建筑物影响太大，其代表性和可靠性较低，因此所有建筑物外围土壤气都应该有一个**最小采样深度（minimal depth）**（Abreu and Johnson，2005，2006；SABCS，2011）。对最小采样深度的取值，不同研究给出了不同的数值。Abreu 和 Johnson 基于数值模型模拟的结果建议应把建筑地板与污染源上边缘间距离的一半作为目标场地的最小采样深度（Abreu and Johnson，2005；2006）。有学者认为最小采样深度只要低于建筑地板即可。还有技术导则建议：如果采样点在建筑周边，最小采样深度应在建筑地板 1 米以下；如果采样点周边没有建筑，最小采样深度应在地面 1 米以下（SABCS，2011）。

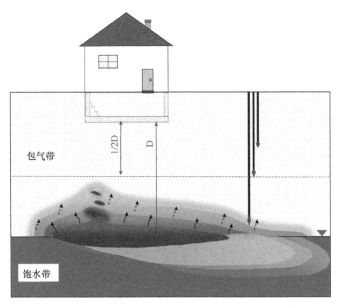

图 4.3　土壤气采样井垂直方向布点示意图

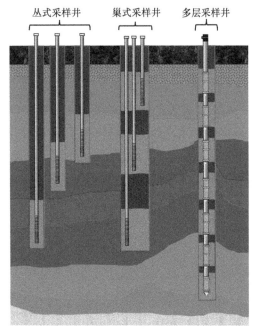

图 4.4　采集不同深度土壤气样品的多层采样井、巢式采样井、丛式采样井

　　有关土壤气采样井在垂向上的布点，API 技术导则规定如下："在垂直方向至少需要布置三个采样点，其中一个点位于污染源上边缘，一个位于建筑物底板下，一个位于两个采样点中间"（API，2005）。

　　有关土壤气采样井布井深度，北京市地方标准《污染场地挥发性有机物调查与风险评估技术导则》（DB11/T 1278—2015）中做了详细规定：

8.1.2 采样深度

8.1.2.1 可利用土壤采样过程形成的钻孔进行土壤气采样，土壤气探头的埋设深度应结合污染物埋深及土壤岩性确定，且应将土壤气探头埋设在现场挥发性有机物便携检测设备读数及土壤和地下水样品检测结果较高的位置。

8.1.2.2 需根据土壤气中挥发性有机物浓度预测该区域室外呼吸途径或未来建筑物室内呼吸途径的健康风险，整个纵剖面应至少布设 2 个土壤气采样点，其中 1 个采样点的深度应布设在地面以下 1.5 m 处，另 1 个采样点的布设深度应考虑场地污染源特征，具体要求如下：

a）区域内污染源仅为非饱和带土壤，该采样点可布置在污染源土层的正上方；

b）区域内污染源仅为地下水，紧邻污染源的采样点应布设在地下水最高水位以上，且高于毛细带不应小于 1 m；

c）以上两种污染源特征情形下，如果污染源埋深大于 4.5 m，应在纵剖面上至少增加 1 个土壤气采样点，确保相邻采样点间距不大于 3 m；

d）整个纵剖面的土壤及地下水均污染，该采样点应布设在污染最重的区域。污染土层大于 4.5 m，应在纵剖面上至少增加 1 个采样点，确保相邻两个土壤气采样点的间距不应大于 3 m；

e）相邻两个土壤气监测点浓度相差 2~3 个数量级，应在这两个监测点距离的中间位置增设一个土壤气监测点；

f）已知未来建筑物底板的确切埋深，应在该深度以下 0.3 m 范围内增加一个采样点。

8.1.2.3 采集潜在污染范围内建筑物室内底板以下土壤气并以此计算现有建筑室内呼吸途径的健康风险，土壤气采样深度应紧贴底板的下表面，距离底板下表面的应不大于 0.5 m。室内地板为自然土壤，土壤气采样点的深度应不小于 1.0 m。

8.1.2.4 未能进入建筑室内而只能通过建筑外墙周围土壤气的结果预测室内呼吸暴露途径的健康风险，土壤气的采样深度应与待评估建筑室内底板下表面埋深一致，埋深小于 1.5 m，采样深度应调整至 1.5 m。

8.1.2.5 土壤气检测数据用于评估当前用地现状情形下挥发性有机物室外呼吸暴露途径的健康风险，土壤气采样深度应设置在地表以下 1.0~1.5 m 处。

3. 包气带好氧生物降解区的调查

对于石油烃类 VOCs，好氧生物降解能够显著地降低其向上的物质通量。因此只要在有足够厚度的好氧区将污染源与建筑隔离，石油烃的蒸气入侵风险可能显著降低。如果想查明包气带中好氧区的厚度，则需要监测土壤气中 VOCs、O_2、CH_4、CO_2 在垂向上的浓度分布。厌氧区的特征是：VOCs 浓度很高，O_2 浓度几乎为零，有可能检出 CH_4。好氧区的特征是：VOCs 浓度很低，O_2 浓度较高，无 CH_4 检出。在好氧区和厌氧区的过渡地带就是好氧生物降解反应发生的**反应区（reaction zone）**（图 4.5）。通常情况下反应区的厚度并不大，一般小于 60 cm，反应区的特征是有较高浓度的 CO_2（Davis et al.，2009）。

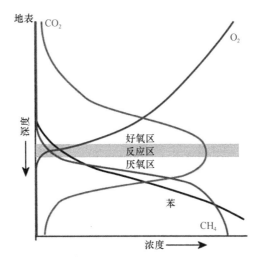

图 4.5　易降解 VOCs 在包气带的好氧生物降解及形成的反应区（ITRC，2014）

通常采集 3、4 个不同深度的土壤气样品就足以查明包气带中的好氧降解区的位置，最深的一个土壤气样品需要从污染源附近采集。可以根据前期土壤和地下水的调查结果判定污染源上边缘的深度。可以使用便携式 PID 或 FID 筛查土壤气中的 VOCs 浓度，也可以用氧气探头筛查土壤气中的 O_2 浓度（ITRC，2014）。

4. 采样频率和采样时长

土壤气浓度的时间异质性较大，为了准确表征土壤气浓度随时间的变化规律，往往需要进行多次采样。导致土壤气浓度随时间变化的原因较多，例如，①季节性波动的地下水位；②生物降解速率的季节性差异；③降水导致 VOCs 在包气带中传质速率的变化；④污染源随时间的变化。对于建筑物附近的浅层土壤气还会受到建筑物的影响。理想状况下，采样频率应足以表征样品随时间的波动。当测得的土壤气浓度远远低于对应的筛选值（超过一个数量级），并且可以证明其浓度在长的时间内不会明显增加时，才可以只进行一轮采样。如果测得的土壤气浓度很接近筛选值时，一般需要进行多轮采样。

应避免在下大雨或是连续几日降雨后进行土壤气采样。降雨会严重影响土壤气的代表性，一部分 VOCs 会通过分配进入水相，降水还会引起土壤气的对流，最终导致土壤气中 VOCs 浓度的大幅波动。降雨后过后，超过土壤持水量的多余水分会在重力作用下逐渐排出。土壤排水速度与土壤类型有关，沙质土壤可能几个小时就可以排干，但细颗粒土壤需要较长时间。在大雨过后（降水量超过 1cm），粗颗粒土壤需要等待至少一天以上再进行土壤气采样，细颗粒土壤需要等好几天以后才可采样（SABCS，2011）。

北京市地方标准（DB11/T 1278—2015）同样没有规定具体的采样频率，仅对采样时间做了如下规定："室外土壤气采样前 24 h 内降雨强度不大于 12 mm，采样过程中，如发现采样管路中有明显的水蒸气冷凝，应停止采样。"

4.2.2　土壤气采样井的类型

土壤气的采集需要在专门的采样井中进行，常见的土壤气采样井包括以下三类：①钻孔埋管式采样井；②钻杆直插式采样井；③将地下水井改装成的土壤气采样井。

1. 钻孔埋管式采样井

钻孔埋管式土壤气采样井（burial of soil gas sampling tubes，简称钻孔埋管井）是最常见最经典的土壤气采样井。这种井将一根或几根小直径（0.3～2.5 cm）采样管埋入一个大直径土壤钻孔中，每根采样管的末端装有采样探头，采样探头上设置了采样孔或采样筛网用于采集土壤气（图 4.6）。采样探头周边应回填透气性好、干净的石英砂。

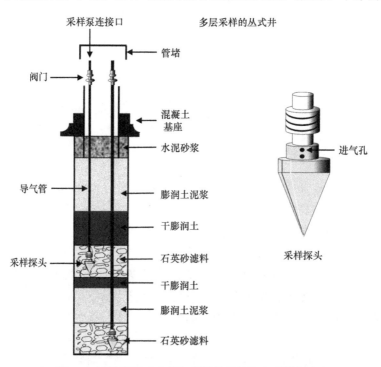

图 4.6　钻孔埋管式土壤气采样井的结构和采样探头

土壤钻孔可使用**手动杆钻（hand driven rod）、手动螺旋钻（hand auger）、电钻（drills）、直压式钻探（direct push）、钻架（drill rig）**等不同钻具，钻具的选择取决于钻孔深度、钻孔尺寸、经济成本、工期等因素。应结合场地水文地质条件，选择合适的钻具，不应使用需加水或泥浆的钻井方法进行土壤气采样井钻孔，也尽量避免采用对土壤扰动大的钻井方法。如需同时采集土壤样品，所选的钻井方法还需满足 VOCs 土壤采样的要求。另外，在钻井之前需要查明目标区块地下构筑物分布的情况，以免造成不必要的损失。

土壤气采样管与地下水采样管类似，但区别在于：①为了提高采样精度，土壤气采样探头的长度较短，一般 10～20cm；②为降低洗井体积，土壤气采样管的直径和死体积较小。埋设土壤气探头及各种填料的过程中，应及时测量深度，确保探头和相关填料埋设深度及厚度符合设计要求，并做详细记录。钻孔埋管式采样井可以是**固定井**（采样管长时间保留留在地层内）（图 4.7），也可以是**临时井**（采样结束后将采样管移除）（图 4.8），两种井都可以采集不同时间点的样品。钻孔埋管式采样井的好处是可以重复采样，而且当场地的地质条件不允许使用钻杆直插的建井方法时，就只能选择钻孔埋管的方法（ITRC，2014）。

图 4.7　固定式钻孔埋管井（ITRC，2014）

图 4.8　临时性钻孔埋管（ITRC，2014）

2. 钻杆直插式采样井

钻杆直插式采样井（**driven probe rod**，简称**钻杆直插井**）是指将一个带有土壤气采样探头的中空钻杆直接插入地层中，通过中空钻杆内部的导气管及露出地表的钻杆收集气体样品（图 4.9）。钻杆的中间是空心的，外壁可由多种材料制作，最常见的是不锈钢管，其外径一般是 12.5～50 mm，中空钢管内会嵌套一个内径较小的惰性、可更换的导气管。钻杆可以通过手动、直推式钻机、大型的钻架等方法插入地下。钻杆直插式采样井可以是固定井也可以是临时井。钻杆直插井的建井速度比钻孔埋管井更快，而且也不会在地面遗留太多钻井废物。不过如果遇到坚硬的岩石、粗颗粒或固结土壤，钻杆在插入地层时会很困难，甚至无法插入。对于深度较大的采样井，钻杆在插入时很容易歪斜，如果发生了歪斜，需要将这个钻孔用水泥密封，在新的区域重新建井。完井后需要对地表的井口进行密封处理以防止地表空气与地下土壤气的串通污染，但是地表的密封处理并不能阻止地下**不同地层土壤气之间的串通污染（cross communication and leakage）**，因此直插式钻杆最适用于质地均匀且气体渗透性较高的地层，不推荐在低渗透地层中使用（ITRC，2014）。

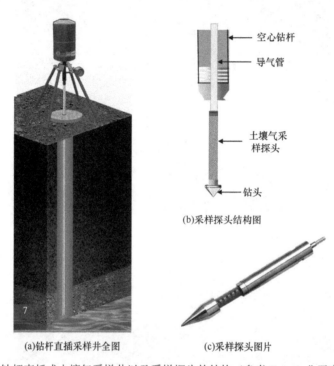

图 4.9　钻杆直插式土壤气采样井以及采样探头的结构（参考 Entech 公司产品介绍）

　　钻杆直插井的优点包括：建井速度快、成本低、有现成的建井设备、安装灵活、使用方便。由于该方法一次钻探可在较短时间内采集不同深度的土壤气样品，因此可提供近似实时的 VOCs 纵剖面浓度分布数据。钻杆直插井的主要缺点是容易形成**井壁泄露（annular leakage）**，进而在采样时引起地表空气侵入或者不同地层的土壤气相互**串通污染**，最终导致样品不具有代表性。如果钻杆插入到了深部的低渗透性地层，而该地层上方是一层高渗透性地层，那么即使在地面的井口做了良好的密封处理，高渗透性地层中的土壤气还是很容易通过钻杆外壁的空隙侵入低渗地层并最终混入土壤气样品中。因为这个原因，有些技术导则不推荐直插式钻杆作为土壤气采集方法。不过 DiGiulio（2006）曾比较过 Geoprobe 公司的 Post-Run Tubing（PRT）、AMS 公司的 Gas Vapor Probe（GVP）钻杆和传统的钻孔埋管井在采集氯代烃土壤气方面的差异，其结果显示三种方法一致性较好，从 PRT 钻杆采集到的 VOCs 浓度分别是钻孔埋管井和 GVP 钻杆的 1.2 和 2.4 倍（USEPA，2006b）。虽然 DiGiulio 的研究在一定程度上验证了钻杆直插采样的可靠性，但是有些技术导则对该方法的大规模推广仍然较为谨慎（SABCS，2011）。作者认为在我国需要更多的场地研究应用研究来系统调查该方法针对不同地质类型、不同污染类型的场地的适用性之后才可大规模推广。

3. 地下水采样井改装成土壤气采样井

如果地下水采样井的部分采样筛网位于毛细管带上方，而且筛网上方的井壁已经用膨润土或水泥密封，那么这口水井可以改装成土壤气采样井。在采样前需要在井口进行气密性处理并且进行气密性检查。在采样之前还需要进行洗井，洗井的体积至少是管路体积的三倍。因为地下水采样井的直径较大（10～15 cm），需要更大的洗井体积，因此用地下水井采集土壤气产生的误差一般较大。这种采样方法还有三个缺点：①未必能采集到预想深度的样品，采样位置精度未必能保证；②无法表征毛细管区上方土壤气中VOCs 的衰减情况；③水井中潜水面或毛细管带中孔隙水里的 VOCs 可能会挥发侵入采样井，进而干扰土壤气的监测结果（SABCS，2011）。

4.2.3　采样系统的选材

1. 管路的材料

VOCs 采样管路应选用惰性材料，既不能吸收 VOCs，又不会释放杂质 VOCs。一般采用聚酰胺（nylon）、聚四氟乙烯（teflon）、聚醚醚酮（PEEK 或称 polyether ether ketone）制作采样管。硅胶（silicon）、聚乙烯（Polyethylene 或称 PE 或称 tygon）、聚氯乙烯（PVC）等会吸附 VOCs，因此不能作为采样管路的材料。注意：聚乙烯常被用做地下水采样管，因此在构建土壤气采样井时一定要与打井队仔细沟通，避免材料的误用。一般来说在土壤气采样系统中，聚酰胺比聚四氟乙烯使用的频率更高，因为聚酰胺的价格更低，而且聚酰胺做成的压缩接头更容易被密封，但如果待测 VOCs 中含有萘，只有聚四氟乙烯管路会有较高的回收率。

2. 管路的直径

正常情况下推荐使用 0.3～0.6 cm 外径的管路作为土壤气的采样管。相对于外径0.6 cm 的采样管，外径 0.3 cm 的采样管在埋设管路时更容易。如果采样井用来测量土壤的空气渗透系数，那么需要较粗的管路，外径一般在 0.6 cm 以上。

3. 采样探头的材料

常用于制作采样器采样探头的材料有：不锈钢、铝、陶瓷、塑料。具体选哪种材料取决于项目的要求（图 4.10）。如果没有经过严格的清洗，采样探头可能会释放杂质 VOCs进而干扰测定结果，因此推荐在采样之前进行系统空白检测，特别是当使用的是金属质的采样探头时。空白检测的流程是将高纯氮气或零空气引入并依次穿过采样管和采样探头，间隔一段时间等系统平衡后，采集土壤气样品，送实验室检测，如果采集的样品中没有 VOCs，就说明采样探头不含杂质 VOCs。

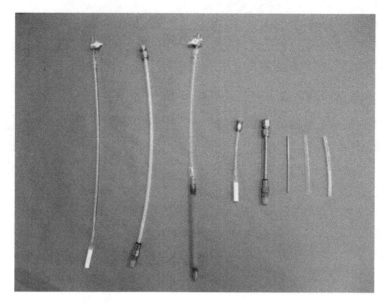

图 4.10　土壤气采样探头的材料（ITRC，2014）

4.2.4　建 井 方 法

有关土壤气采样井的建井方法，北京市地方标准《污染场地挥发性有机物调查与风险评估技术导则》（DB11/T 1278—2015）对建井方法做了详细的规定：

8.2　建井

8.2.1　室外监测井

8.2.1.1　井结构设计

土壤气监测井结构应至少满足以下技术要求：

a）典型土壤气监测井结构可参见附录 F，可根据具体场地的水文地质条件进行调整；

b）土壤气探头可用割缝管或开孔管制作，探头长度不应大于 20 cm，直径可根据钻孔直径确定，建议不大于 5 cm，应由惰性材质组成；

c）探头周围应埋设一定厚度的石英砂滤料，滤料的直径应根据探头割缝宽度或开孔直径确定，滤料装填高度应高出探头上沿不小于 10 cm；

d）滤料之上应填厚度不小于 30 cm 的干膨润土，干膨润土之上填膨润土泥浆；

e）一个土壤钻孔中仅埋设一个土壤气探头，膨润土泥浆应填至距离地面 50 cm 处，待其干固后继续填水泥砂浆至高出地面不小于 10 cm，高出地面部分应做成锥形坡向四周，锥形地面直径不小于 60 cm。同时，应在水泥砂浆中埋设一节 PVC 套管，套管露出地面不小于 30 cm，导气管地上部分应置于套管内部，顶部用管堵盖住，采样时将管堵拧开后将采样泵与导气管连接并开始采样；

f）导气管接口处应连接阀门，非采样时间应将阀门关闭。土壤气导气管应由惰性材料制成，不应采用低密度聚氯乙烯管、硅胶管、聚乙烯管作为导气管，管内径建议不大于 4 mm；

g）在同一个钻孔不同深度埋设多个土壤气探头，在埋设相对较浅的探头时，应在膨润土泥浆顶部先填一层厚度不小于 10 cm 的干膨润土，之后再埋设探头，装填石英砂滤料，不同导气管连接的土壤气探头应用不易消退的记号笔做好相应深度标记；

h）土壤气探头、导气管、阀门的连接以及导气管采样口与采样泵的连接均应采用无油快速密闭接头，不应采用含胶的黏合剂连接。

8.2.1.2　钻探建井

土壤气监测井钻探建井应至少满足以下技术要求：

a）按 6.2 节的技术要求，选择适合的钻探设备及方法；

b）钻探过程中不应加入水或泥浆，如需采集土样，所选钻探技术还需满足挥发性有机物土壤采样对钻探技术的要求；

c）埋设土壤气探头及各种填料的过程中，应及时测量深度，确保探头和相关填料埋设深度及厚度符合设计要求；

d）所有监测井的建井结构均应整理成册并作为调查报告的技术附件。

8.2.1.3　成井

土壤气监测井成井过程需至少满足以下技术要求：

a）采用空气旋转冲击钻探或超声旋转冲击钻探等对土壤扰动相对较大的方式钻孔，监测井成井后应进行成井洗井，排除钻探过程中引入的空气，使各探头周围土壤气恢复自然平衡状态；

b）采用其他钻探方式建设的土壤气监测井，成井后可不抽气洗井，但成井至正式采样前，需有足够的平衡时间，使探头周围的土壤气恢复自然平衡状态。其中，采用直插式钻探方式建设的监测井，稳定时间应不少于 2h，手动及钢索冲击钻探方式建设的监测井平衡时间应不低于 48h；

c）成井洗井过程中，应在抽气泵的排气口连接便携式气体检测仪（如便携式挥发性气体检测仪、$O_2/CO_2/CH_4$ 便携式分析仪等），待连续三天的读数稳定后成井洗井结束。

4.2.5　土壤气的成井洗井和平衡

由于土壤气钻探沉井过程中对钻孔周围土壤气微环境产生了一定扰动，完成建井后，首先需要将滞留在采样管内、井壁周边的回填土孔隙中的气体移除并置换成土壤气以便接下来的采样，这就是**成井洗井和采样井的气体平衡**。

1. 成井洗井

在完成建井后，采样井管路内部（被称为"**死体积**"）充满了空气等杂质气体，这部分杂质气体应该被完全抽出以便土壤气样品的进入，这一操作就**叫作洗井（well purge）**。洗井一般用采样泵或是配备三相阀的注射器来完成（图 4.11）。注射器是一种低成本的简单的洗井工具，最大洗井体积不超过 1 L，更大的洗井体积则需使用流量泵。理论上最小的洗井体积是死体积的 1 倍，但是为了保险应采用更高倍数的洗井体积（2～3 倍），不过洗井体积过大有可能导致地表空气窜入，特别是深度较浅的采样井。因此死体积小的采样装置优于死体积大的装置，因为前者需要的洗井体积更小。为了便于不同采样井之间的相互比较，同一块场地中所有的采样井（或至少同一深度的井）需要采用相同的洗井体积。

图 4.11　利用注射器进行洗井（ITRC，2014）

2. 采样井的平衡

国内外的技术导则都要求成井结束后应让监测井进行稳定后再开始采样相关工作。其中，对于采用液压压入式成井的土壤气监测井，美国 EPA 及部分州要求稳定时间不小于 2h，对于采用其他扰动相对较大的钻探方式建成的监测井，其稳定时间不应小于 48h。如果采用气动空气旋转钻等扰动非常大的钻探方式成井，其稳定时间应相应延长。

4.2.6　采样系统的气密性检查

在进行采样之前需要对采样系统的气密性进行检查，以确保采样系统气密性良好，气密性检查是采样质量控制中的重要一环，在很多技术导则里是必需的环节。采样系统漏气会导致外界的空气窜入，造成土壤气样品的稀释和测定结果偏低。土壤的低渗透性或高含水率会加剧采样管路的真空度和漏气现象。有两种常用的气密性检查方法：①关井测试及井口检漏；②完全覆盖检漏。

1. 关井测试及井口检漏

　　该方法包括了关井测试和井口检漏两步。**关井测试（shut-in test）**是对采样管路中井口下游所有管路的气密性检查，通过将井口的阀门关闭，然后对阀门下游连接样品收集装置的气路施加真空，监测真空度的变化。如果施加的真空能够在至少 30s 内保持稳定（不降低），则说明这段管路的气密性良好。图 4.12 显示了一个关井测试的简单示例。该系统包括一个采样井井口的两通阀，一个真空表和一个带有三通阀的气密注射器。将两通阀关闭，抽拉注射器推杆施加真空，然后关闭注射器的三通阀。持续观察真空表的读数至少 30s，如果真空表读数无法保持稳定，则说明管路漏气，应重新检查所有连接部位并重复关井测试直至通过。

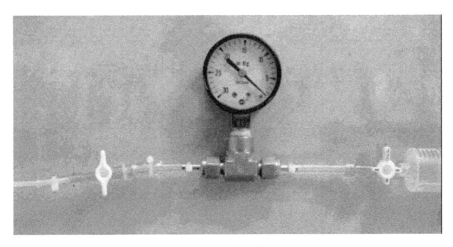

图 4.12　使用气密注射器进行的关井测试（ITRC，2014）

　　当关井测试通过之后，接着应进行井口检漏。将泄漏示踪物施加到露出地面的井口周围，具体可将液体泄漏示踪物（如异丙醇）润湿毛巾并放置在井口周围或在井口放置一个小密封罩（图 4.13）。向密封罩填充泄漏示踪物，然后进行检测，检测方法详见 4.2.6 小节。

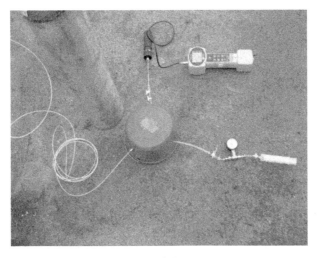

图 4.13　井口气密性检查（ITRC，2014）

2. 完全覆盖式检漏

该方法将整个采样装置，包括井口、连接管路、样品收集装置（气袋或采样罐或吸附管）都放进一个大密封罩内（图 4.14）。向密封罩填充泄漏示踪物，然后进行检测，检测方法详见本章 4.2.6 小节。这种方法的缺点是：①需要更多的泄漏示踪物；②放在密封罩内的采样设备很难被开关或调节。

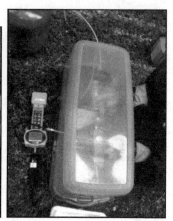

图 4.14　全部覆盖式检漏装置的实物图（ITRC，2014）

3. 泄漏示踪物的检测

对于上述两种气密性检查方法均需要测量的泄漏示踪物在密封罩中和在土壤气中的浓度。示踪物浓度可以用便携式仪器或现场实验室仪器进行检测。气密性检查的步骤和结果都应详细记录并上报。

如果使用采样罐收集样品，则在洗井之后和打开采样罐之前需要检测管路中示踪物的浓度。如果采样管路中示踪物的浓度大于密封罩中浓度的 15%（有些导则的标准更低），则应在密封罩中的管线寻找并排除泄漏点。在采样完毕之后，应再次检测采样管路中示踪物的浓度。如果采样管路中示踪剂的浓度大于密封罩中浓度的 15%，很可能样品已受到污染，在随后的实验室送检时应对采集样品中示踪物的浓度进行检测。由于在方法 2 中，地面上所有的管路都被放在密封罩内，因此气密性检查比较难进行。

另一种检测方法是将样品收集在气袋中，然后测定气袋中的示踪物的浓度。如果气袋中示踪物的浓度低于密封罩中浓度的 15%，则该样品被认为是有效的，可以直接送检或现场转移到采样罐中再送检。如果气袋中的示踪物的浓度大于密封罩中浓度的 15%（有些导则的标准更低），则认为样品受到污染，应寻找并排除泄漏点，然后重新取样。

4. 泄漏示踪物的类型

泄露示踪物的选择需要根据场地情况和分析方法选择，需要考虑因素包括：①该物质是否是现场已知或可疑的污染物；②检测实验室是否具备检测该物质的能力；③该物质是否能用便携式设备进行快速测定。常见的泄露示踪物包括：异丙醇、氦气、六氟化硫、氟乙烷。泄露示踪物的选择需要与样品送检的实验室进行沟通。

异丙醇容易购买,价格低廉,而且可以直接润湿毛巾后包裹在井口周围而不需要使用密封罩。如果想使用密封罩,也可以将异丙醇润湿的毛巾放入罩内。异丙醇的另一个优点是可以使用标准方法 TO-14/15/17 或 SW8260 进行检测。尽管异丙醇可通过便携式 PID 检测,但 PID 可以对很多 VOCs 都有响应,因此可能产生假阳性结果。另外,异丙醇是在很高的浓度下使用的,因此可能会在样品中引入高浓度的异丙醇,最终导致送检样品的无法被检测。使用异丙醇这类液体示踪时,一定要注意不要让示踪剂污染采样系统的任何部件,处理示踪剂时应始终佩戴手套,组装采样系统时应佩戴不同的手套。

氟乙烷也容易购买,而且比氦气钢瓶更易处理,还可以使用标准方法 TO-14/15/17 或 SW8260 进行检测。不过氟乙烷和异丙醇一样,也没有特异性的便携式检测仪器。

氦气可以很方便地用便携式氦气检测器进行现场测定。不过大多氦气检测器也会对甲烷产生响应,因此如果样品中有甲烷,氦气检测器会产生假阳性结果。氦气的另一个优点是当其混入气体样品中,即使混入的浓度很高也不会干扰基于 TO-14/15/17 或 SW8260 标准方法对 VOCs 的定量检测,这也意味着实验室检测时需要专门用单独的方法来检测样品中的氦气。另外在使用氦气作为泄漏检测化合物时,一定要确保氦气的纯度符合要求。

六氟化硫也可以很方便地用便携式六氟化硫检测器进行现场测定。不过大多六氟化硫检测器也会对氯代烃产生响应,因此如果样品中有氯代烃,六氟化硫检测器会产生假阳性结果。六氟化硫的另一个缺点是不能用 TO-15 方法进行实验室分析,同时还是温室气体,在有些国家使用受限。

5. 国内技术导则的规定

有关采样系统的气密性检查,北京市地方标准《污染场地挥发性有机物调查与风险评估技术导则》(DB11/T 1278—2015)做了更为详细的规定:

8.3 监测井气密性测试

8.3.1 土壤气监测井建设完宜进行气密性测试。土壤气监测井气密性测试示意图见图 4.16。

8.3.2 测试步骤

土壤气监测井气密性测试可按如下步骤开展:

a)按图 4.15 连接好测试系统后,开启示踪气源调节阀,使示踪气体进入密闭罩。开启气压调节阀确保密闭罩与大气连通,每隔一段时间在气压调节阀处采集密闭罩内气样,分析惰性示踪气的浓度。选用氦气作为示踪气,密闭罩内氦气体积百分数应不低于 50%。采用其他示踪气,其浓度应高于对应气体现场便携式检测仪检出限至少 2 个数量级;

b)待密闭罩内示踪气体浓度达到要求值后,开启真空泵进行采样并分析采集土壤气样品中示踪气体浓度,如低于 10%,认为该土壤气监测井气密性符合技术要求,否则该井废弃,并在该井直径 1.5m 范围外新建符合气密性技术要求的土壤气监测井;

c)所有浅层土壤气监测井(即土壤气探头埋深不大于 1.5m)均应进行气密性测试,深层监测井可选择部分进行测试,测试比例不应低于 10%。土壤气监测井的气密性符合技术要求，其后每次采样前不需重新进行气密性测试。气密性测试过程中相关参数应记录成册并作为调查报告的技术附件。

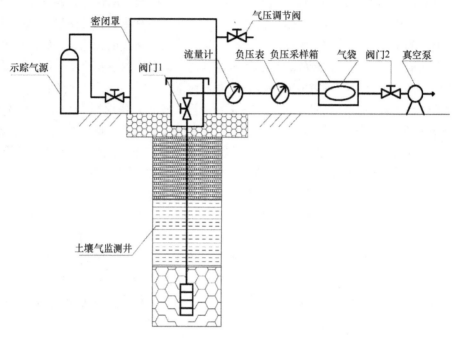

图 4.15　北京市地方标准《污染场地挥发性有机物调查与风险评估技术导则》（DB11/T 1278—2015）中的土壤气监测井气密性测试示意图

4.2.7　采样前洗井

在采样之前应通过采样前洗井排除积累采样管路中及土壤气探头周围滤料孔隙中的气体。采样前洗井可根据计算出的理论气体淤积体积选择负压泵抽提洗井、注射器抽提洗井等方式。洗井过程中应注意：①洗井流速不能过高；②洗井过程在采样管路中形成的负压不应过大。洗井体积一般为采样管路体积的 3～5 倍，或在井口用便携式 VOCs 分析仪监测采样口土壤气中的 VOCs 浓度，如果读数稳定也可结束洗井。

有关采样前洗井，北京市地方标准《污染场地挥发性有机物调查与风险评估技术导则》（DB11/T 1278—2015）做了详细的规定：

8.5.5　正式采样前，需对土壤气监测井进行洗井，洗井系统示意图如图 4.16 所示。

8.5.6　按图 4.16 示连接好系统后，开启阀门及真空泵开始抽气。根据流量计的读数调整洗井速率不高于 200 mL/min，观察负压表读数，确保系统负压不大于 2.5 KPa。

8.5.7　洗井过程中应在真空泵的排气口串联便携式气体分析仪（如挥发性有机物便携检测仪，O_2、CO_2、CH_4 检测仪）并每隔 2 min 记录读数。

8.5.8　洗井体积一般为 3~5 倍探头和导管的体积。

8.5.9　洗井体积未达到 3~5 倍探头和导管的体积而便携式气体分析仪读数稳定，可

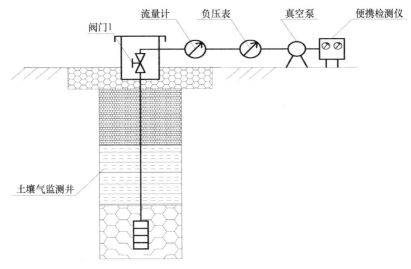

图 4.16　洗井系统示意图

结束洗井并记录该采样点的洗井体积。

8.5.10　洗井体积达到 3~5 倍探头和导管的体积而便携式气体分析仪读数依然变化较大，也可结束洗井并记录洗井体积。

8.5.11　采样点周围土层岩性以粉砂、砂、卵石等高渗透性土壤为主，洗井流速可适当增大至 0.5 L/min 或 1 L/min，但应控制系统负压不高于 2.5 kPa。

8.5.12　采样点周围土层岩性以粉土、粉质黏土、黏土等低渗透性土壤为主，洗井流速应降低至 100 mL/min。系统负压超过 2.5 kPa，记录洗井体积并立即停止洗井并关闭系统阀门，待系统压力恢复后再继续洗井，如此循环直至洗井结束。如采用这种方式依然无法完成洗井，则应废弃该采样井并在其周围 1.5 m 范围外重新建井，并适当增加钻孔直径以及土壤气探头周围石英砂滤料的高度。

8.5.13　每个采样点的洗井数据均应记录成册并作为调查报告的技术附件。

4.2.8　土壤气保存方法

土壤气样品可以用以下四种方式进行保存：①吸附管；②不锈钢采样罐；③玻璃采样罐；④气袋（Ma and Lahvis，2020）。送实验室监测的样品原则上不允许使用气密针保存。土壤气的保存方式取决于后续的分析方法。如果用便携式 VOCs 检测仪进行检测，一般使用气袋收集。如果是实验室送检的样品，一般常用吸附管和不锈钢采样罐，一些特殊情况也可以使用玻璃采样罐或气袋。只要存放时间不长，气袋可用于固定气体的检测（氧气、二氧化碳、甲烷、氮气等）。

1. 吸附管

吸附管是一种常用的气体样品采集方式（可参考第 3 章）。使用吸附管时有两种采样方法注射器和采样泵。使用注射器采样时，首先将吸附管连接在井口采样管路和注射器中间（图 4.17），拉动注射器的推杆抽取固定体积的土壤气穿过吸附管，土壤气中穿过吸附管时其携带的 VOCs 会被吸附管中的吸附剂捕集。使用采样泵采样时，首先将泵连接到吸附管后端，通过泵的抽吸作用使土壤气穿过吸附管，VOCs 被吸附管中的吸附剂捕集（图 4.18）。不能将泵连接在吸附管的上游，因为这样泵油可能污染样品。采样泵的流量精度直接决定了监测结果的准确性，因此在采样前应该进行流量校准。泵的采样流速还受到土壤渗透性的影响。如果在低渗地层中采样，泵流速不应超过 50 mL/min，如果是高渗地层，则泵流速最高可达 200 mL/min（ITRC，2014）。

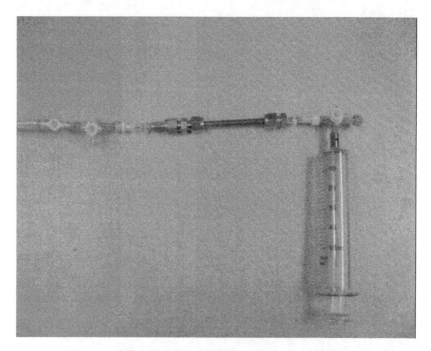

图 4.17　使用注射器为吸附管采集气样品（ITRC，2014）

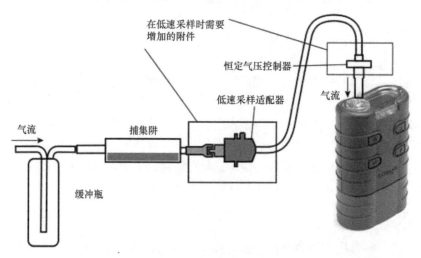

图 4.18　使用采样泵为吸附管采集土壤气样品（参考 SKC 公司产品介绍）

吸附管中可填充吸附剂的种类较多,可以根据待测 VOCs 的种类选择合适的吸附剂。VOCs 穿透吸附剂会导致检测误差,有两种方法防止穿透的发生。一种方法是将两根吸附管串联,如果第一根管被穿透,VOCs 还可以被第二根管捕集。另一种方法是在每个采样点使用两个管吸附,一根管采用常用的采样体积以达到较低的检出限,第二个根管采用第一根管采样体积的 10% 进行采样。如果较高采样体积的吸附管被 VOCs 饱和,则可以使用较低采样体积的吸附管进行检测。吸附管的气密性检查一般采用关井测试加井口检漏的方法。

2. 不锈钢采样罐

不锈钢采样罐是一种常用的气体样品采集方式(可参考第 3 章)。采样洗井结束后,可以将不锈钢采样罐连接到井口,先进行气密性检查再开始采样。管路中的真空表用于测定采样前和采样后采样罐的真空度。在采样前,一定要确保采样罐有足够的真空度。一般负压采样罐的真空度大约 0.95~1 个大气压,真空表通常有 ±0.35 个大气压的误差。另外,海拔高度采样可能会影响真空表读数,海拔每升高 300 米,真空表的真空度会下降 0.03 个大气压。采样罐应配备流量控制器,确保利采样时流速不高于 200 mL/min,管路中负压不大于 2.5 kPa。

在采样之前需要进行系统气密性检查。泄漏示踪物一般通过管路中紧邻采样罐的世伟洛克接头或三通阀来采集。如果示踪物的浓度低于可接受的水平,则说明管路无泄漏,可以安全地进行采样。如果示踪物的浓度高于可接受的水平,则说明管路有泄漏,需要取下采样罐,排除泄漏点后再开始采样。进行气密性测试可有效避免采集到不合格的样品。

如果使用体积大于 500 mL 的大容量罐或采样深度非常接近地表,则应在采样结束后对采样管路再次进行气密性检测。因为在现场无法实时测定采集到的样品中是否含有泄漏示踪物,如果在采样结束后管路没有泄漏,则可认为采集到的样品也是无泄漏的,因此在采样结束后再次进行气密性检测很有必要。

收集到采样罐中的样品应该在常温下保存,不应冷却或在阳光下直射,采样后应在 20 天内分析完毕(环境保护部,2015)。

3. 玻璃采样罐

玻璃采样罐也可用于气体样品采集(可参考第 3 章)。在采样之前,应将玻璃罐抽成 0.95~1 个大气压的真空。电动真空泵或手动真空泵都可以完成玻璃罐的抽真空,手动真空泵通常可以在汽车零件商店购买。通常使用注射器从采样井采集气体样品,通过玻璃瓶的阀门,将样品推入采样罐。有些专门用于含 VOCs 气体样品的采集的玻璃采样罐,其阀门经过了惰性处理,可以有效降低 VOCs 的损失。这类玻璃采样罐通常可以用与不锈钢采样罐类似方法进行采样和实验室样品前处理。玻璃采样罐的气密性检查一般采用关井测试加井口检漏的方法,而且与不锈钢采样罐一样需要在采样前和采样后各检查一次。

4. 气袋

气体采样袋,简称气袋,是一种简单、低成本的气体样品采集方法。常见的气袋按所采用的薄膜材质不同可分为六大类：Tedlar（泰德拉）气袋、Devex（得维克）气袋、铝塑复合膜气袋、PVDF 气袋、FEP 气袋、Fluode（氟莱得）气袋，其中 Tedlar 气袋是VOCs 采样最常见的一种。

　　气袋有两种采样方法：气密注射器和负压采样箱。可以用气密注射器从采样井口取样，然后直接注入气袋。**负压采样箱又叫肺箱（lung box）**，是一个气密性良好的箱体，箱体侧面有一根穿越箱壁的导气管。采样时一般将气袋放入箱内并与导气管连接，导气管另一端连接井口的采样管，然后打开气袋的采样阀门，关闭负压采样箱的密封盖，利用泵对采样箱抽真空，在箱内负压的作用下土壤气会从采样管进入气袋。使用负压而不是直接将气袋连至采样泵的排气口进行采样，是为了避免土壤气在通过采样泵时，泵油可能造成的 VOCs 污染。具体方法详见第 3 章。

　　使用气袋采样的优点是在采样完成后可以立即进行气密性检查。将便携式仪器与气袋连接，测定检漏物质的浓度。如果读数低于可接受的水平，那么采集到的土壤气样就是合格的，可以将气袋中的剩余的样品送检。如果读数高于可接受的水平，则说明样品有问题，之后可以很容易地排空气袋，在排除泄漏点后重新采样。

　　气袋不适于气体样品长期保存，按照 HJ 732 标准的要求，气袋保存的气体样品一般需要在采样后 8 小时内完成分析。有研究表明气袋中存放 24 小时都会导致很多种类的 VOCs 发生质量损失（详见第 3 章）。气袋不能用于储存萘。样品存放期间避免刺破或压缩袋子，如果在运输过程中样品要经历外界压力的变化（如空运），气袋永远不应冷藏。如果想要长期保存，应将气袋中的气体样品转移到采样罐中（图 4.19）。

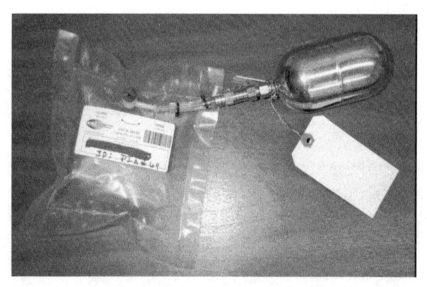

图 4.19　将气袋中的气体样品转移到不锈钢采样罐的示意图（ITRC，2019）

4.2.9　土壤气采样方法

　　洗井结束后即可开始采样。采样管路中的真空度不宜过大，真空度过大会导致额外的 VOCs 从土壤中解析出来，也容易使得采样系统漏气。一般推荐采样流速不超过

200 mL/min。不过对于高渗透性地层来说，只要采样管路中的真空度不超过 15%的大气压（15 kPa），可以不限制采样流速。有研究调查过不同的采样流速对石油污染场地土壤气的采样效果，结果显示采集到的土壤气浓度没有太大差别（USEPA，2007；2010）。由此可知对于高渗透性地层，采样流速对结果影响不大。ITRC 的 PVI 技术导则给出了一个判断地层渗透性的简便方法：将体积 20～50 mL 的注射器连接到采样管路，然后向外拉注射器推杆。如果推杆能被轻松地拉出，说明地层渗透性高。如果推杆很难拉出或拉出后又回弹，说明地层的渗透性很低，所采集的土壤气样品较易被污染（ITRC，2014）。

对于低渗透性地层，建议在采样系统中安装一个真空表，监测采样时管路中的真空度。如果用采样罐收集土壤气，需要注意罐上自带的真空表监测的是罐内的真空度而非采样管路中的真空度，因此需要在采样罐的流量控制器和采样管路之间加装一个真空表（图 4.20）。采样时需要监测并记录采样管路中的真空度，记录的数据要作为附件上报。

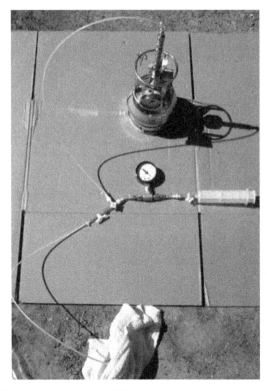

图 4.20　采样罐的流量控制器和采样管路之间加装的真空表（ITRC，2014）

有关土壤气采样方法，北京市地方标准《污染场地挥发性有机物调查与风险评估技术导则》（DB11/T 1278—2015）中做了详细的规定：

8.5.14　洗井结束后应立即开始采样，采样流速应不高于 200 mL/min，系统采样负压应不大于 2.5 kPa，样品采集量应根据要求的检出限及分析方法确定，但不应大于 1.0 L。

8.5.15　采用 Tedlar 气袋对样品进行保存，需借助负压采样箱。Tedlar 气袋应连接在负压采样箱内，通过采样泵将采样箱抽成真空进行采样，避免直接将 Tedlar 气袋连接至负压采样泵的排气口进行采样。

8.5.16 采用苏玛罐对样品进行保存，应在采样前对苏玛罐的真空度和采样流速进行调节，确保利用苏玛罐负压进行采样时流速不高于 200 mL/min、系统负压不大于 2.5 kPa。

8.5.17 采用吸附管对样品进行保存，也应借助负压真空泵进行采样，吸附管应连接在采样泵的上游。为防止采样过程中吸附管内填料穿透，应连续串联两根吸附管。采样流速应满足所选吸附管对采样流速的技术要求，同时也不应高于 200 mL/min，采样系统负压不应大于 2.5 kPa，采样管内装填的吸附材料对目标挥发性有机物应有较好的吸附效果。

8.5.18 除采用注射器进行采样外，其余采样方式均应在采样系统中连接负压表及流量计，以监测采样过程中的采样流量及系统负压。

8.5.19 采样点附近土壤渗透性较好，可适当增加采样速率，但不宜超过 1L/min，系统负压不应高于 2.5 kPa。

8.5.20 采样点附近土壤渗透性较差，可降低采样速率至 100 mL/min，系统负压不能高于 2.5 kPa。如高于该值，应立即停止采样并关闭采样阀，待系统压力恢复后继续采样，如此重复直至采集的样品体积满足分析要求。

8.5.21 室外土壤气采样前 24 h 内降雨强度不大于 12 mm，采样过程中，如发现采样管路中有明显的水蒸气冷凝，应停止采样。

8.5.22 采样系统所有的连接管应由惰性材质构成，阀门、接头、三通等连接件应由金属或硬聚氯乙烯材质构成且应具备良好的气密性，不应用胶等黏合剂密封连接。

8.5.23 采样过程中，应记录每个采样点的空气温度、湿度、大气压、风速等气象参数以及采样体积和采样深度，同时记录每个采样点气体便携设备的读数，将其记录成册并作为调查报告的技术附件，现场记录单可参见附录 H。

8.5.24 土壤气采样的现场操作流程可参见附录 I。

4.2.10　建筑周边土壤气数据的优缺点

建筑物周边壤气（exterior soil gas） 是从建筑物周边的土壤下方采集的土壤气样品。这是蒸气入侵风险评估中常用的一类数据。建筑物周边土壤气的采集比较方便，对建筑物内居民的干扰较小，但是现场监测和模型模拟结果都显示建筑物周边土壤气中的 VOCs 浓度与室内空气浓度或底板下土壤气的浓度似乎并不存在很显著的相关性（USEPA，2008；McAlary et al.，2011）。Johnson 和 Abreu（2003）利用 ASU 模型模拟了的 O_2 和石油烃在土壤纵剖面的二维分布（图 4.21），结果显示在建筑物外围采集的土壤气中的 VOCs 浓度比同等深度底板下土壤气浓度低几个数量级（图 4.21 中两个采样点

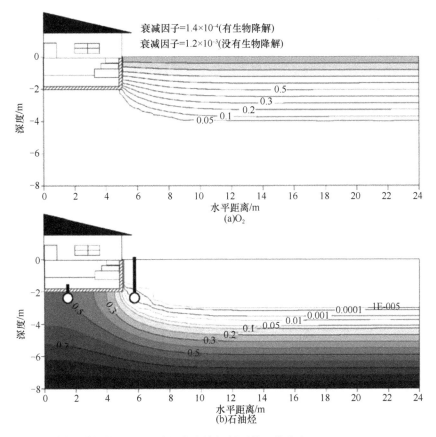

图 4.21　ASU 模型模拟的 O$_2$ 和石油烃在土壤纵剖面的二维分布（Johnson and Abreu，2003）

用空心圆圈表示）。美国 EPA 进行的实际场地研究也证实了上述结论（USEPA，2009，2012）。本书 2.10 节中的案例 2 的数据也支持上述结论（Luo et al.，2009）。因此，如果使用建筑物周边的土壤气作为风险评估依据，采样点应选择比地板更深的位置，如位于地板深度以下 1~2 米（3~6 英尺，1 英尺=0.305 米），以避免假阴性结果出现（即本来风险超标，但风险评估的结果显示不超标）外，有些情况下土壤气的空间和时间异质性较大，这也给土壤气浓度数据的分析带来了不小的挑战（McAlary et al.，2011）。

4.3　底板下土壤气

底板下土壤气（subslab soil gas） 是位于建筑底板下方紧贴地板的土壤空隙中的气体。与其他样品相比，底板下土壤气有几个优点。第一，底板下土壤气的成分与侵入室内的土壤气成分最接近。第二，它不易受到背景干扰的影响，尽管当室内气压高于室外时，室内空气中的 VOCs 可能会反向进入底板下土壤气，进而造成一定的干扰。第三，相对于 VOCs 在室内和室外空气中浓度，土壤气中 VOCs 的浓度往往较高，因此土壤气的检测更容易。美国的一些州要求使用底板下土壤气浓度，而禁止使用建筑物周边土壤气数据作为蒸气入侵风险的评估依据。底板下土壤气的监测流程包括在地板上钻孔构建采样井、采集样品、送样检测。

4.3.1　采样井结构和建井方法

底板下土壤气采样井的构建相对简单，一般使用电钻或开孔器将混凝土底板开孔，并用手动钻探方式将监测孔继续往下钻探不超过 0.5 m。然后在钻孔中插入不锈钢或黄铜制成的采样管（图 4.22）。之后用混凝土泥浆密封采样管于钻孔的间隙，混凝土泥浆一般由水泥、沙子、水混合而成，需要确保这些材料不含 VOCs。建井的细节方法可参考这个导则（USEPA，2004a）。通常底板下土壤气的真空度较低，因为建筑底板下通常是回填的砾石类材料，其渗透系数较高。

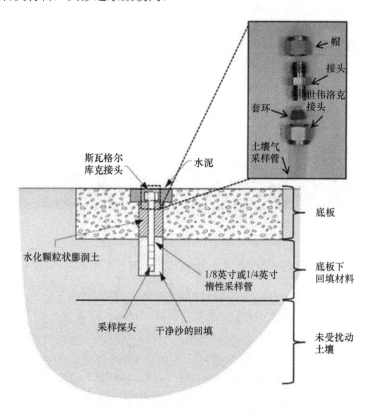

图 4.22　底板下土壤气采样井结构图（ITRC，2014）

4.3.2　底板下土壤气采样方案

1. 采样时长

研究显示底板下土壤气的时间异质性较小，同一位置的底板下土壤气几周内的 VOCs 的浓度波动在两倍以内，因此 5～30 分钟的短时间采样就可以满足要求。

2. 采样点数量

与时间异质性相反，底板下土壤气的空间异质性较大，同一栋建筑底板下不同位置的土壤气中 VOCs 浓度可能有超过 100 倍的差别。因此，只有采集足够多不同位置的样品，才能较好地刻画高度异质的底板下土壤气的浓度分布。美国 EPA 的一些技术导则建议对小型建筑（如独栋别墅）至少需要采集三个不同位置的底板下土壤气样品，更大的建筑还需要加密采样点（USEPA，2006a）。实际采样中，采样点位数目和布点位置都需要与业主协调决定。

对底板下土壤气的采样点布置，北京市地方标准《污染场地挥发性有机物调查与风险评估技术导则》（DB11/T 1278—2015）中做了详细的规定：

8.1.1.5　评估挥发性有机物污染对场地内正在使用或未来计划重复使用的建筑内受体的健康风险，建筑物室内地板下土壤气采样点数量应至少满足以下要求：

g）建筑物室内面积小于 100 m^2，地板下土壤气采样点的数量应不少于 2 个，其中 1 个采样点布设于室内空间的中央，另 1 个采样点布设于邻近重污染区一侧的墙体附近，与墙体的距离不应大于 1.5 m；

h）建筑物室内面积大于 100 m^2 而小于 1000 m^2，应确保每 100 m^2 范围内的地板下土壤气采样点的数量不少于 1 个，并且至少有 1 个采样点布设于室内空间的中央，至少有 1 个采样点布设于邻近重污染区一侧的墙体附近，且与墙体距离不大于 1.5 m；

i）建筑物室内面积大于 1000 m^2，应确保每 200 m^2 范围内的地板下土壤气采样点的数量不少于 1 个，并且至少有 1 个样布设于室内空间的中央，至少有一个点布设于邻近重污染区一侧的墙体附近，且与墙体距离不大于 1.5 m；

j）建筑内部分隔成相对独立且相互隔绝的单间，室内地板下土壤气最少采样点数量的确定应按各独立单间的面积确定；

k）无法进入室内采集地板下土壤气，可沿建筑物四周外墙布设土壤气采样点。每堵墙附近土壤气采样点的数量不少于 1 个。墙体长度大于 15 m，土壤气采样点间距不应大于 15 m。建筑物仅有部分处在潜在污染区，可仅在临近污染区的墙体外侧布设土壤气采样点。

4.3.3　采样时的其他注意事项

采集底板下土壤气时还有以下注意事项：①当地下水与底板接触时不能采集底板下土壤气；②在构建底板下土壤气采集井时需要提前摸清底板下管廊和管线的分布情况，在钻孔时需要避开这些构筑物；③当底板下存在气体传质阻隔层时，钻孔时可能会打穿这层阻隔层，当完成土壤气采集后一定将钻孔仔细密封以防止 VOCs 通过钻孔进入室内造成更严重的蒸气入侵问题；④对于带地下室的建筑，土壤气往往通过边墙而不是地板进入地下室，因此除了底板下土壤气还需要在边墙上钻孔采集墙外的土壤气；⑤一般推荐底板下土壤气与室内空气同步采集，这样两组数据的可比性更强。

4.4　室　内　空　气

当地下环境的监测数据显示某建筑附近的地层存在较高的蒸气入侵风险时，一般需要进行室内空气样品的检测以进一步确认风险。当出现以下情形时，即使没有地下环境的检测数据也可以先行进行室内空气检测：①污染物泄露刚刚发生不久，需要立即判断室内空气是否受到影响；②现场筛查设备在室内空气中检测到很高的 VOCs 浓度；③地下水确认有污染且建筑地板与地下水接触；④NAPL 直接与建筑的地板或墙壁接触；⑤业主或者政府监管部门要求直接采集室内空气样品。一般来说室内空气检测的目标 VOCs 包括以下三类：①土壤气、地下水、土壤样品中超过筛选值的物质；②超标物质可能的降解产物；③具有指示性的化合物。不过有些技术导则要求进行污染物的全扫描。

4.4.1　室内室外排放源对室内空气监测的干扰

除了地下污染物的蒸气入侵以外，室内和室外污染源的排放也可能导致室内空气中检出 VOCs。实际上室内有很多类 VOCs 的排放源，包括：家庭活动（吸烟、清洁）、消费品（汽油、取暖油、清洁用品、胶水）、建筑材料（地毯、油漆、胶水）。美国卫生部下属的美国国立医药图书馆有一个向公众开放的家用产品化学成分数据库，通过该数据库可以很方便地查询到很多家用产品中的 VOCs 成分信息[①]。

除了室内排放源，室外空气也可以成为室内 VOCs 的来源（McDonald and Wertz，2007），特别是城市地区的空气可能含有很高浓度的 VOCs。室外空气中的 VOCs 来源包括：汽车排放、工业排放、生活设施排放（加油站、干洗店等）。在某些情况下，室外空气中的 VOCs 浓度甚至会高于室内空气质量标准，室外排放源的贡献也可能直接导致室内空气中 VOCs 超标。因此，建议在进行室内空气调查或者城市地区的场地的土壤气体调查时同时采集室外空气样本。

Dawson 和 McAlary 对北美地区 1990～2005 年期间室内空气中 20 种 VOCs 的背景浓度数据进行了系统的整理和统计分析（Dawson and McAlary，2009）。他们调查了 20 种 VOCs：苯、甲苯、乙苯、邻二甲苯、间二甲苯、对二甲苯、甲基叔丁基醚、四氯化碳、氯仿、1,1-二氯乙烷、1,1-二氯乙烯、1,2-二氯乙烷、顺-1,2-二氯乙烯、反-1,2-二氯乙烯、二氯甲烷、四氯乙烯、三氯乙烯、1,2,2-三氯-1,2,2-三氟乙烷、1,1,1-三氯乙烷、氯乙烯。该研究发现苯、四氯化碳、氯仿、乙苯、四氯乙烯的浓度范围与美国环保署的 10^{-6}～10^{-4} 致癌风险水平的浓度值接近。

4.4.2　采样前的建筑物调查

室内空气中的 VOCs 的来源较复杂（蒸气入侵、室内源和室外源排放），而且蒸气入侵还受到建筑物的结构、温度调节和换气系统的运行、室内人员的活动的影响。因此，在采集室内空气样品之前有必要对目标建筑进行**建筑物调查（pre-sampling building survey）**，常用的调查方法之一是发放问卷。1997 年美国新泽西州环保署最早开始使用建筑物调查问卷，后来这一方法在美国其他州陆续推广。调查问卷一般会记录建筑物的结构、居民的活动情况、暖通空调系统的运行情况、VOCs 室内排放源等信息，不过即

---

① https://www.nlm.nih.gov/toxnet/index.html。

使经过详细的问卷调查还可能会遗漏某些重要的 VOCs 室内源，其原因可能有：①有些 VOCs 物质存放的地方很难目测被发现；②居民对很多日用品的化学成分并不清楚；③有时居民并不清楚家里存放着一些化学品。

除了发放问卷，现场踏勘也是建筑调查的必要步骤之一。VOCs 进入室内的部位是建筑调查中的重点，例如：上下水、燃气、电、通信线路的通道以及与地板和墙体的结合处形成的裂缝。现场踏勘还要调查目标建筑附近是否有室外污染源，例如：干洗店、加油站、道路上的汽车排放、工业活动、道路或建筑施工设备排放。在室外空气监测中，石油烃类 VOCs 是常见的超标物质。

对工商业建筑的调查还需要搜集以下信息：①各房间的具体用途（办公、仓储、实验室）；②建筑物内生产和科研活动需要用到或者产生的化学物质；③暖通空调系统运行需要用到或产生的化学物质；④各类化学品的储存地点。如果业主允许，推荐拍照记录以上信息。

4.4.3　采样位置

对于采样点位和数量，美国 EPA 有以下规定：对于 140 m² 以内的独立别墅住宅，推荐在地下室或管道空间至少采集一个空气样，同时在第一层有人居住空间至少采集一个样。对于面积超过 140 m² 的建筑需要增加采样点位。对于暴露情形不同的特殊建筑（如幼儿园、医院）以及有敏感人群（未成年人、孕妇、老人）的建筑，应增加采样密度。室内空气采样时还需要重点关注能够协助 VOCs 进入建筑物或者在建筑物内不同房间迁移的建筑结构，例如，电梯间、楼梯间、电缆或者管道空间。对于有很多住户的公寓楼、办公楼或者商场，需要增加采样的点位。对于高层建筑除了在地层采样以外，还需要在高层采样，因为 VOCs 在电梯间和楼梯间中的传递速度很快。室内空气的采样高度通常在人群（特别是敏感人群）的呼吸区，即地面以上 1～1.5 m 的高度。

对于室内空气采样方案，北京市地方标准《污染场地挥发性有机物调查与风险评估技术导则》（DB11/T 1278—2015）做了如下规定：

9.1　采样方案

9.1.1　样点布置

室内外空气采样点的布置应至少满足以下技术要求：

a）应根据土壤、地下水、土壤气等场地环境介质的调查结果，初步筛选区域内室内空气因土壤或地下水挥发性有机物污染可能存在超标的建筑进行室内空气采样；

b）采样点应布设在与污染源最近的楼层，建筑物含多层地下建筑，并且地下建筑周围都被污染土壤包围，应在不同层的地下水空间内采集室内空气样品进行分析。不含地下空间的高层建筑物，可仅在建筑物的第一层采集室内样品进行分析；

c）在确定具体布置位置前，应对建筑物进行现场勘察，结合地板下土壤气监测数据，尽量将采样点布设在土壤气污染较重且底板上有明显裂隙的区域。采样点的设置高度应为人体呼吸层高度，一般距离地面 1～1.5 m，应尽量布置在远离门窗的位置；

d）应同时在开展室内空气采样的建筑物内开展地板下土壤气采样及室外空气采样，其中室内地板下土壤气采样数量可按照本导则中第 8 章的相关技术要求执行，可利用开展地板下土壤气采样调查过程中建设的土壤气监测井进行采样；

9.1.2　采样数量

采样数量要求如下：

a）建筑物室内面积不大于 100 m²，室内采样点数量不少于 1 个；

b）建筑物面积不大于 1000 m²，室内采样点数量不少于 4 个；

c）建筑物面积不大于 10000 m²，室内采样点数量不少于 20 个；

d）建筑物面积大于 10000 m²，室内面积每增加 500 m²，应相应增加 1 个采样点数量；

e）对于室内分割成许多密闭独立空间的大型建筑，应确保每个空间内至少有 1 个采样点。

4.4.4　采样时间和频率

受昼夜温差、室内外昼夜气压差、居民活动昼夜差异等因素的影响，室内空气中 VOCs 的浓度一般有较明显的短期波动。现场监测数据显示 VOCs 室内空气浓度在 24 小时以内会有 2~5 倍的波动。随着采样时间的延长，VOCs 浓度的波动会逐渐变小。另外，VOCs 因蒸气入侵导致的人体暴露是一个日积月累的长期过程，因此采用积分采样法采集较长时间内的室内空气浓度更能够代表人体的长期暴露剂量。对于室内空气的采样，美国的技术导则推荐 24 小时作为住宅的采样时，8 小时作为工商业建筑的采样时长。如果工商业建筑中员工的平均工作时长超过 8 小时，也可以根据实际情况延长采样时长。长时间间隔的积分采样一般用低流速泵实现。在氡气入侵的调查时，美国 EPA 也推荐使用低流速长时间间隔的积分采样。

除了积分采样以外，有时也会进行瞬时采样。瞬时采样可以用来：①确认地下污染物是否也存在于室内空气或者建筑的下水道等管道中；②鉴定室内污染源排放出 VOCs 的化学成分；③鉴定从地板或者墙体裂缝或者优先通道中进入室内的 VOCs 的化学成分。瞬时样可以简单方便地帮助判断地下污染物是否存在在室内环境中，但需要注意的是由于室内空气的时间异质性较大，如果一次采集的瞬时样没有检测到目标 VOCs 并不能证明该 VOCs 一定没有造成蒸气入侵。在这种情况下，美国环保署推荐在不同的时间段进行多轮积分采样，如果都没有超标物质检出才能确证没有蒸气入侵风险。

室内空气中 VOCs 浓度还受到气象条件、气候状况、温度调节系统等因素的影响，在不同季节会有规律性的波动。在冬季建筑物内使用暖气或者空调加热时，室内的气压往往低于大气压，这会加剧土壤气进入建筑物的流速从而增加蒸气入侵风险。Holton 等（2013）在犹他州空军基地一处受 TCE 蒸气入侵影响的独立住宅内进行了长期的监测，他们发现室内空气中的 TCE 浓度有很明显的季节波动规律，即冬天浓度比夏天浓度高 2~3 个数量级。因此美国 EPA 的导则建议在一年中不同季节进行多轮的室内空气采样，特别是更容易产生蒸气入侵的冬季。如果 VOCs 室内空气浓度作为蒸气入侵的唯一判断依据，那么至少需要在两个季节进行两轮室内空气检测，其中一轮要在 11 月到第二年 3 月期间（USEPA，2015）。

4.4.5　室内空气采样点的流程

在采集室内空气样品时，应尽量移除所有潜在的 VOCs 室内排放源。移除室内排放源以后，残余的 VOCs 可能还会滞留在室内一段时间，滞留时长取决于室内排放源强度、VOCs 被家居材料（地毯等）吸收的程度、室内空气交换律、室内空气湿度等。美国 EPA 建议在清除室内源后 24～72 小时以后再开始进行室内空气采样（USEPA，2015）。如果被调查的起居室与车库连通，为防止车库内汽油等 VOCs 的干扰，需要将起居室与车库的门紧闭以阻断空气流通。美国的一些州还对采样时建筑的通风情况有要求，例如：在采样期间关闭所有的窗户，停止使用空调、电扇等换气设备。

室内空气样品保存推荐使用采样苏玛罐。如果气体中的目标 VOCs 比较确定，也可选用具备相应吸附功能的吸附管进行样品保存。

有关室内空气采样方法，可以参考中国环境保护标准《室内环境空气质量监测技术规范》（HJ/T 167—2016）。另外，北京市地方标准《污染场地挥发性有机物调查与风险评估技术导则》（DB11/T 1278—2015）也做了更简单的规定：

9.3.2 室内气体样品采集前，应尽可能移除室内潜在的挥发性有机物污染源（如有机溶剂、洗涤剂、化妆品、擦鞋油等）。

9.3.3 正式采样前，应将门窗关严。采用连续采样方式进行采样，对于居住功能的建筑，采样时间应不低于 16 小时。对于工商业功能建筑，采样时间应不低于 8 小时，对于特殊功能的建筑，采样时间应根据建筑使用人群的暴露特性进行确定。

9.3.6 采样过程中应记录室内外温度、压力、湿度、采用流速，采样体积、风向等现场气相参数，并装订成册作为调查报告的技术附件。

4.4.6　室内空气采样的弊端和建议

室内空气采样有一些弊端，例如：需要取得业主的许可，采样期间可能会对建筑物内居民的正常工作生活产生一定影响，还有可能导致媒体的曝光或者其他社会问题。另外，该方法还无法确定测得的 VOCs 浓度有多大比例来源于蒸气入侵途径，有多大比例来源于室内或室外源的排放。因此在进行室内空气采样之前，一般要先对地下环境（土壤、土壤气、地下水）进行调查，调查结果先用模型或者衰减因子法进行初步评估蒸气入侵的风险。如果 VOCs 在地下的浓度太低而可以忽略蒸气入侵风险（需要有足够的证明），那么可以不进行室内空采样。如果 VOCs 在地下的浓度非常高，那么也可以不进行室内空气采样而直接采取风险管控措施。只有当 VOCs 在地下的浓度既不太低也不太高时，进行室内空气采样才是最合适的。

4.5　室外空气

作为蒸气入侵调查的一部分，在采集室内空气的同时往往也需要采集室外空气。监测 VOCs 室外空气的目的是要查明该场地室外环境空气中的 VOCs 背景浓度值。实践表明室外环境空气中往往含有多种 VOCs，尤其在人群聚集区或是工业区，室外空气中的某些 VOCs 浓度甚至会超过室内空气筛选值。

室外空气应该从比较有代表性的地点采集，一般从目标建筑的上风向以及远离障碍物（树木和其他建筑）的地点采集。采样地点一般要位于地面以上 1~1.5 米（目标建筑第一层的中间高度）并且距离目标建筑 1.5~4.5 米远。采样地点应避开明显的 VOCs 排放源，如汽车、割草机、储油罐、加油站、干洗店、工业设施。一些技术导则推荐室外空气的采样应该先于室内空气采样 1~2 个小时开始，并且至少要在室内空气采样结束之前半个小时以上结束（ITRC，2014）。

对于室外空气采样方案，北京市地方标准《污染场地挥发性有机物调查与风险评估技术导则》（DB11/T 1278—2015）做了如下规定：

9.1.1 样点布置

e）室外空气采样应选择在靠近建筑物的上风向位置，且大气流通应通畅，远离交通、加油站、干洗店等潜在挥发性有机物污染源。

9.1.2 采样数量

f）建筑物相对独立、相隔较远，应在每栋建筑物附近的上风向采集室外空气样品；

g）建筑物相对集中、相隔较近，可在所有建筑物的上风向采集 1 个室外大气样品；

h）应在夏季及冬季分别选择不少于 2 个典型的气候日进行室内外空气样品采样分析。

4.6　地　下　水

4.6.1　地下水中 VOCs 浓度在蒸气入侵风险评估中的作用

在污染场地调查中，对地下水采样检测是核心的调查内容，也是进行蒸气入侵风险评估的重要数据。如果用于评估蒸气入侵风险，地下水样品应该尽量从潜水面附近很窄的区间采集（几十厘米）。由于地下水是蒸气入侵途径中距离受体最远的介质，因此地下水浓度数据只能被认为是多证据中的一种（McAlary et al.，2011）。一般来说，当地下水浓度超过了筛选值后，需要监测土壤气浓度以进一步评估蒸气入侵的可能性。在某些情况下，浅层地下水样本的纵剖面数据有助于制定土壤气和室内空气的采样方案。

当地下水位非常接近建筑物地板（即"湿地下室"情景），可能根本无法采集底板下土壤气和建筑周边浅层土壤气，在这种情况下只能依靠地下水浓度和室内空气浓度数据进行风险评估。如果室内空气中检测到的 VOCs 是来源于地下水中 VOCs 的蒸气入侵，那么室内空气和地下水中不同 VOCs 的相对浓度比例应该是相近的。在室内空气中相对浓度较高的 VOCs 可能来源于室内或室外排放源，或者至少一部分来源是室内或室外的排放源（Weisel et al.，2008）。

当出现以下情形，不推荐使用地下水浓度进行蒸气入侵风险评估。第一，当被污染的地下水被一层干净地下水的透镜体覆盖，并且地下水采样井的筛管太长而无法准确反映潜水面附近的地下水浓度，这时用地下水数据进行风险预测很可能产生错误的结论。研究表明厚度超过 0.3 米的干净地下水透镜体能够显著地降低 VOCs 的蒸气入侵风险。第二，当污染的地下水位于承压含水层中，含水层上方的隔水层可以作为一个屏障，显著地阻碍 VOCs 向地表的传质，在这种情况下蒸气入侵通常可忽略不计。

4.6.2　地下水 VOCs 的采样流程

经过几十年的发展，地下水采样技术已经较为成熟可靠。由于 VOCs 具有易挥发的特性，采样方法、采样设备、采样操作、样品保存与流转等均可能对地下水中 VOCs 的监测结果造成影响，因此对 VOCs 的采样应严格遵守技术标准和指南的要求，保证全过程采样的规范性，减少 VOCs 挥发损失。生态环境部 2019 年 5 月发布了《地块土壤和地下水中挥发性有机物采样技术导则》（HJ 1019—2019），该导则详细规定了污染场地的土壤和地下水样品中挥发性有机物的现场采样方法。按照导则的要求，地下水中 VOCs **采样全过程包括采样前期准备、监测井建设、样品采集、样品保存与流转 4** 个步骤，每步又包括若干技术环节，其中监测井建设和样品采集中的部分环节对地下水 VOCs 的监测结果影响最显著（表 4.1）[①]。

表 4.1　地下水中 VOCs 采样关键技术环节[①]

采样步骤	技术环节	一般技术环节	关键技术环节
采样前期准备	采样计划	√	
	设备和器具	√	
	定位和探测	√	
	现场检测	√	
监测井建设	钻探设备	√	
	建井过程	√	
	井管材质		√
	监测井结构		√
	成井洗井		√
	建井记录	√	
样品采集	采样方法选择		√
	采样洗井		√
	样品采集		√
样品保存与流转	现场样品保存	√	
	运输、贮存	√	

---

① 生态环境部《污染地块土壤和地下水中挥发性有机物采样技术导则（征求意见稿）》编制说明，2018。

4.6.3　监测井建设

经过几十年的发展，地下水采样技术已经较为成熟可靠。地下水采样一般需要建设专门的地下水监测井（简称"建井"），建井可分为监测井设计、钻井、井管材料选择和安装、滤料的选择和装填、洗井、稳定等步骤。具体的建井方法可参照中国环境保护标准《地下水环境监测技术规范》（HJ/T 164—2004）和《场地环境监测技术导则》（HJ 25.2—2014）的相关要求（环境保护总局，2004；环境保护部，2014）。

1. 地下水监测井结构

常见的地下水监测井由井管、井口、套管构成。井管应由井壁管、过滤管和沉淀管等三部分组成（图 4.23）。井壁管位于过滤管上，过滤管下为沉淀管。过滤管位于监测的含水层中，地下水样品就是通过过滤管进入监测井的。

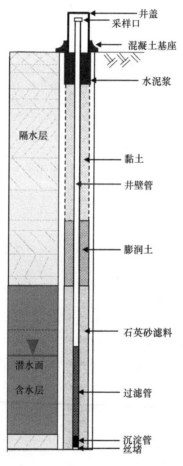

图 4.23　固定式地下水监测井

2. 井管材料

监测井的井管和过滤管的选材应具有以下性质：①具有一定的机械强度；②具有化学惰性，不与地层中的 VOCs 或其他污染物发生反应；③耐腐蚀；④不会释放 VOCs 或其他污染物。英国 Environmental Agency 的技术指南指出监测井井管材料不仅易受地下水中的非水相液体腐蚀，还可能与地下水中溶解的部分 VOCs 发生反应，从而影响地下水中 VOCs 的测定（EA，2006）。井管全部采用螺纹式连接，各接头连接时不能用任何黏合剂或涂料以防污染样品。井管选材可参考表 4.2。

表 4.2　地下水 VOCs 采样井井管材料的适用性

井管材质	地下水中的污染物种类			
	LNAPL（石油烃）	DNAPL（氯代烃）	溶解态苯系物	溶解态氯代烃
不锈钢	非常适用	非常适用	非常适用	非常适用
高密度聚乙烯	不适用	非常适用	不适用	非常适用
硬质聚氯乙烯	非常适用	不适用	非常适用	不适用
丙乙烯-苯乙烯-丁二烯共聚物	适用	不适用	不适用	不适用
聚四氟乙烯	非常适用	非常适用	非常适用	非常适用

资料来源：生态环境部《污染地块土壤和地下水中挥发性有机物采样技术导则（征求意见稿）》编制说明，2018。

3. 筛管的长度和位置

地下水样品是通过筛管进入监测井的，因此筛管的长度和位置对样品的代表性起着举足轻重的作用。导致蒸气入侵的 VOCs 一般来源于潜水面附近而非深层地下水，因此用于蒸气入侵评估的地下水采样应主要采集土壤气-地下水交界面的样品。理想状况下，筛管应该跨越土壤气-地下水的交界面。如果筛管太高，则可能采集不到地下水。如果筛管太低以至筛管的上边缘已经位于潜水面以下，则采集到的水样可能无法代表潜水面的污染状况。另外筛管的长度不能太长，否则采集到的地下水样品没有代表性。当监测井的筛管很长时，较干净的地下水进入监测井可能会稀释样品中的 VOCs（ITRC，2014）。筛管周围装填的滤料应采用清洁、坚硬、浑圆度好的白色石英砂滤料，不关注常规水质指标时（如硬度、碳酸盐含量）可采用清洁的石灰岩滤料。

《地块土壤和地下水中挥发性有机物采样技术导则》（HJ 1019—2019）对筛管的位置规定如下：

6.1.5　监测井井管的深度、筛管的长度和位置应根据地块所在区域地下水水位历史变化情况、含水层厚度以及监测目的等进行调整。对于非承压水监测井，井管底部不得穿透潜水含水层下的隔水层底板；对于承压水监测井，应分层止水。丰水期时一般需要有 1 m 的筛管位于地下水面以上，枯水期时一般需要有 1 m 的筛管位于地下水面以下，以保证监测井中的水量满足采样需求。当地下水中含有非水相液体时，筛管应在以下位置：

a）当地下水中含有低密度非水相液体时，筛管中间应在地下水面处；

b）当地下水中含有高密度非水相液体时，筛管下端应在含水层的底板处。

4. 钻井

钻井可采用空心钻杆螺纹钻、直接旋转钻、直接空气旋转钻、钢丝绳套管直接旋转钻、双壁反循环钻、绳索钻具等方法。由于直接空气旋转钻对地下水中 VOCs 的扩散影响较大，因此建井时应避免采用这种钻井方法[①]。

5. 成井洗井

洗井是指通过对监测井的清洗（一般是抽取井中的地下水），而将钻井产生的岩石碎屑及其他废物、天然岩层中的细小颗粒等从监测井中清除，以保证出流的地下水中没有颗粒的过程。洗井一般在两个阶段进行：成井洗井和采样前洗井。**成井洗井**是完成建井后进行的，其目的是洗清井内由于钻探扰动地层和放置滤料等产生的岩石碎屑和泥浆，洗清的标准是直观判断基本上达到水清砂净。**采样前洗井**是在采集地下水样品之前进行的，其目的在于洗清积聚在过滤管周围积聚的细小颗粒物，这些物质若不清除，进入井内将造成水样混浊，不利于水质分析，洗净的标准是测量地下水的各项指标，通过测量值判断是否具备取样的条件。洗井要求洗出的水量至少要达到 3～5 倍的井体积。洗井时一般用潜水泵、贝勒管、惯性泵等成井洗井设备通过超量抽水、汲取等方式进行洗井。由于反冲、气洗等方式对地下水中 VOCs 的影响较大，应避免采用。成井洗井一般应在监测井建设完成后 8 h 后进行（生态环境部，2019）。

4.6.4　样　品　采　集

成井洗井后需要间隔一定时间才可以进行地下水采样，这是为了确保监测井附近的地下水流场稳定及地下水中的污染物与建井材料之间达到平衡，稳定时间的长短受地块条件和建井方式等影响。《地块土壤和地下水中挥发性有机物采样技术导则》（HJ 1019—2019）规定至少稳定 24 h 才可进行采样，但国外有导则规定需要稳定一周才可进行采样（USEPA，1996）。

1. 采样前洗井

洗井后需要对地下水的各项状态参数进行测试，主要包括浊度、pH 值、电导率、氧化还原电位、溶解氧等，测试的结果达到稳定后即可以取水。具体测试指标可参考中国环境保护标准《地下水环境监测技术规范》（HJ/T 164—2004）、《场地环境监测技术导则》（HJ 25.2—2014）及《地块土壤和地下水中挥发性有机物采样技术导则》（HJ 1019—2019）。

2. 常见的地下水采样器

常见的用于地下水采样的设备包括：贝勒管、惯性泵、蠕动泵、潜水泵和气囊泵。

贝勒管（bailor）采样器操作简单、应用广泛。单阀贝勒管在底部有一个止回阀[图 4.24（a）]，采样时用绳索把贝勒管放入监测井中，入水时在水力作用下止回阀的阀

[①] 生态环境部《污染地块土壤和地下水中挥发性有机物采样技术导则（征求意见稿）》编制说明，2018。

门打开，地下水进入采样器 [图 4.24（b）]。当采样器到达预定深度后，慢慢上提贝勒管，在水力作用下阀门自动关闭，这样就可以取出预定深度的水样。贝勒管通常用不锈钢或者 PVC 制作，具有结构简单、价格便宜、使用方便等优点（郑继天等，2009）。其缺点是贝勒管放入和抽提时会对地下水产生较大的扰动，其上下往复运动产生的气提或曝气作用会加剧 VOCs 挥发损失（李文攀等，2016）。因此，虽然贝勒管在我国的水文地质调查中应用广泛，但不推荐用其进行地下水 VOCs 的采样。

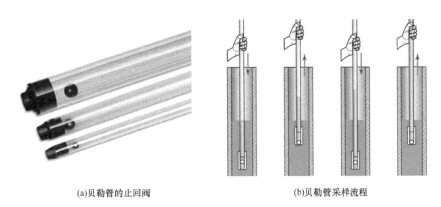

(a)贝勒管的止回阀　　　　　　　　　　　(b)贝勒管采样流程

图 4.24　贝勒管的止回阀和采样流程

惯性泵（inertia pump），也叫底阀泵，既可以人工驱动也可以机械驱动，人工驱动最大扬程约 30m，机械驱动最大扬程约 90m。惯性泵采样管的底端有一个止回阀（底阀），使用时通过底阀往复上下运动抽出地下水。采样管下降时，阀门打开，地下水进入采样管中。采样管上升时底阀关闭，连续上下运动，抽取地下水（图 4.25）。惯性泵比较适合小直径的监测井，但是在抽水时，由于底阀的上下往复运动会对地下水产生较大的扰动，所以不适合采集地下水中的 VOCs（郑继天和王建增，2005）。

蠕动泵（peristaltic pump） 通过泵头的滚柱对弹性软管交替进行挤压和释放产生的真空来驱动流体流动（图 4.26）。取样管线时，将一根两端开口的采样管的一端（抽吸端）放入监测井中指定的采样深度，另一端（排放端）放入样品瓶。启动蠕动泵后，电

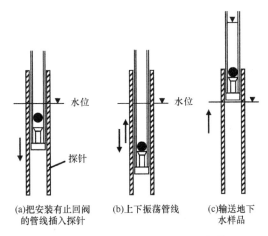

(a)把安装有止回阀　　　(b)上下振荡管线　　　(c)输送地下
的管线插入探针　　　　　　　　　　　　　　　水样品

图 4.25　惯性泵工作原理（郑继天和王建增，2005）

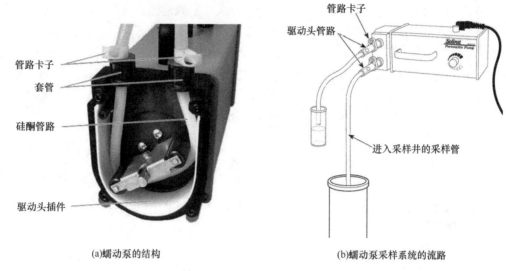

(a)蠕动泵的结构　　　　　　　　　　(b)蠕动泵采样系统的流路

图 4.26　蠕动泵的结构和采样系统的流路（参考 Solinst 公司产品介绍）

机驱动滚柱对泵头内的弹性软管交替进行挤压和释放，从而驱动水样从监测井进入样品瓶（郑继天和王建增，2005）。蠕动泵优点包括：①简单易用；②便宜；③流速可调节；④可直接在取样时进行样品过滤；⑤样品不与采样泵的部件接触。蠕动泵的缺点包括：①滚柱挤压释放产生的真空可能引起挥发性、敏感性气体发泡，导致 VOCs 损失；②扬程有一定的限制，一般低于 7.5 m；③采样管线可能会释放增塑剂或吸附待测的有机化合物（郑继天和王建增，2005）。由于滚柱挤压释放产生的真空可能导致 VOCs 挥发损失，因此该方法不宜用于地下水 VOCs 的采样。

潜水泵（submersible pump）在工作时需要将泵体投入井中，并且使其没入潜水面以下。潜水泵是利用泵内叶轮高速旋转形成的真空，在压差作用和离心力作用下，连续将进水口周围的水吸入泵体内，并挤压水至出水管并最终进入地面的样品瓶（图 4.27）。潜水泵的优点是重量较轻、尺寸较小、安装工作简单、抽水效率高。潜水泵在大功率作业条件下流量可达 6～180 L/min，扬程可达 150 m，但是抽水流量过大会给采样带来以下问题：①采样时监测井中水位下降幅度较大；②很容易导致不同深度的水体混合，降低了采样的位置精度；③水压骤降还会造成地下水中的 VOCs 挥发损失（蔡五田等，2014）。因此，不能使用大功率潜水泵进行地下水 VOCs 的采样，应使用小功率的潜水泵进行低流速采样[①]（章爱卫等，2014）。

气囊泵（bladder pump，也叫 non-contact gas bladder pump）是在一个钢制的气囊泵外壳内装有一个柔韧的可挤压的气囊，通过空气挤压气囊将地下水排出地表（图 4.28）。气囊泵的进水口和出水口分别安装有止回阀，当把气囊泵放入水中时，在静水压力的作用下，地下水通过进水口止回阀进入泵体，气囊泵充满水时，止回阀关闭。然后在空气压缩机的作用下，空气穿过控制器，经控制器控制稳定的流量后进入钢制气囊泵外壳和气囊之间的空间，挤压气囊使气囊中的地下水上升到出水管。由于出水口止回阀的作用，进入出水管

---

① 生态环境部《污染地块土壤和地下水中挥发性有机物采样技术导则（征求意见稿）》编制说明，2018。

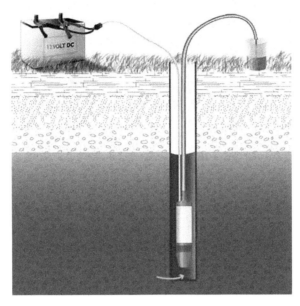

图 4.27　潜水泵（参考 Solinst 公司产品介绍）

的水样不能回流，此时释放气体气囊，再次充水。以同样的方法重复抽取地下水。气囊泵的优点是：①挤压气囊的气体不会与地下水样接触；②水中的 VOCs 不易挥发损失；③抽水速度稳定且可以调节；④干运行也不会损坏采样泵，可靠性高（郑继天等，2009）。气囊泵属于**低流速采样泵**，其采样流速一般为 0.1～0.5L/min，较适合用于地下水 VOCs 的采样。

3. 地下水采样器的对比以及用于地下水 VOCs 采样的适用性

上一小节详细介绍了贝勒管、惯性泵、蠕动泵、潜水泵和气囊泵五种常见的地下水采样器。李文攀等（2016）通过场地实验对比了贝勒管、潜水泵和气囊泵在地下水基本水质参数、无机离子、金属、VOCs 及感官类指标等项目监测上的显著差异（李文攀等，2016）。他们发现对于 3 种采样方法在 VOCs 监测方面差异显著（表 4.3）。以甲醛为例，低流速气囊泵法所采水样的浓度最高（0.39 mg/L），是潜水泵法结果（0.13 mg/L）的三倍，而贝勒管法未检出甲醛。以三氯甲烷为例，低流速气囊泵方法所采水样的三氯甲烷（7.5 μg/L），其他两种方法的测试结果均为未检出（李文攀等，2016）。由此可以看出气囊泵法对地下水中 VOCs 的保存性能最佳，潜水泵和贝勒管都会造成显著的损失，贝勒管的损失更严重。

表 4.3　三种采样方法所采水样测得的目标物的浓度　　　　（单位：mg/L）

方法	铁	锰	砷	铬（六价）	氨氮	氟化物	甲醛	三氯甲烷
贝勒管	2.92	0.29	未检出	未检出	0.49	0.19	0.05	未检出
潜水泵	0.70	0.27	未检出	未检出	0.44	0.24	0.13	未检出
低流速气囊泵	0.58	0.19	未检出	未检出	0.37	0.21	0.39	0.0075

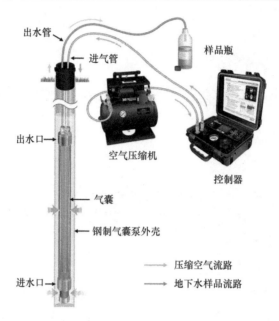

图 4.28　气囊泵的结构和流路（参考 Solinst 公司产品介绍）

美国 EPA Region 9 的一项技术导则详细对比了贝勒管、惯性泵、蠕动泵、潜水泵和气囊泵的优点和缺点（表 4.4）（USEPA，2004b）。

表 4.4　五种地下水采样器的优缺点比较

采样器	优点	缺点
潜水泵	（1）使用方便 （2）可以同时在多口井进行采样 （3）选用大功率的泵可以实现非常高的抽水速率 （4）运行稳定、可靠	（1）可能会影响痕量有机物的测定 （2）笨重，特别是在较深的井中 （3）单价较高 （4）需要外接电源 （5）吸入土壤颗粒或岩石碎屑后容易损坏泵 （6）在低给水度或井中水位很浅时可能无法使用
气囊泵	（1）对样品中各组分和性状的完整性保存能力强 （2）使用方便	（1）较难清洗，不过可以每口井使用单独的气囊和管路 （2）最大扬程 30 米 （3）需要外接压缩气体（钢瓶气或者空气压缩机），整套转杯比较笨重
惯性泵	（1）移动性好 （2）单价较低，容易购买 （3）选用大功率的泵可以实现非常高的抽水速率	（1）最大扬程 21 米 （2）采样耗时可能较长 （3）采样需要的劳动力较多
蠕动泵	（1）移动性好 （2）单价较低，容易购买	（1）扬程最大 7.5 米 （2）产生的真空会导致 VOCs 挥发损失 （3）泵的真空难易保持稳定
贝勒管	（1）不需要外接电源 （2）移动性好 （3）单价较低，甚至可以每口井配备一根专用的贝勒管，这样不存在较差污染的问题 （4）容易购买 （5）当采样或洗井体积较小时，操作速度很快	（1）当采样或洗井体积较大时，耗时很长 （2）样品转移的过程中会导致曝气和气提，从而加剧 VOCs 的挥发损失

地下水中 VOCs 采样的关键点是需要尽量减少对样品的扰动以减少挥发引起的损

失。美国 EPA 的一份技术指南认为适用于地下水中 VOCs 采样的设备包括：正压气囊泵、齿轮驱动潜水泵、注射取样器和贝勒管。我国的《地块土壤和地下水中挥发性有机物采样技术导则》（HJ 1019—2019）也沿用了这一论断。但是李文攀等（2016）的研究表明贝勒管可能会引起较严重的 VOCs 挥发损失，因此其适用性值得怀疑。

4. 采样流程

选定了采样设备后，应针对各设备的特点执行相应的采样流程。具体流程可以参考生态环境部的《地块土壤和地下水中挥发性有机物采样技术导则》（HJ 1019—2019）和北京市地方标准（DB11/T 1278—2015）。

4.6.5　样品保存与流转

针对样品保存与流转，《地块土壤和地下水中挥发性有机物采样技术导则》（HJ 1019—2019）中规定如下："6.3.1 装有不同地下水样品的样品瓶，均应单独密封在自封袋（4.2.14）中，避免交叉污染。6.3.2 地下水样品的运输、保存和最长保存时间应符合 HJ 620、HJ 639 和 HJ 686 的相关要求。6.3.3 地下水样品的流转执行 HJ/T 164 的相关规定。"

4.7　土　　壤

4.7.1　土壤中 VOCs 浓度在蒸气入侵风险评估中的作用

国外进行蒸气入侵调查时一般不推荐使用土壤中 VOCs 浓度（简称土壤浓度）作为风险评估的核心依据，因为：①VOCs 在土壤和土壤气之间的分配关系存在较大的不确定性（详见第 2 章），有时会出现土壤监测未检出 VOCs 但是土壤气中却存在较高的 VOCs 浓度；②在土壤中的 VOCs 在采样时较易损失，因此土壤浓度的监测结果存在较大的不确定性；③某些场地的 VOCs 土壤浓度可能存在非常大的空间异质性。已经有很多场地研究报道过土壤浓度的监测结果的不确定性，如果用土壤浓度作为风险评估的依据，首先就需要将土壤浓度基于一定的分配假设计算其对应的土壤气浓度。既然土壤中 VOCs 浓度数据及 VOCs 在土壤和土壤气之间的分配关系都存在较大的不确定性，计算出的土壤气浓度的准确性也就无法保证。有关石油类 VOCs，国外不同的研究报告得出了以下共识：①土壤中的苯系物和石油烃浓度与其对应的土壤气浓度的相关性很低；②用土壤浓度模型计算出的土壤气浓度最高可能会与实际测定值相差几个数量级（Golder-Associates，2008；Lahvis et al.，2013；USEPA，2013）。

综上所述，一般不推荐将 VOCs 的土壤浓度作为核心证据链（仍然是证据之一），但是当出现以下情况时可以使用土壤浓度的作用会上升。第一，当地层渗透率过低或处于饱和条件下，不可能在现场采集土壤气体样品时。第二，当土壤数据是唯一可用的数据时。需要强调的是，土壤浓度数据可作为评判蒸气入侵的风险的依据之一，不推荐将其作为独立证据使用（ITRC，2014）。鉴于在我国现阶段的场地调查项目中，土壤浓度仍然占据着最核心的位置，作者认为需要我国的科研人员通过更多的研究和场地调查实践来评估土壤浓度数据在场地 VOCs 风险评估中的作用和可靠性。

4.7.2 土壤 VOCs 的采样流程

由于 VOCs 具有易挥发的特性，采样方法、采样设备、采样操作、样品保存与流转等均可能对土壤中 VOCs 的监测结果造成影响，因此对 VOCs 的采样应严格遵守技术标准和指南的要求，保证全过程采样的规范性，减少 VOCs 挥发损失。生态环境部 2019年 5 月公布的《地块土壤和地下水中挥发性有机物采样技术导则》（HJ 1019—2019）详细规定了污染场地的土壤和地下水样品中挥发性有机物的现场采样方法。按照导则的要求，土壤中 VOCs 采样全过程包括**采样前期准备、钻探取土、样品筛查、样品采集、样品保存与流转** 5 个步骤，每步又包括若干技术环节，其中样品筛查和样品采集中的部分环节对土壤中 VOCs 监测结果的影响最显著（表 4.5）[1]。其他可参考的土壤 VOCs 采样方法有美国 EPA 的 SW-846 方法 5035A（USEPA，2002）、改进的美国 EPA 方法 5035A（CAEPA-DTSC，2004）以及（USEPA，2014）。

表 4.5 土壤中 VOCs 采样关键技术环节[1]

采样步骤	技术环节	一般技术环节	关键技术环节
采样前期准备	采样计划	√	
	设备和器具	√	
	定位和探测	√	
	现场检测	√	
钻探取土	钻探方法	√	
	钻探设备	√	
	钻探过程	√	
	取土器选择	√	
	钻探记录	√	
样品筛查	仪器选择		√
	操作流程		√
	数据使用	√	
	筛查记录	√	
样品采集	采集位置		√
	采集工具		√
	采集方法		√
	样品封装	√	
	采样记录	√	
样品的保存与流转	现场样品保存	√	
	运输、贮存	√	

---

[1] 生态环境部《污染地块土壤和地下水中挥发性有机物采样技术导则（征求意见稿）》编制说明，2018。

4.7.3　钻孔取土

1. 土壤钻孔方法与装备

常用的钻探方法有：手工钻探、冲击钻探、直压式钻探。《地块土壤和地下水中挥发性有机物采样技术导则》（HJ 1019—2019）编制说明中对三种方法适用的地层类型进行了说明（表 4.6），并且对各方法的优缺点进行了介绍[1]。

表 4.6　常用钻探方法优缺点及对土层的适用性

钻探方法	优点	缺点	适合土层				
			黏性土	粉土	砂土	碎石卵砾石	岩石
手工钻探	(1)可用于地层校验和采集一定深度的土壤样；(2)适用于松散的人工堆积层和第四纪的粉土、黏性土地层，即不含大块碎石等障碍物的地层；(3)适用于机械难以进入的采样区域	(1)采用人工操作，最大钻探深度一般不超过 5 m，受地层的坚硬程度和人为因素影响较大，当有碎石等障碍物存在时，很难继续钻进；(2)由于杂物可能掉进钻探孔中，易导致土壤样品交叉污染；(3)只能获得体积较小的土壤样品	适用	适用	不适用	不适用	不适用
冲击钻探	(1)钻探深度可达 30 m；(2)对人员健康安全和地面环境影响较小；(3)钻探过程无须添加水或泥浆等冲洗介质；(4)适用于采集多类型样品，包括污染物分析样品、土工试验样品，还可用于地下水监测井建设	(1)对地层的感性认识不够直观；(2)需要处置从钻孔中钻探出来的多余土壤	适用	适用	适用	部分适用	不适用
直压式钻探	(1)适用于均质地层，典型采样深度为 6~7.5 m；(2)钻探过程无须添加水或泥浆冲洗介质	(1)对操作人员技术要求较高；(2)不可用于坚硬岩层、卵石层和流砂地层；(3)典型钻孔直径为 3.5~7.5 cm，对于建设监测井的钻孔需进行扩孔	适用	适用	适用	不适用	不适用

手工钻孔是指采用管钻手动进行土壤的钻孔（图 4.29）。手工钻孔的优点包括：①可用于地层校验和采集一定深度的土壤样品；②适用于松散的人工堆积层和第四纪的粉土、黏性土地层，即不含大块碎石等障碍物的地层；③适用于机械难以进入的采样区域。手工钻孔的缺点包括：①采用人工操作，最大钻孔深度一般不超过 5 m，受地层的坚硬程度和人为因素影响较大，当有碎石等障碍物存在时，很难继续钻进；②由于杂物可能掉进钻孔孔中，易导致土壤样品交叉污染；③只能获得体积较小的土壤样品[1]。

冲击钻孔是指利用冲击锥运动的动能产生冲击作用，破碎岩层实现钻进的一种钻孔方法。使冲击锥运动的动力有气动、液动和重力，场地调查中最常见的是重力作用下的冲击钻孔（图 4.30）。冲击钻孔的优点包括：①钻孔深度可达 30 m；②对人员健康安全和地面环境影响较小；③钻孔过程无须添加水或泥浆等冲洗介质；④适用于采集多类型样品，包括污染物分析试样、土工试验样品、地下水试样，还可用于地下水监测井建设。冲击钻孔的缺点包括：①对地层的感性认识不够直观；②需要处置从钻孔中钻孔出来的多余土壤[1]。

---

[1] 生态环境部《污染地块土壤和地下水中挥发性有机物采样技术导则（征求意见稿）》编制说明，2018。

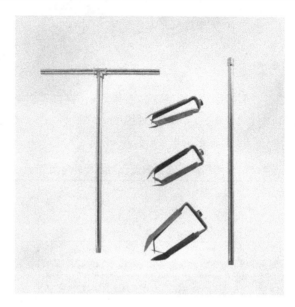

图 4.29　手动钻孔

图 4.30　冲击钻孔

直压式钻孔是指采用振动或推进的方式将采样器的中空不锈钢管直接贯入地层以快速采集土壤样品。常见的直压式钻机有履带式和轮式车载两类（图 4.31）。直压式钻孔的优点包括：①适用于均质地层，典型采样深度为 6～7.5 m；②钻孔过程无须添加水或泥浆等冲洗介质。直压式钻孔的缺点包括：①对操作人员技术要求较高；②不可用于坚硬岩层、卵石层和流沙地层；③典型钻孔直径为 3.5～7.5 cm，对于建设监测井的钻孔需进行扩孔[①]。

(a)履带式　　　　　　　　　　　　　　　　　(b)轮式

图 4.31　直压式钻机

2. 钻孔取土方法

表层土壤和深层土壤均应采用钻孔取土的方式进行采样，可根据土层的性质、采样的深度、当地钻井队的技术装备等，选择合适的土壤机械钻孔设备和土壤手工钻孔设备。上一小节已经详细介绍过三种常用的适用于土壤 VOCs 采样的土壤钻孔方法。应结合目标场地的土壤条件和钻孔的作业条件来选择经济有效的钻孔方法，防止土壤扰动和发热，减少 VOCs 的挥发损失。应采用快速击入法或快速压入法等钻孔方法，避免采用空气钻探、人工挖掘、回转钻探等方法（生态环境部，2019）。空气钻探、人工挖掘等钻探方法容易引起土壤扰动过大，从而加速 VOCs 的挥发逃逸。回转钻探法容易导致钻头附近土壤温度过高，同样会加速 VOCs 的挥发逃逸。特别要强调的是 HJ 25.2 中规定"表层土壤样品的采集一般采用挖掘方式进行，一般采用锹、铲及竹片等简单工具，也可进行钻孔取样"。考虑到 VOCs 的易挥发性，土壤 VOCs 的采样只能采用钻孔取土而不能用挖掘的方式进行表层土壤取样（生态环境部，2019）。钻孔过程中应使用套管，套管之间的螺纹连接处不应使用润滑油，以避免对样品的污染。

3. 土壤钻孔方法与装备

为获取完整的原状土芯，土壤机械钻探设备应配置原状取土器。所谓原状取土器就是指可以在一定深度采集原状土壤样品的取土设备，这类设备在考古学和工程地质勘探中早已有广泛的使用。适用于土壤 VOCs 采样的原状取土器包括：薄壁取土器（图 4.32）、对开式取土器（图 4.33）、直压式取土器（图 4.34）。

---

① 生态环境部《污染地块土壤和地下水中挥发性有机物采样技术导则（征求意见稿）》编制说明，2018。

图 4.32　薄壁取土器

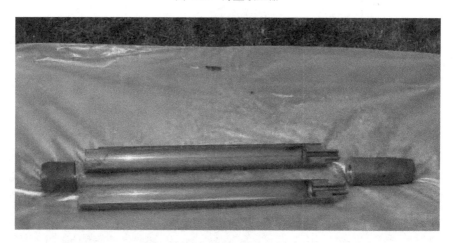

图 4.33　对开式取土器

图 4.34　直压式取土器

4.7.4 样 品 筛 查

样品筛查就是利用便携式 VOCs 快速检测仪（第 3.1 节）对土壤中的 VOCs 进行快速筛查，最常用的便携式 VOCs 快速检测仪有手持式 PID 和便携式 FID。如果选择 PID，应确保仪器紫外灯的光电离能高于待测物的电离电位。生态环境部的《地块土壤和地下水中挥发性有机物采样技术导则》（HJ 1019—2019）中对样品筛查采用了国内外常用的塑料袋顶空法，对具体流程做了以下规定：

5.2.2　采用便携式有机物快速测定仪（4.2.3.1）对土壤样品进行筛查时，操作流程如下：

a）按照设备说明书和设计要求校准仪器；

b）将土壤样品装入自封袋（4.2.1.5）中约 1/3~1/2 体积，封闭袋口；

c）适度揉碎样品，对已冻结的样品，应置于室温下解冻后揉碎；

d）样品置于自封袋中约 10 min 后，摇晃或振动自封袋约 30 s，之后静置约 2 min；

e）将便携式有机物快速测定仪探头伸至自封袋约 1/2 顶空处，紧闭自封袋；

f）在便携式有机物快速测定仪探头伸入自封袋后的数秒内，记录仪器的最高读数。

4.7.5 样 品 采 集

1. 非扰动采样器

为避免 VOCs 在从土芯转移至样品瓶过程中的损失，应使用专门的非扰动采样器进行采样。常见的非扰动采样器既可以用一次性塑料注射器改装而成（图 4.35），也可以购买商业化的专用的采样器：如：EasyDraw Syringe® 采样器（图 4.36）、Terra Core 采样器（图 4.37）、Encore™ 采样器（图 4.38）。若使用注射器改装，通常选择容积为 10 mL

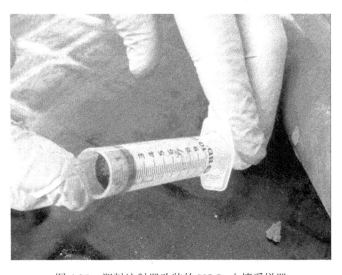

图 4.35 塑料注射器改装的 VOCs 土壤采样器

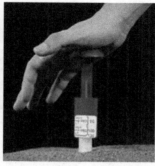

图 4.36　EasyDraw Syringe® 采样器

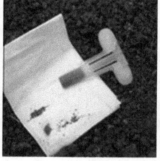

图 4.37　Terra Core 采样器

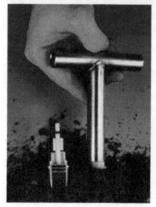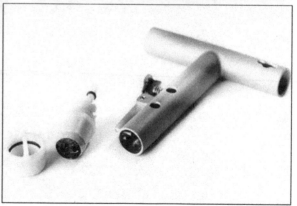

图 4.38　Encore™ 采样器

的一次性塑料注射器，针筒部分的直径应能够伸入 40 mL 样品瓶的颈部，针筒末端的注射器部分在采样之前应切断，一个注射器只能用于采集一份样品。若使用专用采样器，采样器需配有助推器，可将土壤推入样品瓶（环境保护部，2011）。

2. 采样流程

由于 VOCs 容易挥发损失，因此当土壤中的 VOCs 与其他污染物共存时应优先采集用于 VOCs 检测的土壤。应尽量减少对土壤样品的扰动，不能对土样进行均质化处理。为避免交叉污染，不允许使用同一非扰动采样器采集不同监测点位或同一监测点位不同深度的土壤样品[①]。

为避免土芯中的 VOCs 的挥发损失，应尽量减少土芯与外界空气的接触，通常情况下应直接从原状取土器中采集土壤样品（图 4.39）。由于土芯表面与外界空气接触较多，且易受到钻探过程中的交叉污染，因此需采用刀片、勺子等工具适当刮除土芯表面土壤，在新露出的土壤切面进行样品采集（直压式取土器由于内径较小、交叉污染可能性低，可不刮除）。如果土芯相对松散，无法完整的保存在原状取土器中，应从转移至垫层上的松散土芯中尽快采集土壤样品，应尽量选取其中的非扰动部分[①]。

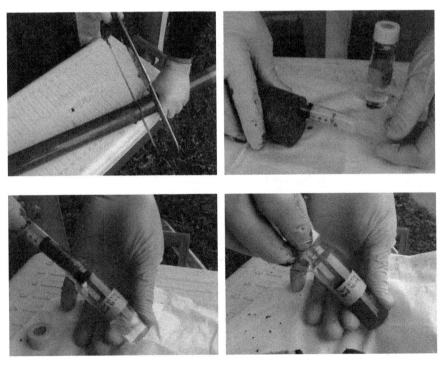

图 4.39　土壤 VOCs 采样流程

土壤样品的保存方法会显著影响 VOCs 检测的准确性，《地块土壤和地下水中挥发性有机物采样技术导则》（HJ 1019—2019）中对土壤样品的保存方法规定如下：

---

① 生态环境部《污染地块土壤和地下水中挥发性有机物采样技术导则（征求意见稿）》编制说明，2018。

5.3　样品采集

5.3.1　在土壤样品采集过程中应尽量减少对样品的扰动，禁止对样品进行均质化处理，不得采集混合样。

5.3.2　当采集用于测定不同类型污染物的土壤样品时，应优先采集用于测定挥发性有机物的土壤样品。

5.3.3　使用非扰动采样器（4.2.1.4）采集土壤样品。若使用一次性塑料注射器采集土壤样品，针筒部分的直径应能够伸入 40 mL 土壤样品瓶（4.2.1.6）的颈部。针筒末端的注射器部分在采样之前应切断。若使用不锈钢专用采样器，采样器需配有助推器，可将土壤推入样品瓶中。不应使用同一非扰动采样器采集不同采样点位或深度的土壤样品。

5.3.4　如直接从原状取土器（4.2.1.3）中采集土壤样品，应刮除原状取土器中土芯表面约 2 cm 的土壤（直压式取土器除外），在新露出的土芯表面采集样品；如原状取土器中的土芯已经转移至垫层，应尽快采集土芯中的非扰动部分。

5.3.5　在 40 mL 土壤样品瓶（4.2.1.6）中预先加入 5 mL 或 10 mL 甲醇（农药残留分析纯级），以能够使土壤样品全部浸没于甲醇中的用量为准，称重（精确到 0.01 g）后，带到现场。采集约 5 g 土壤样品，立即转移至土壤样品瓶中。土壤样品转移至土壤样品瓶过程中应避免瓶中的甲醇溅出，转至土壤样品瓶后应快速清除掉瓶口螺纹处黏附的土壤，拧紧瓶盖，清除土壤样品瓶外表面上黏附的土壤。

5.3.6　用 60 mL 土壤样品瓶（或大于 60 mL 其他规格的样品瓶）（4.2.1.6）另外采集一份土壤样品，用于测定土壤中干物质的含量。

姜林等（2014）以苯系物污染土壤样品为研究对象，比较了 4 种不同采样方法对土壤样品检测结果的影响。其中，方法 1 是将土样装填至广口瓶内并压实密封，方法 2 采用非扰动采样器采集 10 g 土样后转移至加有 10 mL 甲醇保护剂的 VOA 瓶中密封，方法 3 用非扰动采样器采集 10 g 土样后直接将其密封于采样器内，方法 4 用 Encore™ 采样器采集 10 g 土样后直接将其密封于采样器内。结果显示方法 2 在样品的检出率和测定值均高于其他三种方法，对于挥发性较强的苯、甲苯更明显，对于有机质含量较低的砂质土壤，加甲醇保护的样品保存方式的优势也更明显。

4.7.6　样品保存与流转

针对样品保存与流转，《地块土壤和地下水中挥发性有机物采样技术导则》（HJ 1019—2019）中规定如下：

5.4　样品保存与流转

5.4.1　装有土壤样品的样品瓶均应单独密封在自封袋（4.2.1.5）中，避免交叉污染。

5.4.2　土壤样品的保存和流转执行 HJ 25.1、HJ 25.2 和 HJ/T 166 的相关规定，样品保存时间执行相关土壤环境监测分析方法标准的规定。

参 考 文 献

蔡五田, 章爱卫, 张敏, 等. 2014. 石油污染地下水取样方式对比试验研究. 地学前缘, 21: 168-179

环境保护部. 2011. HJ605—2011 土壤和沉积物 挥发性有机物的测定 吹扫捕集/气相色谱-质谱法. 北京: 中国环境出版社

环境保护部. 2014. HJ 25.2—2014 场地环境监测技术导则. 北京: 中国环境出版社

环境保护部. 2015. HJ 759—2015 环境空气 挥发性有机物的测定罐采样/气相色谱-质谱法. 北京: 中国环境出版社

环境保护总局. 2004. HJ/T 164—2004 地下水环境监测技术规范. 北京: 中国环境出版社

姜林, 钟茂生, 姚珏君, 等. 2014. 挥发性有机物污染土壤样品采样方法比较. 中国环境监测, 30(1): 109-114

李文攀, 朱擎, 嵇晓燕, 等. 2016. 地下水采样方法比对研究. 中国环境监测, 32: 104-108

生态环境部. 2019. HJ 1019—2019. 地块土壤和地下水中挥发性有机物采样技术导则. 北京: 中国环境出版社

章爱卫, 蔡五田, 王建增, 等. 2014. 石油类污染的地下水取样方法对比. 安全与环境工程, 21: 109-113+120

郑继天, 王建增, 冉德发, 等. 2009. 地下水采样技术研究: 2009 重金属污染监测、风险评价及修复技术高级研讨会论文集. 中华环保联合会能源环境专业委员会.

郑继天, 王建增. 2005. 国外地下水污染调查取样技术综述. 勘察科学技术, 20-23

Abreu L D V, Johnson P C. 2005. Effect of vapor source - building separation and building construction on soil vapor intrusion as studied with a three-dimensional numerical model. Environmental Science & Technology, 39: 4550-4561

Abreu L D V, Johnson P C. 2006. Simulating the effect of aerobic biodegradation on soil vapor intrusion into buildings: Influence of degradation rate, source concentration, and depth. Environmental Science & Technology, 40: 2304-2315

API. 2005. Collecting and interpreting soil gas samples from the vadose zone: A practical strategy for assessing the subsurface-vapor-to-indoor-air migration pathway at Petroleum Hydrocarbon Sites. Washington DC: WAmerican Petroleum Institute

CAEPA-DTSC. 2004. Guidance document for the implementation of United States Environmental Protection Agency method 5035: Methodologies for collection, preservation, storage, and preparation of soils to be analyzed for volatile organic compounds. [2019-01-01].https://dtsc.ca.gov/wp-content/uploads/sites/31/2016/01/HWMP_Guidance_Method-5035.pdf

Davis G B, Patterson B M, Trefry M G. 2009. Evidence for instantaneous oxygen-limited biodegradation of petroleum hydrocarbon vapors in the subsurface. Ground Water Monitoring and Remediation, 29: 126-137

Dawson H E, McAlary T. 2009. A compilation of statistics for VOCs from post-1990 indoor air concentration studies in North American residences unaffected by subsurface vapor intrusion. Ground Water Monitoring and Remediation, 29: 60-69

EA. 2006 Guidance on the design and installation of groundwater quality monitoring points(Science Report SC020093). United Kingdom: Environment Agency

Golder-Associates. 2008. Report on evaluation of vadose zone biodegradation of petroleum hydrocarbons: Implications for vapour intrusion guidance. Research study for Health Canada and the Canadian Petroleum Products Institute. Burnaby, British Columbia: Golder Associates

Holton C, Luo H, Dahlen P, et al. 2013. Temporal variability of indoor air concentrations under natural conditions in a house overlying a dilute chlorinated solvent groundwater plume. Environmental Science & Technology, 47: 13347-13354

ITRC. 2007. Vapor intrusion pathway: A practical guideline.Washington DC: Interstate Technology &

Regulatory Council

ITRC, 2014. Petroleum vapor intrusion: Fundamentals of screening, investigation, and management. Washington DC: Interstate Technology & Regulatory Council

Johnson P, Abreu L. 2003. Confusion? Delusion? What do we really know about vapor intrusion: Groundwater resources association symposium on groundwater contaminants. Long Beach, USA

Lahvis M A, Hers I, Davis R V, et al. 2013. Vapor intrusion screening at petroleum UST Sites. Groundwater Monitoring & Remediation, 33: 53-67

Lundegard P D, Johnson P C, Dahlen P. 2008. Oxygen transport from the atmosphere to soil gas beneath a slab-on-grade foundation overlying petroleum-impacted soil. Environmental Science & Technology, 42: 5534-5540

Luo H, Dahlen P, Johnson P C, et al. 2009. Spatial variability of soil-gas concentrations near and beneath a building overlying shallow petroleum hydrocarbon-impacted soils. Ground Water Monitoring and Remediation, 29: 81-91

Ma J, Jiang L, Lahvis M A. 2018. Vapor intrusion management in China: Lessons learned from the United States. Environmental Science & Technology, 52(6): 3338-3339

Ma J, Lahvis M A. 2020. Rationale for gas sampling to improve vapor intrusion risk assessment in China. Ground Water Monitoring & Remediation. DOI:10.1111/gwmr.12361

McAlary T A, Provoost J, Dawson H E. 2011. Vapor intrusion//Swartjes F A. Dealing with contaminated sites: From theory towards practical application. New York: Springer: 409-453

McDonald G J, Wertz W E. 2007. PCE, TCE, and TCA vapors in subslab soil gas and indoor air: A case study in Upstate New York. Groundwater Monitoring & Remediation, 27: 86-92

McHugh T E, Nickles T, Brock S, 2007. Evaluation of spatial and temporal variability in VOC concentrations at vapor intrusion investigation sites. Proceeding of Air & Waste Management Association's Vapor Intrusion: Learning from the Challenges.[2019-01-01].http://citeseerx.ist.psu.edu/viewdoc/download; jsessionid=C7520B13AAEFF4E612E466CD2E474020?doi=10.1.1.360.4441&rep=rep1&type=pdf

SABCS. 2011. Guidance on site characterization for evaluation of soil vapour intrusion into buildings: Science advisory board for contaminated sites in British Columbia. British Columbia, Canada

USEPA. 1991. Field comparison of ground-water sampling devices for hazardous waste sites: An evaluation using volatile organic compounds. Washington DC: U.S. Environmental Protection Agency

USEPA. 1996. Low-flow (minimal drawdown) ground-water sampling procedures (EPA/540/S-95/504). Washington DC: U.S. Environmental Protection Agency

USEPA. 2002. EPA method 5035A (SW-846): Closed-system purge-and-trap and extraction for volatile organics in soil and waste samples. Washington DC: U.S. Environmental Protection Agency

USEPA. 2004a. Standard operating procedure (SOP) for installation of sub-slab vapor probes and sampling using EPA method TO-15 to support vapor intrusion investigation. Washington DC: U.S. Environmental Protection Agency

USEPA. 2004b. USEPA region 9 field sampling guidance document#1220. Groundwater well sampling. Washington DC: U.S. Environmental Protection Agency

USEPA. 2006a. Assessment of vapor intrusion in homes near the Raymark Superfund Site using basement and subslab air samples (EPA/600/R-05/147). Washington DC: U.S. Environmental Protection Agency

USEPA. 2006b. Comparison of geoprobe Prt and Ams Gvp soil-gas sampling systems with dedicated vapor probes in sandy soil at the Raymark Superfund Site. Washington DC: U.S. Environmental Protection Agency

USEPA. 2007. Final project report for the development of an active soil gas sampling method (EPA/600/R-07/076). Washington DC: U.S. Environmental Protection Agency

USEPA. 2008. U.S. EPA's vapor in trusion database: Preliminary evaluation of attenuation factors. Washington DC: U.S. Environmental Protection Agency

USEPA. 2009. PVI—Vertical distribution of VOCs in soils from groundwater to the surface/subslab (EPA/600/R-09/073). Washington DC: U.S. Environmental Protection Agency

USEPA. 2010. Temporal variation of VOCs in soils from groundwater to the surface/subslab

(EPA/600/R-10/118). Washington DC: U.S. Environmental Protection Agency

USEPA. 2012. EPA's vapor intrusion database: Evaluation and characterization of attenuation factors for chlorinated volatile organic compounds and residential buildings (EPA 530-R-10-002). Washington DC: U.S. Environmental Protection Agency

USEPA. 2013. Evaluation Of empirical data to support soil vapor intrusion screening criteria for petroleum hydrocarbon compounds (EPA 510-R-13-001). Washington DC: U.S. Environmental Protection Agency

USEPA. 2014. An approach for developing site-specific lateral and vertical inclusion zones within which structures should be evaluated for petroleum vapor intrusion due to releases of motor fuel from underground storage tanks (EPA 600-R-13-047). Washington DC: U.S. Environmental Protection Agency

USEPA. 2015. OSWER technical guide for assessing and mitigating the vapor intrusion pathway from subsurface vapor sources to indoor air (OSWER Publication 9200.2-154). Washington DC: U.S. Environmental Protection Agency

Weisel C P, Alimokhtari S, Sanders PF. 2008. Indoor air VOC concentrations in suburban and rural New Jersey. Environmental Science & Technology, 42: 8231-8238

第 5 章　VOCs 场地调查新方法

第 2 章详细介绍了蒸气入侵以及 VOCs 在地层中迁移转化行为的复杂性。实际场地中 VOCs 在土壤气、地下水、土壤中的浓度存在非常大的时间和空间异质性。室内空气的 VOCs 浓度的波动尤为显著，室内空气中的 VOCs 除了来源于地下污染的蒸气入侵途径以外，还可能来源于室内或者室外其他 VOCs 排放源。这些不利因素给传统的 VOCs 采样调查带来极大的挑战（McHugh et al., 2017）。为了更好地应对这些挑战，近些年一系列新型的采样监测技术被应用于用蒸气入侵调查评估。本章将对其中较有代表性的 8 种技术进行介绍，包括：单体稳定同位素（5.1 节）、分子指纹（5.2 节）、被动采样（5.3 节）、室内气压调控方法（5.4 节）、便携式 GC-MS 现场监测（5.5 节）、底板下土壤气大体积采样（5.6 节）、通量箱（5.7 节）、示踪剂（5.8 节）。

5.1　单体稳定同位素技术

5.1.1　基　本　概　念

具有相同质子数，不同中子数的同一元素的不同核素互为**同位素（isotope）**。同位素在元素周期表上占有同一位置，化学行为几乎相同（但仍有微小差异），但原子量或质量数不同，所以其质谱行为、放射性转变和物理性质的差异较大。碳元素有 ^{12}C、^{13}C 和 ^{14}C 等同位素，它们都有 6 个质子和 6 个电子，但中子数则分别为 6、7 和 8。

同位素可分为两大类：放射性同位素和稳定同位素。凡能自发地放出粒子并衰变为另一种同位素者为**放射性同位素（radioactive isotope）**，如 ^{14}C。无可测放射性的同位素是**稳定同位素（stable isotope）**，凡是半衰期大于 10^{15} 年的同位素都被划定为稳定同位素，如 ^{13}C。

同位素因质量不同，其原子内结合力具有差异性（如 ^{13}C—^{13}C 键的结合力较 ^{12}C—^{12}C 键强），故元素的不同同位素之间物理和化学性质也有一定的差异，即**同位素效应（isotope effect）**，同位素效应可导致分子的扩散和反应速率不同。在化学反应、生物降解、蒸发、扩散、吸附等各种环境因子作用下，有机物在转化过程中会受动力学同位素效应的推动而发生**同位素分馏（isotopic fractionation）**，即某元素不同质子数的同位素以不同的比例（$^{13}C/^{12}C$）分配于不同介质之间的现象。同位素分馏又可分为**富集**和**贫化**两种相反的状态。在含水层中，有机物生物降解过程中存在**动力学同位素效应（kinetic isotope effect）**，含轻同位素（^{12}C、^{35}Cl）的分子的反应速率快于含重同位素（^{13}C、^{37}Cl）的分子，导致含水层中残留的污染物中的重同位素逐渐富集，即发生同位素分馏。通过对重同位素与轻同位素原子丰度比值的测定可以识别有机污染物的来源。稳定的重同位素原子丰度与轻同位素原子丰度的比值叫作**稳定同位素比（isotope ratio）**，通常用 R 表示。由于 R 值极低，实际中极难准确测定，因此一般采用相对测量，即测量待测样品 R 值相对于标准物质 R 值的千分差，此结果即为样品的 δ 值，计算公式如下：

$$\delta(‰) = \frac{R_1 - R_0}{R_0} \times 1000 \tag{5.1}$$

式中，R_1 为样品的同位素比值；R_0 为标准物质的同位素比值。以碳同位素为例，

$$\delta^{13}C(‰) = \frac{(^{13}C/^{12}C)_{sample} - (^{13}C/^{12}C)_{standard}}{(^{13}C/^{12}C)_{standard}} \times 1000 \tag{5.2}$$

δ 值为正数表明样品中重同位素（如 ^{13}C）的含量比标准物质更高，δ 值为负数表明样品中重同位素的含量比标准物质低。样品 δ 值可以用**稳定同位素分析技术（stable isotope analysis）**测定。自然界中大多数同位素为稳定同位素，常用的稳定同位素有碳、氢、氧、氮、氯、硫等（表 5.1）。

表 5.1　常见的稳定同位素的丰度

同位素		丰度
氢	^1H	99.985%
	^2H	0.014%
氧	^{16}O	99.750%
	^{17}O	0.037%
	^{18}O	0.204%
碳	^{12}C	98.9%
	^{13}C	1.1%
氯	^{35}Cl	76.0%
	^{37}Cl	24.0%
硫	^{32}S	95.0%
	^{33}S	0.8%
	^{34}S	4.2%
	^{36}S	0.01%
氮	^{14}N	99.6%
	^{15}N	0.4%

5.1.2　气体中 VOCs 的单体稳定同位素分析

对于实际环境样品，一般使用**单体稳定同位素分析技术（compound-specific stable isotope analysis，简称 CSIA）**对混合物中的单个化合物的目标元素的同位素丰度进行测定。常测定的元素包括碳、氢、氧、氮、氯、硫等。单体稳定同位素分析技术一般首先借助气相色谱将环境样品中提取的混合物进行色谱分离，然后通过在线的反应器将分离得到的目标化合物全部转化成方便测量的替代物（如碳同位素测定时碳都转化为 CO_2），最后利用同位素质谱测定替代物中的各同位素的丰度（图 5.1）。由于 ^{37}Cl 在环境中的相对丰度很高（24.0%），有研究成功利用普通的气相色谱-单四极杆质谱（GC-MS）对氯

同位素的丰度进行了测定，该方法无须使用昂贵的同位素质谱，也不需要将待测物转化成替代物（Sakaguchi-Soeder et al.，2007）。

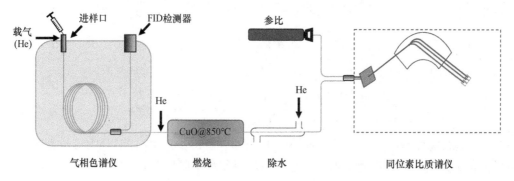

图 5.1 气相色谱-稳定同位素质谱的结构

虽然对纯物质的同位素丰度的测定在 20 世纪上半叶就已实现，但是单体稳定性同位素却是比较新颖的实验技术。最早的商业化的单体稳定性同位素仪器在二十多年前问世，最早只能测定碳和氮同位素。氢单体稳定性同位素在十多年前问世。基于气相色谱-单四极杆质谱（GC-MS）的氯单体稳定性同位素测定方法在十年前才被开发。

在商业化仪器问世以来，单体稳定性同位素技术主要用于土壤、沉积物和水体样品的测定。Turner 等人于 2006 年首先开始对空气中 VOCs 同位素的测定，他们利用吸附管吸附空气中的 VOCs，之后通过热脱附进样对 VOCs 的单体同位素进行测定，他们发现热脱附过程产生的同位素分馏效应处于监测误差范围内，因此是一种可行的 VOCs 同位素富集方法（Turner et al.，2006）。后来 Vitzthum von Eckstaedt 等（2011；2012）和 Hiroto Kawashima（Kikuchi and Kawashima，2013；Kawashima and Murakami，2014）课题组进一步对该方法进行优化，就质谱的最低信号值、吸附管过载、吸附管保存时间和测试精度等参数进行了研究，并将该方法应用于工厂固定源和汽车尾气中的碳和氢同位素的分析，这些研究显示该方法可用于 VOCs 污染溯源。Sang 等（2012）尝试将热脱附与二维气相色谱联用，以进一步提高复杂样品的分离效果，有望对生物质燃烧颗粒物中糖类化合物进行溯源。McHugh 等（2011a）利用同位素技术来分辨室内空气中的 VOCs 是来自于地下污染的蒸气入侵或室内源排放（McHugh et al.，2011c）。McHugh 等（2012a）的研究发现使用 Carboxen 1016 为填料的吸附剂对于室内空气以及土壤气中四氯乙烯、三氯乙烯、苯的碳、氯、氢同位素的测定精度很高，吸附-热解析时产生的同位素分馏现象最低。McHugh 等（2012a）进一步研究发现发现使用二维气相色谱可以实现对更复杂样品的精准分离及对其同位素的准确测定。

5.1.3　单体稳定同位素技术用于蒸气入侵风险评估

在蒸气入侵调查中，单体稳定同位素技术可以用于区分室内空气中的 VOCs 是来源于地层中的污染物蒸气入侵还是来源于室内干扰源的排放。轻同位素之间形成的化学键比重同位素之间的化学键更容易断裂，因此轻同位素构成的分子更容易参与到生物降解等反应中。在地下污染源中，随着生物降解的进行，残留污染物中的重同位素的比例会越来越高。室内的 VOCs 排放源通常是含有 VOCs 的日用化学品（油漆、涂料、黏合剂、洗涤剂、溶剂等）。这些日用化学品中的 VOCs 没有经过生物降解，因此其同位素特征与其原材料中的同位素特征很相近，轻同位素含量较高。这会导致来源于室内干扰源排放的 VOCs 的同位素特征与来源于地下污染源蒸气入侵的 VOCs 有显著的差异，这种差异可以被用作分子指纹以识别室内空气中 VOCs 的来源。

　　通常只需要从室内空气和建筑物下方的地层中采集几个样品，通过单体稳定同位素分析就可以大致判断污染的来源。以氯代烃污染为例，氯代烃通常要测定碳（δ^{13}C）和氯（δ^{37}Cl）两个元素的同位素。室内空气、地层样品以及常见日化产品的 δ^{13}C 和 δ^{37}Cl 之间的关系可以用图 5.2 表示。图中虚线框表示的是日化产品释放的氯代烃的 δ^{13}C 和 δ^{37}Cl 的分布范围，代表了未经过生物降解重同位素富集的情况。图 5.2（a）、图 5.2（b）、图 5.2（d）中地下污染源的同位素特征与日化产品有明显的差异。图 5.2（a）显示室内空气样品落在了日化产品的同位素区间而远离地下污染源样品，这说明室内空气中的 VOCs 很可能来源于室内源的排放。图 5.2（b）显示室内空气样品离地下污染源样品很接近而远离日化产品的特征区域，这说明室内空气中的 VOCs 很可能来源于地下污染的蒸气入侵。图 5.2（d）同样说明室内空气中的 VOCs 很可能来源于地下污染的蒸气入侵，一般来说 VOCs 在从地下污染源迁移进入室内的过程中重同位素会得到富集，因此室内空气样品比地下污染源更靠右上方（Beckley et al.，2016）。图 5.2（c）显示室内空气位

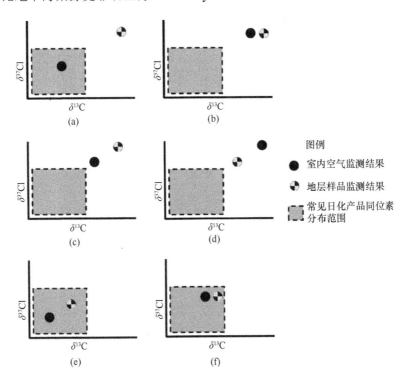

图 5.2　利用碳（δ^{13}C）和氯（δ^{37}Cl）单体稳定同位素信息判断室内空气中氯代烃来源的原理
（Beckley et al.，2016）

于日化产品特征区间和地下污染源样品之间，这说明室内空气中的 VOCs 可能是两种来源 VOCs 的混合物。图 5.2（e）和图 5.2（f）中，地下污染源样品落在了日化产品同位素的特征区间内。如果室内空气样品与地下污染源样品很接近［图 5.2（f）］，那么室内空气中的 VOCs 有可能来源于地下污染。如果室内空气样品与地下污染源样品间隔较远［图 5.2（e）］，那么室内空气中的 VOCs 有可能来源于室内源排放。一般来说，基于图 5.2（a）、图 5.2（b）、图 5.2（d）得出结论的可靠性相对较高，而基于图 5.2（e）和图 5.2（f）得出结论的可靠性较低，不确定性较大。

McHugh 等（2012a）利用单体稳定同位素技术对位于三氯乙烯和四氯乙烯污染地下水上方的五栋建筑进行了调查。通过检测结果可以确定其中两栋建筑室内空气中 VOCs 的来源（1 号建筑来源于地下污染的蒸气入侵，3 号建筑来源于室内干扰源排放）。对于另外两栋建筑，单体稳定同位素检测给出了推断性的结论，即 2 号建筑可能来源于室内干扰源，4 号建筑可能来源于下水管道。对于 5 号建筑，其同位素无明显特征，因此无法进行溯源。

5.2　分子指纹技术

5.2.1　环境法医学概述

环境法医学（environmental forensics）主要用于研究环境污染物的来源、迁移、归趋，描述污染物的化学特征和环境影响，判断及鉴定责任归属，是一门集分析化学、地球化学、环境化学等多学科的前沿交叉领域。环境法医学手段最初主要用于研究石油烃的化学指纹鉴定，后来其技术手段和研究内容逐渐扩展，广义的环境法医技术也包括上一节介绍的同位素技术。本节则重点对污染物的分子指纹鉴定技术进行介绍。来源不同的气体样品中 VOCs 的化学成分及各成分的浓度都有很明显的差异，最终形成样品特征性的**化学指纹（chemical fingerprint）**，通过将待测样品的化学指纹与其潜在来源的化学指纹进行比对，可以实现对待测样品的溯源。

5.2.2　石油的分子指纹

原油的主要成分是碳和氢构成的石油烃，同时含有少量氧、氮、硫以及微量的磷、砷、钾、钠、钙、镁、镍、铁、钒等元素。按照化学结构类型，石油烃可以分为饱和烷烃、烯烃、芳烃、胶质和沥青质。原油通过常压蒸馏、减压蒸馏、催化裂化、加氢裂化、催化重整、油品精制、油品调和等不同炼油工艺可以得到汽油、柴油、航煤、润滑油等多种成品油。由于原油原料的不同和炼油工艺的差别，每一种成品油样品都具有特征的化学指纹图谱，可被用来区分油品类别并对其产生的污染进行溯源。

影响石油化学指纹的因素有：①地质成藏因素：根据有机质来源、热经历、迁移、储藏条件等因素不同，原油中总成分不同，各成分相对含量不同，沸程不同。②油品炼制加工工艺：原油经过常压蒸馏、减压蒸馏、催化裂化、加氢裂化、催化重整、油品精制、油品调和、烷基化等炼油过程，其化学组成会发生显著的变化，不同的精炼油有着不同的化学汽油指纹。③环境风化：泄漏的石油在环境中会受到各种各样的"风化过程"，如挥发、乳化、分散、聚合、吸附、解吸、化学转化、生物降解等。风化过程会影响油品的主要组成成分。例如，随着风化程度加深，低分子量易挥发的组分会显著损失，多环芳烃等高分子量组分的占比逐渐增大，生物标志物的相对/绝对丰度逐渐增加。由于地质或水文地质条件的不同，不同场地内石油的风化速率和程度不尽相同。④混合作用：不同来源的油品具有不同的化学组分，其相互混合后会产生与原先不同组分的油品。根据以上讨论，油品自身组分的差异、风化过程以及微生物降解，均会造成不同油品的化学组分有所不同，而这些不同跟人类的指纹一样具有唯一性，故称为"化学指纹"，据此可以根据化学指纹进行污染的鉴定和溯源。

5.2.3　检 测 方 法

传统的全空气采样（美国的 TO-15 和中国的 HJ 645 方法）只涵盖了一小部分石油烃和汽油添加剂。由于可检测的污染物种类太少，上述方法无法用来进行气体样品的环境法医学分析。为了更好地检测室内空气、环境空气、土壤气中的石油烃，在传统的 TO-15 方法的基础上开发了 Forensic TO-15 方法。**Forensic TO-15 方法**极大地扩展了可检测物质的种类，特别是针对 **PIANO 类物质**（paraffin、isoparaffin、aromatic、naphthalene、olefin）。该方法涵盖了从 C5（正戊烷）到 C12（正十二烷）的 80 多种石油烃，包括：正构烷烃、支链烷烃、环烷烃、烯烃、芳香烃等。

石油烃的碳数越多，挥发性越低。如果待测物的碳数大于 12，其挥发性过低以至于基于采样罐进行样品收集可能无法得到满意的回收率，此时可以选用吸附剂作为样品收集手段（美国 EPA TO-17 或中国的 HJ 644 方法）。对于高分子量的物质，吸附剂的收集效果更好。

5.2.4　分子指纹技术的使用

改进后的分析方法可以对同一个气体样品（室内空气、环境空气、土壤气）中的 VOCs 进行更加深入的分析，最终实现对待测样品化学成分全面精准的了解。McHugh 等（2011b）对某建筑的起居室和车库中的室内空气进行检测，通过与香烟烟雾和汽油蒸气化学指纹的比对，可以明显看出车库空气中的 VOCs 化学指纹与汽油的化学指纹比较类似，而室内空气则受到香烟等室内源的影响较大（图 5.3）。一般香烟烟雾中含有较高浓度的异戊二烯，而汽油的风化通常会导致 2,2,4-三甲基戊烷的富集。另外，原油中的烯烃含量降低，而通过催化裂化等工艺生产出的汽油等成品油含有较高浓度的烯烃。

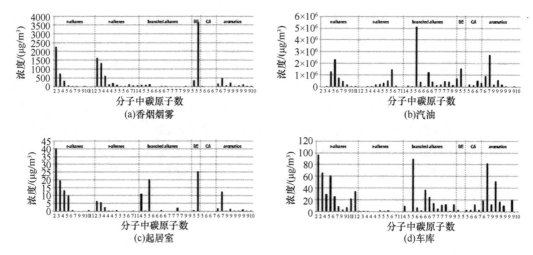

图 5.3　香烟烟雾、汽油、起居室、车库气体样品中的化学指纹（McHugh et al.，2011b）

5.3　被动采样技术

5.3.1　基　本　概　念

被动采样（passive sampling） 也叫**扩散采样（diffusive sampling）**，该方法不需要外力（泵）驱动，待测物仅靠自由扩散的方式进入采样器并被其中装填的吸附剂捕集，捕集在吸附剂中的待测物可以通过化学洗脱或者热脱附进入气相色谱进行分析。被动采样适用于在气体样品中挥发性有机物（VOCs）和半挥发性有机物（SVOCs）物质的采集（马杰，2020）。

被动采样是一种定性或半定量的采样技术，可以用于污染调查和探明污染源分布，在蒸气入侵调查中被动采样可以作为多证据链条中的一条证据链来证明气体样品中是否存在目标 VOCs 以及 VOCs 污染的程度（ITRC，2014）。在气体监测中，被动采样可以采集 VOCs 以及 SVOCs 样品，包括 C4～C20 的脂肪和芳香族烃类、挥发性的多环芳烃、常见的油品添加剂等。对于低含量待测物，可以通多延长采样时间显著提高被动采样方法的监测灵敏度。在蒸气入侵调查中，被动采样可以用于浅层土壤气、近污染源土壤气、底板下土壤气、地表通量箱、室内空气、室外空气等不同类型环境样品监测（ITRC，2014）。

相对于主动采样，被动采样有以下优点：①成本较低，比主动采样低 30%～50%；②操作简便，受调查人员的影响较少；③采样器小巧轻便，便于携带和运输，特别适合偏远场地的采样；④采样时不需要外力驱动，没有泄漏或堵塞的问题；⑤采样时对周边的干扰较少；⑥采样时间比主动方法长，可达 3～14 天；⑦可以表征污染物长期的人体暴露，有效降低了时间异质性的影响；⑧对于低渗透性或高含水率地层，主动采样方法可能无法应用，这时可以采用被动采样（NAVFAC，2013）。

被动采样技术的局限包括：①定性能力有待提高；②是一种新兴的采样技术，被广泛认可仍然需要一定时间；③采样速率会随着待测物种类、时间、放置位置的变化而变化，这方面的规律还有待于进一步探明。

5.3.2　研　究　历　史

被动采样方法拥有较长的研究历史，1940 年代被动采样首次应用于人体骨骼中镉的生物富集研究，1950 年代该技术被用于鱼类体内甲基汞的生物富集研究，1960 年代该技术被用于对牡蛎中的三丁基锡的生物富集研究（Kot-Wasik et al.，2007）。1970 年代被动采样技术被首次应用于环境分析中（环境空气和室内空气），1980 年代该技术被拓展到污染水体的监测，1990 年代科学家开始尝试土壤监测中使用被动采样（Kot-Wasik et al.，2007）。目前被动采样技术已广泛应用于环境空气、室内空气、水、土壤、沉积物等不同环境介质的监测（姜林等，2017）。

对于 VOCs 和 SVOCs 的被动采样监测，最早开始于职业健康评估领域（Palmes and Gunnison，1973）。经过几十年的发展，VOCs 和 SVOCs 的被动采样监测已经取得了长足的进步。对污染场地中常见的低浓度 VOCs 的被动采样也已经有很多实验室和现场的研究（Cocheo et al.，2009；Lutes et al.，2010；McAlary et al.，2014a，2014b，2014c；2014d，2015）。目前已经出版了若干个技术导则（ISO 16017-2[①]，EN 14662-4[②]，ASTM D7758[③]，ASTM D6169[④]）。

5.3.3　被动采样的理论基础

在被动采样时，采样器会被放置在采样地点，经过预设的采样时长后，将采样器回收，通过化学洗脱或者热脱附的方式将采样器吸附剂上捕集的 VOCs 解析，解析下来的 VOCs 进行定量监测。如果 VOCs 在采样器吸附剂上的吸附速率 UR（mL/min）是已知的，那么待测样品中目标 VOCs 的时间平均浓度 C（$\mu g/m^3$）可以用下式计算：

$$C = \frac{M}{\mathrm{UR} \times t} \tag{5.3}$$

式中，M 是被吸附剂捕集的目标 VOCs 的总质量，pg；t 是采样时长，min。M 和 t 都能准确测定，因此吸附速率 UR 往往是被动采样中最重要的关键参数。UR 的单位是 mL/min，但它并不是流量，它的物理意义可以理解为在相同采样时长下并暴露在相同 VOCs 浓度的气体中，用主动采样法使得吸附剂捕集同样质量的 VOCs 时的等效采样流量。

被动采样利用目标 VOCs 在气体样品与吸附剂间的浓度梯度，使目标 VOCs 通过分子扩散被吸附到吸附剂上（图 5.4），因此被动采样的定量主要依据费克定律：

---

① ISO. 2003. ISO 16017-2：2003 Indoor ambient and workplace air—Sampling and analysis of volatile compounds by sorbent tube/thermal desorption/capillary gas chromatography—Part 2：Diffusive sampling：International Standards Organization。

② CEN. 2005. EN 14662-4：Ambient air quality—standard method for the measurement of benzene concentrations. Part 4：Diffusive sampling followed by thermal desorption and gas chromatography。

③ ASTM. 2012. Standard practice for passive soil gas sampling in the vadose zone for source identification，spatial variability assessment，monitoring，and vapor intrusion evaluations（ASTM D7758）。

④ ASTM. 2013. Standard practice for selection of sorbents，sampling and thermal desorption analysis procedures for volatile organic chemicals in air（ASTMD6169）。

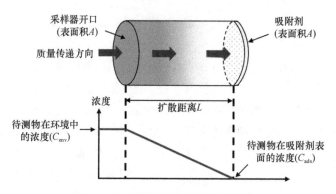

图 5.4　被动采样器的吸附和传质原理

$$\frac{M}{A \times t} = D \times \frac{C_a - C_f}{L} \tag{5.4}$$

式中，M 是被吸附剂捕集的目标 VOCs 的总质量，μg；A 是扩散路径的横截面积，m²；t 是采样时长，min；D 是目标 VOCs 的气相扩散系数，m²/min；C 是气体样品中 VOCs 的浓度，μg /m³；C_f 是吸附界面上 VOCs 的浓度，μg /m³，理想情况下 $C_f = 0$；L 是扩散路径的长度，m。假设吸附剂处于理想状态，则 $C_f = 0$，式（5.5）简化为

$$\frac{M}{A \times t} = D \times \frac{C}{L} \tag{5.5}$$

变形以后得到：

$$\frac{M}{C \times t} = D \times \frac{A}{L} = \mathrm{UR} \tag{5.6}$$

理论上采样器对特定目标污染物的吸附速率（UR）恒定（因此很多采样器都标识了常见 VOCs 的 UR 值），但实际上该值受多种环境因素的显著影响（风速、湿度、温度），因此波动较大，很难在采样期间维持恒定（Tolnai et al.，2000）。环境条件和吸附质-吸附剂相互作用都会影响 UR 的准确性和重现性（USEPA，2014）。通常情况下需要通过实验测定特定采样器在特定条件下（环境、污染物浓度、采样时长）的 UR 值。具体的测定方法可以参考以下技术指南（Cassinelli et al.，1987）：EN 13528-1[①]，EN 13528-2[②]，ISO 16200-2[③]，ISO 16017-2[④]，ISO 16000-5[⑤]。

一般认为实验室测定的 UR 值是最可靠的，但是实际操作有很多困难，有些时候未

① CEN. 2002. EN 13528-1 Ambient air quality—Diffusive samplers for the determination of concentrations of gases and vapours-Requirements and test methods-Part 1：general requirements. European Standard：European Committee for Standardization。

② CEN. 2002. EN 13528-2 Ambient air quality—Diffusive samplers for the determination of concentrations of gases and vapours—requirements and test methods—Part 2：specificrequirements and test methods. European Standard：European Committee for Standardization。

③ ISO. 2000. ISO 16200-2 Workplace air quality—Sampling and analysis of volatile organic compounds by solvent desorption/gas chromatography—Part 2：Diffusive sampling method：International Standards Organization。

④ ISO. 2003. ISO 16017-2：2003 Indoor ambient and workplace air—sampling and analysis of volatile compounds by sorbent tube/thermal desorption/capillary gas chromatography—Part 2：Diffusive sampling：International Standards Organization。

⑤ ISO. 2007. ISO 16000-5：2007 Indoor air—Part 5：Sampling strategy for volatile organic compounds（VOCs）：International Standards Organization。

必能进行实验室测定，特别当采样时长较长的时候。此时可以采用计算的方法，基于式（5.6）对 UR 进行估算。一些研究利用扩散系数对 UR 进行估算（Namiesnik et al.，1984；Feigley and Lee，1987）。然而如果目标 VOCs 与吸附剂的相互作用不符合理想状况，计算出的 UR 值可能跟实际测定值有较大的偏差（Walgraeve et al.，2011）。

5.3.4　被动采样器的类型和结构

按照结构划分，被动采样器可分为径向和轴向扩散采样器（图 5.5）。轴向扩散采样器又包括徽章型采样器（如 SKC Ultra 采样器和 3M OVM 3500 采样器）和管型采样器两类，径向扩散采样器的典型代表为 Radiello^{TM}采样器。另外，还有一种特殊的膜扩散采样器（Waterloo Membrane Sampler^{TM}）。

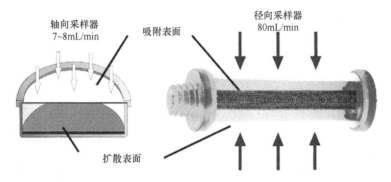

图 5.5　轴向采样器（Axial sampler）和径向采样器（Radial sampler）的对比图

管型采样器的吸附速率一般在 2 ng/（ppm·min）左右，这大致等同于 0.5～1 mL/min 的主动采样流量（图 5.6）。管型采样器的横截表面积小、扩散路径长，因此其吸附速率较低，可以在较长的采样时间内维持稳定的吸附速率，延迟了反向扩散开始的时间。这类采样器适用于氯乙烯（使用强吸附剂，如碳分子筛 Unicarb^{TM}）到半挥发性有机物（采

图 5.6　管型被动采样器

用弱吸附剂，如 Tenax TA^{TM}）的采样，一般采用热脱附进行样品前处理（Woolfenden，2010）。管型采样器既可以用于职业卫生评估中 ppm 级浓度的短时间采样（1～8 小时）（Brown et al.，1981），也可以用于室内或环境空气的长时间采样（3～4 周）（Brown et al.，1992；Brown，1999）。

徽章式采样器主要用于职业暴露评估，其吸附剂是层状的吸附膜，VOCs 沿着吸附膜上面的塑料盖的平面扩散进入采样器，一般可以达到 7～8 mL/min 的等效主动采样流量。图 5.7 展示两种常见的徽章式被动采样器。对 SKC Ultra 采样器，VOCs 沿着 200 个孔的塑料盖［图 5.7（a）白色盖，高吸附速率］或者 12 个孔的塑料盖［图 5.7（a）绿色盖，低吸附速率］进入采样器。相对于管型采样器，徽章型采样器的横截面积较大、扩散路径较短，因此其吸附速率高于管型采样器。这类采样器可以用化学洗脱或者热脱附进行样品前处理。图 5.7（b）是美国 3 M 公司的 OVM 3500 采样器，其结构与 SKC Ultra 采样器类似。

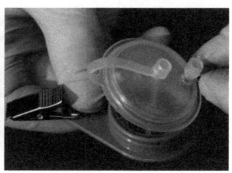

(a)SKC Ultra　　　　　　　　　　　(b)3M OVM 3500

图 5.7　两种徽章式被动采样器

径向采样器中 VOCs 是沿着采样器的径向从四周进入采样器的（图 5.8）。径向采样器横截面积最大、扩散路径最短，因此其吸附速率很大，通常可以达到 30～50 mL/min 甚至更高的等效主动采样流量。由于吸附速率大，径向采样器较容易达到吸附饱和，其反向扩散开始的时间也较快，因此更适用于短时间采样。根据吸附剂的不同，径向采样器可以用化学洗脱和热脱附的方法进行样品前处理，一般适用于 C6（苯）～C10（萘）化合物的采样（Woolfenden，2010）。

图 5.8　径向采样器（Radiello^{TM}）

Waterloo Membrane Sampler[TM]（WMS）是一类**膜扩散采样器**（图 5.9）。VOCs 是通过聚二甲硅氧烷膜（polydimethylsiloxane，简称 PDMS）的渗透和扩散进入采样器内部的。PDMS 膜可以阻止水分子的进入（水分子会与 VOCs 分子竞争吸附剂上的吸附位点），同时可以排除气流的干扰。WMS 采样器有 1.8 mL 和 0.8 mL 两种规格。体积 1.8 mL 的采样器（WMS™）的膜面积是 0.24 cm^2，拥有较高的吸附速率。体积 0.8 mL 的采样器（WMS-LU™）的膜面积是 0.079 cm^2，拥有较低的吸附速率。根据吸附剂的不同，这类采样器既可以用化学洗脱又可以用热脱附进行样品前处理。

图 5.9　Waterloo Membrane Sampler[TM] 采样器

5.3.5　被动采样技术在土壤气监测中的应用

被动采样可以用于土壤气的监测，具体步骤包括：钻探建井、放置被动采样器、密封土孔、被动采样、取出被动采样器、保存运输至实验室、实验室预处理及检测。

主动采样类似被动采样也需要建设采样井，可以用手钻、直压推进、冲击钻探等方式进行钻孔。如果在水泥或沥青覆盖的地面采样，土孔需钻至水泥或沥青下面的土壤层。超过 1.5 m 的土孔，可能需要套管，以便于将被动采样器置于孔内。在采样时，用绳线将采样器捆绑，放入采样土孔内，然后采用铝箔或软木塞将土孔的孔口密封，以防止地面降水或空气进入，整个采样期间均应保持土孔密封（图 5.10）。如果地表有水泥或沥青覆盖面，可选择约 0.5 cm 的灰浆或速干水泥作为密封材料，注意密封材料不应引入新的污染物（ITRC，2014）。

放入采样器后即开始被动采样，采样器在土孔中的暴露周期应依据多种因素而设定，如调查目的、目标污染物性质、检测限或可能的土壤气浓度、土壤类型、土壤性质（孔隙度、渗透性、含水率）以及污染深度等。暴露周期通常在几天至几周。细颗粒、低孔隙度、低渗透性、高含水率的土壤需要的暴露周期长，当污染物挥发性较弱或者污染源埋较深时也需要延长暴露周期。暴露时长的设定可参考 ASTM D7758[①]。

① ASTM. 2012. Standard practice for passive soil gas sampling in the vadose zone for source identification, spatial variability assessment, monitoring, and vapor intrusion evaluations（ASTM D7758）.

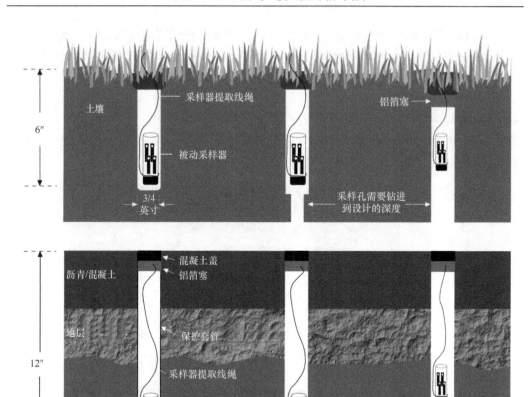

图 5.10　土壤气被动采样的方法（ITRC，2014）

在达到设定的暴露时间后，将采样器取出。现场采集至保存容器中的样品，置于阴凉处清洁的样品箱内保存和运输。被动采样器通常可以使用热脱附或者化学洗脱的方法进行前处理，处理之后的样品一般用 GC-MS 或 GC 进行检测。

5.3.6　被动采样技术的关键环节

准确确定吸附速率是被动采样的关键。吸附速率通常由待测物的种类、吸附剂种类、被动采样器的结构等决定，同时还受到采样时长、温度、湿度、空气流速、待测物浓度等因素的影响。以下几种情况会导致被动采样结果不准确：①饥饿效应；②保留能力弱；③再解析能力弱；④空白污染。

饥饿效应（starvation）是指被动采样器从周边环境中捕集待测 VOCs 的速率比 VOCs 的补充速率更快，这会导致总体的采样速率受到 VOCs 的补充速率的限制而达不到采样器的理论吸附速率，最终导致监测结果偏低。饥饿效应可以通过采用低吸附速率的被动采样器或者增大采样器表面的气流速度的方法来解决。

保留能力弱（poor retention） 是指用吸附能力较弱的吸附剂捕集强挥发性 VOCs，已被采样器捕集的 VOCs 可能会重新解析而损失，这会导致监测结果偏低。如果采样时长较长，那么待测物重新解析的问题会更加突出。可以选用强吸附剂来解决保留能力弱的问题。

再解析能力弱（poor recovery） 是指用强吸附剂捕集弱挥发性物质，在样品解析时可能有部分待测物无法被完全解析而残留在吸附剂上，这会导致监测结果偏低。因此在选择吸附剂时需要同时考虑待测物的保留能力和再解析能力

空白污染（blank contamination） 是指在采样器准备、样品运输、样品储存、样品前处理过程中导致吸附剂被污染，进而导致监测结果偏高。一般通过严格执行标准的采样流程并且分析运输空白的方法可以消除空白污染的干扰 。

5.3.7　被动采样的技术挑战和未来研究方向

气体样品 VOCs 的被动采样研究主要聚焦在：①职业健康；②环境空气；③室内空气三个方面，在过去几十年中各方面研究取得了长足的进步，但是目前仍然面临很多挑战和难题。

1. 准确定量

被动采样的定量监测能力仍存在一定的问题。对于土壤气监测来说，采样器捕集的 VOCs 的总质量与 VOCs 土壤气浓度之间的关系仍然不清楚。McAlary（2012）研究了被动采样技术用于土壤气和室内空气监测的可行性。他比较了四种被动采样技术（二甲基硅氧烷 PDMS 膜采样器、吸附管和两种商业化被动采样器）以及两种主流的主动采样技术（采样罐、吸附管）。这六种采样方法分别在实验室可控条件下和现场条件下检验了 VOCs 浓度、温度、湿度、采样时长对监测结果的影响。他发现被动采样技术与主动采样技术的结果具有显著的相关性，只要采样器对目标 VOCs 的采样速率（而非土壤气中 VOCs 的补给速率）成为整个流程的限速步，那么被动采样可以做到准确定量（McAlary et al.，2014b；2014d）。VOCs 在土壤中的扩散速率取决于土壤的孔隙度和含水率。需要更多的研究理清哪些类型的土壤更容易实现准确定量的被动采样。

2. 特殊目标化合物

低沸点、小分子化合物（如氯乙烯、氯甲烷等）进行被动采样具有一定的技术挑战。这类化合物的挥发性强，与常规吸附剂的作用力弱，因此难以捕集，特别是当采样周期较长时更容易解析损失。研究发现 Unicarb[TM] 可以对氯乙烯实现较好的捕集（Woolfenden，2010），但是其他难挥发物质（萘或者 SVOCs）很可能由于与吸附剂的作用力太强而难以有效解析。因此在有些情况下需要同时使用强和弱吸附剂以扩大采样方法能涵盖的目标化合物范围。

高毒性的化合物（如 1,2-二氯乙烷、氯仿、氯乙烯、1,1,2,2-四氯乙烷、1,2,2-三氯乙烷、六氯丁二烯、六氯苯、多环芳烃、多氯联苯）往往具有极低的筛选值。为了达到仪器检出限，对这些物质往往需要更长的采样时间。

5.4 室内气压人工调控技术

5.4.1 室内外气压差在蒸气入侵过程中的重要作用

建筑物室内和土壤气之间的很微小的气压差（几个帕）就可决定穿越地板的气流的流向。如果室内外气压差为正值，室内空气会沿着地板或墙体裂缝流出建筑并部分进入土壤中，从内向外的气体流动将显著抑制其至完全阻断 VOCs 的蒸气入侵途径。如果室内外气压差为负值，土壤气在室内负压的抽吸作用下将沿着地板裂缝进入室内，进而增加了 VOCs 进入室内的通量，加重了蒸气入侵风险。综上所述，室外气压差通过决定气体流动方向进而对蒸气入侵过程产生了显著的影响，该指标的重要性体现在对风险调查和风险管控两方面。

在蒸气入侵风险管控中，通过人工干预的方法维持室内正压可以作为一种重要的风险减缓方法。另外，在底板下降压（SSD）、膜下降压（SMD）、底板下增压（SSP）等风险减缓系统的设计和运行中，室内外气压差既是重要的设计参数也是系统运行效果评估的重要参考指标。

在蒸气入侵风险调查中，室内外气压差的监测数据是一组重要的辅助性数据，可以提供很多有用的信息。近些年，人工调控室内外气压差日益成为一种新兴的蒸气入侵调查评估技术。本节将会详细介绍其原理及应用案例。

5.4.2 室内气压的人工调控方法

通过人工干预的方法可以调控建筑物室内外气压差维持正压或负压。常见的人工干预手段包括：利用建筑现有的暖通空调系统，对现有的暖通空调系统进行一定的改装，单独安装控制风扇或风机。

5.4.3 室内气压调控用于蒸气入侵调查的原理

通过人工调控维持室内外气压差处于正压或者负压状态后，对室内空气中的污染物浓度进行监测，监测数据按照以下原理用来进行蒸气入侵评估（图 5.11）（McHugh et al., 2012b）。

如果在人工调控前目标建筑的基线气压差是正压或中性（室内外气压相同），通过人为干预将气压差调为负压后，可以用室内空气的监测数据来评估在最坏情况下（冬季采暖期或其他自然原因导致的室内外气压差为负压）目标建筑是否以及在多大程度上会受到蒸气入侵影响。

如果在人工调控前目标建筑的基线气压差是负压或中性，通过人为干预将气压差调为正压后，可以用室内空气的监测数据协助识别室内空气中的污染物是否以及在多大程度上来源于蒸气入侵。如果在室内外气压差为正压的情况下仍然在室内空气中检测到与负压情况下相同的污染物，则说明室内或室外存在其他 VOCs 源的排放。如果室内空气同时受到地下蒸气入侵和地面其他排放源的影响，通过比较人工调控气压之前和之后污染物的质量通量可以定量评估各排放源对室内空气污染的贡献。

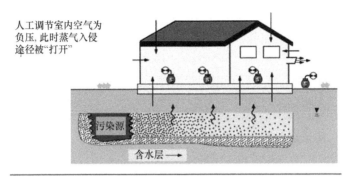

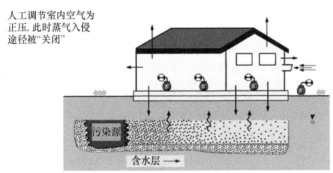

图 5.11　室内气压调控用于蒸气入侵调查的原理示意图（McHugh et al.，2012b）

5.4.4　室内气压控制的场地研究案例

针对蒸气入侵的室内气压控制技术已经通过了美国 EPA 的 Environmental Technology Verification 项目的验证（MacGregor et al.，2011）。该技术在北美地区已经有多个现场应用的案例。

案例 1. McHugh 等人在六栋建筑中的实验

McHugh 等（2011c；2012b）在美国六栋建筑中进行了室内气压控制方法的验证。这六栋建筑涵盖了不同的建筑类型，分别是：犹他州的 ASU Research House（独户住宅）、加利福尼亚州 Moffett Field（办公楼）、加利福尼亚州 Travis 空军基地（办公楼）、佛罗里达州 Jacksonville Naval Air Station（办公楼）、南卡罗来纳州 Parris Island 的 Marine Corps Recruit Depot（干洗店）、俄克拉何马州 Tinker 空军基地（商业建筑）。在 ASU Research House 和 Moffett Field 的场地实验，目标建筑的气压分别被控制在负压、正压、自然基线状态。在其他四个场地实验，目标建筑的气压分别被控制在负压和正压状态。所有气压条件均先维持 12 小时的平衡，再进行 8 小时的采样。每栋建筑采集 3 个室内空气、1 个室外空气、3 个底板下土壤气样品，所有样品均监测其中的 VOCs、SF_6、镭的浓度。通过以上场地实验，研究人员得出了以下结论：①采用室内气压调节的方法可以有效地解决室内空气监测遇到的时间异质性以及背景干扰的问题；②采用室内气压调节的方法可以替代需要多次进行的室内空气或土壤气采样监测；③对于小型建筑，通过安装在窗户上的盒型风扇或安装在大门的落地扇可以有效调控室内气压；④室内负压提高了蒸气入侵室内的速率，室内正压显著抑制了蒸气入侵（ASU Research House）；⑤对于已经受到蒸气入侵影响的建筑，人为制造的室内负压降低了室内空气中的 VOCs 浓度，原因是进入室内的气流的提高量要远超侵入室内的 VOCs 的提高量（Moffett Field）；⑥室内气压调剂方法还可以用来发现建筑物的地基是否对蒸气入侵具有足够的密封性；⑦基于室内气压调剂方法测定的 VOCs 质量通量可以用来判别室内空气中 VOCs 的来源（室内源、室外源、地下污染）（McHugh et al.，2011c；2012b）。

案例 2. ASU Research House 长期调控

Holton 等（2015）在犹他州的 ASU Research House 进行了长时间人工控制室内气压的现场研究。他们利用楼顶安装的两台排风机调节室内气压（图 5.12），在超过一年的时间内维持室内负压（–11±4 Pa），监测了 TCE 和氡的室内空气浓度、进入室内的气流流速、室内-室外气压差、室内-底板下气压差等指标（图 5.13）。本研究有两个特点：① 进行了跨越季节变化的长时间室内气压控制实验（第 780～1045 天）；②在气压控制实验前，还进行了自然条件下无人工干预的蒸气入侵长期监测实验（第 120～740 天）

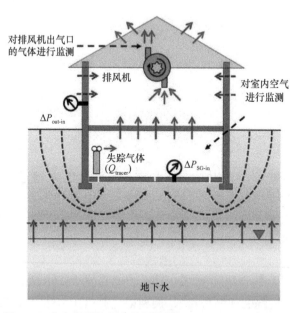

图 5.12　室内气压控制实验示意图（Holton et al.，2015）

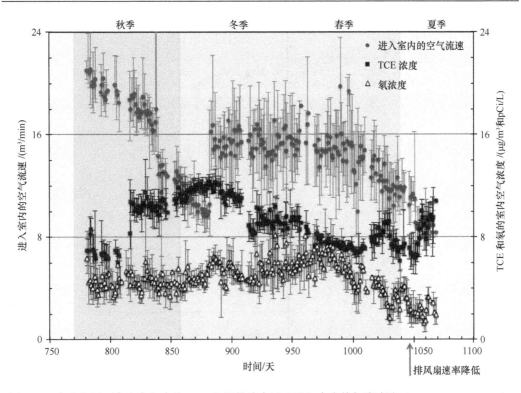

图 5.13　室内负压下室内空气中的 TCE 和镭的浓度以及进入室内的气流流速（Holton et al.，2015）

（Holton et al.，2013）。通过将自然条件和室内气压受控条件下各监测指标进行详细对比分析，Holton 等（2015）得出了以下结论：①在室内气压受控条件下，数据的时间异质性降低；②基于室内气压调剂方法可以避免假阴性结果；③在两种条件下，TCE 室内空气浓度的最大值相近；④室内气压受控条件下 TCE 室内空气浓度和质量通量的平均值比自然条件下高 1~2 个数量级；⑤室内气压调节法可以在一年内任何时段用于最坏情况的评估。Holton 等（2015）认为还有以下重要问题有待进一步研究：①室内气压受控条件下的监测结果是否受到气压控制操作的影响？②示踪剂测试是否是必需的？③在特殊的场地条件下室内气压受控法是否会出现假阴性结果？④室内气压受控是否可以用来评估 VOCs 的长期暴露？⑤本研究的结论是否适用于石油烃蒸气入侵场地？

案例 3. ASU Research House 调控发现优先通道

　　Guo 等（2015）在犹他州的 ASU Research House 的室内气压控制实验确证了该建筑存在优先传质通道导致的蒸气入侵问题。本研究是 Paul Johnson 教授课题组利用 ASU Research House 进行的长期场地观测研究发表的第三篇论文，前两篇分别是 Holton 等（2013；2015）发表。本研究通过室内气压控制、不同深度的土壤气浓度监测、通量估算的方法意外发现了目标建筑下方存在 TCE 的优先传质通道（图 5.14~图 5.16）。研究人员发现：维持室内负压时（−12±1 Pa），实际测得的 TCE 侵入室内质量通量是用菲克定律或用 Johnson and Ettinger 模型（简称 J&E 模型）计算值的上百倍，TCE 在土壤气中的浓度分布也与传统的场地概念模型不同（Guo et al.，2015）。判定目标建筑是否存在 VOCs 的优先传质通道对于调查评估以及后续的风险管控起着至关重要的作用。

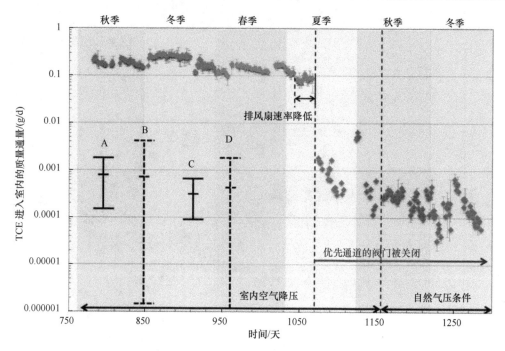

图 5.14　不同实验阶段 TCE 的侵入室内的质量通量（Guo et al.，2015）

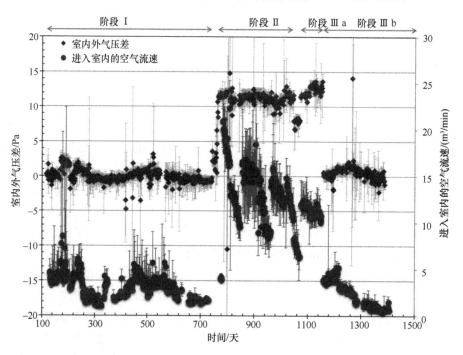

图 5.15　不同实验阶段的室内外气压差以及进入室内的空气流速（Guo et al.，2015）

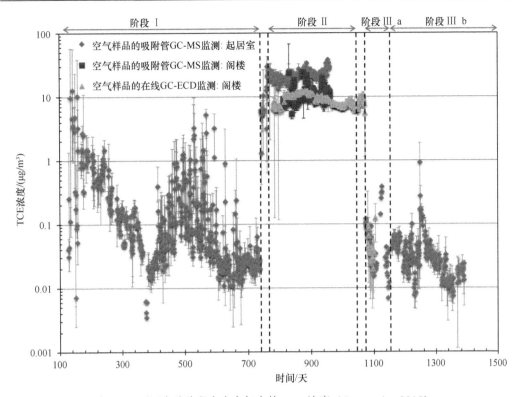

图 5.16　不同实验阶段室内空气中的 TCE 浓度（Guo et al.，2015）

5.4.5　室内气压调控与便携式 GC-MS 联用

室内气压控制法可与便携式 GC-MS 联合用于蒸气入侵调查，特别是区分室内/外 VOCs 排放源和地下蒸气入侵源（Gorder and Dettenmaier，2011；Beckley et al.，2014a）。在自然条件下用便携式 GC-MS 测定室内空气中的 VOCs 浓度，然后通过人工调节降低室内气压，在负压条件下用便携式 GC-MS 再次进行室内空气的监测。根据不同气压条件下 VOCs 室内空气中浓度的变化规律可以：①判定目标建筑是否容易受到蒸气入侵风险；②区分室内空气中的 VOCs 是来自室内外排放源的干扰还是地下污染的蒸气入侵。例如，如果在自然通风和人工负压条件下 VOCs 的室内空气浓度都低于筛选值，则基本可以认为该建筑不易受到蒸气入侵的影响。

5.4.6　室内气压控制法的优点

室内气压控制法通常可以在 1～2 天内完成，而不需要像室内空气监测那样需要在较长的时间周期内进行多轮次采样。室内气压控制法较为简单，不会有采集底板下土壤气时破坏建筑结构（钻孔）的问题。相对于室内空气和底板下土壤气采样，该方法的经济成本也较低。不过室内气压控制法作为一个新兴的蒸气入侵场地调查技术，虽有场地应用案例，但仍然处在不断完善的阶段，需要更多的场地案例进行方法验证和优化。

5.5　便携式 GC-MS 现场监测

5.5.1　便携式 GC-MS 介绍

第 2 章已经介绍过，便携式的分析设备可以提供在线实时的监测数据，调查人员可以根据前面样品的结果及时调整后续的调查区域和调查计划，这有力地促进了对污染源的准确查找，极大地缩短了调查项目的时间进度，因此便携式设备作为新兴的调查手段被越来越多地应用于各种类型的环境调查和监测项目中（Gałuszka et al.，2015）。

近些年，便携式气相色谱-质谱联用仪（GC-MS）被越来越多地用于污染场地蒸气入侵调查（McHugh et al.，2017）。第 2 章已经介绍过，便携式 GC-MS 是在便携式气相色谱（GC）的基础上安装了质谱检测器（MS），将 GC 强大的分离能力与 MS 检测器的强大的定性能力结合，能够在现场对多组分复杂有机物进行分离、鉴定和定量检测。

5.5.2　在蒸气入侵调查中的应用

便携式 GC-MS 可以用于气体和水样的分析，在蒸气入侵调查中常用于室内空气、室外空气、土壤气的现场快速定量分析，具体有以下应用方式：

1. 快速筛查室内空气超标的建筑

调查人员携带便携式 GC-MS 入户检测，通过实时的检测结果快速判断目标建筑的室内空气是否超过筛选值，从而使得后续的调查集中在超标的建筑中，降低送检样品的数量和成本（Gorder and Dettenmaier，2011）。

2. 筛查室内高污染区域和污染物的侵入点位

可以利用便携式 GC-MS 在目标建筑的不同区域逐一进行筛查，通过实时的检测结果识别污染物浓度高的区域以及污染物可能的侵入点位。

3. 确认吸附管或采样罐的采样地点

可以利用便携式 GC-MS 在目标建筑的不同区域逐一进行筛查，基于筛查结果协助选取吸附管或采样罐的采样地点。

4. 替代传统的吸附管或采样罐采样送检方法

如果操作得当，便携式 GC-MS 可以提供稳定、可靠、准确的定量分析结果。如果选用 SIM 模式，便携式 GC-MS 可以在 6 分钟内完成对气体样品中常见 VOCs 的定量检测，定量限可低至 1 g/m³ 氯代烃类 VOCs 或 5 μg/m³ 石油烃类 VOCs（Gorder and Dettenmaier，2011）。因此，有研究报告认为该方法可以替代费时费力的吸附管或采样罐采样送检作为蒸气入侵调查的标准方法（或两种方法并行使用）（Beckley et al.，2013）。

5. 协助识别室内干扰源

很多日用品中都含有 VOCs（油漆、涂料、黏合剂、洗涤剂、溶剂）。可以先利用便携式 GC-MS 测定基线情况下的室内空气浓度，然后隔离潜在的排放源再次进行测定，这样可以识别是否存在室内排放源。Gorder 和 Dettenmaier 利用这种方法在 46 个住宅中的 42 个识别到了 VOCs 的室内排放源，在这 46 栋建筑中最终有两栋被确证存在蒸气入侵，有两栋无法做出结论（Gorder and Dettenmaier，2011）。Beckley 等人进一步将这一方法推广应用到了工业类建筑（工厂、汽车修理厂、仓库）的调查中，他们发现该方法对于大型工业建筑同样适用（Beckley et al.，2014a）。如果在建筑物内找到了室内排放源，可以利用便携式 GC-MS 和密封箱实验（图 5.17）来检测这些日用品排放 VOCs 的速率。结合室内空气交换律、室内空间体积等数据，可以大致评估这些日用品是否构成了室内空气中 VOCs 的主要来源（Beckley et al.，2014b）。

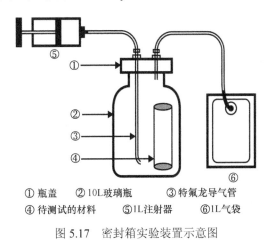

① 瓶盖　② 10L 玻璃瓶　③ 特氟龙导气管
④ 待测试的材料　⑤ 1L 注射器　⑥ 1L 气袋

图 5.17　密封箱实验装置示意图

5.6　底板下土壤气大体积采样

5.6.1　概　　述

底板下土壤气浓度是蒸气入侵多证据调查方法中的重要证据之一，但是常规手段采集到的底板下土壤气浓度数据具有较大的时间和空间异质性，导致监测结果的分析有一定难度（McHugh et al.，2007）。为了降低监测结果的时间和空间异质性，通常需要在不同区域布设多个采样点，甚至进行多轮次采样，这样的解决方法时间和经济成本较高。为了解决这一问题，McAlary 等人提出了针对底板下土壤气的**大体积采样方法（high purging volume sampling）**（McAlary et al.，2010），即从少数采样井采集大体积的底板下土壤气样品，使用较大的采样体积来涵盖更大的采样范围以降低样品的空间异质性。实际上大体积采样在场地调查中已经有将近二十年的应用历史（McAlary，2000），Lewis 等（2004）将其改进成为 MAGS（modified active gas sampling）方法。不过 McAlary 等（2010）将这一采样方法结合了气流和真空度的测定以及数学模型计算，从而成为一套更加完整的调查方法。

5.6.2 采样流程和数据解读

大体积采样需要使用大功率采样泵以较高的采样流速（几百至几千 L/min）采集较长时间（十分钟到几小时）的土壤气样品。对于样品的分析监测，推荐同时采用吸附管或采样罐收集-实验室送检以及便携式监测设备（PID、FID、GC、GC-MS 等）进行现场监测两种方法。采用吸附管或采样罐收集-实验室送检的样品代表了采样井周边较大空间土壤气中 VOCs 浓度的平均分布，而便携式设备测得浓度数据可用来绘制采样井口 VOCs 浓度随时间的变化趋势线。根据该趋势线可以推测 VOCs 在底板下土壤气中的空间分布。如果测到的 VOCs 浓度随时间逐渐增加，说明采样井落在了高浓度土壤气区域之外。如果测到的 VOCs 浓度随时间逐渐减少，则有以下两种可能：①土壤气中的 VOCs 浓度随着距离采样井间距的增加逐渐降低；②空气通过地板裂隙、建筑物边缘、采样管路混入了所采集的气样中，造成污染物被稀释。如果采集到的土壤气 VOCs 浓度随时间保持稳定而且可以排除空气渗漏，则说明在底板下土壤气中 VOCs 的分布较为均匀（McAlary et al.，2010）。

5.6.3 监测的数据

大体积采样通常需要监测以下数据：

（1）采样井口的真空度和采样气体流速。只要采样泵运行正常，这类参数在采样期间一般应保持稳定，因此只需在采样开始、中间、结束等阶段进行若干次监测。

（2）采用便携式设备（PID、FID、GC、GC-MS 等）对采样井口的土壤气进行实时监测，具体指标包括 VOCs 浓度、固定气体浓度、示踪剂浓度等。

（3）在不同的阶段，用吸附管或采样罐从采样井口采集气体样品，送实验室检测。

（4）采用抽气实验在一个或多个监测井监测真空度瞬态响应的变化。

5.6.4 大体积采样最适合的场地条件

为减少高速采样时的空气泄漏，大体积采样往往更适用于地板密封性良好且地层渗透性较高的场地。一般混凝土地板的空气渗透率约为 10^{-17} m^2，而底板下回填的沙砾层的空气渗透率可高达 100 m^2，在这种情况下通过地板裂隙造成的空气泄漏完全可以忽略。如果空气泄漏量较大，也可以采用前述的真空度瞬态响应实验进行评估。

5.6.5 大体积采样的优点

相对于传统的底板下土壤气采样，大体积采样有以下优点：

（1）对于土壤气 VOCs 浓度分布存在较高空间异质性的场地，传统的采样方法收集到的土壤气气体体积有限，样品代表性不足，有可能采集不到高污染区域的样品，采用大体积采样可显著降低漏掉高污染区域的概率。

（2）大体积样品更能够代表土壤气中污染物的平均分布情况，用大体积样品的数据进行风险评估更具代表性。

（3）大体积采样还可以提供很多其他信息，如：地板的渗透性、地板是否有裂缝和气体的泄漏通道、空气的泄漏速率。这些数据对于后续设计和优化风险管控系统（如：底板下降压系统）很有帮助。

（4）由于降低了土壤气采样井的个数，总的经济成本和时间成本较低，对于占地面积较大的大型建筑这一优势更加明显。

大体积采样具有较高的灵活性，针对不同占地面积的建筑，可以通过调节采样流速和采样时间来调整总的采样体积。如果深部地层的渗透性较高可以产生足够的采样气流，大体积采样同样适用。

5.6.6　大体积采样的局限

大体积采样不适用于以下情形：①湿底板；②建筑物底部没有混凝土地板，下层室内空间直接与裸露土壤接触；③地基直接构建于非渗透的岩石上；④过于复杂的地板结构，如：多层叠加的地板。

由于该方法的采样的体积较大并且采样流速较高，很容易导致地表空气通过地板裂隙或者建筑物边缘进入到所采的土壤气样品中，进而造成污染物的稀释和监测结果的偏差。由于空气泄漏的程度以及所引起的待测物被稀释的程度很难准确定量，因此检测结果的偏差也很难准确定量。McAlary 等人认为传统的土壤气采样中遇到的空气泄漏问题主要是由于采样井与地层密封不严造成的，他们认为使用密封更加严格的采样系统并且经空气泄漏检验合格以后可以采用大体积采样法（McAlary et al., 2010）。但这一方法是否可靠仍然需要更多的验证，只有经过不同研究组在不同场地的反复验证以后，该方法才有可能被广泛认可。

5.7　通量箱监测

5.7.1　概　　述

传统的蒸气入侵风险评估一般基于直接测定的室内空气浓度数据或者在地下水或土壤气浓度数据的基础上利用衰减因子或模型计算得到的室内空气浓度，但这两种方法都有一定的局限性。监测得到的室内空气浓度容易受到室内外 VOCs 排放源的背景干扰，而且空间异质性较大，采样过程对室内居民的正常生活有一定的干扰。如果采用地下水或土壤气浓度计算，由于衰减因子或数学模型本身的不确定性较大，计算结果也存在较大的不确定性。

通量箱（flux chamber） 方法可以直接测定 VOCs 自下而上的通量，因此降低了模型或衰减因子计算带来的不确定性。从理论上讲，通量箱方法可以有效地反映 VOCs 在地层中各种迁移转化基质，而数学模型或筛选因子很难将这些过程完全体现。垃圾填埋场气体监测以及土壤研究中对土壤释放气体的检测中，通量箱已经有很长的应用历史，但是在蒸气入侵场地的调查评估中这还是一项较新颖的技术。通量箱一般可以分为静态通量箱和动态通量箱（Hartman，2003）。

5.7.2　静态通量箱

静态通量箱（static chamber）是指将密闭的通量箱插入地表土壤，随着土壤中的 VOCs 不断从地表向外扩散，通量箱内的 VOCs 浓度会不断积累（图 5.18）。每间隔一定时间从室内采集一个气体样品，通过对气体浓度的检测，可以估算出浓度梯度并计算 VOCs 向地面的传质通量。

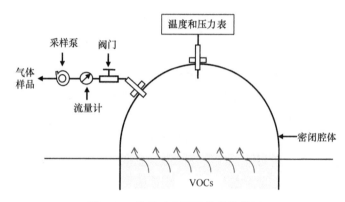

图 5.18　典型动态通量箱的结构图

静态通量箱的优点包括以下几方面。

（1）设备结构简单，不需要进气和排气孔。由于没有人为引起的对流和气压差，显著降低了对 VOCs 自然传质过程的干扰。

（2）静态通量箱的安装和监测流程简单，由于需要的人工干预较少，在不同区域可以同时布设多个静态通量箱，这样对污染物空间分布的表征会更加全面。

（3）由于没有进气的稀释，静态通量箱中污染物可以积累到更高的浓度，因此该方法对低浓度污染的灵敏度更高，对检测仪器的灵敏度要求更低。

（4）检测结果更加直观，数据分析过程较简单。可以直接将通量箱内测得的污染物浓度与对应的室内空气标准/筛选值进行比较，也可以用以下公式进行计算：

$$C_{room} = C_{chamber} \times \frac{H_{chamber}}{H_{room}} \tag{5.7}$$

$$Flux = \frac{C_{chamber} \times V_{chamber}}{A_{chamber} \times T} \tag{5.8}$$

式中，$C_{chamber}$ 是通量箱中污染物浓度；C_{room} 是室内空气中的污染物浓度；$H_{chamber}$ 是通量箱的高度；H_{room} 是建筑物室内的高度；$V_{chamber}$ 是通量箱的体积；$A_{chamber}$ 是通量箱的占地面积；T 是通量箱安放的时间长度。

　　静态通量箱的缺点是当通量箱内的污染物浓度积累到较高浓度时会对污染物向上的传质产生显著的阻碍作用，进而有可能导致对真实传质通量的低估（Kutzbach et al.，2007；Heinemeyer and McNamara，2011）。这种传质阻碍作用取决于污染物向地表通量的大小以及污染物在通量箱中的浓度与其地下浓度的相对比例。污染物向地表通量越大，通量箱中浓度与地下浓度的差异越小，对传质的阻碍作用越大，也就越有可能低估真实的通量。对于大部分污染场地，污染物在通量箱中能够积累到的浓度远低于其在地下污染源的浓度，因此传质阻碍作用并不明显。但是对于传质通量较大的情形（如：垃圾填埋场、生物堆肥），传质阻碍作用将会非常显著。这种情况下，需要利用通量箱中监测得到的污染物浓度数据进行校正。如果条件允许，应采用便携式设备对通量箱内的污染物浓度进行实时监测，或者间隔一段时间采集通量箱内的样品送实验室检测。如果发现通量箱内的污染物浓度达到了其地下浓度的 25%，此时的检测值就可能低估污染物真实的传质通量。

5.7.3　动态通量箱

　　动态通量箱（dynamic chamber）是指将密闭的通量箱插入地表土壤，然后以预先设定的流速向通量箱引入惰性的吹扫气流（空气或氮气），同时允许同样流速的气流从排出口排出通量箱（图 5.19 和图 5.20）。在排出 4～5 倍通量箱体积的气体以后，可以认为通量箱内的污染物浓度达到稳态，此时可以从排气口取样监测，稳态系统中排气口的浓度应与通量箱内浓度相同（Hartman，2003）。污染物向上的传质通量可以通过通量箱与土壤的接触面积、引入的吹扫气流流速、通量箱内的污染物浓度等数据计算得出（Eklund，1992）。

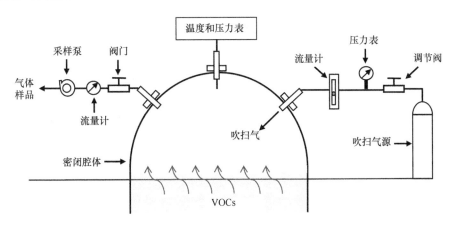

图 5.19　典型动态通量箱的结构图

　　由于动态通量箱不断有吹扫气流进入和排出，所以污染物在通量箱内不太可能积累到很高的浓度，因此也不太可能出现因室内污染物积累导致的传质被阻碍的现象，这是动态通量箱最主要的优点之一。

图 5.20 安放在现场的动态通量箱 (Verginelli et al., 2018)

不过动态通量有以下缺点：

（1）吹扫气的流动会破坏 VOCs 自然的传质过程。如果通量箱安装不得当，吹扫气可能从通量箱底部流出，这样会阻碍 VOCs 向上的传质，进而造成测量结果误差。这可能是动态通量箱最主要的缺点。对室内气压的监测无法指示吹扫气的流动方向，因此需要对排出气流进行专门的监测以确保没有吹扫气从通量箱底部流出。

（2）无法反映 VOCs 传质通量的时间异质性，无法反映其昼夜变化。

（3）吹扫气的引入和排出会导致通量箱内污染物的稀释，因此动态通量箱的灵敏度较低。通常动态通量箱的灵敏度比静态通量箱低 60~500 倍 (Hartman, 2003)。

（4）动态通量箱的结构较复杂，需要配备专门的气瓶、气体流量控制器、气压计、连接管线，安装步骤较多。

（5）运行和维护较复杂，需要调节气压以保证进出通量箱的气流达到平衡，气压稳定。

（6）由于安装和运行维护较复杂，在同一时间内无法布设太多的动态通量箱，这限制整个方法的工作效率。

5.7.4 应用通量箱方法时应考虑的因素

应用通量箱方法时应考虑以下因素：

（1）通量箱安放以后的监测时间应该足够长，一般至少应连续监测 8 小时以上，建议监测 24 小时以上以充分表征 VOCs 传质通量在昼夜间的时间异质性。

（2）通量箱的安放位置和数量应该能够充分表征场地的空间异质性，具体设计时要综合考虑场地条件、目标建筑特征以及经济成本。一般优先将通量箱布设在以下区域：

地下污染物浓度最高的区域；与地下管线有连通的区域；地板或墙体的接合部位。

（3）需要测定初始的通量箱内浓度。对于静态通量箱，建议用干净的空气或氮气对室内进行吹扫以后立即采样测定初始浓度。对于动态通量箱，需要在打开吹扫气之前进行采样。

（4）大气压变化会显著影响 VOCs 向地表的传质通量，低气压条件下 VOCs 向地表的传质通量会变大。因此应避免在大气压过低或过高时进行通量箱监测。

（5）降雨后 VOCs 向地表的传质通量也会显著降低，因此在降雨过后需要等几天再进行通量箱监测，如果降雨量较大需要等待至少一周时间。

（6）一般情况下，气温对 VOCs 向地表的传质通量影响不大。不过建筑物供暖或制冷系统会对 VOCs 的传质产生较大影响，对这类场地的通量箱监测应涵盖季节变化。

5.7.5　通量箱方法的局限性

除了通量箱的安放位置、监测时间、环境因子波动等因素会影响通量箱的监测以外，基于通量箱检测来评估蒸气入侵风险还有以下几点局限：

（1）通量箱内的气流可能跟实际建筑物中差别较大。如果通量箱中的气体流动受限（如静态通量箱），VOCs 向上的传质通量也可能被抑制，因此可能低估真实的风险。如果通量箱中气体流动比真实建筑中更大（动态通量箱可能出现这种情况），VOCs 向上的传质通量受通量箱内气流方向的影响较大。如果通量箱内气流总体是向上抬升的，这会促进土壤中的 VOCs 进入通量箱，因此可能高估真实的风险。如果通量箱内气流总体是向下下沉的，则会抑制土壤中的 VOCs 进入通量箱，因此可能低估真实的风险。

（2）实践经验表明土壤中的 VOCs 主要通过地板和墙体之间的结合处、穿越地板或墙体的管线、地板裂缝等进入室内，这些位置的 VOCs 传质通量最大。由于通量箱结构的限制，通常没法在这些区域布设通量箱，因此采样位置的局限性也限制了该技术的应用。

5.8　示踪剂的应用

5.8.1　概　　述

示踪剂在蒸气入侵调查中有很多应用场景。例如：第四章介绍过的使用示踪剂对土壤气采样系统进行气密性检查，另外还可以用示踪剂进行室内空气交换率或地板衰减因子的测定或对 VOCs 进入室内的位置或通道进行探测。本节首先介绍在蒸气入侵调查中常用的示踪剂，然后再对其主要应用进行介绍。

5.8.2　氡

氡（radon）是土壤中天然存在的放射性物质，氡 222 是镭和铀-238 的衰变系成员之一, 其半衰期为 3.8235 天。氡在几乎所有的土壤中都存在, 在土壤气中的浓度范围是 240～2400 pCi/L, 这一浓度远高于氡在大气中的浓度 (0.2～0.7 pCi/L)(Mc Hugh et al., 2008)。由于氡在大气以及室内空气中的背景浓度较低, 因此可以用来作为土壤气侵入室内的示踪剂。在蒸气入侵调查中, 氡通常采用瞬时采样后用 α 闪烁计数器进行测定 (USEPA, 1992)。

在蒸气入侵调查中, 氡有以下用途: ①假设氡与 VOCs 穿越地板的衰减程度完全一致, 则可以通过测定氡在室内空气、室外空气和土壤气中的浓度, 推算**底板下土壤气衰减因子 ($\alpha_{subslab}$)** (McHugh et al., 2008); ②通过对氡的监测探明土壤气进入室内的通道 (McHugh et al., 2008); ③通过对氡的监测探测进入室内的土壤气流速的时间异质性 (Schuver and Steck, 2015); ④利用氡来确认风险减缓系统的有效性 (McHugh et al., 2012b)。

5.8.3　其他人工示踪剂

还有很多人工合成的示踪剂被广泛用于研究气体流动的轨迹和速率。例如: 氦气 (He) 和六氟化硫 (SF_6) 常被用于室内空气交换率的测定。1,1-二氯乙烯和顺-1,2-二氯乙烯常被用于底板下土壤气衰减因子的测定。异丙醇、氦气、六氟化硫、氟乙烷等可被用来做土壤气采样系统的气密性检查。

5.8.4　测算底板下土壤气衰减因子

一般认为气态物质 (VOCs 或示踪气) 从土壤进入室内的速率大体相同, 因此地板阻碍产生的质量衰减程度也应相同 ($\alpha_{subslab}$ 相同)。通常用氡、1,1-二氯乙烯、顺-1,2-二氯乙烯作为示踪气体来测定 $\alpha_{subslab}$。这几种物质在室外空气、日用品、建筑材料中鲜有被检出。在构建 VOCs 底板下土壤气的监测井时可以顺便对底板下土壤气中的氡或 1,1-二氯乙烯或顺-1,2-二氯乙烯进行监测, 较为简单方便。

5.8.5　测算室内空气交换率

室内空气交换率表征了建筑物的通风情况, 该指标直接影响侵入室内空气的污染物的浓度。ASTM E741-11 方法[①]描述了使用 He 或 SF_6 对室内空气交换率进行测算的方法。具体的做法是将示踪剂以一个恒定的流速在室内释放, 等系统平衡后, 测定室内空气中的示踪剂浓度, 根据室内空气中的示踪剂浓度以及示踪剂的释放速度可以计算建筑的室内空气交换率。整个测试过程简单快速, 经济成本较低。对于室内空气交换率随季节波动较大的建筑, 需要考虑在不同季节分别进行测定。该方法在蒸气入侵场地研究中被广泛使用 (Holton et al., 2013)。

---

① ASTM. 2017. Standard test method for determining air change in a single zone by means of a tracer gas dilution (ASTM E741-11). West Conshohocken, PA, USA: ASTM International。

参 考 文 献

马杰. 2020. 污染场地土壤气被动采样技术研究进展. 环境科学研究, 1-13. DOI: 10.1319/j.issn.11001-16929.12019.13109.13114

姜林, 赵莹, 钟茂生, 等. 2017. 污染场地土壤气中 VOCs 定量被动采样技术研究及应用. 环境科学研究: 1-10

Beckley L, Gorder K, Dettenmaier E, et al. 2014a. On-site gas chromatography/mass spectrometry (GC/MS) analysis to streamline vapor intrusion investigations. Environmental Forensics, 15: 234-243

Beckley L, McHugh T, Gorder K, et al. 2013. Use of on-site GC/MS analysis to distinguish between vapor intrusion and indoor sources of VOCs (ESTCP Project ER-201119). Alexandria, USA: Department of Defense

Beckley L, McHugh T, Gorder K, et al. 2014b. Use of GC/MS analysis to distinguish between vapor intrusion and indoor sources of VOCs-standardized protocol for on-site evaluation of vapor intrusion (ESTCP Project ER-201119): Environmental Security Technology Certification Program (SERDPESTCP). Alexandria, USA

Beckley L, McHugh T, Philp P. 2016. Utility of compound-specific isotope analysis for vapor intrusion investigations. Groundwater Monitoring & Remediation, 36: 31-40

Brown R H, Charlton J, Saunders K J. 1981. The development of an improved diffusive sampler. American Industrial Hygiene Association Journal, 42: 865-869

Brown R. 1999. Environmental use of diffusive samplers: evaluation of reliable diffusive uptake rates for benzene, toluene and xylene. Journal of Environmental Monitoring, 1: 115-116

Brown V M, Crump D R, Gardiner D. 1992. Measurement of volatile organic compounds in indoor air by a passive technique. Environmental Technology, 13: 367-375

Cassinelli M E, Hull R D, Crable J V, et al. 1987. Protocol for the evaluation of passive monitors//Berlin A, Brown R H, Saunders K J. Proceedings of diffusive sampling: An alternative to workplace air monitoring. London: Royal Society of Chemistry: 190-202

CEN. 2003. EN 13528-3 Ambient air quality. Diffuse samplers for the determination of concentrations of gases and vapours, Part 3: Guide to selection, use and maintenance. Brussels, Belgium: European Committee for Standardization

Cocheo C, Boaretto C, Pagani D, et al. 2009. Field evaluation of thermal and chemical desorption BTEX radial diffusive sampler radiello® compared with active (pumped) samplers for ambient air measurements. Journal of Environmental Monitoring, 11: 297-306

Eklund B. 1992. Practical guidance for flux chamber measurements of fugitive volatile organic emission rates. Journal of the Air & Waste Management Association, 42: 1583-1591

Feigley C E, Lee B M. 1987. Determination of sampling rates of passive samplers for organic vapors based on estimated diffusion coefficients. American Industrial Hygiene Association Journal, 48: 873-876

Gałuszka A, Migaszewski Z M, Namieśnik J. 2015. Moving your laboratories to the field—Advantages and limitations of the use of field portable instruments in environmental sample analysis. Environmental Research, 140: 593-603

Gorder K A, Dettenmaier E M. 2011. Portable GC/MS methods to evaluate sources of cVOC contamination in indoor air. Groundwater Monitoring & Remediation, 31: 113-119

Guo Y M, Holton C, Luo H, et al. 2015. Identification of alternative vapor intrusion pathways using controlled pressure testing, soil gas monitoring, and screening model calculations. Environmental Science & Technology, 49: 13472-13482

Hartman B. 2003. How to collect reliable soil-gas data for upward risk assessments: Part2-surface flux chamber method. L.U.S.T. Line Bulletin, 44

Heinemeyer A, McNamara N P. 2011. Comparing the closed static versus the closed dynamic chamber flux methodology: Implications for soil respiration studies. Plant and Soil, 346: 145-151

Holton C, Guo Y, Luo H, et al. 2015. Long-term evaluation of the controlled pressure method for assessment of the vapor intrusion pathway. Environmental Science & Technology, 49: 2091-2098

Holton C, Luo H, Dahlen P, et al. 2013. Temporal variability of indoor air concentrations under natural conditions in a house overlying a dilute chlorinated solvent groundwater plume. Environmental Science & Technology, 47: 13347-13354

ITRC. 2014. Petroleum vapor intrusion: Fundamentals of screening, investigation, and management. Washington DC: Interstate Technology & Regulatory Council

Kawashima H, Murakami M. 2014. Measurement of the stable carbon isotope ratio of atmospheric volatile organic compounds using chromatography, combustion, and isotope ratio mass spectrometry coupled with thermal desorption. Atmospheric Environment, 89: 140-147

Kikuchi N, Kawashima H. 2013. Hydrogen isotope analysis of benzene and toluene emitted from vehicles. Atmospheric Environment, 72: 151-158

Kot-Wasik A, Zabiegała B, Urbanowicz M, et al. 2007. Advances in passive sampling in environmental studies. Analytica Chimica Acta, 602: 141-163

Kutzbach L, Schneider J, Sachs T, et al. 2007. CO2 flux determination by closed-chamber methods can be seriously biased by inappropriate application of linear regression. Biogeosciences, 4: 1005-1025

Lewis R G, Folsom S D, Moore B. 2004. Modified active gas sampling manual (HSA Project Number 6005-1934-07). Tallahassee, USA: The Florida DEP

Lutes C C, Uppencamp R, Hayes H, et al. 2010. Long-term integrating samplers for indoor air and subslab soil gas at VI sites: AWMA Specialty Conference: Vapor Intrusion. Chicago, IL, USA

MacGregor I, Prier M, Rhoda D, et al. 2011. Verification of building pressure control ad conducted by GSI Environmental Inc. for the assessment of vapor intrusion, environmental technology verification report. Washington DC: Environmental Protection Agency

McAlary T A. 2000. A case study: Subsurface vapour migration into indoor air in the United Kingdom: RCRA Corrective Action Environmental Indicator Forum. Washington DC, USA

McAlary T A, Nicholson P J, Yik L K, et al. 2010. High purge volume sampling—A new paradigm for subslab soil gas monitoring. Groundwater Monitoring & Remediation, 30: 73-85

McAlary T, Groenevelt H, Disher S, et al. 2015. Passive sampling for volatile organic compounds in indoor air-controlled laboratory comparison of four sampler types. Environmental Science-Processes & Impacts, 17: 896-905

McAlary T, Groenevelt H, Nicholson P, et al. 2014a. Quantitative passive soil vapor sampling for VOCs-part 3: Field experiments. Environmental Science-Processes & Impacts, 16: 501-510

McAlary T, Groenevelt H, Seethapathy S, et al. 2014b. Quantitative passive soil vapor sampling for VOCs-part 2: Laboratory experiments. Environmental Science-Processes & Impacts, 16: 491-500

McAlary T, Groenevelt H, Seethapathy S, et al. 2014c. Quantitative passive soil vapor sampling for VOCs-part 4: Flow-through cell. Environmental Science-Processes & Impacts, 16: 1103-1111

McAlary T, Wang X, Unger A, et al. 2014d. Quantitative passive soil vapor sampling for VOCs-part 1: Theory. Environmental Science-Processes & Impacts, 16: 482-490

McAlary T. 2012. Development of more cost-effective methods for long-term monitoring of soil vapor intrusion to indoor air using quantitative passive diffusive-adsorptive sampling techniques (ESTCP Project ER-200830): Environmental Security Technology Certification Program (SERDP- ESTCP). Alexandria, USA

McHugh T E, Beckley L, Bailey D, et al. 2012b. Evaluation of vapor intrusion using controlled building pressure. Environmental Science & Technology, 46: 4792-4799

McHugh T E, Hammond D E, Nickels T, et al. 2008. Use of radon measurements for evaluation of volatile organic compound (VOC) vapor intrusion. Environmental Forensics, 9: 107-114

McHugh T E, Nickles T, Brock S. 2007. Evaluation of spatial and temporal variability in VOC concentrations at vapor intrusion investigation sites: Proceeding of air & waste management association's vapor intrusion: Learning from the challenges. Providence, USA

McHugh T, Bailey D, Beckley L, et al. 2011b. Use of hydrocarbon fingerprinting to identify major sources of volatile petroleum hydrocarbon compounds in indoor air: 12th International Conference on Indoor Air Quality and Climate. Austin, TX, USA

McHugh T, Beckley L, Bailey D. 2011c. Proposed tier 2 screening criteria and tier 3 field procedures for evaluation of vapor intrusion (ESTCP Project ER-200707): Environmental Security Technology Certification Program (SERDP- ESTCP). Alexandria, USA

McHugh T, Kuder T, Fiorenza S, et al. 2011a. Application of cSIA to distinguish between vapor intrusion and indoor sources of VOCs. Environmental Science & Technology, 45: 5952-5958

McHugh T, Kuder T, Klisch M, et al. 2012a. Laboratory validation report: Use of compound-specific stable isotope analysis to distinguish between vapor intrusion and indoor sources of VOCs (ESTCP Project ER-201025): Environmental Security Technology Certification Program (SERDP- ESTCP). Alexandria, USA

McHugh T, Loll P, Eklund B. 2017. Recent advances in vapor intrusion site investigations. Journal of Environmental Management, 204: 783-792

Namiesnik J, Gorecki T, Kozlowski E, et al. 1984. Passive dosimeters—An approach to atmospheric pollutants analysis. Science of the Total Environment, 38: 225-258

NAVFAC. 2013. Innovative vapor intrusion site characterization methods: Naval facilities engineering command. Port Hueneme, USA

OSHA. 2003. Performance of SKC ultra passive sampler containing carboxen 1016, carbotrap Z, or chromosorb 106 when challenged with a mixture containing twenty of OSHA SLTC's top solvent analytes. Salt Lake City, USA: Methods Development Team, Industrial Hygiene Chemistry Division, Salt Lake Technical Center, Occupational Safety and Health Administration

OSHA. 2008. Personal sampling for air contaminants//OSHA Technical Manual (OTM). Washington, DC, USA:Occupational Safety and Health Administration

Palmes E D, Gunnison A F. 1973. Personal monitoring device for gaseous contaminants. American Industrial Hygiene Association Journal, 34: 78-81

Sakaguchi-Soeder K, Jager J, Grund H, et al. 2007. Monitoring and evaluation of dechlorination processes using compound-specific chlorine isotope analysis. Rapid Communications in Mass Spectrometry, 21(18): 3077-3084

Sang X F, Gensch I, Laumer W, et al. 2012. Stable carbon isotope ratio analysis of anhydrosugars in biomass burning aerosol particles from source samples. Environmental Science & Technology, 46: 3312-3318

Schuver H J, Steck D J. 2015. Cost-effective rapid and long-term screening of chemical vapor intrusion (CVI) potential: Across both space and time. Remediation Journal, 25: 27-53

Tolnai B, Gelencsér A, Gál C, Hlavay J. 2000. Evaluation of the reliability of diffusive sampling in environmental monitoring. Analytica Chimica Acta, 408: 117-122

Turner N, Jones M, Grice K, et al. 2006. δ13C of volatile organic compounds (VOCS) in airborne samples by thermal desorption-gas chromatography-isotope ratio-mass spectrometry(TD-GC-IR-MS). Atmospheric Environment, 40: 3381-3388

USEPA. 1992. Indoor radon and radon decay product measurement device protocols (402-R-92-004). Washington DC: U.S. Environmental Protection Agency

USEPA. 2014. Passive samplers for investigations of air quality: Method description, implementation, and comparison to alternative sampling methods. Washington DC: U.S. Environmental Protection Agency

Verginelli I, Pecoraro R, Baciocchi R. 2018. Using dynamic flux chambers to estimate the natural attenuation rates in the subsurface at petroleum contaminated sites. Science of the Total Environment, 619-620: 470-479

Vitzthum von Eckstaedt C D, Grice K, Ioppolo-Armanios M, et al. 2012. Compound specific carbon and hydrogen stable isotope analyses of volatile organic compounds in various emissions of combustion processes. Chemosphere, 89: 1407-1413

Vitzthum von Eckstaedt C, Grice K, Ioppolo-Armanios M, et al. 2011. δ13C and δD of volatile organic compounds in an alumina industry stack emission. Atmospheric Environment, 45: 5477-5483

Walgraeve C, Demeestere K, Dewulf J, et al. 2011. Diffusive sampling of 25 volatile organic compounds in indoor air: Uptake rate determination and application in Flemish homes for the elderly. Atmospheric Environment, 45: 5828-5836

Woolfenden E. 2010. Sorbent-based sampling methods for volatile and semi-volatile organic compounds in air Part 1: Sorbent-based air monitoring options. Journal of Chromatography A, 1217: 2674-2684

第6章　蒸气入侵数学模型

6.1　基本概念及本章内容介绍

6.1.1　数　学　模　型

数学模型（mathematical model）是利用变量、等式和不等式等数学符号和语言规则来描述事物的特征以及内在联系的一种数学结构。"数学模型"和"计算机模型"是两个既有联系又有区别的概念。数学模型本质上是由控制方程和边界条件组成的一组数学关系，数学模型经过计算机语言编程之后就被开发成能被方便使用的**计算机模型**（或者叫**软件**）。因此，数学模型是抽象的数学关系，而计算机模型是数学模型的物理实现。

6.1.2　蒸气入侵模型

蒸气入侵模型（vapor intrusion model）是指用于描述挥发性有机物（VOCs）入侵室内空气这一过程并对过程中各物理量的内在联系进行定量表达的一类数学模型，其本质是对蒸气入侵这一实际过程的数学抽象、数学简化和数学概括。蒸气入侵的模型模拟是指基于特定的假设条件和模型输入参数，经过预设的计算流程，预测侵入建筑物的目标 VOCs 的室内空气浓度并评估其人体暴露风险的过程。模型模拟在实际场地的风险评估以及基础研究方面都有重要的应用。在进行实际场地的风险评估时，数学模型可以用来：预测 VOCs 室内空气浓度以及 VOCs 在土壤气中的分布规律；估算人体暴露风险，为风险评估工作提供模型证据；解释现场实测数据的成因和规律。在进行基础研究时，数学模型可用来验证实验研究或者现场观测出的结论；增进对 VOCs 蒸气入侵各环节的机理认识；比较各个过程的贡献；寻找其中的关键因子和关键环节。

6.1.3　蒸气入侵模型的输入参数

任何模型都需要输入一定的**输入参数**（input parameter），才能进行运算并最终得到**输出结果**（model output）。蒸气入侵模型通常需要以下输入参数：目标 VOCs 在地下的污染状况、污染源的状态、包气带理化性质、建筑物信息等。这些参数一般需要通过场地调查，采集**目标场地的特征性参数**（site-specific parameter），当某些参数无法从现场调查中获取时就只能采用模型推荐值或经验性的数值来代替，但这种代替会引入不同程度的误差。无法获取场地特征性参数的原因有很多，例如，①受到现有采样技术的限制；②受到项目预算或者项目工期的制约；③该参数在实际场地中的时间、空间异质性太大，想精确表征这一参数的异质性需要的采样量过大；④有些参数是人为定义的概念性参数并非可以实际采集的物理量。将参数输入以后，模型会根据预设的运算流程计算出最终的结果，常见的输出结果包括：VOCs 室内空气浓度、VOCs 土壤气的浓度分布、VOCs 的传质通量等，有些模型还可以计算致癌风险或非致癌危害熵等风险评估结果。

6.1.4　本章内容介绍

本章 6.1 节介绍了蒸气入侵模型的基本概念；6.2 节将简单介绍蒸气入侵模型研究的历史，6.3 节重点介绍蒸气入侵模型的主要计算步骤和核心数学公式，6.4 节将对较有代表性的 23 个蒸气入侵数学模型进行介绍。6.5 节将对数学模型的误差以及误差来源进行讨论，希望读者看完本节后能够对 "All models are wrong" 这句话有更进一步的认识。深刻认识模型的误差和局限性是正确使用模型以及模拟结果的重要基础。由于任何模型不可避免地会引入误差，模型的校对与验证就成为了模型开发的一个必备的重要环节，任何一个模型只有经过了严格的校对和验证后才算完成了模型开发的全过程，6.6 节将围绕数学模型的校对与验证展开介绍。在前面几节基础上，6.7 节将围绕数学模型在蒸气入侵场地风险评估中的用途进行讨论。

6.2　蒸气入侵模型的研究历史

第 2 章已经介绍过，完整的蒸气入侵模拟计算包含四个核心步骤：VOCs 从污染源释放（步骤 1）；VOCs 在包气带中迁移转化（步骤 2）；VOCs 进入建筑物室内（步骤 3）；VOCs 与室内空气混合稀释，最终产生人体暴露（步骤 4）。对蒸气入侵全过程的模拟一般会细分成对这四个步骤分别的模拟，在对这四步模拟时现有的 **VOCs 蒸气入侵模型**大量借鉴了**氡气入侵室内空气模拟**和**农药在土壤中迁移转化模拟**的研究成果（Yao et al.，2013a）。

6.2.1　农药在土壤中迁移转化模拟

对农药迁移的模拟研究起始于 1960 年代，这类研究主要关注农药在土壤中的浸出、挥发、扩散、吸附、生物降解等过程，VOCs 在土壤中也存在挥发、扩散、吸附、生物降解等过程，两者具有相似的物理原理。现有的蒸气入侵模型在模拟 VOCs 从污染源释放以及在包气带中迁移转化时（核心步骤 1 和 2）主要借鉴了农药迁移模型的数学公式（Jury et al.，1983；1990）。除了挥发、扩散、吸附、生物降解等过程，农药迁移模型往往还会考虑地表径流、蒸散（evapotranspiration）、土壤排水（drainage）等环境过程的影响，但这些过程在 VOCs 蒸气入侵中影响不大往往被忽略，这是 VOCs 蒸气入侵模型和农药迁移模型的主要区别之一。

6.2.2　氡气入侵室内空气的模拟

对氡气入侵室内的模拟研究起始于 1970 年代。氡是一种天然放射性气体，由铀、镭等衰变产生，无色无味，存在于一切环境空气中。氡及其衰变产物是人类所受天然辐射照射最主要的来源，也是 19 种主要致癌物质之一。氡入侵室内空气主要是由土壤中析出的氡沿着建筑物地基或者墙体裂缝进入室内的，这与 VOCs 进入室内的过程相似，因此蒸气入侵模型在模拟 VOCs 进入建筑物并与室内空气混合时（核心步骤 3 和 4）主要借鉴了氡气入侵模型的数学公式（Nazaroff and Nero，1988；Yao et al.，2013a）。氡气入侵与 VOCs 蒸气入侵不同点在于氡往往来源于跟建筑直接接触的土壤，而且氡在土壤中通常是均匀分布的，因此氡入侵模型主要关注氡随土壤气进入室内的传质通量，而不太关注氡在土壤包气带中的环境行为，但包气带中的迁移转化会对 VOCs 入侵室内空气产生显著影响，这是 VOCs 蒸气入侵模型和氡入侵模型的主要区别之一。表 6.1 详细对比了 VOCs 蒸气入侵和氡入侵过程的异同点。

表 6.1　VOCs 蒸气入侵和氡入侵的异同

比较的方面	VOCs 蒸气入侵	氡入侵
侵入室内的过程	相似	
侵入室内驱动力	相似	
建筑物对入侵的影响	相似	
污染源的衰减	不同场地差异很大	以一个稳定的速率衰变
深部地层的转化	存在复杂的过程	可以忽略
包气带中的吸附	有些情况下影响很大	无
包气带中的生物降解	可能有	无

6.2.3　VOCs 蒸气入侵的模拟

在 1980 年代氡入侵室内空气的问题被广泛关注的时候，科学家逐渐意识到污染场地中的 VOCs 也有可能像氡气一样侵入室内空气并造成人体暴露，相关的研究在 1980 年代末期逐渐开展起来。1990 年代初美国相继开发出几个专门针对 VOCs 蒸气入侵的数学模型：Johnson and Ettinger 模型、Jury 模型、Little 模型。后来欧洲的科学家也跟进了这一领域的研究，一些适合欧洲场地特征的蒸气入侵模型相继被开发出来：COSOIL 模型、VOLASOIL 模型、Vlier-Humaan 模型、Ferguson 模型。1990 年代末美国科罗拉多州 Redfield Site 场地的大规模蒸气入侵问题被发现，政府部门、产业界、学术界逐步意识到了 VOCs 蒸气入侵的重要性和危害性，从此以后蒸气入侵研究步入快车道。到目前为止，有超过 30 种数学模型被开发出来，从简单的一维解析模型到复杂的三维数值模型。一些在先前模型中被忽略的环境过程，其在蒸气入侵中所起重要作用被确证，因此被新开发的模型所采纳（如生物降解过程）。尽管经历了长足的发展，但由于蒸气入侵过程的复杂性（多过程、多因子、多相态、时间高度变异、空间高度变异），目前已有的模型（包括最强大最复杂的三维数值模型）其模拟结果的准确性和可靠性还有非常大的提高空间，模拟结果在实际场地风险评估中的作用和价值还存在一定的争议，因此蒸气入侵模型模拟既是一个热门的工程实践领域也是一个活跃的前沿研究领域。

6.3 蒸气入侵的主要计算步骤和核心数学公式

如前所述，蒸气入侵模拟一般分为四个核心步骤：①VOCs 从污染源释放；②VOCs 在包气带中迁移转化；③VOCs 进入建筑物室内；④VOCs 与室内空气混合稀释，最终产生人体暴露。完整的蒸气入侵模型都包含对这四个过程的模拟计算，不同模型的差异主要体现在模型假设、维度、控制方程、边界条件等细节。本小节将系统介绍蒸气入侵模型的主要计算步骤和核心数学公式，有关这部分内容还可参考第 2 章。

6.3.1 VOCs 在地层中的相分配以及从污染源的释放

第 2 章已经介绍过：VOCs 在包气带中的迁移本质上是一个有机物在多孔介质中的多相流动-反应耦合过程。**包气带（vadose zone）**中存在多种相态：气相（土壤气）、水相（土壤孔隙水）、固相（土壤）、有时还会有 NAPL 相（土壤中残余的 NAPL）。**饱水带（saturated zone）**中也存在多种相态：水相（地下水）、固相（含水层岩土介质）、有时还会有-NAPL 相（地下水中的 LNAPL 或 DNAPL）。无论是在包气带还是饱水带，VOCs 都时刻处在上述相态间的动态分配过程中，这一过程就叫**相分配（phase partitioning）**。相分配的最终结果会使得整个系统趋于平衡状态（注意是"趋于"，未必能"达到"）。**相分配计算（phase partitioning calculation）**就是基于目标 VOCs 在某一相中的浓度计算在其他相中的浓度或者在环境介质中所有相态中的总浓度。需要注意的是：相分配计算往往都要假设目标化合物在各相之间的分配达到了平衡，即所谓**相平衡（phase equilibrium）**，只有达到了相平衡才能利用热力学平衡常数（如亨利常数等）进行相平衡计算。在 VOCs 蒸气入侵过程中有以下几个比较重要的相平衡过程：

1. 水相-气相平衡以及 VOCs 从水相污染源的释放

VOCs 蒸气入侵过程中有两个重要环节存在水相-气相平衡。第一，当 VOCs 污染源是地下水时，VOCs 需要通过挥发从地下水溶解态进入潜水面上方的土壤气中。第二，VOCs 在包气带中迁移时也会在土壤气和土壤孔隙水之间反复交换平衡。以第一种情况为例，假设溶解在地下水中的 VOCs 与潜水面上方土壤气中的 VOCs 达到了分配平衡，则地下水中的 VOCs 浓度与土壤气中 VOCs 的浓度符合**亨利定律（Henry's law）**：

$$C_g^i = H^i \times C_w^i \tag{6.1}$$

式中，C_g^i 是化合物 i 在土壤气中的浓度，g/m^3；C_w^i 是 i 在地下水中的浓度，g/L；H^i 是化合物 i 的亨利常数。VOCs 在土壤孔隙水与土壤气之间的水-气平衡也可用亨利定律计算。使用亨利定律有两点注意事项：第一，亨利常数会随着温度的变化而变化，可以根据地层的实际温度用范霍夫方程进行亨利常数的校正（Rivett et al.，2011）。第二，亨利常数有多种不同的单位表达形式，其数值会随单位的选取而变化，美国环保署网站上有一个亨利常数单位换算工具可供免费使用[①]。

　　当使用地下水 VOCs 浓度作为输入参数时，现有的蒸气入侵模型通常都会采用亨利定律先将地下水浓度转换成土壤气浓度来作为污染源浓度输入模型，再进行后续的模型计算，但是大量的现场观测数据和实验研究数据显示：VOCs 的土壤气浓度和地下水浓度在很多情况下并不符合亨利定律（McAlary et al.，2011）。可能的原因有两个：第一，VOCs 穿越毛细带（capillary fringe）进入包气带的过程是一个速率受限的传质过程（rate-limited mass transfer）。与此同时，由于跟地表大气存在着密切的物质交换，包气带并不是一个严格的密闭体系。这两个因素导致 VOCs 从地下水挥发到土壤气的过程实际上很难达到热力学平衡，而亨利定律只有在满足热力学平衡条件下才成立，因此用亨利定律描述 VOCs 从地下水到土壤气的挥发过程存在偏差。第二，地下水采样井的采样格栅一般有几厘米到几十厘米宽大间距，采集到的水样实际上是采样格栅区域间距内的地下水的混合样，实践上无法精确采集恰好位于潜水面的水样。然而亨利定律描述的是化合物气-水分界面的分配关系，因此采样精度的限制也会导致一定的计算误差。综上所述，虽然亨利定律在蒸气入侵模型中被广泛应用，但该方法存在一定的局限性，可能会引入误差。采集污染源附近的深层土壤气作为模型输入参数可以有效避免由于使用亨利定律带来的误差（McAlary et al.，2011）。

2. NAPL 相-气相平衡以及 VOCs 从 NAPL 污染源的释放

　　地下环境中常见的**非水相有机液体（NAPL）**一般分为两类：**自由流动态 NPAL（free NAPL）**和**残留态 NAPL（residual NAPL）**。无论哪种类型的 NAPL，只要其作为蒸气入侵污染源，VOCs 首先就需要通过挥发从 NAPL 相进入气相。如果 NAPL 是由多种有机物组成的混合物，假设混合物中各组分的活度系数都是 1（即**"理想混合物"**假设），那么目标 VOCs 的土壤气浓度可以用**拉乌尔定律（Raoult's law）**计算：

$$C_g^i = \frac{x^i \times P_0^i \times \mathrm{MW}^i}{R \times T} \tag{6.2}$$

式中，C_g^i 是化合物 i 在土壤气中的浓度，$\mathrm{g/m^3}$；x^i 是 i 在 NAPL 混合物中的摩尔分数，mol/mol；P_0^i 是 i 纯单质时的饱和蒸气压，atm；MW^i 是化合物 i 的分子量，g/mol；R 是理想气体常数，82.1 $\mathrm{cm^3}$-atm/mol-K；T 是绝对温度，K。

　　第 2 章已经讨论过，拉乌尔定律是建立在混合物的每种组分的活度系数都是 1 的理想混合物假设基础上的，然而理想混合物实际上是不存在的。如果 NAPL 是由性质差异较大的有机物构成（如芳香烃和脂肪烃），那么用拉乌尔定律计算出的结果会产生较大的误差（Schaefer et al.，1998）。如果知道 NPAL 的化学组成，可以用 **universal functional activity coefficient（UNIFAC）方法**对非理想混合物进行校正（Broholm et al.，2005）。但是对大多数场地，因为空间异质性、污染来源多样性、长期风化导致的组分变化等因

[①] https://www3.epa.gov/ceampubl/learn2model/ part-two/onsite/henryslaw.html。

素根本无法获取 NAPL 相化学组成的确切信息，也就无法使用 UNIFAC 方法。因此，在实际的工程项目中，还得借助拉乌尔定律进行计算，但需要知道这一步简化计算会引入不同程度的误差。

3. 水相-吸附相平衡以及气相-吸附相平衡

作为有机物，VOCs 都有一定的非极性，因此会与土壤发生吸附和解吸作用（Goss，2004）。现有的蒸气入侵场地概念模型一般假设：①土壤气中的 VOCs 与土壤的吸附-解析主要发生在土壤天然有机质中；②这种吸附-解析作用是完全可逆且瞬间达到平衡的（reversible and instantaneous equilibrium），符合理想的**线性分配模型（ideal linear sorption model）**，一般用以下公式计算：

$$S^i = K_{oc}^i \times f_{oc} \times C_w^i \tag{6.3}$$

$$S^i = K_{oc}^i \times f_{oc} \times \frac{C_g^i}{H^i} \tag{6.4}$$

式中，S^i 是单位质量土壤中所吸附的化合物 i 的总质量，g-i/kg-soil；f_{oc} 是土壤的有机碳含量，无量纲；K_{oc}^i 是 i 的土壤有机碳标准化分配系数，L/g；C_w^i 是 i 在水相中的浓度，g/L；C_g^i 是 i 在土壤气中的浓度，g/m^3；H^i 是 i 的亨利常数。

实际上 VOCs 在土壤中的相分配过程远比三相线性模型复杂得多。在进一步讨论之前首先需要澄清几个概念。**吸附（sorption）**可以细分为两种不同的界面化学过程：**表面吸附（adsorption）**和**吸收（absorption）**。Adsorption 是一个表面过程，即吸附质分散到吸附剂的表面上并且浓缩集成一层吸附层（或称吸附膜），并不深入到吸附剂内部。例如，苯被吸附到活性炭颗粒的表面。Absorption 是指物质不仅保持在表面，而且通过表面分散到整个相态内部。例如，二氧化碳气体被氢氧化钠溶液吸收。Adsorption 应该翻译成"表面吸附"，而 absorption 准确的翻译是"吸收"，sorption 一般翻译为"吸附"。sorption 的反义词是 **desorption（解析）**。VOCs 在土壤中的吸附实际上既有吸收又有表面吸附，具体可以分为：VOCs 在土壤有机质中的吸收（机制 1）；VOCs 在土壤水中的吸收（机制 2）；VOCs 在土壤水-土壤气交界面的表面吸附（机制 3）；VOCs 在土壤无机矿物-土壤气交界面的表面吸附（机制 4）（Rivett et al.，2011）。表面吸附一般是非线性的，而吸收一般是线性的。既然 VOCs 在土壤中的吸附既有吸收（机制 1 和机制 2）又有表面吸附（机制 3 和机制 4），总效果应该是非线性的。另外一个需要特别强调的地方是，VOCs 在经过包气带向地表迁移的过程中，其在土壤中的分配并不一定能达到平衡状态，有时候会处于非平衡状态，因此严格说并不能用基于热力学平衡态的分配理论。然而，现有的蒸气入侵模型在计算 VOCs 在包气带中的吸附-解析过程时往往使用线性分配模型，该模型假设系统已经达到热力学平衡状态且只考虑机制 1，这样的计算必定会引入误差。大量界面化学研究显示，当污染物浓度较高时，污染物的界面化学行为符合线性分配模型的概率较大。当污染物浓度较低的时候，污染物的界面化学行为往往呈非线性特点，此时再用线性模型模拟产生的误差比较大，这部分内容还可参考第 2 章。

4. 土壤总浓度计算

土壤中 VOCs 存于气、水、固、NAPL 等多个相态中，将以上各小节的公式综合起来即可计算 VOCs 在土壤中所有相态中的总浓度（soil bulk concentration）：

$$C_{\mathrm{g}}^{i} = \frac{C_{\mathrm{T}}^{i}}{\phi_{\mathrm{g}} + \dfrac{1}{H^{i}} \times (\phi_{\mathrm{w}} + \phi_{\mathrm{NAPL}}K_{\mathrm{NAPL}} + \rho_{\mathrm{b}}f_{\mathrm{oc}}K_{\mathrm{oc}}^{i})} \tag{6.5}$$

式中，C_{T}^{i} 是化合物 i 在土壤所有相态中的总浓度，μg/kg；C_{g}^{i} 是 i 在土壤气中的浓度，g/m^3；ϕ_{g} 是土壤的孔隙度，m^3-soil gas/m^3-soil；ϕ_{w} 是土壤水分的体积占比，m^3-H$_2$O/m^3-soil；H^{i} 是亨利常数；ϕ_{NAPL} 是土壤中 NAPL 的体积与土壤总体积的比例，m^3-NAPL/m^3-soil；K_{NAPL} 是化合物 i 在 NAPL 相和气相间的分配系数（无量纲）；ρ_{b} 是土壤密度，g/L；f_{oc} 是土壤的有机碳含量，无量纲；K_{oc}^{i} 是 i 的土壤有机碳标准化分配系数，L/g。

6.3.2 VOCs 在包气带中的迁移转化

1. 扩散

扩散（diffusion）是由于分子的热运动而产生的物质传递现象，一般可发生在一种或几种物质于同一相态或不同相态之间，由不同区域之间的浓度差所引起，物质从高浓度区域向低浓度区域进行迁移，直到同一相态内各部分中各物质的浓度达到均匀为止。传统的蒸气入侵场地概念模型认为 VOCs 在包气带主要通过扩散进行传质。扩散的传质通量受浓度梯度和扩散系数的影响，浓度梯度越大则传质通量越大，扩散系数越大则传质通量越大。扩散系数受化合物性质、介质性质、温度和压力等环境条件的影响。扩散传质通量与浓度梯度和扩散系数之间的关系通常用**费克定律（Fick's law）**描述：

$$J_{\mathrm{g}}^{i} = -D_{\mathrm{eff}}^{i}\nabla C_{\mathrm{g}}^{i} \tag{6.6}$$

式中，J_{g}^{i} 是化合物 i 在土壤气中的质量通量（g/m^2）；$\nabla C_{\mathrm{g}}^{i}$ 是 i 在气相中的浓度梯度；D_{eff}^{i} 是 i 在气相中的有效扩散系数（m^2/s），D_{eff}^{i} 可以通过 **Millington and Quirk** 公式进行估算（式 6.7）（Millington and Quirk，1961）：

$$D_{\mathrm{eff}}^{i} = D_{\mathrm{g}}^{i}\frac{\phi_{\mathrm{g}}^{10/3}}{\phi_{\mathrm{T}}^{2}} + \frac{D_{\mathrm{w}}^{i}}{H^{i}} \times \frac{\phi_{\mathrm{w}}^{10/3}}{\phi_{\mathrm{T}}^{2}} \tag{6.7}$$

式中，D_{g}^{i} 是化合物 i 在气相中的分子扩散系数（m^2/s）；D_{w}^{i} 是 i 在水中的分子扩散系数（m^2/s）；ϕ_{T} 是土壤总孔隙度；ϕ_{g} 是土壤气的体积占比（m^3-soil gas/m^3-soil）；H^{i} 是 i 的亨利常数；ϕ_{w} 是土壤孔隙水的体积占比（m^3-H$_2$O/m^3-soil）。

2. 对流

对流（advection）是指由于流体微团宏观运动产生的物质传递现象，由气压梯度引起，物质从高气压区域向低气压区域进行迁移。传统的蒸气入侵场地概念模型认为 VOCs 在包气带中的传质主要靠扩散，但在某些区域对流也会成为主要的传质途径。例如：在建筑物底板裂缝附近的土壤中，由于室内空气与土壤气存在气压差，会有较为显著的土壤气对流现象（可以是流入建筑，也可以是流出建筑，对流方向取决于室内气压与土壤气气压的相对大小），这时对流就有可能成为 VOCs 的主要传质方式。对流传质通量的大小和方向直接受气压梯度的影响，从高气压区域向低气压区域传递，气压差越大对流传质的通量越大。对流传质通量的大小同时还受土壤渗透性的影响，土壤的渗透性越强对流传质的强度越大。对流的传质通量与气压差、土壤渗透性之间的关系一般用达西定律（Darcy's law）描述：

$$q_\mathrm{g} = \frac{K_\mathrm{g}}{\mu_\mathrm{g}} \nabla p \tag{6.8}$$

式中，q_g 是土壤气的流速（soil gas flow velocity），m/s；K_g 是土壤的空气渗透系数，m^2；μ_g 是土壤气动态黏滞系数，g/(m·s)；∇p 是土壤气气压梯度，$\mathrm{g/(m^2 \cdot s^2)}$。

注意**流速（flow velocity）**和**流量（flow rate）**是两个容易混淆的不同概念，气体流速 q_g（m/s）与气体流量 Q_g（m^3/s）之间用以下公式换算，其中 A 是截面积（m^2）：

$$Q_\mathrm{g} = q_\mathrm{g} \times A \tag{6.9}$$

土壤气气压的分布要满足质量守恒的要求，因此可以用连续性方程计算土壤气气压分布：

$$\frac{\partial p}{\partial t} - \left(\frac{\overline{P}}{\phi_\mathrm{g} \mu_\mathrm{g}} \right) \cdot \nabla (K_\mathrm{g} \cdot \nabla p) = 0 \tag{6.10}$$

式中，P 是土壤气的气压，$\mathrm{g/(m \cdot s^2)}$；t 是时间，s；$\overline{P}$ 是平均气压（一般用大气压代替）；ϕ_g 是土壤的孔隙度，m^3-soil gas/m^3-soil；μ_g 是土壤气动态黏滞系数，$\mathrm{g/(m \cdot s)}$；K_g 是土壤的空气渗透系数，m^2；∇p 是土壤气气压梯度，$\mathrm{g/(m^2 \cdot s^2)}$。

3. 生物降解

第 2 章已经讨论过氯代烃和石油烃在蒸气入侵方面的主要差异就是两者的生物降解性不同，能够降解石油烃的微生物广泛分布在各类土壤和水体环境中，而氯代烃则很难被生物降解。多项实验研究和现场观测研究证明在土壤中石油烃（链烃、芳香烃）存在较为明显的生物降解，这会显著降低石油烃向地表的传质通量以及蒸气入侵风险（Lahvis et al., 1999；Hers et al., 2000；DeVaull et al., 2002）。受科学认识局限，一些较早开发的蒸气入侵模型（如：J&E、VOLASOIL 等）都忽略了 VOCs 的生物降解过程。如果用这些模型进行石油蒸气入侵的风险评估，得到的结果往往过于保守。新开发的石油烃蒸气入侵模型大多都包含了生物降解项。

一般认为石油烃在包气带中的好氧生物降解要比厌氧生物降解快得多，因此包含生物降解项的蒸气入侵模型一般只能模拟好氧降解而会忽略厌氧降解。唯一的例外是罗马大学的 Iason Verginelli 博士和 Renato Baciocchi 教授合作开发的 Verginelli and Baciocchi（2011）一维解析模型，该模型可同时模拟好氧降解和厌氧降解（Verginelli and Baciocchi，2011）。在 Verginelli and Baciocchi（2011）模型中，包气带从上到下依次被分为好氧区、厌氧区、毛细带，模型假设 VOCs 在好氧区发生好氧降解，在厌氧区发生厌氧降解，在毛细带无降解但受到一定的传质阻力。生物降解速率可以用不同的反应动力学模型表示，常见的有零级反应、一级反应、二级反应和莫诺反应（Monod kinetics）。大部分可模拟好氧降解的蒸气入侵模型一般都只能模拟一种反应动力学模型（模拟一级反应的较常见），有些复杂的蒸气入侵模型（例如：ASU 三维数值模型）可以提供多种动力学模型供选择。在好氧降解中，氧气作为电子受体将 VOCs 氧化，因此氧气含量直接决定了好氧降解能否发生。很多模型假设了好氧降解是受氧气限制的（oxygen-limited aerobic biodegradation）。大部分模型以 1%～2%（$v:v$）的氧气含量作为好氧降解发生的阈值，即假设土壤气中的氧气含量低于该阈值好氧降解无法发生，只有氧气含量高于阈值好氧降解才能发生。

4. 扩散-对流-反应方程

将上面介绍的扩散传质、对流传质和生物降解结合起来即可得到描述 VOCs 在土壤中迁移转化行为的**扩散-对流-反应方程**（**diffusion-advection -reaction equation**）：

$$\phi_{g,w,s} \times \frac{\partial C_g^i}{\partial t} = -\nabla \cdot (q_g C_g^i) - \nabla \cdot (q_w \frac{C_g^i}{H^i}) + \nabla \cdot (D_{eff}^i \nabla C_g^i) - R^i \qquad (6.11)$$

其中，

$$\phi_{g,w,s} = \phi_g + \frac{\phi_w}{H^i} + \frac{K_{oc}^i f_{oc} \rho_b}{H^i} \qquad (6.12)$$

式中，$\phi_{g,w,s}$ 是有效的传质孔隙度，m³-soil gas/m³-soil，可以用公式（6.12）计算；式（6.11）中的 $-\nabla \cdot (q_g C_g^i) - \nabla \cdot (q_w \frac{C_g^i}{H^i})$ 是对流传质项；$\nabla \cdot (D_{eff}^i \nabla C_g^i)$ 是扩散传质项；$-R^i$ 是生物降解项；C_g^i 是化合物 i 在土壤气中的浓度，g/m³；q_g 是土壤气的流速，m/s；q_w 是土壤水的流速，m/s；D_{eff}^i 是化合物 i 在土壤中的有效扩散系数，m²/s，可以通过 Millinton and Quirk 公式进行估算[式（6.7）]；ϕ_g 是土壤的孔隙度，m³-soil gas/ m³-soil；ϕ_w 是土壤孔隙水的体积占比，m³-H₂O/ m³-soil；H^i 是亨利常数；ρ_b 是土壤密度，g/L；f_{oc} 是土壤的有机碳含量（无量纲）；K_{oc}^i 是 i 的土壤有机碳标准化分配系数，L/g。

扩散-对流-反应方程较为全面地刻画了 VOCs 在包气带中的主要环境行为。在模拟 VOCs 从污染源到地表的迁移过程时，现有的蒸气入侵模型都是依据该公式或在此公式基础上进行简化后进行计算的。不同模型的差异主要体现在：①是否基于稳态假设；②传质途径是否同时包括扩散和对流；③是否考虑生物降解以及使用了哪种降解动力学模型。

　　稳态（steady state） 是指系统中的各部分的状态不随时间的变化而变化，当假设蒸气入侵过程处于稳态时，式（6.11）中的 $\dfrac{\partial C_{\mathrm{g}}^{i}}{\partial t}$ 项等于零。与此相反，**非稳态（unsteady state）** 是指系统中的某些状态参数随着时间的变化而变化，非稳态又叫作**瞬态（transient state）**。当假设蒸气入侵过程处于非稳态时，式（6.11）中的 $\dfrac{\partial C_{\mathrm{g}}^{i}}{\partial t}$ 项不等于零。

　　被广泛应用的 J&E 模型基于如下三个假设：①系统处于稳态；②扩散是 VOCs 在土壤中的唯一的传质途径；③忽略生物降解，因此 J&E 模型在模拟 VOCs 土壤迁移的公式可简化为 $0 = \nabla \cdot (D_{\mathrm{eff}}^{i} \nabla C_{\mathrm{g}}^{i})$（Johnson and Ettinger，1991）。Biovapor 模型是在保留 J&E 模型的基础上增加好氧生物降解项，因此该模型在模拟 VOCs 土壤迁移的公式是 $0 = \nabla \cdot (D_{\mathrm{eff}}^{i} \nabla C_{\mathrm{g}}^{i}) - R^{i}$，其中 R^{i} 采用了一级反应速率（DeVaull，2007）。相对于 J&E 和 Biovapor 等简单的解析模型，复杂的数值模型往往能够模拟非稳态等复杂情况。例如，ASU 和 Brown 两个三维数值模型在模拟 VOCs 土壤迁移的公式是 $\phi_{\mathrm{g,w,s}} \times \dfrac{\partial C_{\mathrm{g}}^{i}}{\partial t} = -\nabla \cdot (q_{\mathrm{g}} C_{\mathrm{g}}^{i}) - \nabla \cdot \left(q_{\mathrm{w}} \dfrac{C_{\mathrm{g}}^{i}}{H^{i}}\right) + \nabla \cdot (D_{\mathrm{eff}}^{i} \nabla C_{\mathrm{g}}^{i}) - R_{i}$，这两个模型既能模拟非稳态的模型又能模拟稳态情形（Abreu，2005；Abreu and Johnson，2005；Pennell et al.，2009）。

6.3.3　VOCs 进入建筑物室内

　　迁移到建筑底板附近的 VOCs 还要通过一定的途径进入建筑物内部才能最终造成人体暴露。建筑物类型繁多，VOCs 进入室内的途径也十分多样，研究人员提出了几种不同的理论假说来描述 VOCs 进入室内的过程。

1. 无阻隔进入理论

　　这个理论假设建筑物不存在底板，室内空气直接与土壤接触，土壤气进入室内的时候不会受到任何传质阻力。在这一概念模型下，可采用固定浓度的边界条件，即假设在土壤-空气的边界 VOCs 浓度为零以简化传质通量的计算，这样 VOCs 从土壤向室内的传质通量与向室外的传质通量相同，都等于 VOCs 从土壤中逸散的通量。无阻隔进入是一种最简单的概念模型，但实际场地中符合这种模型的建筑物（如 bare earth floor）非常少见。

2. 扩散阻隔层理论

　　1983 年加州大学河滨分校的 William Jury 教授（2000 年当选美国科学院院士）在开发 Jury 模型时提出了**扩散阻隔层理论（diffusive layer theory）**（Jury et al.，1983）。扩散阻隔层是位于土壤表面和空气之间一层非常薄的虚拟的传质阻隔层，VOCs 只有通过扩散穿越阻隔层才能进入室内，由于 VOCs 在阻隔层中的扩散受到来自阻隔层材料的传质阻力，因此在阻隔层上下表面存在 VOCs 的浓度梯度。Jury 模型中假设建筑物是没有底板的，扩散阻隔层仅仅是一个虚拟的结构。

3. 可渗透底板理论

Ferguson 等（1995）模型假设建筑存在物理实体的底板将室内空间与土壤分割开，底板由不同性质的多层材料构成，底板对土壤气的对流是可渗透的（permeable slab）。这一理论假设 VOCs 可以通过扩散和随土壤气对流两种方式进入建筑，而且整个底板在平面二维方向上是均质的（纵向上可以由不同材料构成），因此扩散和对流发生在整个底板的平面（与后面要介绍的底板裂缝理论不同）。

4. 传质通量衰减理论

1990 年代初开发的 OCHCA 模型假设建筑物底部存在水泥底板，VOCs 在穿越底板进入室内时其传质通量会发生衰减，为此 OCHCA 模型引入了一个固定的衰减系数 b 来计算进入室内的 VOCs 传质通量 $J_{soil\ to\ indoor}$ 与 VOCs 在土壤中的传质通量 $J_{within\ soil}$ 之间的关系，即 $J_{soil\ to\ indoor}=b \times J_{within\ soil}$（Daugherty，1991）。OCHCA 模型采用了与无阻隔进入概念模型中同样的固定浓度边界条件，即假设底板下 VOCs 浓度为零。

5. 浓度衰减理论

浓度衰减理论与传质通量衰减理论类似，也是假设建筑物底部存在能够阻隔 VOCs 进入的底板，VOCs 在穿越底板进入室内的过程中会发生衰减，不过浓度衰减理论计算的是浓度的衰减，为此引入了底板浓度衰减因子（$\alpha_{subslab}$）来计算 VOCs 室内空气浓度（C_{indoor}）和底板下土壤气浓度（$C_{subslab}$）的关系，即 $C_{indoor}=\alpha_{subslab} \times C_{subslab}$。这一理论得益于发达国家尤其是美国近二十年来的大量的场地实测数据，美国环保署对这些实测数据进行了系统的统计分析，并得到了较为保守的 $\alpha_{subslab}$ 平均值，为浓度衰减理论的应用奠定了重要基础（USEPA，2012a；2013a）。浙江大学尧一骏教授和罗马大学 Iason Verginelli 博士合作开发的 PVI2D 模型和 CVI2D 模型采用了这种方法计算室内浓度（Yao et al.，2016；2017）。

6. 底板裂缝理论

底板裂缝理论认为 VOCs 是无法透过底板混凝土介质的，VOCs 只能通过底板上的裂缝进入室内。研究证实氡气主要就是通过建筑底板上的裂缝侵入室内的（Nazaroff et al.，1985；1987）。在此基础上，加州大学伯克利分校的 William Nazaroff 教授推导了著名的 **Nazaroff 公式** 以估算由底板裂缝进入室内的土壤气流量（Nazaroff，1988）。假设土壤中水平放置一个圆柱体的洞（horizontal cylindrical cavity），洞的半径是 r_c，洞的长度是 L，洞在地表以下的埋深是 Z_c，假设土壤表面和洞内的气压差维持在 Δp 保持不变，这样土壤气会从土壤通过对流进入洞内。假设 L 远远大于 r_c 和 Z_c，那么这个三维的圆柱体可以简化为一个垂直于圆柱轴向的二维截面。进一步假设整个系统处于稳态，那么进入圆柱体洞的稳态土壤气流量可用 Nazaroff 公式描述（Nazaroff，1988）：

$$Q_{\text{soil}} = \frac{2\pi K_{\text{g}} \Delta p L}{\mu_{\text{g}} \sin h^{-1}(\sqrt{(\frac{z_{\text{c}}}{r_{\text{c}}})^2 - 1})} \tag{6.13}$$

式中，Q_{soil} 是进入圆柱体洞的稳态土壤气流量，m^3/s；K_{g} 是土壤的空气渗透系数，m^2；Δp 是洞内外的气压差，$g/m \cdot s^2$；L 是圆柱体洞的长度，m；μ_{g} 是土壤气动态黏滞系数，$g/m \cdot s$；r_{c} 是圆柱体洞的半径，m；z_{c} 是圆柱体洞在地表以下的埋深，m。

Paul Johnson 和 Robert Ettinger（1991）将 Nazaroff 公式引入到 J&E 模型，假设建筑底板的裂缝的形状也是圆柱状，为将 Nazaroff 公式做进一步的简化，假设式（6.13）中的 z_{c}（裂缝埋深）远远大于 r_{c}（圆柱状裂缝的半径），那么式（6.13）可以简化为式（6.14）：

$$Q_{\text{soil}} = \frac{2\pi K_{\text{g}} \Delta p L}{\mu_{\text{g}} \ln(2z_{\text{c}} / r_{\text{c}})} \tag{6.14}$$

6.3.4　VOCs 与室内空气混合稀释

蒸气入侵的人体暴露是通过呼吸室内空气产生的，因此计算 VOCs 室内空气浓度是所有蒸气入侵模型最核心的功能。大多数蒸气入侵模型都把目标建筑假设为一个**理想的完全混合反应器（completely mixed reactor）**，该反应器具有以下特点：①侵入室内的 VOCs 瞬间与室内空气达到完全混合状态；②VOCs 室内空气浓度与排出室外的 VOCs 浓度相同。完全混合反应器是一种理想反应器，在这一假设下可用以下公式计算 VOCs 的室内浓度：

$$C_{\text{indoor}}^{i} = \frac{J_{\text{soil}}^{i} + J_{\text{indoor}}^{i} + V_{\text{b}} \times \text{AER} \times C_{\text{atm}}^{i}}{V_{\text{b}} \times \text{AER} + Q_{\text{ck}}} \tag{6.15}$$

式中，C_{indoor}^{i} 是化合物 i 的室内空气浓度，g/m^3；J_{soil}^{i} 是通过蒸气入侵途径从底板下土壤侵入室内的化合物 i 的质量通量，g/s；J_{indoor}^{i} 是通过室内污染源（indoor source）释放出的化合物 i 的质量通量，g/s；V_{b} 是目标建筑物内部空间的总体积，m^3；AER 是目标建筑的空气交换率（air exchange rate），s^{-1}；C_{atm}^{i} 是化合物 i 在室外大气中的背景浓度，mg/m^3；Q_{ck} 是通过对流进入建筑物内的土壤气的体积流量，m^3/s。

绝大部分模型假设通过室内污染源释放出的 VOCs 的质量通量 J_{indoor}^{i} 以及室外大气中的背景浓度 C_{atm}^{i} 都可忽略不计，这样式（6.15）就可以简化为

$$C_{\text{indoor}}^{i} = \frac{J_{\text{soil}}^{i}}{V_{\text{b}} \times \text{AER} + Q_{\text{ck}}} \tag{6.16}$$

如果不考虑土壤气的对流，式（6.16）还可以进一步简化为

$$C_{\text{indoor}}^{i} = \frac{J_{\text{soil}}^{i}}{V_{\text{b}} \times \text{AER}} \tag{6.17}$$

6.4　代表性模型介绍

据不完全统计，目前已经有超过 30 个蒸气入侵模型被开发出来，由于篇幅限制本书仅对其中较具有代表性的几个模型进行简要介绍。

6.4.1　Johnson and Ettinger 模型

Johnson and Ettinger 模型由当时在壳牌石油公司工作的 Paul Johnson 博士和 Robert Ettinger 共同开发的（Johnson and Ettinger，1991），Paul Johnson 博士后来到 Arizona State University 和 Colorado School of Mines 任教。J&E 模型是目前知名度最高、使用最广的蒸气入侵模型，美国环保署 2002 年发布的《蒸气入侵场地风险评估技术导则（草稿）》和 2015 年发布的《蒸气入侵场地风险评估技术导则（正式稿）》中均使用 J&E 模型作为美国环保署指定的风险筛查模型（USEPA，2002；2015a）。加拿大等其他国家也使用该模型作为蒸气入侵评估工具。由于其广泛的应用，该模型经过了相对较多的研究和审查，已有多篇论文针对该模型的使用方法和局限性进行了深入的探讨（Hers et al.，2003；Johnson，2005；Tillman and Weaver，2006，2007；Moradi et al.，2015）。

J&E 模型属于一维解析模型，基于一维垂直方向上的质量守恒构建（图 6.1）。J&E 模型允许输入目标场地的地层、污染状况、建筑等的特征信息，可以模拟两种建筑类型：带地下室的建筑（Basement）和混凝土板式基础建筑（Slab on grade）。该模型可以正向计算 VOCs 室内空气浓度以及造成的致癌风险和危害熵，也可以人为设定 VOCs 室内空气标准反向计算土壤或者地下水的修复目标值。J&E 模型的主要假设有：整个系统处于稳态；忽略 VOCs 的生物降解作用；包气带是均相的，忽略包气带土壤性质的空间异质性；污染源无限大，且浓度不会衰减；VOCs 在气相、水相、吸附相中处于三相平衡，平衡是完全可逆的，各相中的 VOCs 浓度符合线性分配模型；VOCs 在包气带中只通过扩散传质，扩散通量用菲克定律计算；VOCs 通过底板裂缝进入建筑内部，在裂缝中以及底板附近的受建筑影响的包气带（building zone of influence）同时有对流和扩散两种传质途径，对流用达西定律计算；VOCs 进入室内后与室内空气混合稀释，室内空间被看作一个完全混合反应器。由于 J&E 模型忽略了生物降解，而且要满足一维方向的质量守恒，因此该模型假设污染源释放出的 VOCs 全部进入了污染源上方的建筑物室内而忽略了 VOCs 从建筑周边的底边挥发进入室外空气的通量，这与场地中的实际情况有一定的出入。

美国环保署早在 2003 年就将该模型制成 Excel 电子表格供免费下载使用，并且发布了一本详细的模型使用手册（USEPA，2003）。这本手册还推荐了 J&E 模型输入参数的取值范围以及常见 VOCs 的理化性质数据表。在第一版 Excel 版本的 J&E 模型发布后，美国环保署根据用户实际使用后出现的问题以及持续发表的最新研究成果不断地改进该模型。2017 年 12 月发布 Version 6.0 版，同时发布了一本新的模型使用手册（USEPA，2017），下载地址是 https://www.epa.gov/vaporintrusion/epa-spreadsheet-modeling-subsurface-vapor-intrusion。需要注意的是，经过美国环保署的不断改进，目前的 Version

6.0 与原始的 J&E 模型在概念模型、公式、功能等方面已经有了一定的差异。例如，Version 6.0 可以模拟 VOCs 在饱和带和毛细带中的传递和衰减，并且可以模拟三种建筑底板类型，具体技术细节可以查阅新版用户使用手册（USEPA，2017）。

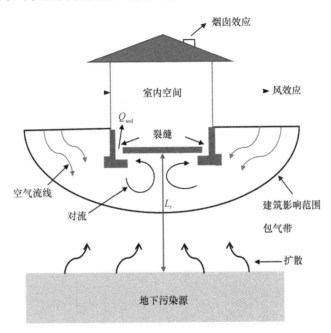

图 6.1　J&E 模型的概念模型示意图（USEPA，2003）

6.4.2　CSOIL 模型

1994 年荷兰公共卫生与环境国家研究院（RIVM）的科学家开发了 COSIL 模型的第一个版本（CSOIL1994）（Van den Berg，1994）。该模型属于一维解析模型，主要的模型假设包括：整个系统处于稳态；污染源是无限大的；地下没有 NAPL 的存在；土壤是均质的；忽略土壤对于 VOCs 的吸附作用；忽略 VOCs 的降解；忽略 VOCs 侧向的迁移和淋溶作用（Rikken et al.，2001）。CSOIL1994 模型假设扩散是包气带中 VOCs 唯一的传质途径，改进后的 CSOIL2000 模型则可以模拟扩散和均匀对流两种传质方式（Brand et al.，2000）。所谓均匀对流（uniform advection）是指土壤气的流速矢量的数值和方向在整个流场中都是一样的，不随位置的改变而改变。与此相反，更强大的三维数值模型可以模拟在三维立体空间中不同位置存在的方向和数值都不相同的土壤气流速矢量。带有管道空间的建筑（crawl space）在荷兰最为常见，因此 CSOIL 模型只能模拟带管道空间的建筑而不能模拟其他类型的建筑（Huijsmans and Wezenbeek，1995）。该模型的污染源浓度可以以地下水浓度或者土壤浓度作为输入参数。CSOIL 模型的商业化版本可以从荷兰 Van Hall Larenstein Training & Consultancy 公司的 Risc-Human 软件中获得。Huijsmans 和 Wezenbeek 的研究显示 CSOIL 模型在预测可降解芳烃室内空气浓度时，可能存在 36～360000 倍的高估，在模拟氯代烃室内空气浓度时可能存在 2～690 倍的高估（Huijsmans and Wezenbeek，1995）。

6.4.3　Ferguson et al.（1995）模型

1995 年英国 Nottingham Trent University 的科学家开发了 Ferguson et al.（1995）模型（Ferguson et al.，1995）（图 6.2）。该模型属一维解析模型，主要针对独立别墅为模拟对象，主要的模型假设包括：系统处于稳态；忽略生物降解；VOCs 在气相、水相、吸附相中处于三相平衡，平衡是完全可逆的，各相中的 VOC 浓度符合线性分配模型；VOCs 在土壤通过扩散迁移；建筑带有底板，VOCs 通过扩散和对流两种途径穿越底板进入室内（图 6.3），而且扩散和对流发生在整个底板平面；VOCs 进入室内后与室内空气混合；室内的 VOCs 污染源以一个恒定速率排放 VOCs（该速率也可设为零）。在综合了上述传质过程后，模型根据质量守恒原理计算 VOCs 的室内空气浓度。1998 年，V.V. Krylov 和 C.C. Ferguson 在 Ferguson et al.（1995）模型的基础上开发了 Krylov and Ferguson 模型，该模型可以模拟带地下室或管道空间的建筑（Krylov and Ferguson，1998）。

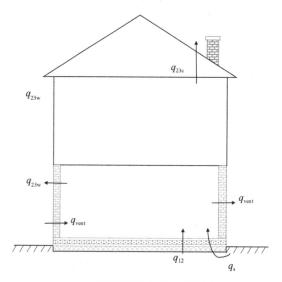

图 6.2　Ferguson et al.（1995）模型的概念模型示意图（Ferguson et al.，1995）

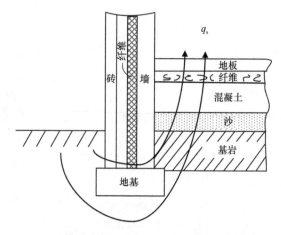

图 6.3　Ferguson et al.（1995）模型中的 VOCs 进入室内的概念模型（Ferguson et al.，1995）

6.4.4　VOLASOIL 模型

1996 年荷兰公共卫生与环境国家研究院（RIVM）的科学家在 CSOIL 模型基础上开发了一维解析模型"VOLASOIL"（Waitz et al.，1996）（图 6.4）。VOLASOIL 模型可以模拟扩散和对流两种传质途径，不过该模型也是假设对流是均匀对流（uniform advection），即流速的数值和方向在整个流场中保持一致。另外 VOLASOIL 模型还扩展了可模拟的建筑物类型，包括：带管道空间的建筑、带地下室的建筑、混凝土板式基础的建筑。VOLASOIL 模型的污染源浓度可选择使用地下水浓度、土壤浓度、土壤气浓度作为输入参数。该模型的主要假设有：系统处于稳态；包气带是均质的；VOCs 在包气带靠扩散传质；VOCs 通过对流进入室内；忽略 VOCs 在包气带中的降解；污染源是无限大的（Bakker et al.，2006）。VOLASOIL 模型如果被用来模拟带管道空间的建筑，则整个模拟可分为 4 个阶段：从污染源到管道空间的扩散和对流；进入管道空间后与室外的空气交换；从管道空间到室内的对流；进入室内后与室外的空气交换（图 6.4）（Rikken et al.，2001）。荷兰公共卫生与环境国家研究院提供该模型的商业化软件。

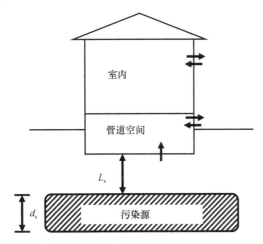

图 6.4　VOLASOIL 模型模拟带管道空间的建筑时的概念模型示意图（武晓峰和谢磊，2012）

6.4.5　Johnson et al.（1999）模型

1999 年 Paul Johnson（J&E 模型的开发者）、Mariush Kemblowski 和 Richard Johnson 对 J&E 模型进行了改进，增加了 VOCs 好氧生物降解项，改进后的模型依然维持一维解析模型结构（Johnson et al.，1999）。不同的是改进模型把土壤分为三层，假设只有第二层发生 VOCs 的好氧生物降解（图 6.5），还假设好氧降解是一级反应，反应速率取决于 VOCs 在土壤水相浓度。该模型的其他假设还有：系统处于稳态；包气带是均相的；污染源无限大且浓度不会衰减；VOCs 在气相、水相、吸附相中处于三相平衡，平衡是完全可逆的，各相中的 VOCs 浓度符合线性分配模型；VOCs 在包气带中只通过扩散传质；VOCs 侵入室内空气的过程以及数学公式与 J&E 完全相同。

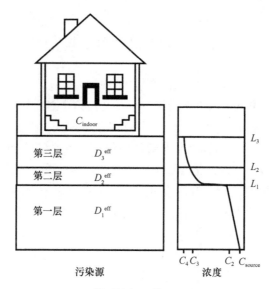

图 6.5　Johnson et al.（1999）模型的概念模型示意图（Johnson et al.，1999）

6.4.6　Turczynowicz and Robinson（2001）模型

2001 年两位澳大利亚科学家 Leonid Turczynowicz 和 Neville Robinson 开发了一个针对澳大利亚蒸气入侵场地特点的一维解析模型"Turczynowicz and Robinson（2001）"（简称 T&R）（Turczynowicz and Robinson，2001）。在澳大利亚很多建筑都带有管道空间，该模型就假设建筑底板是木地板，木地板下方有一个管道空间（图 6.6）。T&R 模型还假设：整个系统处于稳态包气带是均质的；VOCs 在气相、水相、吸附相中处于三相平衡，平衡是完全可逆的，平衡浓度符合线性分配模型；VOCs 在土壤中可通过扩散和对流迁移，但以扩散为主；VOCs 在土壤中和空气中（管道空间和室内）都以一级反应速率发生降解，但土壤和空气中的降解速率不同。

6.4.7　Robinson（2003）模型

2003 年澳大利亚科学家 Neville Robinson 开发了一个一维蒸气入侵模型（图 6.7）（Robinson，2003）。该模型参考了 Jury 等的 BAM 模型，可以模拟带管道空间的建筑和混凝土板式基础的建筑。该模型同样假设 VOCs 在气相、水相、吸附相中处于三相平衡，平衡是完全可逆的，各相中的 VOCs 浓度符合线性分配模型。该模型可以计算 VOCs 人体暴露的积累剂量（cumulative indoor human doses，简称 CIHD）。

6.4.8　Parker（2003）模型

2003 年，美国橡树岭国家实验室的 Jack Parker 博士开发了一个可模拟好氧生物降解的一维解析模型（图 6.8）（Parker，2003）。该模型的主要假设有：地下水溶解态污染源和 NAPL 污染源；污染源中污染物总量是有限的而且总量在不断地衰减；VOCs 和氧

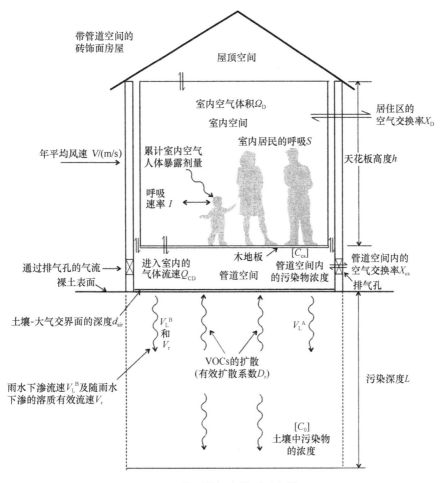

图 6.6　Turczynowicz and Robinson（2001）模型的概念模型示意图（Turczynowicz and Robinson，2001）

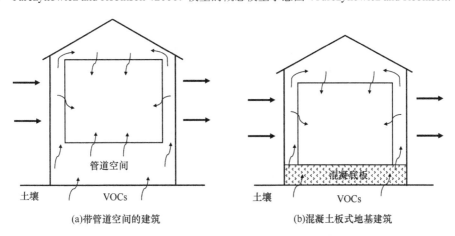

(a)带管道空间的建筑　　　　　　　　(b)混凝土板式地基建筑

图 6.7　Robinson（2003）模型模拟带管道空间的建筑和混凝土板式基础建筑

气在包气带中可以通过扩散和对流迁移；好氧生物降解受氧气浓度限制；不同的 VOCs 会竞争有限的氧气供应，各 VOCs 对于氧气的竞争力取决于各自水相的平均浓度和生物降解优先系数（biopreference factor）；各 VOCs 的生物降解优先系数与其土壤有机碳标准化分配系数（K_{oc}）成正比；土壤中氧气的供给依靠地表空气扩散进入土壤；VOCs 穿越底板进入室内并与室内空气混合稀释的过程与 J&E 模型完全一致并借用了其数学公式。

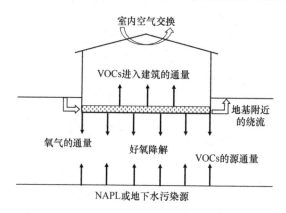

图 6.8　Parker（2003）模型的概念模型示意图

6.4.9　ASU 三维数值模型

2005 年，Arizona State University（简称 ASU）的 Lilian Abreu 博士和 Paul Johnson 教授（J&E 模型的开发者）合作开发了一个复杂的三维数值蒸气入侵模型"ASU 模型"（Abreu，2005；Abreu and Johnson，2005）。该模型利用有限差分法求解偏微分方程组的数值解（图 6.9），可以模拟稳态（steady state）和过渡态（transient state）两种情形。ASU 模型可以模拟实际场地的三维立体状况，可模拟任何尺寸、形状、位置的污染源、建筑物等，可模拟均相、层次化非均相、三维非均相等不同类型的场地地质状况（图 6.10）。与 J&E 模型一样，ASU 模型也假设 VOCs 通过建筑底板上的裂缝进入室内，但是 ASU 模型中底板上裂缝的形状、位置、长度、宽度等可以自由设定。ASU 模型还可以模拟好氧生物降解速率，而且降解速率可以选择不同的动力学模型（例如：零级反应、一级反应、Monod 反应）。ASU 模型的输出结果比较丰富，包括：包气带气压场分布、包气带土壤气流速分布、包气带 VOCs 浓度分布、VOCs 的质量通量、VOCs 室内空气浓度等（图 6.10 和图 6.11）。

ASU 模型具体的计算流程是：第一步利用连续性方程和使用者设定的边界条件求解包气带气压场分布；第二步根据包气带气压场分布数据利用达西定律求解土壤气的流速场分布；第三步根据扩散-对流-反应方程计算 VOCs 在包气带中的迁移和转化；第四步计算土壤气通过地板裂缝进入室内的空气流速；第五步计算通过扩散和对流两种方式进入室内的 VOCs 质量通量；第六步利用完全混合反应器模型计算室内空气中 VOCs 的浓度。ASU 模型的主要假设有：VOCs 在气相、水相、吸附相中处于三相平衡，平衡是完全可逆的，各相中的 VOCs 浓度符合线性分配模型；不存在 VOCs 优先传质通道；VOCs 进入室内的主要推动力是室内空气压降（indoor air depressurization）导致的底板下土壤气对流进入建筑内，当然模拟 VOCs 进入建筑时该模型也包括了扩散；VOCs 进入室内后与室内空气混合稀释，室内空间被看作一个完全混合反应器。该模型曾被美国环保署用于多份研究报告和技术文件的编写（USEPA，2012b；2013b），也被用于很多同行评

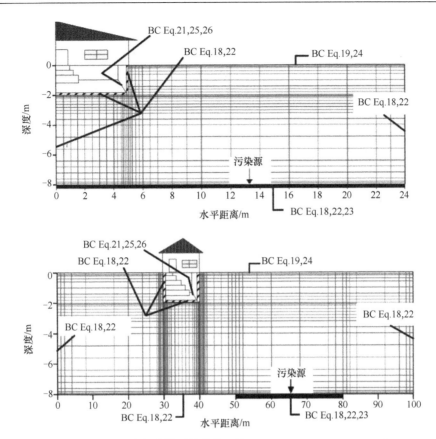

图 6.9　ASU 三维数值模型的数值网格（Abreu and Johnson，2005）

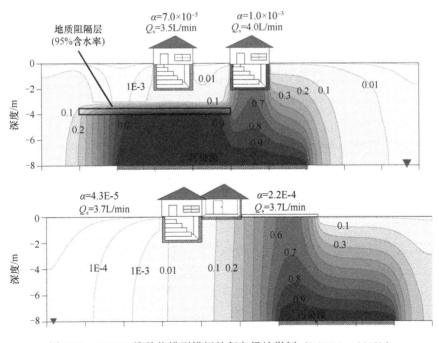

图 6.10　ASU 三维数值模型模拟的复杂场地举例（USEPA，2012b）

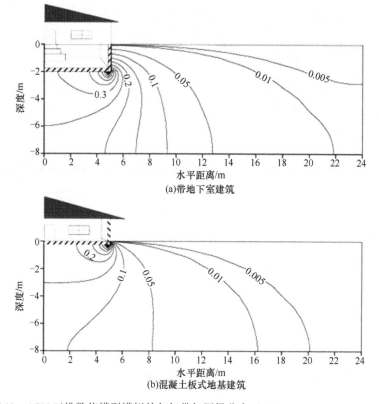

图 6.11　ASU 三维数值模型模拟的包气带气压场分布（Abreu and Johnson，2005）

议论文的研究（Abreu and Johnson，2005，2006；Abreu et al.，2009；Ma et al.，2014，2016a，2017）。本书的作者还专门针对 ASU 模型的使用开展过敏感性和不确定性分析研究（Ma et al.，2016b）。

6.4.10　Robinson and Turczynowicz（2005）模型

2005 年，澳大利亚的 Neville Robinson 和 Leonid Turczynowicz 合作开发了两个针对带管线空间建筑的蒸气入侵模型，一个是一维模型 "Robinson and Turczynowicz（2005）-1D"（简称 R&T-1D），一个是轴对称三维模型 "Robinson and Turczynowicz（2005）-3D"（简称 R&T-3D）（Robinson and Turczynowicz，2005）。这两个模型都是用拉普拉斯公式（Laplace Transformation）求解的，两者的差别主要是 R&T-1D 模型假设 VOCs 在包气带和建筑物中的迁移都只在一维垂向方向进行，而 R&T-3D 模型假设 VOCs 在包气带中的迁移是在轴对称的三维空间内进行，也就是说 R&T-3D 模型可以模拟 VOCs 在水平侧向迁移（lateral migration）（图 6.12）。不过 R&T-3D 模型在模拟 VOCs 侵入建筑物的过程时仍然假设只在一维发生，所以 R&T-3D 并不是严格意义上的三维模型。对比 R&T-1D 和 R&T-3D 模型的模拟结果显示：由于忽略了 VOCs 的水平侧向迁移，R&T-1D 模型预测出的人体暴露的积累剂量（CIHD）是 R&T-3D 模型的 1.4 倍（Robinson and Turczynowicz，2005）。

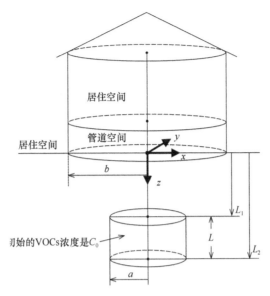

图 6.12　Robinson and Turczynowicz（2005）-3D 模型的概念模型示意图（Robinson and Turczynowicz，2005）

6.4.11　Biovapor 模型

该模型是由壳牌石油公司的 George DeVaull 博士开发的（DeVaull，2007）。Bivapor 模型是在 J&E 模型的基础上增加了好氧生物降解项而改进成的一维解析模型（图 6.13）。该模型原理清晰、使用方便，美国环保署用 JAVA 重新编译 Biovapor 的数学公式开发了 PVI Screen 模型，作为美国环保署推荐的石油烃蒸气入侵风险筛查模型（USEPA，2016）。Biovapor 模型的主要假设包括：整个系统处于稳态；包气带是均相的；VOCs 在气相、水相、吸附相中处于三相平衡，平衡是完全可逆的，各相中的 VOCs 浓度符合线性分配模型；包气带可以分为好氧区和厌氧区，VOCs 在好氧区进行好氧降解，在厌氧区无降解；VOCs 好氧降解是一级反应，反应速率只与 VOCs 水相浓度有关；扩散是 VOCs 和氧气在包气带中唯一的传质途径；VOCs 通过底板裂缝进入建筑，进入建筑的过程中同时有对流和扩散两种传质途径；VOCs 进入室内后与室内空气混合，室内空间是一个完全混合式反应器；只有当氧气浓度高于一定的阈值好氧生物降解才能发生，低于该阈值则降解反应停止；氧气的供给与消耗满足质量守恒；氧气靠扩散从地表向包气带内供给；氧气的消耗来源于包气带中所有 VOCs 的完全矿化加上土壤的呼吸（soil respiration）；建筑物底板下的氧气供应量是该模型的关键输入参数之一，直接关系到 VOCs 的好氧降解效率。Biovapor 模型提供了三种输入氧气供应量的方式：①设定底板下土壤气中的氧气浓度；②设定进入包气带的空气流速；③设定好氧降解区的深度。该模型被美国石油学会（API）制作成方便使用的 Excel 电子表格，还出版了一本详细的模型使用手册，模型和模型使用手册的下载地址是：https://www.api.org/oil-and-natural-gas/environment/clean-water/ground-water/vapor-intrusion/biovapor。

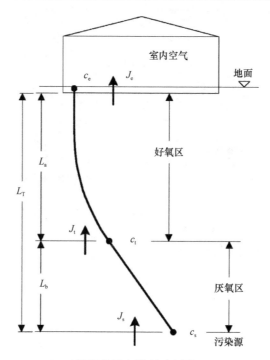

图 6.13　Biovapor 模型的概念模型示意图（DeVaull，2007）

6.4.12　ViM 模型

2007 年四位美国科学家 William Mills、Sally Liu、Mark C. Rigby、David Brenner 合作开发了一个一维蒸气入侵模型"ViM"（Mills et al.，2007）。该模型模拟的是一个复合建筑，下层是地下室和管道空间，上层是起居室（图 6.14）。ViM 模型假设污染源中 VOCs 的浓度在不断衰减降低，因此室内 VOCs 浓度也随时间变化而变化（time-dependent）。模型主要假设有：污染源中污染物的总量是有限的，因此在自然衰减作用下目标 VOCs 浓度在不断降低；污染羽的面积比建筑地基尺寸大得多；VOCs 在包气带存在扩散、对流、吸附、降解；VOCs 存在于水、气、吸附相，没有 NAPL 相；建筑物既有一个地下室又有一个管道空间；地下室的底板是固体硬质的，底板上有裂隙，土壤气可以通过；管道空间没有底板，直接与土壤接触；VOCs 通过扩散和对流进入地下室和管道空间，之后会通过对流进入起居室；起居室、地下室、管道空间都通过自然通风与室外大气连通；起居室、地下室、管道空间被视作三个单独的完全混合反应器，各个空间内部的 VOCs 瞬时浓度相同，但三个空间的浓度可以不同，而且三个空间的浓度都不恒定，可以随着时间的变化而变化；室外大气的 VOCs 背景浓度不为零，当有蒸气入侵时，室内空气 VOCs 浓度高于背景值，当没有蒸气入侵时，室内空气 VOCs 浓度降到背景值。ViM 模型使用拉普拉斯变换和逆变换（Laplace transforms and inverse transform）求解方程组。

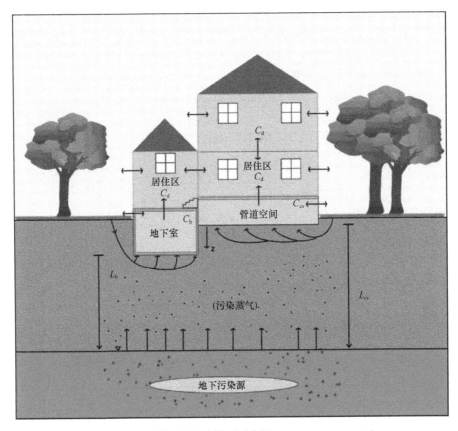

图 6.14 ViM 模型的概念模型示意图（Mills et al.，2007）

6.4.13 Brown 三维数值模型

由美国 Brown University 的 Kelly Pennell 博士、Ozgur Bozkurt 博士和 Eric Suuberg 教授合作开发了另一款三维数值蒸气入侵模型"Brown 模型"（图 6.15）（Pennell et al.，2009）。该模型是 ASU 模型的全套数学公式在一个商业化的流体动力学软件 Comsol Multiphysics 中编译，并采用有限元的数值方法求解（图 6.16）。Brown 模型的主要假设有：VOCs 在气相、水相、吸附相中处于三相平衡，平衡是完全可逆的，各相中的 VOCs 浓度符合线性分配模型；不存在 VOCs 优先传质通道；VOCs 进入室内的主要推动力是室内空气压下降导致的底板下土壤气对流进入建筑内，当然模拟 VOCs 进入建筑时该模型也包括了扩散；VOCs 进入室内后与室内空气混合稀释，室内空间被看作一个完全混合反应器。该模型也被用于很多同行评议论文的研究（Bozkurt et al.，2009；Yao et al.，2011，2012，2013b）。

6.4.14 Murphy and Chan（2011）模型

2011 年两位美国科学家 Brian L. Murphy 和 Wanyu R. Chan 合作开发了一款一维解析模型（Murphy and Chan，2011）。该模型将蒸气入侵过程分成了不同的区间

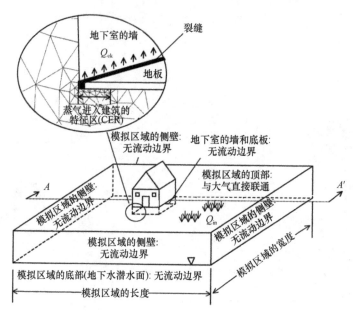

图 6.15　Brown 三维数值模型模拟场地的示意图（Pennell et al.，2009）

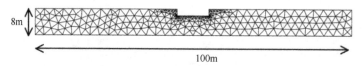

图 6.16　Brown 三维数值模型模拟一个长宽为 100m 深度为 8m 的包气带的数值网格示意图
（Pennell et al.，2009）

中间凹进入的部分为建筑的地下室，在地下室附近包气带的网格较密

（compartment），例如：在饱和带地下水中的扩散，在毛细带地下水中的扩散，在深层包气带中的扩散，在底板附近浅层包气带中的扩散和对流，扩散和对流进入建筑物内等（图 6.17）。各个区间是串联关系，而且可以根据需求还可自由增减区间，例如，增加地下室作为新的区间。建筑还可细分成地下室和地上居住空间两部分，可以分别计算各自的 VOCs 空气浓度。该模型假设整个系统处于稳态；VOCs 处于气相、水相、油相（tar）三相平衡（图 6.18）；同时存在对流和扩散。通过模拟，研究人员发现：如果以地下水 VOCs 浓度作为模型输入参数，则 VOCs 在饱和带中的扩散会成为整个蒸气入侵途径的主要传质阻力来源。研究人员认为现有的蒸气入侵模型都无法准确模拟 VOCs 在地下水边界层中的质量衰减，因此用地下水浓度作为模型输入参数得到的蒸气入侵结果值得怀疑（Murphy and Chan，2011）。

6.4.15　Verginelli and Baciocchi（2011）模型

2011 年罗马大学的 Iason Verginelli 博士和 Renato Baciocchi 教授合作开发了一个可以同时模拟好氧生物降解和厌氧生物降解的一维解析模型（图 6.19）（Verginelli and Baciocchi，2011）。该模型主要为了用于石油烃蒸气入侵的风险评估。主要的模型假设有：

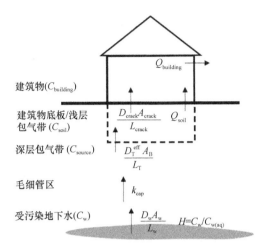

图 6.17　Murphy and Chan（2011）模型的概念模型示意图（Murphy and Chan，2011）

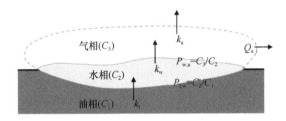

图 6.18　Murphy and Chan（2011）模型的三相系统（Murphy and Chan，2011）

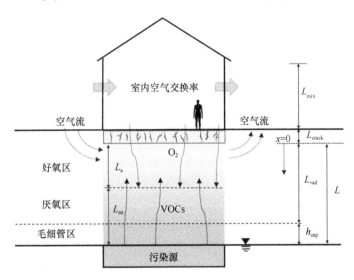

图 6.19　Verginelli and Baciocchi（2011）模型的概念模型示意图（Verginelli and Baciocchi，2011）

整个系统处于稳态；包气带的上部是好氧区，进行好氧生物降解；包气带的下部是厌氧区，进行厌氧生物降解；VOCs 和氧气在包气带通过扩散和对流两种方式传质；VOCs 的好氧生物降解和厌氧生物降解都是一级反应；只有当氧气浓度高于一定的阈值好氧生物降解才能发生，低于该阈值则降解反应停止；氧气靠扩散在土壤中传递；氧气的供给与消耗满足质量守恒；氧气的消耗包括所有 VOCs 完全氧化消耗的氧气加上土壤呼吸好氧速率（soil respiration）消耗的氧气；如果厌氧区有产甲烷活动，产生的甲烷在好氧区也会消耗氧气。

6.4.16　Knight and Davis（2013）模型

2013 年两位澳大利亚的科学家 John H. Knight 和 Gregory B. Davis 合作开发了一个可以模拟生物降解的二维解析模型（图 6.20）（Knight and Davis，2013）。该模型主要假设：建筑底板是不能透过氧气的，氧气只能通过建筑周边的裸露土壤补充进入包气带；VOCs 可以通过建筑底板侵入室内空气；污染源平铺在整个模拟区域，污染物浓度均匀分布在污染源且浓度恒定；包气带中只有 VOCs 的好氧降解会消耗氧气，忽略了其他氧气消耗途径（如土壤的呼吸作用）；VOCs 和氧气在包气带只通过扩散传质；VOCs 穿越建筑底板进入室内只通过扩散，无对流；研究人员认为该模型的模拟结果一般情况下较保守，可用于石油蒸气入侵场地的风险筛查，但是当土壤的呼吸速率较高或是含有高浓度的还原性物质的时候，VOCs 的好氧生物降解速率可能被高估，从而导致模拟结果不够保守。

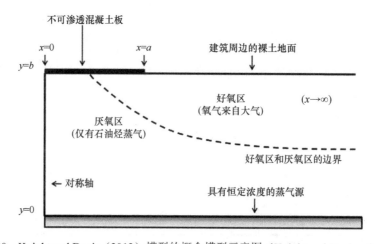

图 6.20　Knight and Davis（2013）模型的概念模型示意图（Knight and Davis，2013）

6.4.17　GW-VAP3D 模型

2014 年四位加拿大科学家 Nizar Mustafa、Kevin G. Mumford、Jason I. Gerhard、Denis M. O'Carroll 合作开发了模拟大尺度场地的三维数值蒸气入侵模型 "GW-VAP3D"（Mustafa et al.，2014）（图 6.21）。该模型整合了水文地质、地下水污染、蒸气入侵领域的三个经典的数值模型：MODFLOW、MT3DMS、ASU 蒸气入侵模型。GW-VAP3D 模型首先利用 MODFLOW-2005（Version 1.8）和 MT3DMS（Version 5.3）分别模拟目标污染场地内的地下水流场和污染物在含水层中的迁移和分布，然后再利用 ASU 模型模拟地表各个建筑受到的蒸气入侵影响。GW-VAP3D 模型可模拟 VOCs 在地下水中的三维迁移；VOCs 在包气带中的三维迁移；VOCs 在地下水中的吸附和降解；VOCs 在包气带中的吸附和降解；非均质的含水层和包气带。一般的蒸气入侵模型模拟较小范围内的一个或者几个建筑（几十米范围），而 GW-VAP3D 模型可以模拟整个场地内的建筑群（几千米范围），这是该模型有别于其他蒸气入侵模型最大的特点。虽然该模型模拟的场地尺度很大，但该模型通过算法改进显著地减少了计算负荷并提高了计算速度。

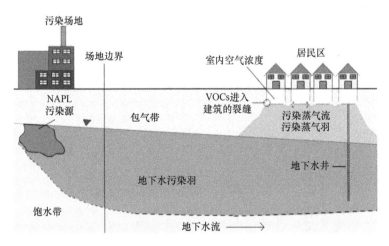

图 6.21　GW-VAP3D 模型的概念模型示意图（Mustafa et al.，2014）

6.4.18　Verginelli and Baciocchi（2014）模型

2014 年罗马大学的 Iason Verginelli 博士和 Renato Baciocchi 教授合作开发了可以同时模拟好氧和厌氧生物降解的一维解析（Verginelli and Baciocchi，2014）。该模型用简化的方法求得显式解析解（explicit analytical solution），主要的模型假设有：整个系统处于稳态；包气带是均相的；VOCs 在气相、水相、吸附相中处于三相平衡，平衡是完全可逆的，各相中的 VOCs 浓度符合线性分配模型；扩散是 VOCs 和氧气在包气带中唯一的传质途径；VOCs 通过底板裂缝进入建筑，进入建筑的过程中同时有对流和扩散两种传质途径；VOCs 进入室内后与室内空气混合，室内空间是一个完全混合式反应器；包气带可以分为好氧区和厌氧区，VOCs 在好氧区进行好氧降解，在厌氧区无降解（图 6.22）；VOCs 好氧降解是一级反应，反应速率与 VOCs 水相的浓度有关，只有当氧气浓度高于一定的阈值好氧生物降解才能发生，低于该阈值则降解反应停止；氧气的供给与消耗满足质量守恒；氧气的供给是通过大气从建筑周边的裸露土壤通过扩散进入包气带完成的；氧气的消耗包括所有 VOCs 完全氧化所消耗的氧气加上土壤好氧呼吸（soil respiration）消耗的氧气。该模型采用了一种新方法计算好氧区厚度（aerobic zone thickness），即通过地下室的深度和宽度计算氧气的等效扩散距离（equivalent diffusive length）。

6.4.19　Diallo et al.（2015）模型

2015 年三位法国科学家 Thierno M. O.Diallo、Bernard Collignan、Francis Allard 合作开发了一个新的二维数值模型（Diallo et al.，2015）。该模型在一个商业化的流体动力学

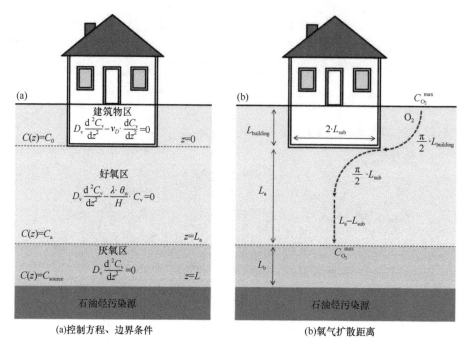

图 6.22　Verginelli and Baciocchi（2014）模型的概念模型（Verginelli and Baciocchi，2014）

软件 Comsol Multiphysics 中编译和使用。该模型主要假设：整个系统是二维的；污染源在建筑的正下方，两者是对称的，污染源与建筑存在横向侧移的情况无法模拟；VOCs在土壤中的扩散系数不受其在土壤中的渗透系数的影响；VOCs 在建筑底板中的扩散系数不受其在建筑底板中的渗透系数的影响；忽略 VOCs 的生物降解；忽略 VOCs 在包气带中的水平方向的迁移，只考虑其垂直方向迁移；VOCs 在建筑地基附近是通过扩散和对流两种方式迁移。

6.4.20　PVIScreen 模型

美国环保署推出的针对石油烃蒸气入侵的风险筛查模型（USEPA，2016），该模型是为美国环保署针对石油烃蒸气入侵风险的技术导则（Technical Guide for Addressing Petroleum Vapor Intrusion at Leaking Underground Storage Tank Sites）配合使用的（USEPA，2015b），该模型、用户使用手册以及其他技术资料可以从美国环保署的官方网站免费下载[①]。该模型的开发者是美国环保署的 James Weaver 和犹他州环保署的 Robin Davis。一维解析模型，PVIScreen 模型的核心数学公式与 Biovapor 相同，但用 JAVA 重新编码。另外，PVIScreen 模型利用蒙特卡罗模拟（Monte Carlo simulation）随机取样统计方法在 Biovapor 模型的基础上增加了不确定性分析功能（uncertainty analysis），以帮助模型使用者评估计算结果的不确定性。可以利用土壤气 VOCs 浓度或是地下水 VOCs浓度作为污染源浓度。

---

① https://www.epa.gov/land-research/pviscreen

6.4.21　PVI2D 模型

2016年浙江大学尧一骏教授和罗马大学 Iason Verginelli 博士合作开发了一个可模拟好氧生物降解的二维解析模型"PVI2D"（Yao et al.，2016）。PVI2D 模型可以模拟带地下室和混凝土板式基础两类建筑（图 6.23）。该模型有两种计算 VOCs 室内空气浓度的方法供选择。第一种方法借用了 J&E 模型的方法，假设 VOCs 通过底板裂缝进入建筑，在裂缝中同时有对流和扩散两种传质途径，VOCs 进入室内后与室内空气混合，室内空间是一个完全混合式反应器，计算公式与 J&E 模型一致。第二种方法更为简单，直接用美国环保署蒸气入侵数据库中实测的底板衰减因子（subslab attenuation factor）的统计平均值乘以模型 PVI2D 模型模拟出的底板下 VOCs 的平均浓度，即可计算得到 VOCs 的室内空气浓度。该模型的主要假设包括：系统处于稳态，无法模拟过渡态；污染源无限大（覆盖了整个模型域）；污染源中的 VOCs 浓度均匀分布且浓度保持不变；包气带是均质的；VOCs 在气相、水相、吸附相中处于三相平衡，平衡是完全可逆的，各相中的 VOCs 浓度符合线性分配模型；扩散是 VOCs 在土壤中唯一的传质途径，忽略了对流；反应速率与 VOCs 水相的浓度有关，只有当氧气浓度高于设定的阈值好氧生物降解才能发生，低于该阈值则好氧降解停止；氧气靠扩散从地表向包气带内部供给，氧气的供给与消耗满足质量守恒；氧气的消耗包括所有 VOCs 完全氧化所消耗的量，但忽略了土壤好氧呼吸消耗的氧气。

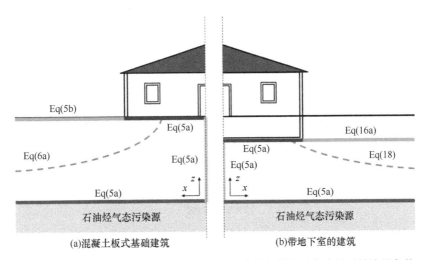

图 6.23　PVI2D 模型在模拟混凝土板式基础建筑和带地下室建筑时的边界条件
（Yao et al.，2016）

6.4.22　CVI2D 模型

2017年浙江大学尧一骏教授、罗马大学 Iason Verginelli 博士和美国 Brown Univeristy 的 Eric M. Suuberg 教授合作开发了一个基于 Modified Schwarz-Christoffel mapping 方法

的二维解析模型 "CVI2D"（Yao et al.，2017）。该模型忽略了生物降解，因此主要用于模拟不可生物降解 VOCs（如氯代烃）。CVI2D 模型可以模拟带地下室和混凝土板式基础两类建筑（图 6.24）。该模型有两种计算 VOCs 室内空气浓度的方法供选择。第一种方法借用了 J&E 模型的方法，假设 VOCs 通过底板裂缝进入建筑，在裂缝中同时有对流和扩散两种传质途径，VOCs 进入室内后与室内空气混合，室内空间是一个完全混合式反应器，计算公式与 J&E 模型一致。第二种方法更为简单，直接用美国环保署蒸气入侵数据库中实测的底板衰减因子（subslab attenuation factor）的统计平均值乘以模型 CVI2D 模型模拟出的底板下 VOCs 的平均浓度，即可计算得到 VOCs 的室内空气浓度。该模型的其他主要假设还有：系统处于稳态；污染源无限大（覆盖了整个模型域）；污染源中的 VOCs 浓度均匀分布且浓度保持不变；包气带可以是均质，也可以是分层非均质；忽略生物降解；VOCs 在气相、水相、吸附相中处于三相平衡，平衡是完全可逆的，各相中的 VOCs 浓度符合线性分配模型；VOCs 在包气带中只通过扩散传质。

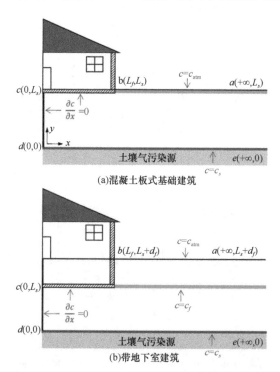

图 6.24　CVI2D 模型在模拟混凝土板式基础建筑和带地下室建筑时的边界条件（Yao et al.，2017）

6.4.23　indoorCARE™ 模型

2018 年，三位澳大利亚科学家 Dawit N. Bekele、Ravi Naidu、Sreenivasulu Chadalavada 合作开发了一个可以模拟好氧生物降解的一维解析模型 "indoorCARE™"（Bekele et al.，2018）。该模型可以模拟均质或者分层非均质（针对含水率和温度这两个参数）的包气带，既可以模拟易生物降解的石油烃，也可以模拟难生物降解的氯代烃。indoorCARE™ 模型的主要假设有：污染源是无限大且浓度恒定；VOCs 在土壤中通过扩散和对流迁移，弥散被忽略；石油烃 VOCs 在包气带存在好氧生物降解，反应符合一级动力学模型且受到氧气浓度限制；氯代烃 VOCs 在包气带不发生降解反应；VOCs 通过地板裂隙进入建筑物室内，传质方式包括了扩散和对流；土壤的含水率和温度这两个参数可以是均质、分层非均质；整个系统处在稳态。该模型的一大特色是通过利用包气带中含水率和温度的分布校正了 VOCs 有效扩散系数。

6.5　数学模型的误差

"All models are wrong，but some are useful."　by George Edward Pelham Box

"A model is a simplification or approximation of reality and hence will not reflect all of reality."　by Kenneth P. Burnham and David R. Anderson

6.5.1　任何模型都是有误差的

"All models are wrong" 这句话中的 wrong 并不是指模型的数学原理错误，而是指模型假设（assumption）所导致的模拟结果与真值的偏差。所有的数学模型都建立在一定的模型假设基础上，这就必然伴随着对真实过程的简化（simplification），因此没有任何一个模型能够将真实情况（reality）百分之百地全部反映出来。特别对于蒸气入侵这种受多种因素影响的复杂的过程，准确模拟的难度更大。Hers 等（2003）研究发现应用最广泛的 J&E 一维解析模型在预测 VOCs 室内空气浓度时可能会有几个数量级的误差。Huijsmans 和 Wezenbeek（1995）的研究显示 CSOIL 一维解析模型在预测可降解芳烃的室内空气浓度时，可能存在 36～360000 倍的高估，在模拟氯代烃的室内空气浓度时可能存在 2～690 倍的高估。相对于简单的解析模型，三维数值模型模拟的场地状况与真实情况更加接近，也涵盖了更多的细节过程，一般来说其预测能力更加强大，但是蒸气入侵有很多复杂的过程和因素即使是三维数值模型也无法准确刻画。例如，大气压的波动、气温的波动、风向风速的变化、降水的变化等随机的气象过程；建筑物底板和墙体的裂隙分布和尺度、建筑物底板和墙体中各类管线的分布及由此形成的优先通道；建筑物内空调、通风、供暖、开窗通风及其他可以显著影响室内气压分布和空气交换率的人为活动；建筑物下方复杂的地质状况，特别是地下管线等传质优先通道的分布。这些过程会显著影响 VOCs 的室内浓度，但目前没有任何一个模型可以准确模拟上述过程（Ma et al.，2018），甚至有些过程（如有限通道）在现有的模型中根本就没有考虑。再退一步，即使开发出可以模拟上述过程的模型，采集必备的模型输入参数实际上也很困难，不但这些特殊的输入参数的质量难以保障，过多的输入参数和计算步骤还可能引起更多的计算误差。

从上述例子可以看出，数学模型永远都是真相（truth）的简化（simplification）和近似（approximation）而并不能完全反映真相，这是所有模型手段固有的方法学上的局限性。对于解析模型来说，为了得到闭合形式的解析解（closed-form analytical solution），在模型设计的时候就要做很多简化假设，这会导致模型与实际情况的偏差更大。数学模型本身就是对真实过程的数字化和抽象化的简化概括，在简化概括过程中必然伴随着信息的丢失，最后导致模拟结果不同程度的失真。从原理上说，越简单的模型丢失的信息越多，模拟结果往往也就越偏离真相；越复杂的模型丢失的信息越少也就越接近真相，但代价是模型运算更加耗时，需要占用更多的计算资源，需要更多的模型输入参数，而且有些参数实际上可能很难获取。在利用数学模型进行实际场地的风险评估时，一定要对模型模拟有一个深刻的认识。

6.5.2　蒸气入侵模型的误差来源

蒸气入侵模型常见的误差来源主要有以下几类：概念模型误差、数学模型误差、输入参数误差、计算误差。

1. 概念模型误差

概念模型误差是指构架数学模型所基于的概念模型与真实情况存在偏差所导致模拟结果的误差，包括对模型控制机制、边界条件、源项和模拟维度的错误理解导致的概念模型的误差。例如：传统的蒸气入侵场地概念模型认为 VOCs 主要通过扩散或对流穿越包气带和建筑底板进入室内，现有的蒸气入侵模型基本都是基于这一概念模型构建的。不过很多场地调查结果显示 VOCs 可以通过地下管线等优先传质通道直接进入室内，而且越来越多的证据显示优先通道导致蒸气入侵的案例数量可能在实际发生的蒸气入侵建筑中占有相当的比例，例如有学者统计在丹麦中部地区超过 20%的干洗店场地中，通过下水道的传质是导致氯代烃蒸气入侵的主要传质途径（Nielsen and Hvidberg, 2017）（详见 2.8 节）。优先通道的传质方式与传统的蒸气入侵场地概念模型完全不同，现有的数学模型完全无法模拟优先通道的问题。再举一例，不少模型是基于包气带均质假设这一概念模型构建的，但实际场地的包气带都是非均质的，用均质模型计算也必然会产生误差。

2. 数学模型误差

数学模型误差是指物理过程与数学表达间的偏差，即数学公式无法准确描述所模拟的物理过程。例如，化合物 i 在土壤气中的有效扩散系数 D_{eff}^{i} 一般都是通过 Millinton and Quirk 公式进行估算 $D_{eff}^{i} = D_{g}^{i} \dfrac{\phi_{g}^{10/3}}{\phi_{T}^{2}} + \dfrac{D_{w}^{i}}{H^{i}} \times \dfrac{\phi_{w}^{10/3}}{\phi_{T}^{2}}$ ，但是估算出的 D_{eff}^{i} 与土壤中实际的 D_{eff}^{i} 肯定存在着偏差，这种误差就叫作数学模型误差。

3. 输入参数误差

输入参数误差是指由于实际输入模型的参数与其真实值之间的偏差而导致模拟结果的误差，包括：时间空间非均质性导致输入参数的不确定性、测量误差、使用经验值替代产生的误差等。蒸气入侵过程中有大量的随机过程，这导致输入参数可能存在非常大的时间异质性，例如：天气条件变化导致建筑物室内空气压力和空气交换率的变化，几乎所有的模型对这两个输入参数都只能输入一个确定的值，由于输入参数无法体现其实际的时间异质性，导致模拟结果的不准确。场地的非均质性还会导致很多输入参数（孔隙度、含水率、渗透系数）存在非常大的空间异质性，与时间异质性类似，现有的蒸气入侵模型也很难精准涵盖上述参数的空间异质性。另外，由于采样和测试方法的系统误差，实际采集到的模型输入参数很可能与其真值存在偏差，这类采样误差也会导致模拟结果的误差。

4. 计算误差

计算误差就是指数值模型在求数值解时产生的误差，数值模拟本身就是一种近似求解的方法，因此所有的数值模型都会有计算误差。常见的数值模拟误差类型有：由有限差分和有限元控制方程的泰勒级数展开而产生的截断误差；由于计算机存储数据精确度产生的舍入误差；由于离散化造成的数值弥散；数值波动及不稳定等误差。需要说明的是，相对于其他来源的误差，计算误差一般都较小，很多情况甚至可以忽略。

6.6　数学模型的校对和验证

6.6.1　模型校对和验证的目的和重要意义

模型的校对和验证（**model verification and validation**）是**模型开发**（**model development**）的一个重要环节，任何一个模型只有经过了严格的校对和验证后才算是完成了模型开发的全过程，模型校对和验证的目的是要使得模型预测的准确度满足改模型的用途。数学模型被广泛应用于解决实际和制定决策，因此模拟结果的准确性直接关系到决策的可靠性。

模型的校对和验证正是要解决模型准确性和可靠性的问题。根据 6.1 节的讨论可知：数学模型永远是真相的简化和近似而无法完全反映真相，任何模型都是如此。特别是解析模型，这类模型为了得到闭合形式的解析解（closed-form analytical solution）往往要做很多简化假设，进而很可能导致模拟结果与实际情况的偏差更大。

一般来说，校对和验证贯穿在模型的整个开发过程中，跟数学公式的推导和软件代码的编写是交互迭代进行的。严格来说，任何一个模型只有经过了严格的校对和验证后才算是完成了模型开发的全过程，才能够被应用于实际问题的预测，仅仅是完成数学公式的推导和软件代码的编写并不能算作完成了模型开发。

6.6.2　模型的校对

模型校对和模型验证是两个不同的概念。**模型校对**（**model verification**）是对模型本身的检查，主要是用于：①检查模型的数学公式和软件代码是否实现了概念模型中所做的假设和规定（assumption and specification），如果有矛盾的地方需要修正，直至检查通过；②检查数学公式推导是否有错误，如有错误需要修正，直至检查通过；③检查编写的软件代码是否符合推导出的数学公式或者代码本身是否有错误，如有错误需要修正，直至检查通过。模型校对的主要目的就是要确保所开发出的模型符合其最初的设计，能够按照原设计正确地执行相应的计算功能。

模型校对的过程相对比较直观，在软件工程中有很多成熟的模型校对技术，常见的包括：模型检查（examination）、模型试验（testing）、模型检验（inspection）、设计分析（design analysis）、规格分析（specification analysis）等。发表在同行评议论文中的蒸气入侵模型理论上应该都已经经过作者和匿名审稿人两次校对，一般可以认为该模型是经校对合格的，模型是符合其最初的设计的，能够按照原设计正确地执行所设定的计算功能。

6.6.3　模型的验证

模型验证（model validation）是用来检查模型对真相的反映精确度，模拟结果与真值的吻合程度。任何模型永远只是真相的简化和近似，而无法做到百分之百还原真相，因此模型使用者在应用模型时必须要对模拟结果与真值的偏差保留一定的容忍度（可接受程度）。实际上判断一个模型模拟是否准确可靠，除了与模型本身的质量有关以外，还跟该模型的用途有关系。只要模型计算的结果处在模型使用者的可接受的误差范围内，那么就可以认为该模型是准确可靠的。

与模型校对不同，模型的验证相对更加复杂，具有一定的主观性。严格的模型验证需要采集大量现场实测数据，然后通过模拟结果和实测结果的比较，验证模型的精度。如果两者的误差能够稳定地保持在可接受的误差范围内，则认为该模型通过了验证。理想情况下，用于模型验证的场地需要涵盖尽可能多的类型（地质条件、水文地质条件、污染物种类、污染物分布、建筑物类型、地表覆盖情况、气候区域、天气条件、季节及时间因素），但是这些数据的搜集需大量的人力、物力、财力，实现起来并不容易。

6.6.4　尚未有任何一个蒸气入侵模型经过严格的模型验证

现有的蒸气入侵模型中尚未有任何一个模型经过严格的模型验证（Provoost et al.，2011；McHugh et al.，2017），因此模拟结果是否可以作为可靠的蒸气入侵风险评估证据一直以来都存在争议（McAlary et al.，2011；Provoost et al.，2011；USEPA，2015a，2015b；McHugh et al.，2017）。

有些研究尝试用不同模型比较的方法进行模型验证，如比较新开发模型和已有模型在模拟蒸气入侵某些环节的结果（比较 VOCs 在包气带的浓度分布最为常见），当两个模型的结果相似时就认为新开发的模型是可靠的。6.3 节和 6.4 节已经介绍过：现有的很多蒸气入侵模型都采用了类似甚至完全相同的控制方程和边界条件，因此给两个基于相同数学原理的模型输入同样的参数本来就应该得到一致的计算结果，这种模型的比较最多只能算作模型校正的一部分，并不能算模型验证。而且很多研究仅仅比较新开发模型和已有模型在模拟 VOCs 在包气带中的浓度分布，并未比较进入建筑物的过程和最终的室内浓度。

6.7 蒸气模型的用途

6.7.1 模型的使用目的以及对误差的容忍度

6.5 节重点探讨了 "All models are wrong，but some are useful." 这句话的前半部分，本节将围绕这句话的后半部分展开讨论。尽管所有的数学模型都存在不同程度的计算误差，但不同的使用目的会对误差有不同程度的**容忍度（可接受程度）**。一个好模型经过恰当地使用能够提供在误差容忍度范围内的模拟结果，此时就可以认为模拟结果是可信的。

模拟结果的可信度取决于两个方面：模型本身的质量以及模型使用是否恰当。一个好的模型一定能够抓住问题的关键，对显著影响模拟结果的主要因素进行准确的刻画，而对模拟结果影响不大的次要因素可以选择性地忽略，这样既可以使模拟结果的误差控制在可接受的范围内，又可以避免过度计算，节省计算资源和时间，提高效率。恰当地使用模型首先需要根据待模拟的对象及模拟结果的用途选择合适的模型。任何模型都有一定的模型假设，只有当模拟对象符合该模型的假设条件时，选用该模型才恰当。另外，任何模型都有一定的计算误差，只有当模型的用途对误差的容忍度高于该模型实际可能产生的误差时，选用该模型才恰当。

以理想气体状态方程（$PV=nRT$）为例，该模型描述了理想气体在处于平衡态时，压强（P）、体积（V）、物质的量（n）、温度（T）之间关系。该模型对于理想气体来说是绝对正确的（即反映了理想气体的真相），但理想气体在现实当中是不存在的。按照定义，理想气体忽略了气体分子的自身体积，将分子看成是有质量的几何点，并且假设分子间没有相互吸引和排斥，即不计分子势能，分子之间及分子与器壁之间发生的碰撞是完全弹性的，不造成动能损失。一般气体在压强不太大、温度不太低的条件下，它们的性质非常接近理想气体。因此，当用理想气体状态方程来模拟实际气体时，其产生的误差一般可以忽略不计，而且大大简化了计算过程。也就是说理想气体状态方程抓住了实际气体状态变化时的关键要素，是一个有用的好模型。

当然任何模型都有一定的适用范围，如果超出模型的适用范围模拟结果就会产生较大的误差。例如：理想气体状态方程在模拟高压或低温气体的状态时就会产生较大的偏差，在这种情况下被理想气体模型所忽略的气体分子自身大小和分子之间的相互作用力就不能被忽略，此时就需要采用修正方程，如范德华方程（van der Waals equation）。

如何判断一个模型的使用是否恰当？答案取决于模型使用的目的和对误差的可接受程度。对于蒸气入侵污染场地来说，如果模型是用来进行风险筛查，只要模型足够保守，当模拟出的室内 VOCs 浓度低于筛选值时，可以认为该建筑不存在蒸气入侵风险，也就没必要进行进一步的详细调查，从而将该建筑从风险名单上排除掉。如果是用来进行蒸气入侵风险的筛查，在美国等发达国家，J&E 一维解析模型被广泛应用于难生物降解 VOCs 的蒸气入侵风险筛查，该模型经过了大量的实验检验和模型使用方法的研究改进。J&E 模型早期也被用于可生物降解 VOCs 的风险筛查，但是后续研究证明由于 J&E 模型忽略了生物降解过程，对于可生物降解 VOCs 该模型的计算结果过于保守，计算出的室内空气浓度可能超过实测值的几个数量级（Ma et al., 2018）。针对 J&E 模型的这一局限性，美国 EPA 开发了 PVIScreen 模型作为石油烃蒸气入侵的筛查工具。

6.7.2　数学模型在蒸气入侵场地风险评估中的用途

美国的政府管理者和调查评估从业者对蒸气入侵模型用途的认识经历过一次转变。在 2000 年前后，蒸气入侵场地的风险评估几乎主要依靠模型来完成（stand-alone method），但是随着更多研究的深入开展，模型手段的局限性愈发凸显（McHugh et al., 2017）。因此，美国 EPA 2002 年发布的 *OSWER Draft Guidance for Evaluating the Vapor Intrusion to Indoor Air Pathway from Groundwater and Soils*（*Subsurface Vapor Intrusion Guidance*）和 2015 年发布的 *OSWER Technical Guide for Assessing and Mitigating the Vapor Intrusion Pathway from Subsurface Vapor Sources to Indoor Air* 和 *Technical Guide for Addressing Petroleum Vapor Intrusion at Leaking Underground Storage Tank Sites* 这三份技术指南中都强调了数学模型用于评估蒸气入侵风险的局限性，2015 年正式发布的两份最终版技术指南认为模型结果可以作为**多证据手段（multiple lines of evidence）**中的一类证据，可以与实测数据一起作为风险评估结论的证据，但无法替代实测数据。

模拟结果的可信度取决于使用模型的使用目的和对误差的容忍程度。在发达国家，蒸气入侵模型目前最广泛的用途是用来进行风险筛查（risk screening），即排除那些不需要做进一步详细调查的低风险建筑。如果是用作风险筛查，即使是最简化的一维解析模型（J&E、PVIScreen、Biovapor 等），只要模拟结果足够保守都可以被用来完成筛查任务（Provoost et al., 2011）。当然前提是模型使用者对该模型足够了解，能够证明模拟结果即使在最坏情况下也具有足够的保守性，即不存在假阴性结果（Tillman and Weaver, 2007）。如果想要对目前或者未来的暴露情况做准确的预测，那么即使是最复杂的三维数值模型也未必能够实现精准预测。特别是现有的蒸气入侵数学模型都缺乏严格的**正式的模型验证（formal model validation）**，这会令模拟结果的可信度打折扣（Provoost et al., 2011；McHugh et al., 2017）。

在美国等发达国家大部分蒸气入侵调查都是针对已经建成的建筑物，而中国的污染场地大部分都是有待开发的场地，需要保护的是尚未建设的未来建筑中的居民健康，因此一部分现场数据（如室内空气浓度和底板下土壤气浓度）是无法测量的。对这类场地，学术模型的作用更大（Ma et al., 2018）。

参 考 文 献

武晓峰, 谢磊. 2012. Johnson & Ettinger 模型和 Volasoil 模型在污染物室内挥发风险评价中的应用和比较. 环境科学学报, 32(4): 984-991

Abreu L D V, 2005. A transient three-dimensional numerical model to simulate vapor intrusion into building. Tempe, USA: Arizona State University

Abreu L D V, Johnson P C. 2005. Effect of vapor source-building separation and building construction on soil vapor intrusion as studied with a three-dimensional numerical model. Environmental Science & Technology, 39: 4550-4561

Abreu L D V, Johnson P C. 2006. Simulating the effect of aerobic biodegradation on soil vapor intrusion into buildings: Influence of degradation rate, source concentration, and depth. Environmental Science & Technology, 40: 2304-2315

Abreu L D V, Ettinger R, McAlary T. 2009. Simulated soil vapor intrusion attenuation factors including biodegradation for petroleum hydrocarbons. Ground Water Monitoring and Remediation, 29: 105-117

Bakker J, Lijzen J, Otte P, et al. 2006. Site-specific humantoxicological risk assessment of soil contamination with volatile compounds (Report 711701049). BA Bilthoven, Netherland: National Institute of Public Health and Environmental Protection

Bekele D N, Naidu R, Chadalavada S. 2018. Development of a modular vapor intrusion model with variably saturated and non-isothermal vadose zone. Environmental Geochemistry and Health, 40: 887-902

Bozkurt O, Pennell K G, Suuberg E M. 2009. Simulation of the vapor intrusion process for nonhomogeneous soils using a three-dimensional numerical model. Ground Water Monitoring and Remediation, 29: 92-104

Brand E, Otte P F, Lijzen J P A. 2000. CSOIL 2000: An exposure model for human risk assessment of soil contamination (report). A model description. Bithoven, Netherlands: National Institate of Public Health and the Environment (RZVM)

Broholm M M, Christophersen M, Maier U, et al. 2005. Compositional evolution of the emplaced fuel source in the vadose zone field experiment at Airbase Værløse, Denmark. Environmental Science & Technology, 39: 8251-8263

Daugherty S J. 1991. Regulatory approaches to hydrocarbon contamination from underground storage tanks// Kostecki P T, Calabrese E J. Hydrocarbon contaminated soils and groundwater. Chelsea, USA: Lewis Publishers: 23-63

DeVaull G E. 2007. Indoor vapor intrusion with oxygen-limited biodegradation for a subsurface gasoline source. Environmental Science & Technology, 41: 3241-3248

DeVaull G E, Ettinger R, Gustafson J. 2002. Chemical vapor intrusion from soil or groundwater to indoor air: Significance of unsaturated zone biodegradation of aromatic hydrocarbons. Soil & Sediment Contamination, 11: 625-641

Diallo T M O, Collignan B, Allard F. 2015. 2D Semi-empirical models for predicting the entry of soil gas pollutants into buildings. Building and Environment, 85: 1-16

Ferguson C C, Krylov V V, McGrath P T. 1995. Contamination of indoor air by toxic soil vapours: A screening risk assessment model. Building and Environment, 30: 375-383

Goss K U. 2004. The air/surface adsorption equilibrium of organic compounds under ambient conditions. Critical Reviews in Environmental Science and Technology, 34: 339-389

Hers I, Atwater J, Li L, et al. 2000. Evaluation of vadose zone biodegradation of BTX vapours. Journal of Contaminant Hydrology, 46: 233-264

Hers I, Zapf-Gilje R, Johnson P C, et al. 2003. Evaluation of the Johnson and Ettinger model for prediction of indoor air quality. Ground Water Monitoring and Remediation, 23: 119-133

Huijsmans K G A, Wezenbeek J M. 1995. Validation of the csoil model intended to quantify human exposure to soil pollution. Dordrecht, Netherlands: Springer: 621-622

Johnson P C. 2005. Identification of application-specific critical inputs for the 1991 Johnson and Ettinger vapor intrusion algorithm. Ground Water Monitoring and Remediation, 25: 63-78

Johnson P C, Ettinger R A. 1991. Heuristic model for predicting the intrusion rate of contaminant vapors into buildings. Environmental Science & Technology, 25: 1445-1452

Johnson P C, Kemblowski M W, Johnson R L. 1999. Assessing the significance of subsurface contaminant vapor migration to enclosed spaces: Site-specific alternatives to generic estimates. Journal of Soil Contamination, 8: 389-421

Jury W A, Spencer W F, Farmer W J. 1983. Behavior assessment model for trace organics in soil: I. model description. Journal of Environmental Quality, 12: 558-564

Jury W A, Russo D, Streile G, et al. 1990. Evaluation of volatilization by organic chemicals residing below the soil surface. Water Resources Research, 26: 13-20

Knight J H, Davis G B. 2013. A conservative vapour intrusion screening model of oxygen-limited hydrocarbon vapour biodegradation accounting for building footprint size. Journal of Contaminant Hydrology, 155: 46-54

Krylov V V, Ferguson C C. 1998. Contamination of indoor air by toxic soil vapours: the effects of subfloor ventilation and other protective measures. Building and Environment, 33: 331-347

Lahvis M A, Baehr A L, Baker R J. 1999. Quantification of aerobic biodegradation and volatilization rates of gasoline hydrocarbons near the water table under natural attenuation conditions. Water Resources Research, 35: 753-765

Ma J, Luo H, DeVaull, G E, et al. 2014. Numerical model investigation for potential methane explosion and benzene vapor intrusion associated with high-ethanol blend Releases. Environmental Science & Technology, 48: 474-481

Ma J, Xiong D, Li H. 2017. Vapor intrusion risk of fuel ether oxygenates methyl tert-butyl ether (MTBE), tert-amyl methyl ether (TAME) and ethyl tert-butyl ether (ETBE): A modeling study. Journal of Hazardous Materials, 332: 10-18

Ma J, Li H, Spiese R, et al. 2016a. Vapor intrusion risk of lead scavengers 1,2-dibromoethane (EDB) and 1,2-dichloroethane (DCA). Environmental Pollution, 213: 825-832

Ma J, Yan G, Li H, et al. 2016b. Sensitivity and uncertainty analysis for Abreu & Johnson numerical vapor intrusion model. Journal of Hazardous Materials, 304: 522-531

Ma J, Jiang L, Lahvis M A. 2018. Vapor intrusion management in China: Lessons learned from the United States. Environmental Science & Technology, 52(6): 3338-3339

McAlary T A, Provoost J, Dawson H E. 2011. Vapor intrusion//Swartjes F A. Dealing with contaminated sites: From theory towards practical application. New York: Springer: 409-453

McHugh T, Loll P, Eklund B. 2017. Recent advances in vapor intrusion site investigations. Journal of Environmental Management, 204: 783-792

Millington R, Quirk J P. 1961. Permeabillity of porous solids. Transactions of the Faraday Society, 57: 1200-1207

Mills W B, Liu S, Rigby M C, et al. 2007. Time-variable simulation of soil vapor intrusion into a building with a combined crawl space and basement. Environmental Science & Technology, 41: 4993-5001

Moradi A, Tootkaboni M, Pennell K G. 2015. A variance decomposition approach to uncertainty quantification and sensitivity analysis of the Johnson and Ettinger model. Journal of the Air & Waste Management Association, 65: 154-164

Murphy B L, Chan W R. 2011. A multi-compartment mass transfer model applied to building vapor intrusion. Atmospheric Environment, 45: 6650-6657

Mustafa N, Mumford K G, Gerhard J I, et al. 2014. A three-dimensional numerical model for linking community-wide vapour risks. Journal of Contaminant Hydrology, 156: 38-51

Nazaroff W W. 1988. Predicting the rate of 222Rn entry from soil into the basement of a dwelling due to pressure-driven air flow. Radiation Protection Dosimetry, 24: 199-202

Nazaroff W W, Nero A V, 1988. Radon and its decay products in indoor air. Hoboken, USA: Wiley-Interscience

Nazaroff W W, Feustel H, Nero A V, et al. 1985. Radon transport into a detached one-story house with a basement. Atmospheric Environment(1967), 19: 31-46

Nazaroff W W, Lewis S R, Doyle S M, et al. 1987. Experiments on pollutant transport from soil into residential basements by pressure-driven airflow. Environmental Science & Technology, 21: 459-466

Nielsen K B, Hvidberg B. 2017. Remediation techniques for mitigating vapor intrusion from sewer systems to indoor air. Remediation Journal, 27: 67-73

Parker J C. 2003. Modeling volatile chemical transport, biodecay, and emission to indoor air. Ground Water Monitoring and Remediation, 23: 107-120

Pennell K G, Bozkurt O, Suuberg E M. 2009. Development and application of a three-dimensional finite element vapor intrusion model. Journal of the Air & Waste Management Association, 59: 447-460

Provoost J, Tillman F D, Weaver J, et al. 2011. Vapour intrusion into buildings—A literature review//Daniels

J A. Advances in environmental research. New York: Nova Science Publishers Inc.

Rikken M, Lijzen J, Cornelese A. 2001. Evaluation of model concepts on human exposure; Proposals for updating the most relevant exposure routes of CSOIL (Report 711701022). Bilthoven Netherlands: RIVM

Rivett M O, Wealthall G P, Dearden R A, et al. 2011. Review of unsaturated-zone transport and attenuation of volatile organic compound (VOC) plumes leached from shallow source zones. Journal of Contaminant Hydrology, 123: 130-156

Robinson N. 2003. Modelling the migration of VOCs from soils to dwelling interiors//Langley A, Gilbey M, Kennedy B. Fifth national workshop on the assessment of site contamination. Adelaide, Australia: NEPC Service Corporation

Robinson N I, Turczynowicz L. 2005. One- and three-dimensional soil transportation models for volatiles migrating from soils to house interiors. Transport in Porous Media, 59: 301-323

Schaefer C E, Unger D R, Kosson D S. 1998. Partitioning of hydrophobic contaminants in the vadose zone in the presence of a nonaqueous phase. Water Resources Research, 34: 2529-2537

Tillman F D, Weaver J W. 2006. Uncertainty from synergistic effects of multiple parameters in the Johnson and Ettinger (1991) vapor intrusion model. Atmospheric Environment, 40: 4098-4112

Tillman F D, Weaver J W. 2007. Parameter sets for upper and lower bounds on soil-to-indoor-air contaminant attenuation predicted by the Johnson and Ettinger vapor intrusion model. Atmospheric Environment, 41: 5797-5806

Turczynowicz L, Robinson N. 2001. A model to derive soil criteria for benzene migrating from soil to dwelling interior in homes with crawl spaces. Human and Ecological Risk Assessment, 7: 387-415

USEPA. 2002. OSWER draft guidance for evaluating the vapor intrusion to indoor air pathway from groundwater and soils (subsurface vapor intrusion guidance)(EPA530-D-02-004). Washington DC: U.S. Environmental Protection Agency

USEPA. 2003. User's guide for evaluating subsurface vapor intrusion into buildings. Washington DC: U.S. Environmental Protection Agency

USEPA. 2012a. EPA's vapor intrusion database: Evaluation and characterization of attenuation factors for chlorinated volatile organic compounds and residential buildings (EPA 530-R-10-002). Washington DC: Environmental Protection Agency

USEPA. 2012b. Conceptual model scenarios for the vapor intrusion pathway (EPA 530-R-10-003). Washington DC: U.S. Environmental Protection Agency

USEPA. 2013a. Evaluation of empirical data to support soil vapor intrusion screening criteria for petroleum hydrocarbon compounds (EPA 510-R-13-001). Washington DC: U.S. Environmental Protection Agency

USEPA. 2013b. 3-D modeling of aerobic biodegradation of petroleum vapors: Effect of building area size on oxygen concentration below the slab (EPA 510-R-13-002). Washington DC: U.S. Environmental Protection Agency

USEPA. 2015a. OSWER technical guide for assessing and mitigating the vapor intrusion pathway from subsurface vapor sources to indoor air (OSWER Publication 9200.2-154). Washington DC: U.S. Environmental Protection Agency

USEPA. 2015b. Technical guide for addressing petroleum vapor intrusion at leaking underground storage tank sites (EPA 510-R-15-001). Washington DC: U.S. Environmental Protection Agency

USEPA. 2016. Petroleum vapor intrusion modeling assessment with PVIScreen (EPA/600/R-16/175). Washington DC: U.S. Environmental Protection Agency

USEPA. 2003. User's guide for evaluating subsurface vapor intrusion into buildings. Washington DC: U.S. Environmental Protection Agency

USEPA. 2017. Documentation for EPA's implementation of the Johnson and Ettinger model to evaluate site specific vapor intrusion into buildings. Washington DC: U.S. Environmental Protection Agency

Van den Berg R. 1994. Human exposure to soil contamination: A qualitative and quantitative analysis towards proposals for human toxicological intervention values (Report 725201011). Bilthoven, Netherlands: RIVM

Verginelli I, Baciocchi R. 2011. Modeling of vapor intrusion from hydrocarbon-contaminated sources accounting for aerobic and anaerobic biodegradation. Journal of Contaminant Hydrology, 126: 167-180

Verginelli I, Baciocchi R. 2014. Vapor intrusion screening model for the evaluation of risk-based vertical exclusion distances at petroleum contaminated sites. Environmental Science & Technology, 48: 13263-13272

Waitz M F W, Freijer J I, Kreule P, et al. 1996. The VOLASOIL risk assessment model based on CSOIL for soils contaminated with volatile compounds (Report 7158100014). Bilthoven, Netherlands: RIVM

Yao Y, Pennell K G, Suuberg E M. 2012. Estimation of contaminant subslab concentration in vapor intrusion. Journal of Hazardous Materials, 231-232: 10-17

Yao Y, Pennell K G, Suuberg E M. 2013b. Simulating the effect of slab features on vapor intrusion of crack entry. Building and Environment, 59: 417-425

Yao Y, Shen R, Pennell K G, et al. 2011. Comparison of the Johnson-Ettinger vapor intrusion screening model predictions with full three-dimensional model results. Environmental Science & Technology, 45: 2227-2235

Yao Y, Shen R, Pennell K G, et al. 2013a. A review of vapor intrusion models. Environmental Science & Technology, 47: 2457-2470

Yao Y, Verginelli I, Suuberg E M. 2016. A two-dimensional analytical model of petroleum vapor intrusion. Water Resources Research, 52: 1528-1539

Yao Y, Verginelli I, Suuberg E M. 2017. A two-dimensional analytical model of vapor intrusion involving vertical heterogeneity. Water Resources Research, 53: 4499-4513

第 7 章　蒸气入侵初步筛查

7.1　蒸气入侵场地调查评估与管理流程概述

本书第 3～6 章介绍了蒸气入侵的场地调查评估的技术手段（采样、检测、新兴技术、数学模型），在接下来的第 7～10 章将对蒸气入侵的调查评估与管理流程进行介绍。由于中国尚未开展大规模的蒸气入侵调查实践，因此这四章的内容主要参考了国外目前通行的做法，作者认为我国今后 VOCs 类污染场地的调查评估在参考国外经验的同时应结合中国的实际情况制定符合本国国情的调查评估方法。

蒸气入侵场地调查（vapor intrusion site investigation）是指通过资料收集、现场踏勘、现场采样监测、人员访谈等多种调查方法，对 VOCs 在地下环境中的迁移、转化、归趋及侵入室内空气并最终产生人体暴露的全过程进行全面的调查。**蒸气入侵场地风险评估（vapor intrusion risk assessment）**是指在场地调查的基础上，分析目标场地中地下污染物通过蒸气入侵对地表建筑物内居民产生人体暴露，评估目标污染物通过蒸气入侵途径对人体健康产生的致癌风险或危害水平。

污染场地的调查评估通常是分阶段进行的（环境保护部，2014a；2014b），蒸气入侵同样也是如此，但其流程与一般的污染场地有一定差异。蒸气入侵途径的调查评估一般分为初步筛查和详细调查两个阶段，每个阶段又包括若干步骤，其中既需要进行采样监测，又需要进行风险评估（SABCS，2011；CRC-CARE，2013；USEPA，2015a，2015b）。图 7.1 展示了蒸气入侵场地的调查、评估、管理的全流程，该流程可细分三个工作阶段：①初步筛查；②详细调查；③风险处置，每个工作阶段又可细分为若干工作步骤。前一个工作阶段的结果决定了是否需要进入下一个工作阶段，还是可以直接结案。

7.1.1　初　步　筛　查

初步筛查（preliminary screening）是蒸气入侵调查评估的第一阶段，主要是通过初步调查建立**初步场地概念模型**，基于收集到的资料和数据，通过一整套筛查方法对目标场地中的所有现存建筑或未来规划有建筑的区域进行蒸气入侵的风险筛查。初步筛查的核心目标是排除场地中蒸气入侵风险极低的建筑或区域，为详细调查探明重点调查区域和对象从而显著降低详细调查阶段的工作量和时间经济成本。如果初步筛查显示目标场地中所有的现存或未来规划区域都没有蒸气入侵风险，则该场地可以结案。本章将对蒸气入侵的初步筛查进行介绍。

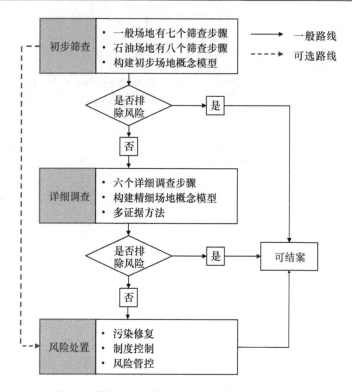

图 7.1　蒸气入侵场地的调查、评估、管理的全流程

7.1.2　详　细　调　查

　　未能通过初步筛查的建筑就需要进行详细调查。**详细调查**是指利用多证据方法，即通过对多种环境介质的样品的采样监测，综合运用筛选值、衰减因子、数学模型以及其他辅助调查评估手段，对目标建筑是否存在蒸气入侵风险以及蒸气入侵的危害程度进行详细评估。随着更多数据的收集，在初步筛查阶段构建的初步场地概念模型也将得到完善，从而在详细调查阶段建立起**精细场地概念模型**。如果详细调查显示目标场地中所有现存或未来规划建筑都没有蒸气入侵风险，则该场地可以结案。第 8 章将对蒸气入侵的详细调查进行介绍。

7.1.3　风　险　处　置

　　如果详细调查显示目标场地中的某些建筑或区域存在蒸气入侵风险，则需要采取一定的**风险处置措施（risk response action）**，常见的措施：①场地修复（remediation）；②制度控制（institutional control）；③风险管控（risk control）。第 10 章将对蒸气入侵的应对措施进行介绍。

7.1.4　第 7 章内容介绍

7.1 节已经对蒸气入侵场地调查评估与管理流程进行了介绍，7.2 节将介绍场地概念模型的定义和分类，7.3 节将简单介绍蒸气入侵场地调查手段，7.4 节将详细介绍一般蒸气入侵场地的初步筛查的具体工作步骤，7.5 节将介绍石油蒸气入侵场地的初步筛查的具体工作步骤。

7.2　场地概念模型

7.2.1　基　本　概　念

场地概念模型（site conceptual model）是用文字或图片的形式描述目标场地中能够决定污染物迁移、转化、归趋及其环境风险的各类物理、化学、生物过程（ASTM，2008；NJDEP，2011）。构建场地概念模型的核心目标是总结目标场地的特征，描述其地表和地下的状况，以便了解该场地的污染状况以及对受体的危害。场地概念模型通常包含文字、图片、表格、模型等多种信息表达方法。

场地概念模型中**"概念"**一词是指该模型不需要做到完全定量化和数学公式化，但并不意味着场地概念模型对实际情况的描述是含混的不可靠的。随着调查的深入，当获取到更多资料和信息后，场地概念模型应及时得到更新、补充和修正。概念模型的完善是一个循序渐进、不断进行的过程，场地概念模型的详细程度应与目标场地的复杂程度和已获取资料的丰富程度相匹配。随着场地调查工作的启动，场地概念模型应该同步开始构建。在初步调查阶段，由于获取的信息有限，此时建立的场地概念模型往往比较简单，因此叫作**初步场地概念模型**（preliminary conceptual site model）。在详细调查阶段，随着调查的深入，搜集到的资料越来越多，场地概念模型也会被不断完善，完善后的模型被称为**精细场地概念模型**（refined conceptual site model）。

7.2.2　初步场地概念模型

在初步筛查阶段，获取到的信息量有限，此时建立的初步场地概念模型一般是不完整的。在理想情况下，蒸气入侵初步场地概念模型应至少包含三方面内容：①场地的地质和水文地质资料；②地层中污染物的种类、浓度、分布；③场地中现有建筑或未来建筑的位置、用途、建筑特征。上述信息应以平面图或剖面图的形式展示，并且辅以描述性文字以指明哪些信息是确证的，哪些信息是推断或猜测的。初步场地概念模型的主要功能是为所有利益相关方（业主、政府管理部门、调查单位）提供对该场地情况的初步理解和掌握，初步场地概念模型中的信息也会被用来进行场地的初步风险筛查。

7.2.3　精细场地概念模型

随着详细调查的开展，当获取更多资料以后，场地概念模型需要被补充完善，即得到精细场地概念模型。针对蒸气入侵的精细场地概念模型应包含以下内容：

（1）**污染情况**：污染物种类，污染物在各环境介质（地下水、土壤、土壤气、室内空气、室外空气等）中的浓度和空间分布，污染浓度分布随时间的变化。

（2）**污染源**：污染源类型（溶解态、自由相 NAPL、残留态 NAPL），污染源的具体位置和分布，污染源的状态（扩散、稳定、收缩），污染源是否在移动。

（3）**地质资料**：地层结构和分层，各层的岩性分类，各岩层的理化参数（孔隙度、渗透率、含水率、有机质含量等）。

（4）**水文地质资料**：地下水分层，潜水面深度，潜水面的波动范围，第一层隔水底板深度，地下水流向和流速及其季节性波动，是否存在上层滞水及其分布。

（5）**污染物在包气带的传质途径**：在土壤多孔介质中的传质，在地下管线内的传质，通过管线外的高渗透性回填土的传质，通过天然岩石裂缝的传质。

（6）**建筑物**：建筑物类型，地板类型，建筑物功能，建筑物尺寸，建筑物年龄，温控和通风等系统的运行情况，底板或墙体上的裂缝尺寸和分布，地下管线进入建筑的位置和接口密封情况，季节性波动的地下水是否会接触到建筑底板（湿地下室）。

（7）**场地历史记录**：土地利用历史变迁，建筑和反应装置等的建设历史，工艺和污染排放的变迁，使用或生产过的化学品清单，场地勘查和调查历史，固体废弃物堆放记录，化学品泄漏记录，土壤和地下水污染记录，安全事故记录，废物处置记录，环境监测数据，环境影响评价报告，环境审计报告等。

（8）**场地规划用途**：场地的规划，场地现在所有者，场地将来所有者，建设计划和时间点。

（9）**场地及周边信息**：场地的地理位置，场地功能区的划分，场地内的建筑物和反应装置分布，场地内道路和管线的分布，周边区域现在和历史上的用途，周边区域已知或疑似发生过的污染。

完整的场地概念模型还应明确指明所关注区域的范围和边界，应清楚地说明本模型只是聚焦于目标场地中的某些区域还是整个场地，是否还包括场地以外的其他功能区域。初步调查只需要提供初步场地概念模型，只有到详细调查阶段才需要给出精细场地概念模型。

7.2.4　场地概念模型的用途

场地概念模型是制定场地管理对策的重要工具，场地概念模型的构建和不断完善需要贯穿场地调查评估的全过程，甚至在风险管控/修复治理以及管控/修复效果评估时还需要持续地对场地概念模型进行完善。通过识别数据空白点，场地概念模型可以帮助调查人员确定后续补充调查的工作重点。场地概念模型可以帮助场地管理者制定修复策略或风险管控策略，也可以帮助评估风险管控或污染修复的实施效果。另外场地概念模型还可以作为调查团队内部或者与其他利益相关方（业主、政府、公众）的沟通交流的媒介，使得各利益相关方更方便地参与到场地调查、风险评估、修复或管控的各个环节，最终促进决策的制定和工作的推进。

7.3　场地调查手段

7.3.1　资料收集

初步调查的第一步是收集和整理目标场地现有的数据和资料，并在此基础上进行初步的分析。初步调查中需要收集的资料包括：场地历史信息、化学品资料、场地环境资料、污染历史等。

场地的历史信息包括：目标场地的土地利用历史变迁，场地内建筑、设施、反应器的建设历史，原工厂工艺流程和污染排放的变化。这类信息可以从政府部门的土壤使用和规划资料、土地登记信息、工商业登记信息、卫星或航拍图片等资料中获取。

化学品资料包括：目标场地曾经使用、曾经生产、曾经泄漏以及目前正在使用、正在生产、正在泄漏的所有化学品清单。这类信息可以从原料、辅料以及中间体清单、化学品储存和流转清单、地上及地下储罐清单、废物泄漏记录、事故记录、废物处置记录、环境监测数据、环境影响评价报告、环境审计报告等资料中获取。

污染历史资料包括：已经进行过的场地调查报告和污染物检测报告，该场地已有的化学品泄漏记录、土壤和地下水污染记录、固体废弃物堆放记录等。

场地环境资料包括：该场地的地理位置、土壤、地质、水文、地形、地貌、气象等资料，这类资料可从政府相关部门获取。

需要特别注意收集可能与挥发性污染物或蒸气入侵有关的特征性信息，如有恶臭或者刺激性气味的报告；建筑物内居民曾经发生的身体不适（眩晕、恶心、呕吐）；建筑地板或者墙体有 NAPL 的渗入报告；地下水位浸湿建筑地板或墙体的报告。

在资料搜集时还要注意两点。第一，由于污染物具有迁移特性，场地邻近区域的污染物可能会迁移到目标场地内，为了尽可能准确地识别并全面评价目标场地中所有潜在污染，应查阅场地及邻近地区的相关资料。第二，一般收集到的场地资料较多，信息量较大，但其中可能掺杂了一些错误或误导性的信息，因此调查人员应根据专业知识和经验（必要时需要咨询外部专家），结合现场探勘和人员访谈的反馈，对资料的合理性和有效性进行判断，更正或删除错误信息。

7.3.2　现场踏勘

现场踏勘是指对目标场地和邻近场地的使用现状和历史进行观察和记录，了解场地的实际情况，通过对前期收集到的资料与实地观察到的情况进行比对，核实资料的可靠性。踏勘的重点区域包括：①有毒有害物质的使用、处理、储存、处置地点；②生产设备和装置；管线、罐、槽、沟、渠、污水池、隔油池；③有恶臭或刺激性气味的地点；④废物堆放地点；⑤泄漏发生地点等。另外还需要观察并记录：①场地内正在使用或已经废弃的建筑物、设施、构筑物；②场地的地形、地貌、地质、水文地质特征；③场地周边的潜在受体（如居民楼、学校、幼儿园、医院、养老院等）。

7.3.3 人 员 访 谈

当收集到的资料不足以反映场地实际特征时，就需要进行人员访谈。访谈的主要目的是对资料收集和现场踏勘得到的信息进行核对和补充，对搜集信息时产生的疑问进行解答。访谈对象应选择对场地历史和现状较为熟悉的人员：①场地各阶段的管理者和使用者；②场地附近的居民或工作人员；③当地政府管理部门。访谈可以与现场踏勘过程相结合，也可以在现场踏勘之后进行。

7.3.4 采 样 分 析

目标场地中的污染状况（污染物种类、浓度、分布）是初步场地概念模型的核心内容，也是用于初步筛查的必备数据。如果已经进行过场地调查，可通过从已有的调查报告或检测报告中获取相关数据。如果目标场地尚未进行过污染调查，则需要通过初步的采样分析（地下水、土壤、土壤气）大致掌握该场地的污染物种类和污染程度。第 3 章和第 4 章对蒸气入侵调查涉及的各环境介质的采样和分析检测方法进行了详细介绍，这里就不再赘述。

7.4 初步筛查具体步骤

在通过初步调查建立起初步场地概念模型后，就可以对现有数据进行分析，并进行蒸气入侵风险的初步筛查。初步筛查的主要目的是排除那些风险极低的建筑或区块，只对那些未能通过筛查的建筑或区块进行详细调查和风险管控，从而降低详细调查和风险管控的范围和成本。理论上排除蒸气入侵风险需要至少满足以下条件之一：①蒸气入侵的暴露途径是不完整的；②即使暴露途径完整，但该场地中的污染物挥发性或者毒性不够强；③该场地的挥发性有毒污染物的浓度低于筛选值，即污染程度不够高。

蒸气入侵的初步筛查可分为七步：筛查步骤一，评估是否需要采取应急措施；筛查步骤二，评估现有的数据是否足以评估蒸气入侵风险；筛查步骤三，评估该场地内的污染物是否具有足够的挥发性和毒性；筛查步骤四，评估目标建筑是否存在限制因子；筛查步骤五，评估目标建筑是否离污染源足够近；筛查步骤六，评估污染物浓度是否超过筛选值；筛查步骤七，超过筛选值后选择应对策略（图 7.2）。

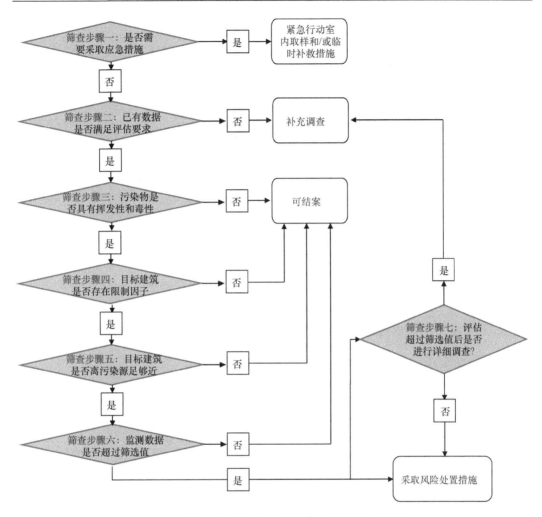

图 7.2　蒸气入侵初步筛查的具体工作步骤和路线图

7.4.1　筛查步骤一：评估是否需要采取应急措施

1. 需要采取应急措施的情况

当有证据显示蒸气入侵可能引起急性健康风险或安全隐患时，需要立即采取应急措施以消除或者降低可能存在的人体健康或安全隐患。当出现以下情况时，需要采取应急措施：

（1）居住者闻到了恶臭或者刺激性化学物质的气味。气味的出现通常指示着挥发性化学物质的存在，因此当居住者报告能闻到化学物质味道时，通常需要进行应急评估。不过有些化合物的嗅阈远低于其毒性阈值，因此闻到味道并不一定意味着一定有不可接受的健康风险。另外，还要注意气味物质有可能来自室内外其他排放源而非地下污染物的蒸气入侵。

（2）居住者发生了身体不适，如眩晕、恶心、呕吐等症状。这类症状未必是由地下污染物的蒸气入侵引起，但保险起见一般建议采取应急措施。

（3）有证据显示被 VOCs 污染的地下水已经接触到建筑底板，特别是当建筑的底板或墙体有 NAPL 渗入。这种情况发生蒸气入侵概率较大，需采取应急措施。

2. 触发值

美国有很多州的导则指定了需要采取应急措施的**触发值（trigger level）**，当污染物浓度超过触发值后需要采取应急措施。污染物的触发值一般是指其室内空气浓度，有些导则中也规定了土壤气和地下水浓度的触发值。美国有 11 个州（阿拉斯加、加利福尼亚、科罗拉多、康涅狄格、马萨诸塞、密歇根、明尼苏达、新罕布什、新泽西、纽约、俄亥俄）制定了 TCE 的触发值（住宅 2 $\mu g/m^3$，工商建筑 8 $\mu g/m^3$ 或 8.8 $\mu g/m^3$）。俄亥俄州分别制定了三个级别的 TCE 触发值：优先响应值（accelerate response level，2.1 $\mu g/m^3$）、紧急响应值（urgent response level，6.3 $\mu g/m^3$）、立即响应值（imminent hazard response level，20 $\mu g/m^3$）。还有五个州制定了除 TCE 以外其他污染物的触发值（Eklund et al., 2018）。

3. 可以采取的应急措施

通常可以采取应急措施包括：①将受到影响的建筑物中的居民疏散撤离；②阻断蒸气入侵途径，如通过调节建筑的暖通空调系统增大室内气压或降低底板下土壤气气压；③降低污染物室内空气浓度，如增大建筑物通风量或在室内放置活性炭等吸附材料。

由于疏散撤离对居民的影响较大，除非有明确的指标性现象（健康症状或明显的气味），否则只有通过采样分析确证风险以后才会做出撤离的决定。应急评估往往采用便携式 PID、便携式 FID、可燃气体检测器等快速监测设备来做出快速判断或决策。如果想得到准确的结果，则需要进行实验室送检。一般来说导致需要采取应急措施的情况并不常见，但在调查评估全过程中调查人员必须始终考虑急性风险的可能性和采取应急措施的必要性。

7.4.2 筛查步骤二：评估已有数据的质量和数量是否足以评估蒸气入侵风险

在蒸气入侵调查之前，有些场地可能已经进行过常规的采样调查，也获得了土壤或者地下水中污染物的浓度数据。针对蒸气入侵的风险筛查可以基于这些已经取得的数据，但前提是这些数据的质量和数量符合要求。因此，在使用数据之前需要对这些数据进行审核，重点关注以下几点：

（1）当时使用的采样和分析方法是什么？当时使用的采样和分析方法是否能够达到现在方法标准的要求？蒸气入侵场地调查方法体系目前仍在日新月异地快速发展，几年前的布点/采样/分析方法或许已经无法满足最新的标准方法和导则的要求。

（2）当时的采样时间距离现在有多久？当时采集的数据是否还能代表现在的状况？在自然状态下，地层中的污染物会持续不断地迁移、扩散、稀释和降解，另外新的污染物也有可能输入地层，因此间隔时间过长的数据可能无法代表场地现在的状况。

（3）当时使用的分析方法的最低检出限是多少？在欧美国家已颁布的蒸气入侵技术导则中，有些污染物的筛选值非常低，甚至比常规的实验室分析方法的检出限还低。当时使用的分析方法的最低检出限跟最新的筛选值比是否足够低？当历史数据中某物质的结果是未检出时，一定要注意方法检出限的问题，否则可能得出错误的结论。

（4）当时采样时是否进行了多点采样以表征污染物分布的空间异质性？当时采样时是否进行了多轮次采样以表征污染物分布的时间异质性？最新的研究成果证明污染场地高度的时间和空间异质性会对检测结果产生显著的影响。虽然在初步调查阶段并不要求进行多点位多轮次采样，但时间和空间异质性检测结果的影响应该引起足够的重视。

如果已有数据的质量不符合要求或采样时间过于久远以至数据无法代表现在的场地状况，则需要重新进行采样调查。如果该场地完全没有经过场地调查，那么也需要进行初步的采样调查。一般需要采样检测挥发性污染物的地下水和土壤气浓度，挥发性污染物的土壤浓度在有些技术导则中允许使用，但有些不推荐使用土壤浓度作为蒸气入侵评估依据。具体的分析检测和采样方法可参考第 3 章和第 4 章。

7.4.3　筛查步骤三：评估该场地内的污染物是否具有足够的挥发性和毒性

污染物的种类是决定蒸气入侵是否存在的重要前提，如果地层中根本没有能引起蒸气入侵的污染物，那么可以直接排除其风险。有关污染物种类的调查应聚焦在该场地曾经使用过、曾经生产过、曾经泄漏过以及正在使用、正在生产、正在泄漏的化学物质。这类信息可以从搜集到的原料、辅料以及中间体清单、化学品储存和流转清单、地上及地下储罐清单、废物泄漏记录、事故记录、废物处置记录、环境监测数据、环境影响评价报告、环境审计报告等资料中获取，也可以通过与该场地的管理者、使用者以及场地附近的居民或工作人员进行访谈而获取。一般来说，场地中的**受关注污染物**（**contaminant of concern**）就是场地中确证或者疑似泄漏的化学物质，但是很多污染物泄漏后在地层中会通过生物降解或化学反应转化为其他的反应中间体（如三氯乙烯可以被生物降解成二氯乙烯和氯乙烯），因此导致蒸气入侵危害的实际污染物可能比原始泄漏的污染物成分更复杂，场地调查人员可能需要在环境微生物和环境地球化学领域专家的协助下进行综合判断。

并不是所有的污染物都会引起蒸气入侵，只有该物质同时具有足够强的挥发性和毒性才有可能造成蒸气侵入风险。一般认为亨利常数大于 10^{-5} atm·m^3/mol 或者饱和蒸气压大于 1 mmHg（133.32 Pa）的化合物都有可能造成蒸气入侵。环境保护部 2014 年发布的《污染场地术语》中对挥发性有机物的定义是：沸点在 56～260℃，在标准温度和压力（20℃和 1 个大气压）下饱和蒸气压超过 133.32 Pa 的有机化合物（环境保护部，2014c）。美国 EPA 最新的 VISL（vapor intrusion screening levels）Calculator 中列出了 388 种常见的挥发性有机物（USEPA，2014a），这是目前较为完整的一份潜在的蒸气入侵污染物清单。另外，具有爆炸性或毒性的气体（如甲烷或硫化氢）也应该被纳入蒸气入侵的调查范围。如果目标场地的污染物不属于上述类型，则基本可以排除蒸气入侵风险的存在，也无须进行后续的调查。反之，则需要进行步骤四的工作。

7.4.4　筛查步骤四：评估目标建筑是否存在限制因子

距离筛查法是基于一般场地情况制定的，但如果目标场地存在一些特殊场地情况，无法确认基于一般场地情况制定的筛选距离法或衰减因子法是否仍然具有足够的保护性，因此就无法使用上述方法进行风险筛查。这里的特殊场地情况又被叫作**限制因子**（**precluding factor**），即限制使用距离筛查法的因子。如果目标场地存在以下限制因子中的任意一项，就无法使用风险筛查排除场地的蒸气入侵风险，必须进行详细调查或风险管控。

（1）地层中存在 VOCs 优先传质通道，而且优先传质通道与污染源和建筑物都有连接，VOCs 向目标传质通量可能会显著增加，此时常规的筛选距离阈值的保守性可能不够。常见的优先传质通道有：没有完全密封的管线和管廊、天然形成的岩石裂缝或喀斯特地貌（Vroblesky et al.，2011；Guo et al.，2015；McHugh et al.，2017）。

（2）如果泄漏仍在发生或者污染区域仍在扩大或移动，则无法准确划定污染源的边界，也就无法使用筛选距离法对目标建筑进行风险排查。

（3）当地层中特别是污染源附近有明显的土壤气流时，例如，当 VOCs 是从加压管道中泄漏的或是强烈的有机物厌氧发酵产生明显的土壤气体对流，这种情况下，VOCs 会随着土壤气对流向地面传递，其 VOCs 向地面的传质通量可能会显著增加，此时常规的筛选距离阈值的保守性可能不够。

7.4.5　筛查步骤五：评估目标建筑是否离污染源足够近

建筑物的蒸气入侵风险随着与污染源间距的增大而减小，通常蒸气入侵仅发生在离污染源较近的建筑中。步骤五主要用来评估目标建筑与污染源的间距否足够近，通过目标建筑与污染源的间距排除风险较低的建筑，使得后续调查对象值聚焦在筛选距离以内的**包含区**（**inclusion zone**）内。目标建筑与污染源的间距可分为**水平间距**（**lateral separation distance**）和**垂直间距**（**vertical separation distance**）（图 7.3 和图 7.4）。当建筑物与污染源的水平间距小于一定的安全阈值时，就认为该建筑可能存在蒸气入侵风险需要进一步调查，这个水平间距的安全阈值被称为**水平筛选距离**（**lateral screening distance**）。沿着地下污染源的二维平面，按照一定的水平筛选距离向外划定的整个区域（包括污染源区域）被称为**水平包含区**（**lateral inclusion zone**），污染源上方的建筑也处于水平包含区内。位于水平包含区边界外的所有建筑，只要不存在步骤四中所列的特殊情形可以直接排除其蒸气风险，也就不需要进行后续的调查。

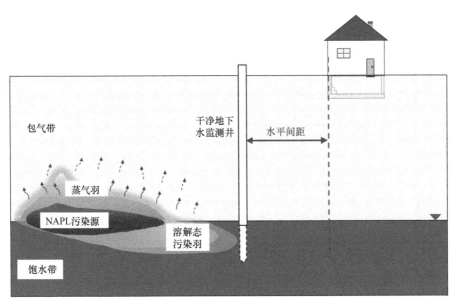

图 7.3　水平间距示意图

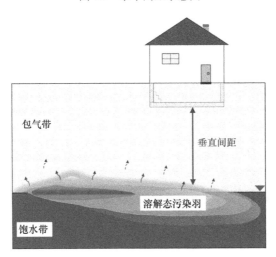

图 7.4　垂直间距示意图

对于难生物降解 VOCs（如氯代烃），美国 EPA、ITRC 和美国大部分州都推荐 100 ft（100 ft≈30 m）作为水平方向和垂直方向的筛选距离（表 7.1），即与污染源水平或者垂直间距超过 30 m 的建筑物可以排除其蒸气入侵风险，后续的调查工作只需要聚焦在 30 m 内的建筑（ITRC，2007；Eklund et al.，2012；USEPA，2015a；Eklund et al.，2018）。如果建筑物的一部分处于筛选距离内，这个建筑算是处于包含区内。30 m 的筛选值是基于大量的蒸气入侵场地调查实践经验获得的，实践经验表明在氯代烃地下水污染场地中与污染羽水平间距超过 30 m 的建筑还未被发现存在蒸气入侵问题。

理论上讲，VOCs 在包气带水平方向和垂直方向迁移时的衰减程度以及最终的迁移距离应该大致相近，因此水平筛选距离和垂直筛选距离的阈值也应大致相同（USEPA，2013；2014b），所以都取 30 m 为标准。这一数值也得到了模型模拟研究（Lowell and

Eklund，2004）和场地监测研究的支持（Folkes et al.，2009）。现有的大部分技术导则都以 30 m 作为难生物降解 VOCs 的水平和垂直筛选距离（表 7.1），说明这一取值已经取得广泛的共识。

表 7.1　美国多个州 VOCs 蒸气入侵筛选距离值

州名	溶解态石油烃		氯代烃	
	水平筛选距离/英尺	垂直筛选距离/英尺	水平筛选距离/英尺	垂直筛选距离/英尺
阿拉斯加州	30		100	
加利福尼亚州	30	10（LNAPL=30）	100	100
科罗拉多州	30	5（LNAPL=15）	100	
康涅狄格州*	30		100	
特拉华州	100		100	
佛罗里达州*	50			
夏威夷州	100	15（LNAPL=30）	100	
爱达荷州	50（LNAPL=100）		100	
印第安纳州	5（LNAPL=30）	5（LNAPL=30）	100	100
艾奥瓦州	500			
堪萨斯州	30	5	100	40
缅因州	30	30	100	100
马萨诸塞州	30	15（LNAPL=30）	100	15
密歇根州*	30	5（LNAPL=15）	100	
明尼苏达州	100		100	
密苏里州	100		100	
蒙大拿州	100		300	
内华达州			100	100
新罕布什尔州	30		100	
新泽西州	30	30	100	100
北卡罗来纳州	（LNAPL=100）		100	100
俄亥俄州	100		100	
俄勒冈州	100		100	
宾夕法尼亚州	30	5（LNAPL=15）	100	
佛蒙特州	30		30	
华盛顿特区*	100	6（LNAPL=15）	100	
威斯康星州	5	5	100	

资料来源：Eklund et al.，2018。

*表示该数据来源于未正式发布的技术指南的草稿。

与难生物降解 VOCs 相反，不同技术导则对于易生物降解 VOCs（如石油烃）的筛选距离的取值差异较大。很多研究已经清楚地显示氯代烃和石油烃在蒸气入侵行为方面有很大的差异（USEPA，2012；Ma et al.，2018）。有关石油烃的筛选距离法会在本章第五节进行详细讨论。

划定包含区的前提是对地层中污染物的分布有准确的掌握。如果场地的地质/水文地质情况或污染状况较复杂，调查人员需要根据实际情况判断所用的筛选距离标准是否足够保守。如果现有的数据还不足以准确划定地下污染源的范围和边界，则需要通过补充调查来完善这一关键信息。如果该场地未来有建设新建筑的计划，一定要结合该场地的规划对规划了建筑的区域进行评估。另外，当目标场地符合步骤四中所列的特殊情形中的任意一项时，筛选距离法是不适用的，此时需要跳过筛查阶段直接进行详细调查或风险管控。

7.4.6　筛查步骤六：评估监测数据是否超过筛选值

蒸气入侵筛选值是针对不同种类 VOCs 的蒸气入侵风险而制定的一套浓度筛选标准。完整的筛选值标准会针对每种 VOCs 分别制定其在不同环境介质中的筛选浓度（例如，地下水浓度、深层近污染源土壤气浓度、建筑周边浅层土壤气浓度、底板下土壤气浓度、室内空气浓度）。一小部分筛选值标准还包括土壤浓度，但很多导则明确不推荐用土壤浓度作为筛选值，原因有两个：①大量的场地数据表明 VOCs 的土壤浓度与其土壤气浓度以及蒸气入侵风险并没有显著的相关性，即土壤中 VOCs 浓度的高低不能反映其土壤气浓度的高低，也不能反映其蒸气入侵的潜力。②在国内外很多污染场地中都发现土壤中的 VOCs 浓度很低，甚至低于检出限，但同样的 VOCs 在土壤下方的地下水中却有很高浓度的检出，这是由于 NAPL 的运移和界面化学行为造成的，高浓度的地下水污染同样会造成蒸气入侵问题，如果使用土壤浓度作为筛选标准，则可能低估该场地的风险，即出现假阴性错误。

筛选值的使用方法比较简单，就是将初步调查获取的污染物浓度数据与该物质的筛选值进行比较，如果污染物浓度低于筛选值，则表明该物质在该场地的蒸气入侵风险可以忽略，如果高于筛选值，则说明可能存在蒸气入侵风险，需要进行详细调查或者直接进行风险管控。

针对每种挥发性污染物的蒸气入侵筛选值的取值并没有统一的标准，美国联邦政府以及不同州政府制定的筛选值标准在污染物种类、筛选值取值、环境介质类型方面存在较大的差异（表 7.2）。截至 2018 年 1 月，美国有 41 个州提供了筛选值，其中 27 个州提供了地下水筛选值，14 个州提供了深层土壤气筛选值，29 个州提供了浅层土壤气筛选值，34 个州提供了室内空气筛选值（Eklund et al.，2018）。有 11 个州提供了土壤筛选值。各个筛选值标准中包括的污染物数量从纽约州的 5 个污染物到有 9 个州提供了超过 100 个污染物的筛选值。Eklund 等比较了美国各州对苯、三氯乙烯、四氯乙烯、萘、乙苯、1,2-二氯乙烷六种污染物的筛选值的取值，他们发现这六种物质的地下水筛选值有 137000 倍的差异，浅层土壤气筛选值有 2500000 倍的差异，室内空气筛选值有 16700 倍的差异（表 7.3 和表 7.4）。不同导则之间的差异有四个原因：①对蒸气入侵过程中 VOCs 的环境行为和迁移转化机制还有较多的知识空白点，尚未形成普遍共识；②对一些 VOCs 的毒性数据也未完全形成共识，采用不同的毒性参数也会导致筛选值取值的差异；③不同导则使用了不同的风险水平（$10^{-6} \sim 10^{-4}$）；④有些导则对筛选值的使用有特殊规定，

表 7.2 美国各州的蒸气入侵通用筛选值

州名	筛选值的类型					包含的 VOCs 种类	是否提供非住宅用地筛选值
	地下水	土壤	浅层土壤气	深层土壤气	室内空气		
亚拉巴马州	否	否	否	否	是	>100	是
阿拉斯加州*	是	否	是	是	是	66	是
亚利桑那州	否	否	否	否	否	否	否
加利福尼亚州	是	否	是	否	是	61	是
科罗拉多州	是	否	是	否	是	22	是
康涅狄格州*	是	否	是	否	是	47	是
特拉华州	是	否	是	是	是	>100	否
佛罗里达州*	否	否	是	否	是	8	是
夏威夷州	是	是	是	否	是	72	是
爱达荷州	是	是	否	是	否	8	否
伊利诺伊州	是	是	是	是	否	59	是
印第安纳州	是	否	是	是	是	>100	是
艾奥瓦州	是	是	是	否	是	4	是
堪萨斯州	否	否	否	是	是	72	否
路易斯安那州	是	是	否	是	是	68	是
缅因州	否	否	是	否	是	68	是
马里兰州	否	否	是	否	是	>100	是
马萨诸塞州	是	否	是	否	是	40	是
密歇根州*	是	是	是	否	是	>100	是
明尼苏达州	否	否	是	否	是	64	是
密苏里州	是	是	是	否	是	40	是
蒙大拿州	否	否	否	否	是	>100	是
内布拉斯加州	是	是	是	是	是	115	是
内华达州	是	否	否	否	是	2	否
新罕布什尔州	是	否	是	否	是	31	是
新泽西州	是	否	是	否	是	50	是
新墨西哥州	是	否	是	否	是	>100	是
纽约州	否	否	是	否	是	8	否
北卡罗来纳州	是	否	是	否	是	>100	是
俄亥俄州	是	否	是	是	是	>100	是
俄勒冈州	是	是	是	否	是	>100	是
宾夕法尼亚州	是	是	是	是	是	>100	是
罗得岛州	否	否	否	否	否	NA	否
南达科他州	是	是	否	否	否	6	是
得克萨斯州	否	否	否	否	是	>100	是
佛蒙特州	是	否	是	否	否	>300	是
弗吉尼亚州	是	否	是	是	是	>100	是
华盛顿州*	是	否	是	是	是	69	是
西弗吉尼亚州	否	否	否	否	否	NA	否
威斯康星州	否	否	是	是	是	20	是

资料来源：Eklund et al., 2018。

*表示该数据来源于未正式发布的技术指南的草稿。

注：NA 表示无相关数据。

表 7.3　美国各州关于苯、三氯乙烯、四氯乙烯的蒸气入侵通用筛选值

州名	苯			三氯乙烯			四氯乙烯		
	地下水 /(μg/L)	浅层土壤气 /(μg/m³)	室内空气 /(μg/m³)	地下水 /(μg/L)	浅层土壤气 /(μg/m³)	室内空气 /(μg/m³)	地下水 /(μg/L)	浅层土壤气 /(μg/m³)	室内空气 /(μg/m³)
亚拉巴马州	—	—	3.6	—	—	2.1	—	—	42
阿拉斯加州	14	31	3.1	5.2	21	2.1	58	420	42
加利福尼亚州	1.1	48	0.097	5.6	240	0.48	3.0	240	0.48
科罗拉多州	15	3.60	0.36	5	4.8	0.48	5	108	10.8
康涅狄格州*	215	3000	3.3	219	38000	5	1500	75000	11
特拉华州	5	3.1	0.31	5	0.22	0.022	5	8.1	0.81
佛罗里达州*	—	3.1	0.31	—	—	—	—	—	—
夏威夷州	2300	720	0.36	210	830	0.42	190	920	0.46
爱达荷州	44	—	—	3.3	—	—	—	—	—
伊利诺伊州	110	370	—	340	1，500	—	91	550	—
印第安纳州	28	36	3.6	9.1	21	2.1	110	420	42
艾奥瓦州	1540	600000	39.2	—	—	—	—	—	—
堪萨斯州	—	—	3.1	—	—	2.1	—	—	42
路易斯安那州	2900	400	12	10000	2000	59	15000	3700	110
缅因州	—	10	0.31	—	70	2.1	—	1400	42
马里兰州	—	64	12	—	38	1.8	—	840	42
马萨诸塞州	1000	160	2.3	5	28	0.4	50	98	1.4
密歇根州*	1.0	110	3.3	0.073	67	2.0	1.5	1400	41
明尼苏达州	—	150	4.6	—	70	2.1	—	110	3.4
密苏里州	1000	190000	4.98	1600	546000	12.8	338	200000	4.27
蒙大拿州	—	—	0.31	—	—	0.42	—	—	9.4
内布拉斯加州	3.7	139	0.31	0.46	192	0.43	5.6	4200	9.4
内华达州	—	—	—	5	—	2.1	50	—	32
新罕布什尔州	2900	170	3.3	20	20	0.4	240	400	8
新泽西州	20	16	2	2	27	3	31	470	9
新墨西哥州	15.8	120	3.6	5.2	69.5	2.1	57.5	1390	41.7
纽约州	—	—	—	—	6	1	—	100	10
北卡罗来纳州	16	120	0.36	1.0	14	0.42	12	280	8.3
俄亥俄州	1.6	12	0.36	1.2	16	0.48	14.9	367	11
俄勒冈州	190	62	0.31	160	86	0.44	2100	1900	9.4
宾夕法尼亚州	23	120	3.1	9	80	2.1	110	1600	42
南卡罗来纳州	—	—	0.22	—	—	—	—	—	—
南达科他州	1800	—	—	—	—	—	—	—	—
得克萨斯州	—	—	11	—	—	5.9	—	—	64
佛蒙特州	0.92	4.3	0.13	0.82	6.7	0.2	1.5	21	0.63
弗吉尼亚州	—	3.1	0.31	—	4.3	0.43	—	4.1	0.41
华盛顿州*	2.4	10.7	0.32	1.55	12.3	0.37	22.9	321	9.6
威斯康星州	16	120	3.6	5.2	70	21	58	1400	42
不同州筛选值最大和最小值相差的倍数	3100 倍	193000 倍	400 倍	137000 倍	2500000 倍	2700 倍	10000 倍	49000 倍	270 倍

资料来源：Eklund et al.，2018。

*表示文件草稿中的数据。

注：表中数据选取了最保守（即最低的）筛选值，有关各筛选值的使用限制和例外需要具体参阅每个州指南。

表 7.4 美国各州关于萘、乙苯、1,2-二氯乙烷的蒸气入侵通用筛选值

州名	萘			乙苯			1,2-二氯乙烷		
	地下水 /(μg/L)	浅层土壤气 /(μg/m³)	室内空气 /(μg/m³)	地下水 /(μg/L)	浅层土壤气 /(μg/m³)	室内空气 /(μg/m³)	地下水 /(μg/L)	浅层土壤气 /(μg/m³)	室内空气 /(μg/m³)
亚拉巴马州	—	—	0.83	—	—	11	—	—	1.1
阿拉斯加州	40	—	0.72	30	97	9.7	19	9.4	0.94
加利福尼亚州	20	—	0.083	13	56	1.1	6.1	54	0.11
科罗拉多州	—	—	—	18000	11	1.1	5	1.1	0.11
康涅狄格州*	—	—	—	—	—	—	21	4000	0.094
特拉华州	150	30	3.0	700	22	2.2	5	0.94	0.094
佛罗里达州*	—	30	3.0	—	22	2.2	—	—	—
夏威夷州	29000	1300	0.63	76000	22000	11	180	220	0.11
爱达荷州	70	—	—	50	—	—	30	—	—
伊利诺伊州	75	110	—	370	1300	—	54	99	—
印第安纳州	110	8.3	0.83	—	110	11	50	11	1.1
艾奥瓦州	—	—	—	46000	—	—	—	—	—
堪萨斯州	—	—	0.72	—	—	9.7	—	—	0.94
路易斯安那州	10000	40000	1200	2300000	330000	10000	3600	130	3.9
缅因州	—	24	0.72	—	323	9.7	—	31	0.94
马里兰州	—	14.4	0.72	—	200	10	—	18.8	0.94
马萨诸塞州	700	42	0.6	5000	520	7.4	5	6.3	0.09
密歇根州*	4.2	25	—	2.8	340	10	1.4	33	—
明尼苏达州	—	90	9	—	140	4.1	—	13	0.39
密苏里州	2250	42600	0.75	103000	27200000	606	—	—	—
蒙大拿州	—	—	0.072	—	—	0.97	—	—	0.094
内布拉斯加州	16.6	29.9	0.072	10.4	435	0.97	5.6	41.8	0.094
内华达州	—	—	—	—	—	—	—	—	—
新罕布什尔州	1700	60	1.1	1500	100	2	50	10	0.1
新泽西州	300	26	3	700	49	2	3	20	2
新墨西哥州	45.8	27.5	0.83	34.8	374	11.2	22.3	36	1.1
纽约州	—	—	—	—	—	—	—	—	—
北加州·	35	21	0.083	35	370	1.1	22	360	0.11
俄亥俄州	4.6	2.8	0.083	3.5	37	1.1	2.2	3.6	0.11
俄勒冈州	670	14	0.072	490	190	0.97	250	19	0.094
宾夕法尼亚州	100	28	0.72	700	370	9.7	34	36	0.94
南加利福尼亚州	—	—	—	—	—	1100	—	—	—
南达科他州	>31000	—	—	>170000	—	—	—	—	—
得克萨斯州	—	—	3.1	—	—	200	—	—	7.2
佛蒙特州	3.5	1	0.03	6.3	37	1.1	2.3	3.7	0.11
弗吉尼亚州	4.6	2.8	0.083	3.4	37	1.1	4.2	3.2	0.096
华盛顿州*	8.9	2.45	0.074	2780	15200	457	4.2	3.2	0.096
威斯康星州	46	28	0.83	34.2	370	11	22.8	37	1.1
不同州筛选值最大和最小值相差的倍数	8860 倍	42600 倍	16700 倍	60700 倍	2500000 倍	10300 倍	129 倍	3640 倍	77 倍

资料来源：Eklund et al.，2018。

*表示文件草稿中的数据。

注：表中数据选取了最保守（即最低的）筛选值，有关各筛选值的使用限制和例外需要具体参阅每个州指南。

如伊利诺伊州规定只有当目标建筑与污染源的间距超过 5 英尺才可以使用筛选值，这些特殊的前提要求也会导致不同导则中筛选值的差异。笔者认为有必要尽快制定一套符合中国国情的蒸气入侵筛选值标准，既要有足够的保守性和保护性，还要兼顾经济和社会发展水平。

除了通用筛选值以外，美国一些州的蒸气入侵调查导则允许使用数学模型，输入一部分目标场地的特征参数，通过建模计算**场地特征性筛选值（site specific screening level）**，作为初步筛查的工作内容。场地特征性筛选值将在本书第 8.5.2 小节进行详细介绍。

7.4.7　筛查步骤七：超过筛选值后决定下一步的应对策略

筛选值既不是环境质量标准，也不是修复目标值，因此当检测出的污染物浓度超过筛选值时并不意味着必然存在人体健康风险，更不意味着一定需要进行场地修复，而仅仅说明该地块可能存在风险。此时需要从以下两种应对方法中选择一种实施。第一，可以进行详细调查以最终确证该建筑或区块是否存在蒸气入侵风险。如果详细调查确证无风险，则可以结案，如果详细调查表明有风险，则需要进行风险管控或修复。第二，如果现有的资料显示该建筑或区块存在蒸气入侵问题的可能性较大或是详细调查的成本太高，也可以不进行详细调查而直接采取风险管控或修复。

7.5　石油蒸气入侵的初步筛查

经过长期的研究发现，石油烃等易生物降解 VOCs 与氯代烃等难生物降解 VOCs 在包气带的环境行为以及蒸气入侵风险方面差异较大（USEPA，2012）。因此，在蒸气入侵风险评估的筛查方面，易生物降解 VOCs 的与难生物降解 VOCs 有一定区别（Ma et al.，2018），美国 EPA 和 ITRC 甚至针对这两种类型的 VOCs 分别制定了两套单独的技术导则（ITRC，2007，2014；USEPA，2015a，2015b）。

7.5.1　构建场地概念模型时的区别

场地概念模型是用于总结描述场地的特征以及地表和地下的状况，以便了解该场地的污染状况以及对受体的环境影响的工具。石油蒸气入侵场地概念模型与一般蒸气入侵场地概念模型的内容大体相同，仅有以下区别。

1. 场地类型

石油蒸气入侵场地概念模型中需要明确场地类型，如工业、商业或是居民生活用地，常见的石油污染场地包括：加油站的地下储油罐泄漏、炼油化工厂、大型原油储罐泄漏、石油集输管线泄漏、煤气厂、商业或是居民住宅使用的供暖加热油储罐泄漏。

炼油化工厂、大型储油罐、石油集输管线、煤气厂都属于**大型石油污染场地**，而加油站地下储油罐泄漏、商业或是居民住宅使用的供暖加热油储罐泄漏属于**小型石油污染场地**。

不同类型的场地其生产历史、污染物类型、污染程度、污染范围、污染物迁移途径、潜在的受体、蒸气入侵途径、限制因子都可能存在差异，进而导致其蒸气入侵潜力的不同。对于大型石油污染场地，由于泄漏的污染物数量大、污染面积广、污染程度深，其包气带中石油烃的生物降解消耗的氧气量非常大，因此有可能存在供氧不足的现象，这会限制石油烃在包气带中的生物降解效率。因此，污染场地类型会直接影响场地筛查距离方法中筛查指标的选取，因此这一关键信息必须在场地概念模型中明确体现（USEPA，2013）。

2. 污染源类型

石油污染场地的地下污染源可以分为**轻非水相液体污染源（LNAPL source）**和**溶解态污染源（dissolved source）**两种类型。相对于溶解态污染源，LNAPL 污染源产生的 VOCs 蒸气浓度更高，其好氧生物降解消耗的氧气量也更大，因此 LNAPL 污染源需要的筛选距离阈值更大（USEPA，2015b）。准确判断污染源类型是正确选择筛选距离阈值的关键。

判断实际地层中是否存在 LNAPL 有一定的技术难度。传统方法主要靠肉眼观察地下水监测井中是否存在 NAPL 相，但有时 NAPL 会残留在包气带中导致地下水监测井中观察不到 NAPL 相。若单纯依靠地下水监测井中观察，包气带中残留 LNAPL 的情景会被误认为是溶解态污染源而可能低估其风险（图 7.5）（Lahvis et al.，2013）。因此很多技术导则建议采用多指标方法综合判断污染源类型（CRC-CARE，2013；ITRC，2014；USEPA，2015b）。

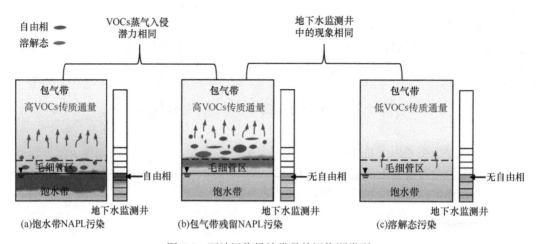

图 7.5　石油污染场地常见的污染源类型

7.5.2　初步筛查流程的区别

石油蒸气入侵场地的初步筛查与 7.4 节中介绍的一般场地的蒸气入侵初步筛查流程略有区别，具体可分为八步：PVI 筛查步骤一，评估是否需要采取应急措施；PVI 筛查步骤二，评估现有的数据是否足以评估蒸气入侵风险；PVI 筛查步骤三，评估该场地内的污染物是否具有足够的挥发性和毒性；PVI 筛查步骤四，评估目标建筑是否存在限制因子；PVI 筛查步骤五，评估目标建筑是否在水平筛选距离内；PVI 筛查步骤六，评估目标建筑是否在垂直筛选距离内；PVI 筛查步骤七，评估污染物浓度是否超过筛选值；PVI 筛查步骤八，超过筛选值后选择应对策略（图 7.6）。其中 PVI 筛查步骤第一、二、三、七、八步与一般蒸气入侵场地筛查流程中（7.4 节）对应的内容完全相同（步骤编号可能不同），但其他几个步骤有一定区别。

1. PVI 筛查步骤四：评估目标建筑是否存在限制因子

石油蒸气入侵场地的限制因子的概念与 7.4 节介绍的一般蒸气入侵场地的概念相同，但具体包含的内容不尽相同。当石油蒸气入侵场地存在以下任何一种限制因子时，均无法通过初步筛查排除风险，必须进行详细调查或风险管控。

（1）当地层中存在 VOCs 的优先传质通道，而且传质优先通道与污染源和建筑物都有连接。常见的传质优先通道包括：没有完全密封的管线和管廊、天然形成的岩石裂缝或喀斯特地貌。

（2）如果泄漏仍在发生或者污染区域仍在扩大或移动，则无法准确划定污染源的边界，也就无法使用筛选距离法对目标建筑进行风险排查。

（3）土壤的天然有机质含量很高，这会导致高强度的土壤呼吸作用，土壤呼吸作用会与污染物的好氧生物降解作用竞争氧气，因此高强度的土壤呼吸作用可能会抑制污染物的生物降解，进而使得基于一般场地条件制定的筛选距离阈值不够保守。土壤有机碳含量超过 4%（质量分数）的土壤（如泥炭、湿地土壤、河口三角洲土壤）可能存在土壤呼吸抑制污染物好氧降解的现象（DeVaull et al.，1997）。

（4）土壤的含水率非常低，这会导致土壤缺乏足够的水分来支持生物降解活动，进而抑制污染物的生物降解。当土壤含水率（体积分数）小于 1.2% 可能存在土壤过度干燥进而抑制污染物降解的现象（DeVaull et al.，1997）。

（5）当污染源中除了石油烃外还存在其他污染物时（如含铅汽油中的添加剂 1,2-二溴乙烷和 1,2-二氯乙烷），现有的筛选距离是否具有足够的保护性尚不清楚（Ma et al.，2016；2017）。

（6）当地层中特别是污染源附近有明显的土壤气体对流时，例如，强烈的有机物厌氧发酵产生明显的土壤气体对流，现有的筛选距离是否具有足够的保护性尚不清楚（Ma et al.，2012；2014；Yao et al.，2015）。由微生物厌氧发酵活动产生强烈的土壤气对流现象在垃圾填埋场较为常见，在污染场地中该现象是否普遍存在还有待进一步调查。

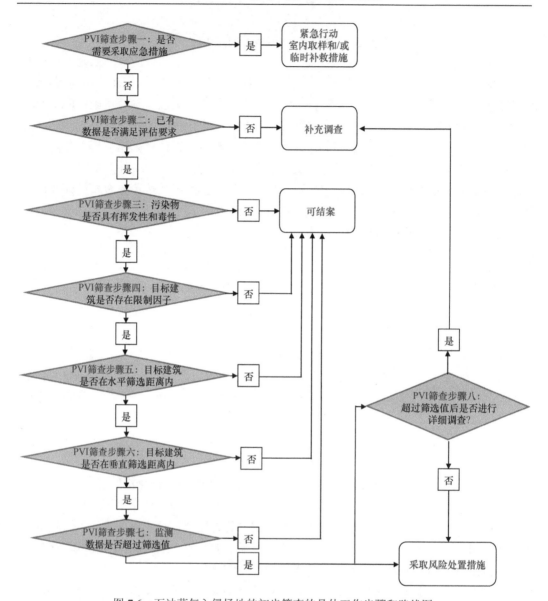

图 7.6　石油蒸气入侵场地的初步筛查的具体工作步骤和路线图

2. PVI 筛查步骤五：评估目标建筑是否在水平筛选距离内

这里的水平筛选距离与一般蒸气入侵场地筛查中的概念一样（7.4.5 小节），但具体数值有差别。研究已证明：如果土壤中氧气含量足够，那么石油烃可以在较短的土壤区间内发生显著的生物降解，这大大降低其质量通量及蒸气入侵风险（Hers et al.，2000；Davis et al.，2009）。因此，大部分技术导则对石油烃筛选距离的取值远低于难降解 VOCs 的 30 米阈值（表 7.1）（Eklund et al.，2012），一般选择 10 米作为溶解态石油烃的水平筛选距离。

3. PVI 筛查步骤六：评估目标建筑是否在水平筛选距离内

垂直间距是从污染源上部边界到建筑物下部边界的间隔距离，在垂直间距内的土壤应该是无污染的干净土壤。依据建筑类型的不同，建筑物下部边界可以是地下室的地板、地基的地板、管道空间的底面。依据污染源类型的不同，地下水溶解态污染源的上部边界是其水位波动的最高位置（图 7.7），LNAPL 污染源的上部边界是土壤中残留态 NAPL 的最高位置或者是**残留态 NAPL 涂布区（smear zone）**的最高位置（图 7.8）。另外，还应考虑地下水位的波动对于垂直间隔距离的影响，地下水中的自由相和溶解态的污染物会随着地下水的流动和水位波动在水平和垂直方向发生迁移，因此建议定期监测地下水的流向以及污染羽的迁移，监测周期最好在一年以上。

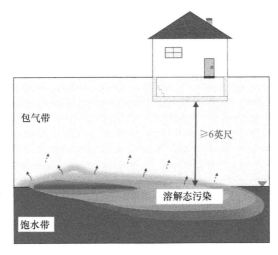

图 7.7　石油污染场地溶解态污染源的垂直筛选距离

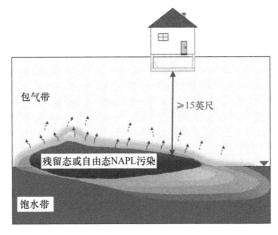

图 7.8　石油污染场地 NAPL 污染源的垂直筛选距离

如果在污染源和建筑物之间存在一层无污染且生物降解活动活跃的土层并且在土层中存在充足的氧气和水分，那么只要土层的厚度达到一定要求，土层中微生物的好氧降解活动能够将土壤孔隙中的石油烃蒸气完全降解。美国 EPA 发表了一份加油站地下储罐泄漏场地土壤气监测数据和蒸气入侵筛选方法的技术报告（USEPA，2013）。该报告主要建立在 Robin Davis 的研究成果基础上（Davis，2009；2010；2011），并参考了其他几个小组的工作（Peargin and Kohlhatkar，2011；Wright，2011；Wright et al.，2012；Lahvis et al.，2013）。尽管这些研究采用了不同的数据集合，但他们的结论高度一致：①经过一定厚度无污染土层的生物降解，石油烃蒸气能够被完全降解；②完全降解石油烃所需要的干净土层的厚度与污染源类型和强度直接相关（LNAPL 源与溶解源）。与溶解源相比，LNAPL 源产生的石油烃蒸气浓度更高，因此完全降解需要的土层厚度也更大。

　　基于以上研究，美国 EPA 建议使用表 7.5 中列出的标准来确定石油污染场地的垂直筛选距离，对于溶解态污染源（在任何大小的建筑物下方）的筛选值为 6 英尺，对于 LNAPL 源为 15 英尺。ITRC 导则还对大型工业场地的筛选距离做了规定，为 18 英尺。如果目标建筑与地下污染源的垂直间隔超过对应的筛选距离则可认为该建筑的蒸气入侵风险很低，无须进一步调查。再次强调，现有的石油蒸气入侵垂直筛选距离主要是基于一般的场地情况制定的，如果场地存在 7.5.2 小节中 PVI 筛查步骤四中提到的限制因子，现有的筛选距离标准是否具有足够的保护性尚未可知，遇到这种情况需要进行详细调查。

表 7.5　石油污染场地蒸气入侵的垂直筛选距离

污染源类型	垂直筛选距离
溶解态污染源	1.8 米（6 英尺）
LNAPL 污染源（地上/地下储油罐）	4.5 米（15 英尺）
LNAPL 污染源（大型工业场地）	5.4 米（18 英尺）

参 考 文 献

环境保护部. 2014a. HJ 25.1-2014 场地环境监测技术导则. 北京: 中国环境出版社

环境保护部. 2014b. HJ 25.3-2014 污染场地风险评估技术导则. 北京: 中国环境出版社

环境保护部. 2014c. HJ682-2014 污染场地术语. 北京: 中国环境出版社

ASTM. 2008. Standard guide for developing conceptual site models for contaminated sites (E1689 - 95). West Conshohocken, USA: American Society for Testing and Materials

CRC-CARE. 2013. Petroleum hydrocarbon vapour intrusion assessment: Australian guidance. Adelaide, Australia: CRC for Contamination Assessment and Remediation of the Environment

Davis G B, Patterson B M, Trefry M G. 2009. Evidence for instantaneous oxygen-limited biodegradation of petroleum hydrocarbon vapors in the subsurface. Ground Water Monitoring and Remediation, 29: 126-137

Davis R V. 2009. Bioattenuation of petroleum hydrocarbon vapors in the subsurface: Update on recent studies and proposed screening criteria for the vapor-intrusion pathway. LUST Line Bulletin, 61: 11-14

Davis R V. 2010. Evaluating the vapor intrusion pathway: Subsurface petroleum hydrocarbons and recommended screening Criteria: 22nd Annual U.S. EPA National Tanks Conference. Boston, MA, USA

Davis R V. 2011. Evaluating the petroleum vapor intrusion pathway: Studies of natural attenuation of subsurface petroleum hydrocarbons & recommended screening criteria: AEHS 21st Annual West Coast International Conference on Soil, Sediment, Water & Energy. San Diego, CA, USA

DeVaull G E, Ettinger R A, Salanitro J P, et al. 1997. Benzene, toluene, ethylbenzene, and xylenes [BTEX] degrada tion in vadose zone soils during vapor transport: First-order rate constants: Proceedings of the Petroleum Hydrocarbons and Organic Chemicals in Groundwater: Prevention, Detection, and Remediation Conference. Houston, TX, USA

Eklund B, Beckley L, Rago R. 2018. Overview of state approaches to vapor intrusion: 2018. Remediation Journal, 28: 23-35

Eklund B, Beckley L, Yates V, et al. 2012. Overview of state approaches to vapor intrusion. Remediation Journal, 22: 7-20

Folkes D, Wertz W, Kurtz J, et al. 2009. Observed spatial and temporal distributions of CVOCs at colorado and New York vapor intrusion sites. Ground Water Monitoring and Remediation, 29: 70-80

Guo Y M, Holton C, Luo H, et al. 2015. Identification of alternative vapor intrusion pathways using controlled pressure testing, soil gas monitoring, and screening model calculations. Environmental Science & Technology, 49: 13472-13482

Hers I, Atwater J, Li L, Zapf-Gilje R. 2000. Evaluation of vadose zone biodegradation of BTX vapours. Journal of Contaminant Hydrology, 46: 233-264

ITRC. 2007. Vapor intrusion pathway: A practical guideline. Washington DC: Interstate Technology & Regulatory Council

ITRC. 2014. Petroleum vapor intrusion: Fundamentals of screening, investigation, and management. Washington DC: Interstate Technology & Regulatory Council

Lahvis M A, Hers I, Davis R V, et al. 2013. Vapor intrusion screening at petroleum UST Sites. Groundwater Monitoring & Remediation, 33: 53-67

Lowell P, Eklund B. 2004. VOC emission fluxes as a function of lateral distance from the source. Environmental Progress, 23: 52-58

Ma J, Jiang L, Lahvis M A. 2018. Vapor intrusion management in China: Lessons learned from the United States. Environmental Science & Technology, 52(6): 3338-3339

Ma J, Rixey W G, DeVaull G E, et al. 2012. Methane bioattenuation and implications for explosion risk reduction along the groundwater to soil surface pathway above a plume of dissolved ethanol. Environmental Science & Technology, 46: 6013-6019

Ma J, Luo H, DeVaull G E, et al. 2014. Numerical model investigation for potential methane explosion and benzene vapor intrusion associated with high-Ethanol blend releases. Environmental Science & Technology, 48: 474-481

Ma J, Li H, Spiese R, et al. 2016. Vapor intrusion risk of lead scavengers 1,2-dibromoethane (EDB) and 1,2-dichloroethane (DCA). Environmental Pollution, 213: 825-832

Ma J, Xiong D, Li H, et al. 2017. Vapor intrusion risk of fuel ether oxygenates methyl tert-butyl ether (MTBE), tert-amyl methyl ether (TAME) and ethyl tert-butyl ether (ETBE): A modeling study. Journal of Hazardous Materials, 332: 10-18

McHugh T, Beckley L, Sullivan T, et al. 2017. Evidence of a sewer vapor transport pathway at the USEPA vapor intrusion research duplex. Science of the Total Environment, 598: 772-779

NJDEP. 2011. Technical guidance for preparation and submission of a conceptual site model (version 1.0). [2019-01-01]. https://www.nj.gov/dep/srp/guidance/srra/csm_tech_guidance.pdf

Peargin T, Kohlhatkar R. 2011. Empirical data supporting groundwater benzene concentration exclusion criteria for petroleum vapor intrusion investigations: Battelle presentation at international symposium on bioremediation and sustainable environmental technologies. Reno, USA

SABCS. 2011. Guidance on site characterization for evaluation of soil vapour intrusion into buildings: Science advisory board for contaminated sites in British Columbia. [2019-01-01]. http://www. sabcs.chem.uvic.ca/GUIDANCE%20ON%20SITE%20CHARACTERIZATION%20FOR%20EVALUA TION%20OF%20SOIL%20VAPOUR%20INTRUSION%20INTO%20BUILDINGS.pdf

USEPA. 2012. Petroleum hydrocarbons and chlorinated solvents differ in their potential for vapor intrusion.

Washington DC: U.S. Environmental Protection Agency

USEPA. 2013. Evaluation of empirical data to support soil vapor intrusion screening criteria for petroleum hydrocarbon compounds (EPA 510-R-13-001). Washington DC: U.S. Environmental Protection Agency

USEPA. 2014a. Vapor intrusion screening level (VISL) calculator: User's guide. Washington DC: U.S. Environmental Protection Agency

USEPA. 2014b. Brownfields and land revitalization: Land use & institutional controls. Washington DC: U.S. Environmental Protection Agency

USEPA. 2015a. OSWER technical guide for assessing and mitigating the vapor intrusion pathway from subsurface vapor sources to indoor air (OSWER Publication 9200.2-154). Washington DC: U.S. Environmental Protection Agency

USEPA. 2015b. Technical guide for addressing petroleum vapor intrusion at leaking underground storage tank sites (EPA 510-R-15-001). Washington DC: U.S. Environmental Protection Agency

Vroblesky D A, Petkewich M D, Lowery M A, et al. 2011. Sewers as a source and sink of chlorinated-solvent groundwater contamination, Marine Corps Recruit Depot, Parris Island, South Carolina. Groundwater Monitoring & Remediation, 31: 63-69

Wright J. 2011. Establishing exclusion criteria from empirical data for assessing petroleum hydrocarbon vapour intrusion. The 4th International Contaminated Site Remediation Conference-2011 CleanUP. Adelaide, Australia

Wright J J, Konwar K M, Hallam S J. 2012. Microbial ecology of expanding oxygen minimum zones. Nature Reviews Microbiology, 10: 381-394

Yao Y, Wu Y, Wang Y, et al. 2015. A petroleum vapor intrusion model involving upward advective soil gas flow due to methane generation. Environmental Science & Technology, 49: 11577-11585

第8章 蒸气入侵详细调查

8.1 概 述

当初步调查未能排除目标建筑或区块的蒸气入侵风险，就需要进行详细调查。**详细调查**就是通过收集额外的数据以进一步确证是否存在蒸气入侵风险，包括回答以下三个问题：

（1）土壤或地下水中的污染物浓度是否足够低，以至于蒸气侵入不太可能？回答这个问题需要**基于浓度的评估（concentration-based evaluation）**。

（2）暴露途径是否完整？回答这个问题需要**基于迁移途径的评估（pathway-based evaluation）**。

（3）室内空气中监测到的污染物浓度是否是由于蒸气入侵引起？回答这个问题需要**基于受体的评估（receptor-based evaluation）**。

8.1.1 多证据方法

蒸气入侵是一个非常复杂的过程，涉及的环境介质多、环境过程多，影响因素也多，污染物浓度分布的时间和空间异质性很大，因此只依赖单一的调查手段往往无法得到可靠的评估结论，一般需要采用多证据方法来进行调查评估。**多证据方法（multiple line of evidence）**是指需要对多种环境介质通过不同的技术进行多位点甚至多轮次的采样分析，以充分表征场地的空间和时间异质性，常调查的环境介质包括：地下水、深层土壤气、建筑周边浅层土壤气、底板下土壤气、室内空气、室外空气、土壤。多证据方法的核心内涵是：没有任何一种单一指标能够可靠地确证蒸气入侵是否存在，必须综合运用不同的调查手段，采集不同的证据，综合在一起才能得出可靠的结论。虽然多证据方法涵盖的调查目标较多，但一般认为地下水、深层土壤气、底板下土壤气、室内空气中污染物浓度数据构成了**多证据方法中的核心证据链（primary lines of evidences）**（表 8.1）（ITRC，2007a；McHugh et al.，2017a）。

8.1.2 详细调查的步骤

详细调查的流程可细分为六个步骤：详查步骤一，制定调查计划；详查步骤二，确定调查内容；详查步骤三，实施调查；详查步骤四，分析数据；详查步骤五，判断是否需要额外调查；详查步骤六，做出调查结论（图 8.1）。以下分别予以介绍。

表 8.1 多证据方法中的核心证据链

被调查的介质	评估方法	存在的问题
地下水	直接与地下水筛选值比较；通过经验性衰减因子或模型计算室内空气浓度	衰减因子和模型的不准确性会导致室内空气浓度计算的误差
深层土壤气	直接与土壤气筛选值比较；通过经验性衰减因子或模型计算室内空气浓度	比使用地下水浓度数据需要更少的模型假设，但仍有很大的计算不确定性；土壤气的采样更复杂
底板下土壤气	通过经验性或实地测量的衰减因子计算室内空气浓度	比使用土壤气浓度数据需要更少的模型假设，但仍有相当的计算不确定性；底板下土壤气的空间和时间异质性较大；采样时需要在地板上钻孔，需要进入房间内部，对居民干扰较大
室内空气	直接与室内空气筛选值比较	需要进入房间内部，对居民干扰较大；室内外 VOCs 源的背景排放对结果干扰较大；室内空气浓度的时间异质性很大

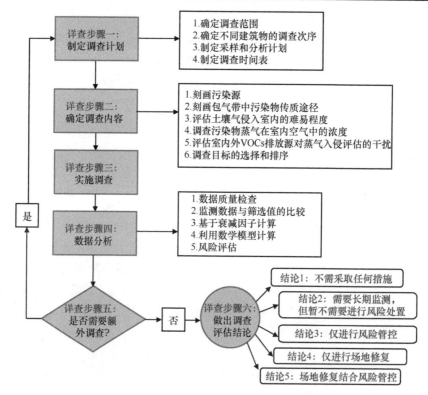

图 8.1 蒸气入侵详细调查的工作步骤和路线图

8.2 详查步骤一：制定调查计划

在开始调查工作之前，需要制定一个系统且全面的场地调查计划，场地调查计划需包括以下内容：调查的目的和原因、调查的范围、场地概念模型、绘有污染源范围和地面建筑的场地地图、拟采样的环境介质、采样点的位置、数量和点位选取的原因、采样方法、检测方法、质量保证与质量控制计划、健康与安全计划。

第 7 章已经讨论过，构建场地概念模型是场地调查的核心工作，因此在制定场地详查计划时首先需要对已有的场地概念模型进行回顾，结合初步筛查已取得的资料和数据，对标精细场地概念模型应具备的内容（7.2 节）。

蒸气入侵的详细调查应该分步进行。早期阶段收集的数据一般用于对场地的初步认识并构建初步场地概念模型，后续的数据收集工作则侧重于填补场地概念模型中的各信息盲点或修正现有概念模型中存在信息矛盾的地方。在采样时需要按照样品的重要性和紧迫性排序，优先调查重点和敏感区域，然后依次调查重要性较低的区域，尽量避免不必要或无价值的采样。在有限的项目资金和时间约束下，采用分阶段调查可以做到最优的资源分配和最高标准的调查质量。

8.2.1　数据质量目标程序

推荐采用**数据质量目标程序（data quality objective process，简称 DQO）**作为制定详查计划的方法。数据质量目标程序是建立在科学方法基础上的计划工具，用以策划监测数据的采集活动，确定数据的采集方案应满足的标准，包括：什么时候采样、在哪里采样、决策误差的限值是多少、需要采集的样品数量等。数据质量目标程序的重点在于使现有的历史资料得到最充分的利用，以降低数据收集成本，通过运行该程序来确保做出决策时所使用的监测数据的类型、数量和质量是实用而且可靠的，从整体上对数据不确定性的要求进行定性和定量的说明。

数据质量目标程序（DQO）包括七个步骤：表述问题（state of the problem）、确定目的（identify the decision）、确定需要输入的信息（identify the inputs to the decision）、明确调查边界（define the boundaries of the study）、制定决策规则（develop a decision rule）、确定决策误差限值（specify tolerable limits on decision errors）、数据的优化设计（optimize the design for obtaining data）。表 8.2 给出了一个数据质量目标程序制定室内空气采样计划的例子。

表 8.2　一个数据质量目标程序制定室内空气采样计划的例子

DQO 步骤名称	DQO 步骤目标	实例
1. 阐述问题	阐述需要解决的问题，为解决这一问题可能需要进行额外的数据收集或数据分析工作	一个工业场地被发现存在氯仿污染的浅层地下水，位于地下水下游紧邻该场地存在几栋住宅，需要进行室内空气采样以确定室内空气中是否含有氯仿
2. 明确决策目的	明确数据收集或数据分析工作所要支持的具体的决策内容	室内空气的监测数据将会被用来支持以下决策：是否需要对目标建筑进行进一步调查或者直接进行风险管控
3. 确定需要输入的信息	确定支持以上决定需要进行的具体的采样分析或模拟计算内容	对目标建筑的室内空气进行采样分析，并结合检测得到的或是推测计算的地下水中的氯仿浓度数据
4. 明确调查边界	明确所调查环境介质的时间和空间变化以及调查的终点和边界	基于目标建筑的室内空气浓度监测结果并结合地下水中的氯仿浓度数据更新受影响区域的范围
5. 制定决策规则	制定基于采样分析或模拟计算的结果做出决策的规则方法。通常采用"如果怎样，那么怎样"的逻辑结构	如果室内空气中检测到了氯仿，则需要考虑对该建筑进行详细调查或直接进行风险管控
6. 确定决策误差限值	明确可以接受的研究结果误差	由于蒸气入侵导致的室内空气浓度通常较低，需要采用足够灵敏的分析方法，以确保方法检出限低于氯仿的室内空气筛值，否则可能对室内空气的污染情况产生误判
7. 数据的优化设计	确定最优的采样检测和数据分析方法以满足 DQO 的要求	采用积分采样方法对每栋建筑的地下室以及地面上第一层的室内空气进行采样分析，采样和分析的方法都会进行详细记录

8.2.2　调 查 范 围

1. 有效迁移距离

在详细调查阶段，调查范围应该包括场地内所有可能受到影响的区块或建筑。通常情况下污染物的土壤气浓度随着与污染源间距的增大而减小，当间距超过一定的阈值后土壤气中的污染物浓度可以忽略不计，这一距离也被称为**有效迁移距离**。沿着污染源在二维水平面按照目标污染物的有效迁移距离向外划定的整个区域被称为**包含区（inclusion zone）**。包含区的范围取决于污染源的尺寸和强度、污染源的类型、土壤质地和包气带的地质分层、地表是否有物理性阻隔（如水泥或沥青路面）、地下是否有优先传质通道等因素，因此每个场地的包含区范围是场地特异的（USEPA，2012a）。

另外，包含区的范围可能会随时间不断扩展，其原因有两个。第一，如果化学品泄漏的时间较短，土壤气中 VOCs 浓度尚未达到平衡，VOCs 还处于从污染源向外扩散的阶段，则包含区的范围也会随时间不断扩大。泄漏发生后土壤气中 VOCs 浓度达到平衡需要时长取决于采样点与污染源的距离、土壤理化性质、污染源的强度、污染物的迟滞系数（retardation factor）等因素。Paul Johnson 提出了一个估算上述平衡时间的经验公式（Johnson et al.，1998）（见第 2 章）。Lilian Abreu 利用 ASU 三维数值模型模拟了泄漏发生后 VOCs 在土壤气中的非稳态迁移。她发现对于深度小于 1 m 的浅污染源土壤气中 VOCs 浓度达到的平衡只需要几个小时到几天，而对于深度大于 10 m 的深污染源该平衡可能需要数月甚至数年。第二个导致包含区的范围逐渐扩大的原因是污染源本身在扩大，如泄漏仍在进行、污染源在扩展或移动等。

2. 调查边界

第 7 章讨论过，很多技术导则都推荐 30 m 作为不可降解 VOCs 的调查边界，即只需要调查与污染源水平或垂直间距小于 30 m 的建筑或区域。这一数值也得到了模型模拟研究（Lowell and Eklund，2004）和场地监测研究的支持（Folkes et al.，2009），因此具有较高的可靠性，适用于大多数场地。

但是 30 m 调查边界不适用于以下几种特殊情形。第一种特殊情形是污染源存在显著的对流活动，如有强烈厌氧发酵活动的垃圾填埋场；加压输气管线泄漏；NAPL 泄漏导致密度引发的土壤气对流。土壤气的对流活动可能增加 VOCs 传质通量和蒸气入侵风险（Ma et al.，2014）。Little 等人发现美国加利福尼亚州的一个垃圾填埋场附近的房屋空气中甲烷的浓度接近 1%（体积比），在距填埋场 180 m 远的房屋空气中还检出了氯代烃蒸气（Little et al.，1992）。第二种特殊情形是存在 VOCs 的优先传质通道，VOCs 通过地下管廊或地下其他构筑物周围回填的高渗透杂填土或天然形成的孔道地质结构以未经衰减的方式在包气带传质（Vroblesky et al.，2011；Guo et al.，2015；McHugh et al.，2017b）。第三种特殊情形是地表有很大面积的不渗透层覆盖（如水泥沥青路面）。对于上述特殊情况，需要调查人员根据专业知识通过综合判断后划定调查范围。

3. 污染区域范围

划定污染区域范围是确定包含区范围的前提条件和重要基础，因此准确划定地层中 VOCs 的污染区域范围是蒸气入侵调查中的重要步骤。美国 EPA 的蒸气入侵导则给出了划定污染区域边界的方法（USEPA，2015）。对 NAPL 污染源，主要依据 VOCs 在土壤气中的浓度数据，将检测到的土壤气浓度与土壤气 VISL 筛选值进行比较，以确定污染区域的边界和范围。对于地下水中溶解态污染源，需要依据 VOCs 在地下水中的浓度数据，将检测到的地下水浓度与地下水 VISL 筛选值进行比较来确定污染区域的边界和范围。在蒸气入侵调查中，划定的污染范围采用的标准通常是针对蒸气入侵调查制定的筛选值，而不是地下水水质标准或者饮用水水质标准（USEPA，2015）。

8.2.3　不同建筑物的调查次序

1. 确定调查优先次序的原则

如果目标场地中有很多栋建筑物可能受到蒸气入侵的影响，对全部建筑的室内空气、底板下土壤气、周边的浅层土壤气体等样品进行采样分析其经济成本和时间成本较高。这种情况下就需要按照一定的优先次序，优先调查风险较高的建筑。通常根据以下原则对建筑物优先次序进行排序：

（1）**源强度以及与污染源的间距**：位于污染源正上方的建筑通常要比与污染源有一定间距的建筑物具有更高的蒸气入侵风险。如果挥发性污染物来源于污染地下水，那么位于较高浓度或较浅水位污染羽上方的建筑物通常比位于较低浓度和较深水位污染羽上方的建筑物具有更高的蒸气入侵风险。

（2）**建筑类型和条件**：在其他条件相同的情况下，被长期使用的建筑比目前没在使用的建筑物的优先级更高。密闭性好或通风好的建筑具有较低的蒸气入侵风险。

（3）**VOCs 迁移的难易程度**：位于高渗透性地层上的建筑通常比位于低渗透性地层上的建筑具有更高的蒸气入侵风险，除非低渗透性地层中存在优先传质通道。

2. 先验地确定优先次序是很困难的

土壤中污染蒸气的浓度可能存在较大的空间异质性，进而导致进入室内的污染物质量通量以及污染物室内空气浓度在相邻建筑之间都存在较大差异。另外，不同建筑的结构、建筑年龄、维护情况、居住者活动等因素差异较大，而这些因素对进入室内的土壤气流速和室内空气交换率有着显著的影响，这会进一步加剧不同建筑物之间污染物室内空气浓度的差异。因此，有时即使根据上一小节介绍的三条原则也很难先验地准确指导究竟哪个建筑代表了"最坏的情况"进而应被最优先调查。如果已经完成高优先级建筑的调查，一般仍需对其他疑似有风险的建筑进行调查。这样做可以确保不遗漏风险，还可以获得更多的场地信息。

3. 先期行动

当对所有建筑物进行室内采样的时间或经济成本过高，又有其他证据显示该区域可能有蒸气入侵问题时，可以不进行室内空气采样分析的，直接安装暴露控制的工程措施以减缓蒸气入侵风险（见第 10 章）。

8.2.4　制定采样和分析计划

一旦确定了数据缺口并划定了调查区域，就应制定采样和分析计划。场地详细调查是一个反复进行的过程，需要根据最新数据随时更新和修正后续的工作安排。对于大型场地，可通过初步的土壤气调查结果来为后续的详细调查进行规划。应仔细审查采样计划，以确保采样目标与数据质量目标程序一致。应仔细审查所选用的分析方法的检测限，以确保所选方法在分析目标污染物时具有足够的灵敏度，特别是用于室内空气和室外空气检测时。

应仔细评估饱和带和包气带的污染程度，以确保地层中所有的污染物和污染区域都被确定。地下水检测时应尽量采集靠近潜水面表层的水样，地下水、土壤气、室内空气的采样都有标准方法可供参考（USEPA，2001，2007；USEPA-ERT，2007a，2007b）。有关采样方法的细节请参考本书第 4 章。

8.2.5　调查时间表

对于蒸气入侵调查，必须制定一个时间表来协调各项工作任务的安排。由于详细调查可能需要入户采样，因此制定的时间表必须足够灵活并且预留足够的协调时间，以适应突发情况的出现。需要对可能遇到的困难和阻力有足够的预判，并制定应对预案。制定详查计划时需要考虑到以下环节可能耽误的时间：监管部门对实施方案的批准；场地的施工许可；现场采样；样品运输、保存和分析；数据的评估；可能需要的补充调查；数据的交流和汇报；做出风险评估结论的时间；完成调查报告；专家评审；报告的批准。在制定详查计划时需要与目标场地的所有利益相关方（所有者、住户、政府管理部门等）进行充分沟通。在进行现场采样，特别是入室采样时一定要做好全面规划，争取一次性完成整栋建筑的内部采样，将对住户的影响降到最低。

8.3　详查步骤二：确定调查内容

蒸气入侵场地详细调查的核心目标就是改进和完善场地概念模型，使其能够反映目标场地的主要特征和主要过程，具体的调查目标包括：

（1）刻画污染源中污染物种类、污染源类型、污染程度和范围；

（2）刻画污染物在污染源和目标建筑之间的迁移转化过程；

（3）评估土壤气进入目标建筑物的难易程度；

（4）评估地下污染源中的挥发性污染物是否出现在室内空气中，定量检测其浓度；

（5）评估在室内空气中检测到的污染物是否存在其他室内外排放源的背景排放，对背景排放的贡献占比进行定量分析。

这五个调查目标是按照逻辑顺序而非重要性排序的，每个目标的完成效果都会对最终调查结论的可靠性产生显著影响。本节将分别予以讨论。

8.3.1 刻画污染源

如果初步调查发现建筑物正下方或间距不远的地层中存在挥发性污染物，则需要对该地层中的污染物种类、污染范围和程度、污染源类型进行详细的调查。这些信息对于构建可靠的场地概念模型以及得出可靠的风险评估结论至关重要。对地下污染源的详细调查需要地下水、土壤、土壤气等多种环境介质的检测数据，具体采样方案需要依据污染源的特征和场地的地质和水文地质条件决定。

1. 地下水污染源

如果污染物来源于受污染的地下水，需要构建地下水监测井以获取地下水流场和污染物浓度分布信息，最终刻画地下水污染羽的污染程度和范围。如果进行蒸气入侵评估，应使用潜水面的地下水浓度作为源浓度，为此在构建地下水监测井时应确保采样筛网跨越了潜水面并且筛网的间距不能过大，以便实现对潜水面样品的精确采集。采样方法应使用经过验证的标准方法，最大可能地避免采样过程中 VOCs 的挥发损失（USEPA，2001；USEPA-ERT，2007b）。严格说来，需要通过有一定时间间隔的多轮次采样来判断地下水污染羽是否仍在扩大，只有污染羽处于稳定或收缩阶段，污染物浓度不再升高，才能对当前以及未来的污染源土壤气浓度做出较为可靠的估计。如果污染羽还处在扩张阶段，那么基于当前测定的地下水浓度数据可能会低估未来的蒸气入侵风险或者现在划定的调查范围将来还需扩大。

如果要评估特定建筑的蒸气入侵风险，应使用距离建筑物最近的地下水检测井的数据。如果地下水中的污染物存在较大的水平方向的浓度梯度（即间隔较短的距离浓度变化较大），应使用建筑周边两个以上不同方向的采样井的数据差值来作为污染源浓度。如果要评估整片区块的蒸气入侵风险，应以该区块内污染物浓度最大的监测井数据作为源浓度。

除采集地下水样以外，通常还建议采集潜水面毛细管带上方土壤气样品（即"近污染源土壤气"），以协助表征污染源。可以将采样分析得到的近污染源土壤气浓度与基于地下水浓度利用亨利定律计算出的结果进行比较。如果两者结果近似，那么就间接证明了对地下水污染源的刻画是准确可靠的。如果检测到的近污染源土壤气浓度远低于计算出的浓度，则说明受污染地下水的上方可能存在干净地下水的透镜体（fresh water lens）。由于地下水位的高低波动会导致包气带中土壤气浓度的变化，因此通常需要在地下水水位差异较大的季节多次采集土壤气样品。

2. 包气带污染源

如果污染物来源于受污染的土壤或者土壤中残留的 NAPL（residual NAPL），需要通过钻孔取样或 MIP（membrane interface probe）等手段获取包气带中污染物组成和分布等信息，最终刻画出包气带污染源的污染程度和污染范围。如果检测到较高的 VOCs 土壤浓度，则说明土壤一定受到了 VOCs 蒸气的影响。反之则不成立。如果测到 VOCs 土壤浓度都不高并不证明土壤一定没有受到 VOCs 蒸气的影响。原因有两个。第一，有些污染场地土壤未受污染但地下水的污染很严重，因此虽然土壤中 VOCs 浓度不高，但土壤气中的 VOCs 浓度可能很高。第二，土壤 VOCs 浓度的准确测定有一定难度，在样品采集、样品保存和运输、采样分析等阶段都有可能导致 VOCs 挥发损失，进而导致了样品未检出，但实际样品中是存在 VOCs 污染的。土壤气调查可用来确定污染源的位置以及在水平和垂直方向的分布。如果用来刻画污染源，土壤气调查必须包括近污染源土壤气数据。对于特殊类型的包气带污染源（例如：雨污水管道、加压罐或加压管道、垃圾填埋场或其他土地处置设施、蓄水池或其他地表储存设施），除了土壤气调查以外还需要采用其他有针对性的调查技术进行污染源刻画。

另外，为了更全面地刻画包气带中的污染源还需要搜集以下信息：地质资料、水文地质资料、地下管廊分布信息。上述信息可通过钻孔取样或者地球物理方法获取。采样点位数应该满足最低的密度以准确表征地下环境的空间异质性。

8.3.2　刻画包气带中污染物传质途径

对污染物在包气带中污染物传质途径的刻画是蒸气入侵场地调查的关键一环。在有些情况下，地层中的地质构造（阻隔层）或水文地质构造（地下水透镜体）会显著地阻碍 VOCs 向地表的传质，甚至完全阻断蒸气入侵暴露途径（the pathway is incomplete）。完整的暴露途径（the pathway is complete）是蒸气入侵产生不可接受健康风险的前提条件。如果暴露途径是不完整的，则一定不存在蒸气入侵问题。当然如果暴露途径是完整的，入侵室内的污染蒸气也未必一定会造成不可接受的人体健康风险，这还要取决于暴露浓度和暴露时长。

在第 2 章讨论过，地层的地质条件、水文地质条件、生物降解活动、污染泄漏发生后时间间隔都会影响污染物从污染源到建筑物的迁移和通量。VOCs 在包气带中的水平和垂直方向上的迁移距离取决于污染源的强度、污染源的埋深、土壤的理化性质、土壤对 VOCs 的吸附以及土壤中 VOCs 的降解。

1. 平衡态假设

通常都会假设污染物在包气带中处于平衡状态，但这未必是场地中的实际发生的情况。当污染源的埋深较深或地层中存在阻碍 VOCs 向上迁移的地质或水文地质构造时，包气带中 VOCs 的分布达到平衡需要几个月甚至几年的时间（USEPA，2012a）。另外，有时候场地中有多个污染泄漏源，一些未被察觉的泄漏源持续地泄漏会导致平衡态永远无法达到。因此，当发现污染泄漏不久之后采集到的土壤气样品很可能并不能代表污染物在包气带最终的分布和浓度。按照 7.2.3 小节的讨论，精细的场地概念模型应对污染物在包气带中的传质途径（包括优先传质通道）进行完整详尽的描述。如果初步调查未能充分掌握以上信息，则需要在详细调查阶段将这部分资料补充完善。

2. 土壤气

对包气带中污染物传质途径的调查通常需要进行土壤气采样分析，但包气带中的土壤气浓度存在较大的空间异质性（见第 2 章）。因此，需要在包气带不同位置和深度进行采样，以充分表征其空间异质性。需要采集的土壤气一般包括：近污染源土壤气（near-source soil gas）、建筑外围土壤气（exterior soil gas）、底板下土壤气（subslab soil gas）。如果存在管道空间（crawl space），还需要采集管道空间内气体样品。如果污染物来自地下水，可以将地下水浓度数据利用亨利定律换算出平衡的土壤气浓度，再与采集到的近污染源土壤气浓度进行比较，从比较结果判断地层中是否存在阻碍 VOCs 传质的地质、水文地质、生物机制（具体见 8.3.1 节）。

3. 地层条件

地层条件对包气带污染物的迁移和转化影响很大，因此在详细调查阶段需要搜集以下地层资料：地质信息、水文地质信息、生物降解活性等。需收集的地质信息包括：地层结构和分层，各层的岩性分类，各岩层的理化参数（孔隙度、渗透率、含水率、有机质含量等）。需收集的水文地质信息包括：地下水分层、潜水面深度、潜水面的季节性波动、第一层隔水底板深度、地下水流向和流速、地下水流向和流速的季节性波动、是否存在上层滞水以及其分布范围。地质信息一般通过钻孔录井和地球物理技术进行采集（USEPA，2015）。土壤的气体渗透率是蒸气入侵评估中的一个重要的参数，可使用现场抽气实验并结合公式计算进行测定，具体方法可参考（McHugh et al.，2013）。钻孔取得的岩心样品可以送实验室进行岩土工程分析（geotechnical analysis）。常用的分析标准方法有：岩土密度（ASTM Method D2166）、有机质含量（ASTM Method D2974）、渗透率和水力传导系数（ASTM Method D5084）、体积含水率（ASTM Method D2435）、孔隙度（ASTM Method D653）。对于易生物降解 VOCs，应采集不同深度的土壤气，绘制 VOCs、O_2、CO_2 和 CH_4 等生物降解产物在包气带土壤气纵剖面的浓度分布，根据以上数据评估生物降解是否发生以及对包气带中污染物衰减的贡献。

在调查地层信息时，直接采集目标建筑物下方的地层样品往往比采集建筑物外围的地层样品更具代表性，但采样难度也更大。Fred Tillman 和 James Weaver 通过 HYDRUS-2D 模型模拟证明了由于降水下渗受到建筑物阻挡，建筑物下方土壤中的含水率低于建筑外围相同深度土壤的含水率，如果用建筑外围土壤中的含水率数据进行蒸气入侵模拟往往会低估风险（Tillman and Weaver，2007）。

4. 地下管线

地下管廊的分布也是刻画包气带中污染物传质途径的重要内容。这方面的信息往往能解释很多异常的蒸气入侵现象，如 VOCs 的超长距离迁移、VOCs 几乎无衰减地在包气带进行质量传递。当出现上述异常现象时，就要调查污染物是否沿着地下管线或者管线周边的高渗透性回填土直接传递到建筑底板下方甚至直接进入建筑物室内。地下管廊的分布信息可以从政府部门备案的规划、建设、施工记录中整理搜集，也可以使用地质勘查技术进行现场勘查。除了对地下管线分布的调查，还应从地下管线内采样，以调查 VOCs 是否沿着优先通道迁移。

环境风险评估除了要考虑当前条件下构成的风险外，还要考虑在合理预期范围内的未来可能产生的风险（USEPA，1991）。当地表新建建筑后，包气带的性质和土壤气中污染物的浓度可能发生显著的变化。由于地表建筑阻止了雨水的下渗，建筑物下方的土壤的含水率将会下降（Tillman and Weaver，2007）。建筑施工会改变建筑地基附近的土壤渗透性。新建的水泥/沥青路面或者管廊也会显著地改变土壤气浓度在垂直和水平面的分布（USEPA，2012a）。因此，对可能存在较高蒸气入侵风险但尚未开发的区块，建议在进行建筑设计和施工时预先安装风险减缓装置（具体见第 10 章）。

8.3.3　评估土壤气侵入室内的难易程度

当高浓度的 VOCs 积聚在建筑底板下方，同时该建筑较易被土壤气侵入时，室内空气中的 VOCs 浓度往往会超过安全水平，进而导致蒸气入侵的发生。现在有的场地概念模型认为土壤气侵入室内有两个必备条件：**①建筑地板或墙体上存在裂缝；②存在将土壤气从包气带土壤吸入室内的驱动力。**以下两类建筑更容易被土壤气流侵入：**①建筑地下室年久失修或者底板是裸露的土壤而不是混凝土；②建筑中有直接与土壤连通的污水坑或者其他设施。**

评估土壤气侵入室内的难易程度是蒸气入侵详细调查的重要内容之一。常用的评估方法包括：

（1）第 6 章介绍过 VOCs 和氡进入室内空气的机制类似，因此可以把氡作为示踪剂来帮助识别土壤气流进入目标建筑的难易程度。如果室内空气中氡的浓度超出环境空气中氡的背景值，则说明土壤中的氡可能侵入了目标建筑，那么该建筑理论上也可以被 VOCs 蒸气入侵。需要注意的是氡对 VOCs 蒸气入侵的指示作用仅仅是定性而非定量的。侵入室内的氡主要来自建筑地板附近岩石的释放，由于岩石中氡含量分布具有很高的不均一性，但 VOCs 在建筑底板附近土壤气中的分布要相对均匀。同一栋建筑其室内空气中氡的浓度和 VOCs 的浓度并不存在显著的相关性，因此对室内空气中氡的检测不能替代对 VOCs 的检测。

（2）第 2 章讨论过，很多室内空气中常见的污染物既可能来源于地下污染的蒸气入侵，也可能来源于室内或者室外排放源的释放。不过某些 VOCs 并非常见日化产品的成分，因此这类物质可作为蒸气入侵的示踪剂。氯乙烯、1,1-二氯乙烯、顺-1,2-二氯乙烯、1,1-二氯乙烷这四种 VOCs 是常见的地下水污染物，但却很少在未受蒸气入侵影响的室内空气中检出（USEPA，2011）。另一项也指出氯乙烯和顺-1,2-二氯乙烯很少在未受蒸气入侵影响的室内空气中检出（NAVFAC，2011）。因此，氯乙烯、1,1-二氯乙烯、顺-1,2-二氯乙烯、1,1-二氯乙烷可作为示踪物来评估蒸气入侵的贡献。Brenner 等人就成功运用顺-1,2-二氯乙烯识别了易受蒸气侵入影响的建筑，并且定量评估了地下污染源蒸气入侵和室外大气入侵两种途径对室内空气中 VOCs 浓度的贡献（Brenner，2010）。

（3）利用便携式 VOCs 检测仪（PID 或 FID）检测地板裂缝或接合处裂缝等土壤气

进入室内的潜在入口。如果仪器在这些位置检测到较高的 VOCs 浓度读数，则说明在这些位置可能有较明显的土壤气流携带着地层中的 VOCs 进入室内。

（4）用目视检查的方法对混凝土地板、地下室墙壁、地漏中的裂缝和孔洞进行检查。如果存在裂缝或孔洞，则该建筑被土壤气侵入的可能性较大。需要注意的是很多土壤气体是通过肉眼不容易察觉的裂缝或孔洞进入室内的，因此目测没有发现裂缝并不能反过来证明该建筑不易受到土壤气侵入。

（5）可以监测室内空气与地基外围土壤气的气压差，以确定是否具备推动土壤气侵入室内的驱动力以及该驱动力有多强。

（6）在建筑地基外围的土壤气中注入一定浓度的示踪气，然后在室内空气中监测其浓度。如果在室内空气中发现了示踪气，则说明土壤气能够进入室内。

在许多办公楼或大型商场类的建筑中，建筑的换气主要是靠空气调节系统实现的。空气调节系统的运行可能导致室内气压高于室外气压（室内正压差），也可能导致室内气压低于室外气压（室内负压差）。如果室内正压差高到一定程度后，会导致一部分区域或整栋建筑的土壤气进入室内的驱动力消失，进而部分降低或完全消除地下污染物的蒸气入侵潜力。室内空气气压的分布具有一定的空间异质性，特别是对于办公楼、商场、厂房等大型建筑，其空间异质性往往较大。对于大型建筑，一部分区域的室内正压差未必能完全消除整栋建筑的蒸气入侵。另外，空气调节系统并不是一直开机运行的。当目标建筑下方的地层中存在较高浓度的 VOCs 时，应在空气调节系统低负荷运转或停机的时候（夜晚或周末）对该建筑进行土壤气侵入易感性调查和室内空气监测。如果调查结果显示当该建筑的空气调节系统低负荷运转或停机的时确实存在蒸气入侵问题，则需要进一步进行长期监测或安装暴露减缓装置。

8.3.4　评估污染物蒸气在室内空气中的浓度

VOCs 室内空气浓度数据在蒸气入侵场地调查中有很多重要作用。第一，利用积分采样或瞬间进行室内空气的采样分析结果可用来确定地下污染源中的 VOCs 是否出现在室内空气中。第二，将室内空气监测数据、包气带中污染物传质途径的研究结果、建筑物对土壤气侵入易感性的调查结果三者结合可以对目标建筑是否受到了蒸气入侵影响进行综合判断。第三，当在多栋建筑中同时进行室内空气监测时，可以将室内空气浓度数据、土壤气浓度数据、土壤或地下水浓度数据结合起来，协助判断场地中的易受蒸气入侵影响的建筑的分布范围。对室内空气中 VOCs 的采样一般常采用时间积分法，该方法可以模拟室内居住者的长期人体暴露，得到的 VOCs 浓度数据可以跟风险筛选标准进行比较，从而得到一些初步的风险评估结果。

当通过检测室内空气浓度来评估蒸气入侵暴露时，应将建筑物中所有潜在的 VOCs 排放源全部清除，这样测得的室内空气中的 VOCs 浓度才能归因于地下污染源的蒸气入侵。然而，实践上很难完全清除所有的室内排放源。即使在移除所有的排放源以后，在地毯或其他织物中残留的 VOCs 可能还会缓慢释放。

8.3.5 评估室内外 VOCs 排放源对蒸气入侵评估的干扰

如第 2 章所述，室内空气中的 VOCs 浓度可能受到各种室内和室外排放源的影响。室内和室外排放源对 VOCs 室内空气浓度的贡献被称为"背景贡献"。场地修复治理达到的目标浓度通常都不会低于该场地的自然或人为背景值（USEPA，2002）。

为确定室内空气中的污染源是否来自于地下污染的蒸气入侵，需要将场地特征性 VOCs 的背景干扰来源识别出来并且与该 VOCs 的地下污染源区别开，不过并不需要对该场地所有环境介质中的所有背景干扰物质全部都进行鉴定。通常来说，调查的污染物种类可以局限在能够挥发形成气态的物质（取决于该物质的理化性质）以及污染泄漏发生后可能在地下存在的物质。

除了室内空气浓度以外，还需要对已经确证或者疑似受蒸气入侵影响的建筑进行建筑物调查并且对室外环境空气进行监测，以获取以下支撑信息：①室内排放源的位置以及所排放 VOCs 的种类等信息；②场地内室外排放源位置、用途、所排放 VOCs 的种类等信息；③场地外的室外排放源的信息，如附近的商业或工业设施和汽车等移动源；④当地的环境空气质量数据。

通过对目标建筑中的居民访谈和对目标建筑的检查，可以掌握室内存放的各类化学品的 VOCs 成分信息。美国卫生部下属的美国国立医学图书馆有一个向公众开放的家用产品化学成分数据库（Household Products Database），通过该数据库可以很方便地查询到很多家用产品的化学成分[①]。另外，还可以用便携式 PID/FID 或便携式 GC/GC-MS 对室内排放源进行定位。采用瞬时采样方法收集的室内空气样品，可用来鉴定从各类日用品和工业用品中释放出的 VOCs 的成分。如果想定量地区分蒸气入侵和室内外排放源背景排放对室内空气中污染物浓度的贡献，则需要采用积分采样而非瞬时采样来收集室内空气样品。

如果地下污染源是多种 VOCs 构成的混合物，可以同时采集底板下土壤气和室内空气样品，通过比较两组样品中 VOCs 的化学组分来协助判断室内空气中 VOCs 的来源。当室内空气中的 VOCs 组成以及主要成分的相对比例跟底板下土壤气近似，同时底板下土壤气的 VOCs 浓度远远高于室内空气浓度，那么说明地下污染物的蒸气入侵是室内空气中 VOCs 的主要（或唯一）来源。如果某种 VOCs 的室内空气浓度很高，但在底板下土壤气中未检出或检出浓度很低，则说明室内空气中的 VOCs 很可能来源于室内外的其他排放源而非蒸气入侵。如果想进一步确证上述结论，可以尝试将所有室内外排放源移除后再次采集室内空气和底板下土壤气样品。同样道理，还可以同时采集室外空气、室内空气、底板下土壤气，然后进行分析和结果比对。当某种 VOCs 在室内空气和室外空气中都有检出且浓度相近，但在底板下土壤气中未检出或是检出浓度跟室内空气中相近，则说明室内空气中的该种 VOCs 是来源于室外空气而非蒸气入侵。

上述方法中实际只进行了一轮采样监测。大量研究表明天气条件和建筑空气调节系统的运行情况会直接影响蒸气入侵和室外空气入侵的速率。因此，在条件允许的情况下，

---

① http://hpd.nlm.nih.gov/index.htm。

应该在不同季节进行多轮次采样，收集不同季节时室内空气/室外空气/底板下土壤气的样品，通过检测结果的比较确定室内空气中的 VOCs 是否来源于蒸气入侵。

美国 EPA 发表了 1990～2005 年北美地区住宅类建筑中 VOCs 室内空气背景浓度的统计研究报告（USEPA，2011）。可以将目标场地中测得的 VOCs 室内空气浓度与一般住宅中的背景浓度进行比较。如果监测到的某种 VOCs 的室内空气浓度大大超过其背景浓度值，则该建筑室内空气中的 VOCs 很可能是由蒸气入侵引起的。VOCs 的环境空气背景浓度并不是固定不变的。McCarthy 等人分析了 1990～2005 年间 25 种有毒 VOCs 在美国环境空气中浓度的变化，他们发现很多氯代烃类 VOCs 以及与交通排放相关的石油烃类 VOCs（如苯）在 1990～2005 年间呈持续下降趋势（McCarthy et al.，2007）。不同国家的经济、工业和社会的发展水平不同，工业、交通和生活源排放的 VOCs 种类和强度可能存在差异，美国的统计数据是否适用于中国尚有待商榷和研究，因此推荐在目标场地现场采集室外空气样品作为背景值。

8.3.6　调查目标的选择和排序

按照上面的论述，在详细调查阶段主要有五个调查目标：①刻画污染源；②刻画包气带中污染物传质途径；③评估土壤气侵入室内的难易程度；④评估污染物蒸气在室内空气中的浓度；⑤评估室内外 VOCs 排放源对蒸气入侵评估的干扰。在开展场地调查时，需要根据目标场地的实际情况对上述目标进行优先级排序。在制定调查目标的优先顺序时，需要考虑以下标准：场地的特点；场地内的敏受体/人群；更容易被土壤气侵入的建筑；现有的场地概念模型还存在的信息缺口。

当无法取得业主的许可进入建筑进行调查的时候或者建筑尚未建设的棕地再开发地块，一般先进行污染源调查。当化学品泄漏刚被发现，也应首先调查污染源。当居民报告异味或同一建筑中有多起呼吸相关病例出现时，则需要首先进行室内空气监测。当受关注污染物是可生物降解 VOCs 或地层中存在可阻碍 VOCs 向上传质的低渗透性地层时，则需要首先调查包气带中污染物传质途径。对于安装了空气调节系统的大型建筑，由于空气调节系统运行导致的室内气压变化会对土壤气的侵入产生显著影响，一般建议在调查的初期阶段先进行建筑评估，并在空气调节系统停止运行时评估土壤气体侵入室内的可能性。

随着调查的推进和场地概念模型的不断完善，上面所述的五个调查目标可能会用越来越复杂的技术反复调查。例如，便携式仪器可用于定位潜在的室内 VOCs 排放源（见3.2 节和 5.5 节）。之后可以采用室内空气的瞬时采样调查室内 VOCs 排放源所释放的物质的化学成分。然后可以对室内空气和底板下土壤气采用时间积分的采样方法，以便将来自地下蒸气入侵的贡献与来自室内排放源的贡献区分开。如果有必要，还可以利用其他更先进的方法（如稳定同位素技术）来区分室内空气中 VOCs 的各个潜在来源。

8.4　详查步骤三：实施调查

当调查方案被批准后，就可以开始实施调查工作。蒸气入侵调查需要进行大量的协调工作，整个调查的进度可能受到多种外界因素的干扰。例如，采集室内空气或底板下土壤气样品往往取决于居民是否同意入户作业，采样的时间也必须与居民的工作生活安排协调。入户调查有可能在早晨或是晚上进行，因此需要注意采样仪器的噪音和安全问题。如果对于废弃工业场地的调查，这方面的干扰相对较小。

天气因素对蒸气入侵调查工作的实施也会产生很大的影响。大量的降雨会导致土壤气被水分饱和，而无法采集土壤气或采集的样品不具有代表性。因此调查人员需要依据当地的天气状况提前做好计划和预案，以避免调查进度被过度延迟。

在实施调查的时候，需要具备一定的灵活性，也需要对各个利益相关方的诉求予以及时的回应。如果有超预期的检测结果，需要及时进行数据的核查和重复检测。

8.5　详查步骤四：数据分析

在取得各类实测数据以后，就需要开始数据分析工作。在常规数据分析之前，首先需要回到初步调查步骤一，利用最新获取的数据评估该场地是否有急性暴露或安全风险，如果有需要应采取相应的措施。虽然大部分场地出现急性风险的概率不高，但从保护人体健康和安全的角度，每当取得新的数据都应该回到初步调查步骤一进行这项评估。在急性暴露和安全风险检查之后，还需要对数据的质量进行评估，以确保数据的质量符合要求，具体将在 8.5.1 小节予以介绍。

在初步调查的步骤六和详细调查的步骤五都需要通过数据分析对蒸气入侵风险进行评估。例如：当初步调查获取了 VOCs 的地下水浓度数据时，可以将地下水浓度数据与地下水筛选值进行比较，以判断是否需要进一步采集底板下土壤气或室内空气样品。同样道理，在详细调查阶段获取了底板下土壤气数据后，可以通过与底板下土壤气筛选值比较或利用经验性衰减因子或数学模型估算室内空气浓度，以判断是否需要进一步采集室内空气样品或进行风险管控。常见的数据分析方法有三种：①**与通用筛选值进行比较**；②**基于经验性衰减因子计算室内空气浓度**；③**基于数学模型计算室内空气浓度**。一般来说，在初步调查阶段，与通用筛选值进行比较是最常用的数据分析方法，而基于经验性衰减因子或数学模型计算室内空气浓度在详细调查阶段使用的更多。具体方法将在 8.5.3 小节和 8.5.4 小节予以介绍。

8.5.1　数据质量检查

按照 8.2.1 小节的要求，蒸气入侵调查计划应就数据的质量保证（quality assurance）/质量控制（quality control）做出相应的规划。监测数据质量的高低可以用样品的**代表性、精密度、偏差、可检测性、完整性和可比性**这六个数据质量指标来体现的。表 8.3 列出了蒸气入侵调查中常见的数据质量问题。所有通过调查采集到的数据都应该比照这一表格，通过质量检查来确保数据的可靠性。

表 8.3　数值质量检查中需要注意的问题

数据质量问题	注意事项
检出限	• 需要确保污染物的检出限低于其筛选值 • 当目标场地中的污染物不止一种时，由于毒性累计效应，各污染物的筛选值可能更低，因此需要的检出限也更低
假阳性	• 通常的蒸气入侵筛选值都很低，因此其他排放源的背景贡献很容易造成假阳性干扰 • 样品采集和储存装置可能存在交叉污染 • 室内/外排放源的背景贡献会对室内空气/室外空气的监测造成干扰 • 室内空气浓度可能反向影响底板下土壤气浓度
假阴性	假阴性很可能是由于采样过程中样品收集和储存装置有泄漏或是选用的材料不合适导致待测物通过挥发或吸附而损失，特别需要注意以下几点： • 样品中是否监测到泄漏示踪物质 • 采样装置中的管路是否使用了合适的材料 • 样品储存装置是否漏气 • 深层土壤气中是否监测到了高浓度的氧气
采样误差	• 采样和样品储存装置需要定期维护和检查 • 采样人员需要经过专业培训，采样一定要按照标准流程进行 • 采样时间需要符合要求

8.5.2　监测数据与筛选值的比较

1. 筛选值的概念与用途

通用筛选值（generic screening level）是一组用来确定地层中的污染物是否会侵入室内空气并积累到对人体产生不利健康影响的浓度水平的筛选阈值。通用筛选值可以是污染物在室内空气中的浓度，也可以是在其他环境介质（地下水、深层土壤气、底板下土壤气、土壤）中的浓度。这里的**"通用（generic）"**是指该值适用于所有场地，但无法反应具体场地的特征条件（site specific conditions）（ITRC，2007b）。

通常可以将获取的地下水/深层土壤气/底板下土壤气/室内空气/土壤中的污染物浓度与对应的筛选值进行比较。如果检测到的浓度低于筛选值，则可以直接排除其蒸气入侵风险，而不需要做进一步调查。使用通用筛选值的根本目是既要保护人类健康，又要尽可能地降低不必要的调查成本。

2. 现有的筛选值标准

美国 2018 年发布了最新版本的蒸气入侵场地调查筛选值，包括 388 种常见 VOCs 和 SVOCs 在地下水、近污染源土壤气、底板下土壤气、室内空气中的通用筛选值（USEPA，2018）。除了联邦政府以外，美国很多州还根据本地情况制定了各自的筛选值。截至 2018 年 1 月，美国有 41 个州提供了筛选值，其中 27 个州提供了地下水筛选值，14 个州提供了深层土壤气筛选值，29 个州提供了浅层土壤气筛选值，34 个州提供了室内空气筛选值（Eklund et al.，2018）。有 11 个州提供了土壤筛选值，这反映了较多的州政府认为土壤浓度并不适用于蒸气入侵风险评估。各个筛选值标准中包括的污染物数量从纽约州的 5 个污染物到有 9 个州提供了超过 100 个污染物的筛选值。

　　Eklund 等（2018）比较了美国各州对苯、三氯乙烯、四氯乙烯、萘、乙苯、1,2-二氯乙烷六种污染物的筛选值的取值，他们发现这六种物质的地下水值取值有 137000 倍的差异，浅层土壤气筛选值有 2500000 倍的差异，室内空气筛选值有 16700 倍的差异。不同导则之间的差异有四个原因：①对蒸气入侵过程中 VOCs 的环境行为和迁移转化机制还有较多的知识空白点，尚未形成普遍共识；②对一些 VOCs 的毒性数据也未完全形成共识，采用不同的毒性参数也会导致筛选值取值的差异；③不同导则使用了不同的风险水平（$10^{-6} \sim 10^{-4}$）；④有些导则对筛选值的使用有特殊规定，例如伊利诺伊州规定只有当目标建筑与污染源的间距超过 5 英尺才可以使用筛选值，这些特殊的前提要求也会导致不同导则中筛选值的差异。

3. 筛选值的制定方法

　　由于蒸气入侵是通过呼吸室内空气产生的人体暴露，因此蒸气入侵筛选值就是以**室内空气目标浓度（target indoor air concentration）**为基础制定的。室内空气目标浓度是基于一整套毒理学参数、暴露参数、背景浓度值等综合计算得出（USEPA，2015）。室内空气目标浓度可以作为土壤气、地下水、土壤中污染物筛选值中建立筛选制定的基础。根据暴露情景的不同，可以分别开发住宅和非住宅暴露情景的室内空气目标浓度值。对于工业污染场地，职业健康或其他工作场所的室内空气质量标准可以用作蒸气入侵的室内空气目标浓度，具体操作取决于场地监管机构的规定（ITRC，2007b）。

　　得到了室内空气的筛选值后，一般会假设 VOCs 通过包气带和建筑物地板进入室内的过程中存在一定量的质量衰减和浓度稀释，根据室内空气的筛选值以及 VOCs 在穿越包气带和建筑物底板时的浓度衰减程度反向计算底板下土壤气、近污染源土壤气、地下水中的筛选值。VOCs 在穿越包气带和建筑物底板时的浓度衰减程度一般用**衰减因子（attenuation factor）**来表示。

4. VISL Calculator

　　美国 EPA 2014 年发布了蒸气入侵筛选值的计算软件 **Vapor Intrusion Screening Level（VISL）Calculator**，并于 2018 年发布了最新的版本[①]。该软件的使用手册详细介绍了蒸气入侵筛选值的制定流程和公式（USEPA，2018）。VISL Calculator 有三个用途：①识别具有足够的挥发性和毒性，因此需要在蒸气入侵调查中被关注的污染物；②提供了 388 种常见蒸气入侵 VOCs 在地下水、近污染源土壤气、底板下土壤气、室内空气中的通用筛选值；③基于人为设定的特征参数（包括：暴露情景、可接受致癌风险水平、可接受危害熵、地下水温度）计算**场地特异筛选值（site specific screening level）**。

　　VISL Calculator 在计算筛选值时使用了现有技术导则里已确立的方法。室内空气筛选值采用《Risk Assessment Guidance for Superfund（RAGS）-F》中推荐的方法计算（USEPA，2009），污染物的毒性参数和物理化学性质使用了与**超级基金场地（regional screening levels，RSLs）**相同的数据[②]，而且会随着 RSLs 的更新自动更新。VISL Calculator

---

① https://www.epa.gov/vaporintrusion/vapor-intrusion-screening-level-calculator。
② https://www.epa.gov/risk/regional-screening-levels-rsls。

可以模拟居住和商业/工业两种暴露情景，如果使用软件默认的输入参数，则计算出的结果就是通用筛选值，也可以根据场地实际情况选用场地特征的输入参数（暴露参数、毒理参数、衰减因子、可接受致癌风险水平、可接受危害熵、地下水温度），这样就可以计算场地特异筛选值。注意：VISL Calculator 计算场地特异筛选值时并不包括场地特征的地质和水文地质参数。

VISL Calculator 是建立在传统的场地概念模型的假设基础之上的，计算土壤气和地下水筛选值主要用到经验性筛选因子。经验性筛选因子的取值是由美国 EPA 蒸气入侵数据库中的大量实测数据经统计分析得到的（USEPA，2008；2012b）。只有目标场地符合一般的场地概念模型，才能使用 VISL 筛选值，如果出现以下特殊的场地情形，不推荐使用 VISL 的筛选值和计算工具（USEPA，2014；2018）。

（1）地层中存在污染物优先传质通道。

（2）建筑物的特殊地板结构，使得对土壤气阻隔作用很低，如：泥土地板（earthen floor）、水窖、未密封的管道空间等。

（3）污染源有强烈的土壤气对流活动，包括：有强烈厌氧产甲烷活动的垃圾填埋场；加压输气管线泄漏；NAPL 泄漏导致密度引发的土壤气对流。

（4）深度小于 1.5 m 的地下水污染源。

（5）非常浅的土壤污染源。

因此在使用 VISL 之前需要评估目标场地是否符合 VISL 假设的场地情形，如果不符合，则需要进行室内空气采样分析等其他调查工作。

还需要强调一点，VISL 筛选值不是环境质量标准值，更不是修复目标值。当目标场地中有样品超过 VISL 筛选值，并不意味着该场地一定存在不可接受的人体健康风险。反过来，每种污染物的 VISL 筛选值也无法反映多种污染物累积的人体健康风险，即使是单个污染物的浓度都不超过筛选值，其混合后可能还是有危害的（USEPA，2015）。

8.5.3　基于衰减因子计算

当检测到的污染物浓度超过了通用筛选值，还可以借助衰减因子来评估检测到的污染物浓度是否足以导致蒸气入侵风险。具体做法是将测得的污染物浓度数据乘以衰减因子从而计算出室内空气浓度。相对于基于通用筛选值的比较，通常基于衰减因子的计算得到的风险评估结论更加宽松（相对低的保守性）。污染物在穿越包气带进入建筑并且与室内空气混合的过程中会有显著的浓度衰减。Johnson 和 Ettinger（1991）创立了衰减因子（α）的概念来表征蒸气入侵过程中的物理、化学、生物等机制造成的污染物浓度衰减。**衰减因子**的定义是目标污染物在室内空气中的浓度与地下污染源或土壤某个深度中浓度的比值，常用的衰减因子包括：**地下水衰减因子**（α_{gw}）、**近污染源土壤气衰减因子**（$\alpha_{near\text{-}source\text{-}sg}$）、**底板下土壤气衰减因子**（$\alpha_{subslab}$）、**管道空间衰减因子**（$\alpha_{crawspace}$）。其计算公式分别是：

$$\alpha_{gw} = \frac{C_{ia}}{C_{gw} \times H \times \frac{1000L}{m^3}} \tag{8.1}$$

$$\alpha_{sg} = \frac{C_{ia}}{C_{near\text{-}source\text{-}sg}} \tag{8.2}$$

$$\alpha_{subslab} = \frac{C_{ia}}{C_{subslab}} \tag{8.3}$$

$$\alpha_{crawspace} = \frac{C_{ia}}{C_{crawspace}} \tag{8.4}$$

式中，C_{ia} 是室内空气浓度，$\mu g/m^3$；C_{gw} 是地下水浓度，$\mu g/L$；H 是无量纲亨利常数，mg/L-气/mg/L-水；$C_{subslab}$ 是底板下土壤气浓度，$\mu g/m^3$；$C_{near\text{-}source\text{-}sg}$ 是污染源附近土壤气浓度，$\mu g/m^3$；$C_{crawspace}$ 是管道空间中气体浓度，$\mu g/m^3$。

美国 EPA 收集了 41 个氯代烃污染场地中 913 座建筑物的现场实测数据，编制了 USEPA 蒸气入侵数据库，该数据库包含了室内空气浓度、底板下土壤气浓度、地下水浓度、近污染源土壤气浓度、管道空间气体浓度等多种环境介质的数据。在删除不符合质量标准的数据及疑似受到背景排放源干扰的数据后，美国 EPA 对剩余数据进行了系统的统计分析，并在统计分析的基础上给出了地下水衰减因子（α_{gw}）、土壤气衰减因子（α_{sg}）、底板下土壤气衰减因子（$\alpha_{subslab}$）、管道空间衰减因子（$\alpha_{crawspace}$）的推荐值（表 8.4）（USEPA，2012b）。

在使用表 8.4 的数据时需要注意以下几点：①这些数据是基于氯代烃场地的数据，没有考虑生物降解的作用，因此如果用 α_{gw} 或 α_{sg} 可能高估易生物降解 VOCs 的蒸气入侵风险。②生物降解作用在 VOCs 进入室内过程中起的作用可以忽略，因此 $\alpha_{subslab}$ 和 $\alpha_{crawspace}$ 的取值对于石油烃和氯代烃应该是相同的。③当场地存在优先传质通道或污染源有强烈土壤气对流活动或建筑物有特殊地板结构时，表 8.4 中的衰减因子取值不适用。

表 8.4　美国 EPA 推荐的蒸气入侵途径衰减因子

取样介质	衰减因子值
除了存在优先通道或者地下水位非常浅（<5 英尺）等特殊情况时的地下水通用衰减因子	1×10^{-3}（0.001）
当地层中存在连续延展的大面积阻隔层时的地下水衰减因子	5×10^{-4}（0.0005）
底板下土壤气衰减因子	3×10^{-2}（0.03）
除了存在优先通道或者地下水位非常浅（<5 英尺）等特殊情况时的近污染源土壤气衰减因子	3×10^{-2}（0.03）
爬行空间衰减因子	1.0

资料来源：USEPA，2015。

除了美国联邦 EPA 的衰减因子值，美国还有 24 个州给出了自己的衰减因子值（表 8.5）。对于地下水衰减因子（α_{gw}），大部分州采用了联邦 EPA 相同的 0.001。对于近污染源土壤气衰减因子（$\alpha_{near\text{-}source\text{-}sg}$），大部分州选择了 0.01 或是 0.03。对于浅层土壤气衰减因子，有五个仍沿用联邦 EPA 以前使用的 0.1，但更多的州采用了联邦 EPA 最新推荐的 0.03，有几个州甚至使用了更小的取值（Eklund et al.，2018）。

表 8.5　美国各州推荐的衰减因子

州名	衰减因子			
	地下水	深层土壤气	浅层土壤气	管道空间
阿拉斯加州	0.001	0.01	0.1	1
加利福尼亚州	—	0.002	0.05	1
科罗拉多州*	0.001	—	0.1	1
康涅狄格州*	0.0002	—	0.1	1
特拉华州	0.001	0.01	0.1	—
夏威夷州	—	—	0.0005	1
爱达荷州	—	0.01	0.1	—
印第安纳州	0.0005~0.001	0.03	0.03（底板下土壤气）	1
堪萨斯州	0.001	—	0.03	1
路易斯安那州*	—	0.03~0.003	0.03	—
缅因州	取决于水平间距	—	0.03	—
马萨诸塞州	化合物特异的		0.014	—
密歇根州*			0.03	—
明尼苏达州	0.001	0.03	0.03	1
新罕布什尔州			0.02	—
新泽西州	基于 J&E 模型		0.02	1
北卡罗来纳州	0.001		0.03（0.01 非居民区）	1
俄亥俄州	0.001	0.03	0.03	1
俄勒冈州	—	—	0.005（居民区） 0.001（商业区）	—
宾夕法尼亚州	0.0009	0.005	0.026	1
佛蒙特州	0.001	0.03	0.03	1
弗吉尼亚州	0.001	0.01	0.01	1
华盛顿州*	0.001	0.01	0.1	1
威斯康星州	0.001（0.0001 商业区）	0.01（0.001 商业区）	0.03（0.01 商业区）	1

资料来源：Eklund et al.，2018。

* 表示数值来源于未正式发布的技术指南草稿。

法国 2010 年间启动了（截至 2018 年仍在进行）对全国范围内工业污染场地附近的学校的室内空气质量的调查 "Etablissements Sensibles"。这次调查的目的之一就是查明由于地下污染蒸气入侵导致的室内空气污染问题。调查中采用吸附管主动采样采集了室内空气和土壤气，每个样品检测 38 种 VOCs。截至 2018 年，在所调查的 51 所学校中有 15% 的学校发现了教室内空气质量不合格的现象（一般只是几个教室，而不是整个学校）。经过统计分析，得到了表 8.6 中的底板下土壤气衰减因子数据。可以根据建筑的年龄将这些衰减因子细化为两类（表 8.7），新建筑的衰减因子更大（Derycke et al., 2018）。

表 8.6　Derycke 等（2018）研究得到的底板下土壤气衰减因子

统计指标	
场地数量	26
采集样品量	102
超过定量下限的样品量	17
低于定量下限的样品量的占比	83%
底板下土壤气衰减因子	
中位数	0.0004
75% 分位数	0.0039
90% 分位数	0.0078
95% 分位数	0.0369

表 8.7　Derycke 等（2018）研究得到的精细底板下土壤气衰减因子

统计指标	建筑物楼龄	
	小于 50 年	大于等于 50 年
场地数量	16	13
采集样品量	70	32
低于定量下限的样品量的占比	81%	88%
底板下土壤气衰减因子		
中位数	0.0003	—
75% 分位数	0.0035	0.006
90% 分位数	0.0075	0.037
95% 分位数	0.0078	0.097

　　需要注意：以上筛选因子数据都是基于美国独栋别墅类住宅取得的，对于大型商场或办公楼及中国常见的高层住宅，尚未有实测数据报道。一般来说，大型商场或办公楼的室内空气交换律比独栋别墅大（USEPA 2015 VI 导则中的表 A-5），其对应的 $\alpha_{subslab}$ 可能会偏小。对于钢筋混凝土建筑，其地板和墙体的密封性可能比基于木结构的独栋别墅更好，这也可能导致 $\alpha_{subslab}$ 变小，但上述建筑结构对 $\alpha_{subslab}$ 的影响仅仅是作者的推断，需要采集足够数量的实测值来证明或证伪，作者建议我国应开展基于中国特征性建筑和典型场地的蒸气入侵数据筛选值数据库，这对我国的场地 VOCs 风险评估具有非常重要的意义。

8.5.4　基于数学模型计算

　　当污染物浓度数据超过了通用筛选值，通过经验性衰减因子的计算结果也未能排除风险时，还可以借助**筛选模型（screening model）**来评估检测到的污染物浓度是否足以导致蒸气入侵风险。地下水浓度、近污染源土壤气浓度、底板下土壤气浓度都可以作为模型的输入参数来预测室内空气浓度。相对于基于通用筛选值的比较和基于经验性衰减因子的计算，通常基于模型计算得到的风险评估结论更加宽松（相对低的保守性）。

第 6 章已经讨论过，目前已经有超过 30 个蒸气入侵数学模型被开发出来，包括最简单的一维解析模型，也包括复杂的三维数值模型，各个模型在模型假设、控制方程、边界条件、输入参数等方面各有差异，但对一些关键过程的模拟（如 VOCs 从污染源的挥发、在土壤中的传递等）又相互借鉴。虽然经过了长足的发展，但由于蒸气入侵过程高度的复杂性，现有的数学模型距离准确模拟实际的蒸气入侵过程差距还相当大（即使是最复杂的三维数值模型），而且由于缺乏场地实测数据，尚未有任何一个蒸气入侵模型经过了严格的模型验证（即使是使用最多较简单的 J&E 模型）。因此在目前的蒸气入侵调查技术体系中，数学模型用来进行风险筛查更合适，即提供相对保守的模型假设，以得出相对保守的预测结果。

在调查评估的初期阶段，一般推荐先使用保守的**通用模型输入参数（generic model input parameters）**来进行计算，以便对潜在风险数量级有个大致掌握。随着调查的深入，更多场地特征性参数可以被输入到模型，这样就得到了场地特征的预测结果，该结果的保守性通常相对较低。由于模型输入参数对模拟结果影响很大，推荐对关键输入参数进行敏感性分析，以便定量评估输入参数取值对模拟结果的影响程度（Tillman and Weaver，2006；ITRC，2007b；Ma et al.，2016；Weaver and Davis，2017）。

实践上对于难生物降解 VOCs，常用 J&E 模型进行风险计算。对易生物降解 VOCs，一般用 Biovapor 或 PVIScreen 进行风险计算。第 6 章详细介绍了这几种模型。相对于通用筛选值和经验性衰减因子，使用模型计算可以输入场地的特征数，因此该方法能够更好地表征不同场地的特征性和差异性。

8.5.5 风 险 评 估

即使 VOCs 通过蒸气入侵产生了人体暴露，也并不一定意味着该暴露一定会造成不可接受的健康损害。污染暴露是否造成不可接受的健康损害取决于下列因素：暴露时长、暴露剂量、暴露频率、污染物的毒性以及受体对该污染物的敏感性。当目标场地中的污染物种类和暴露浓度确定之后，即可开始风险评估工作。通过风险评估，可以对污染物的致癌风险或非致癌风险进行定量分析。这些定量分析结果是制定该场地的风险管理和污染管控策略的重要依据。需要注意：蒸气入侵往往并不是污染场地中挥发性污染物唯一的暴露途径，其他常见的暴露途径还有皮肤接触、食用、饮用等。最终的污染管控方案，需要依据所有暴露途径的风险评估结果综合制定。针对目标场地的风险评估需要对场地中每个潜在受体所有的暴露途径进行评估，以便制定一个合理的风险管控方案。第 9 章将对风险评估进行详细介绍。

8.6 详查步骤五：判断是否需要额外调查

蒸气入侵调查是一个反复进行的过程。在场地调查和数据分析结束后，调查人员需要对取得的数据进行评估，需回答以下问题：目标场地是否被调查清楚了？场地中所有的污染物是否都被充分调查了？场地中所有可能受到蒸气入侵影响的建筑或未来规划建筑的区域是否都被充分调查了？现有的数据是否足以对该场地的蒸气入侵风险做出可靠的评估结论？如果对上述问题的答案都是"是"，那么可以进入下一个步骤。如果经评估发现还存在数据或资料的空白点以至于无法得出最终的风险评估结论，那么就需要进行补充调查。补充调查需要回到详查步骤一，再次制定补充调查方案，然后按照步骤依次进行调查评估。

　　为了加快整个调查的进度，建议在最初的场地调查计划中就纳入补充调查环节，以避免额外审批等造成调查工作不必要的延期。如果目标场地有多个建筑或区域需要调查，则应该制定一套标准的工作流程，首先将工作重点放在可能受影响最大的建筑或区域中，然后按照优先级逐步完成调查工作。

　　在场地调查的任何阶段（初步调查、详细调查、补充调查），即使当时有的数据不能得到确切的评估结果，也可以跳过其余的调查工作直接进行风险管控。由于蒸气入侵过程的复杂性，有时候直接进行风险管控比详细调查的经济和时间成本更低，在这种情况下采用先发制人的风险管控措施，从保护居民人体健康及节约成本的角度来看都更划算更合理，从管理上和实践上是完全可行的。

8.7　详查步骤六：做出调查评估的结论

　　在完成补充采样构建起精细化的场地概念模型以后，需要综合运用 8.5 分析方法对这些数据进行系统分析，最后在步骤六对目标场地未来的治理或处置方案做出最后的结论。一般有以下 5 种选择：①如果目标场地的现状风险和未来风险都不超标，则不需要进行任何风险处置即可结案；②如果目标场地的现状风险不超标，但未来风险变化趋势尚不明确，那么现在不需要进行风险处置，但需要进行定期监测以确定风险变化趋势；③只进行风险管控，但不进行污染修复；④只进行污染修复，不进行风险管控；⑤污染修复结合风险管控。有关长期监测、风险管控、场地修复等风险控制方法在第 10 章将予以进一步介绍。

参 考 文 献

Brenner D. 2010. Results of a long-term study of vapor intrusion at four large buildings at the NASA ames research center. Journal of the Air & Waste Management Association, 60: 747-758

Derycke V, Coftier A, Zornig C, et al. 2018. Environmental assessments on schools located on or near former industrial facilities: Feedback on attenuation factors for the prediction of indoor air quality. Science of the Total Environment, 626: 754-761

Eklund B, Beckley L, Rago R. 2018. Overview of state approaches to vapor intrusion: 2018. Remediation Journal, 28: 23-35

Folkes D, Wertz W, Kurtz J, et al. 2009. Observed spatial and temporal distributions of CVOCs at Colorado and New York vapor intrusion sites. Ground Water Monitoring and Remediation, 29: 70-80

Guo Y M, Holton C, Luo H, et al. 2015. Identification of alternative vapor intrusion pathways using controlled pressure testing, soil gas monitoring, and screening model calculations. Environmental Science & Technology, 49: 13472-13482

ITRC. 2007a. Vapor intrusion pathway: Investigative approaches for typical scenarios a supplement to vapor intrusion pathway: A practical guideline. Washington DC: Interstate Technology & Regulatory Council

I ITRC. 2007b. Vapor intrusion pathway: A practical guideline. Washington DC: Interstate Technology & Regulatory Council

Johnson P C, Ettinger R A. 1991. Heuristic model for predicting the intrusion rate of contaminant vapors into buildings. Environmental Science & Technology, 25: 1445-1452

Johnson P C, Kemblowski M W, Johnson R L. 1998. Assessing the significance of subsurface contaminant vapor migration to enclosed spaces: Site specific alternatives to generic estimates. Washington DC: American Petroleum Institute

Little J C, Daisey J M, Nazaroff W W. 1992. Transport of subsurface contaminants into buildings. Environmental Science & Technology, 26: 2058-2066

Lowell P, Eklund B. 2004. VOC emission fluxes as a function of lateral distance from the source. Environmental Progress, 23: 52-58

Ma J, Luo H, DeVaull G E, et al. 2014. Numerical model investigation for potential methane explosion and benzene vapor intrusion associated with high-ethanol blend releases. Environmental Science & Technology, 48: 474-481

Ma J, Yan G, Li H, et al. 2016. Sensitivity and uncertainty analysis for Abreu & Johnson numerical vapor intrusion model. Journal of Hazardous Materials, 304: 522-531

McCarthy M C, Hafner H R, Chinkin L R, et al. 2007. Temporal variability of selected air toxics in the United States. Atmospheric Environment, 41: 7180-7194

McHugh T, Loll P, Eklund B. 2017a. Recent advances in vapor intrusion site investigations. Journal of Environmental Management, 204: 783-792

McHugh T, Beckley L, Sullivan T, et al. 2017b. Evidence of a sewer vapor transport pathway at the USEPA vapor intrusion research duplex. Science of the Total Environment, 598: 772-779

McHugh T E, Beckley L, Bailey D. 2013. Influence of shallow geology on volatile organic chemical attenuation from groundwater to deep soil gas. Ground Water Monitoring and Remediation, 33: 92-100

NAVFAC. 2011. Guidance for environmental background analysis (Volume IV): Vapor intrusion pathway. Washington, DC: USA Naval Facilities Engineering Command

Tillman F D, Weaver J W. 2006. Uncertainty from synergistic effects of multiple parameters in the Johnson and Ettinger (1991) vapor intrusion model. Atmospheric Environment, 40: 4098-4112

Tillman F D, Weaver J W. 2007. Temporal moisture content variability beneath and external to a building and the potential effects on vapor intrusion risk assessment. Science of the Total Environment, 379: 1-15

USEPA. 1991. Role of the baseline risk assessment in superfund remedy selection decisions(Directive 9355.0-30). Washington DC: U.S. Environmental Protection Agency

USEPA. 2001. Ground-water sampling guidelines for superfund and RCRA Project Managers (EPA-542-S-02-001). Washington DC: U.S. Environmental Protection Agency

USEPA. 2002. Role of background in the CERCLA Cleanup Program (OSWER Directive 9285.6-07P). Washington DC: U.S. Environmental Protection Agency

USEPA. 2007. Final project report for the development of an active soil gas sampling method (EPA/600/R-07/076). Washington DC: U.S. Environmental Protection Agency

USEPA. 2008. U.S. EPA's vapor in trusion database: Preliminary evaluation of attenuation factors.Washington DC: U.S. Environmental Protection Agency

USEPA. 2009. Risk assessment guidance for superfund (volume I): Human health evaluation manual (Part F, Supplemental guidance for inhalation risk assessment)(EPA 540-R-070-002). Washington DC: U.S. Environmental Protection Agency

USEPA. 2011. Background indoor air concentrations of volatile organic compounds in North American residences (1990-2005): A compilation of statistics for assessing vapor intrusion (EPA 530-R-10-001). Washington DC: U.S. Environmental Protection Agency

USEPA. 2012a. Conceptual model scenarios for the vapor intrusion pathway (EPA 530-R-10-003). Washington DC: U.S. Environmental Protection Agency

USEPA. 2012b. EPA's vapor intrusion database: Evaluation and characterization of attenuation factors for chlorinated volatile organic compounds and residential buildings (EPA 530-R-10-002). Washington DC: U.S. Environmental Protection Agency

USEPA. 2015. OSWER technical guide for assessing and mitigating the vapor intrusion pathway from subsurface vapor sources to indoor air (OSWER Publication 9200.2-154). Washington DC: U.S. Environmental Protection Agency

USEPA. 2018. Vapor intrusion screening level (VISL) calculator: User's guide. Washington DC: U.S. Environmental Protection Agency

USEPA-ERT. 2007a. Standard operating procedures, construction and installation of permanent subslab soil gas wells (SOP 2082). Washington DC: U.S. Environmental Protection Agency, Environmental Response Team

USEPA-ERT. 2007b. Standard operating procedures, groundwater well sampling (SOP 2007). Washington DC: U.S. Environmental Protection Agency, Environmental Response Team

Vroblesky D A, Petkewich M D, Lowery M A, et al. 2011. Sewers as a source and sink of chlorinated-solvent groundwater contamination, marine corps recruit depot, Parris Island, South Carolina. Groundwater Monitoring & Remediation, 31: 63-69

Weaver J W, Davis R V. 2017. USEPA's PVIScreen Model for petroleum vapor intrusion. LUST Line, 82: 17-20, 29

第9章　蒸气入侵风险评估

污染场地风险评估（contaminated site risk assessment） 是指在场地调查的基础上对场地的环境风险进行定量评估。污染场地的环境风险主要有两大类：危害人体健康、危害生态环境质量。因此污染场地风险评估又可细分为**污染场地健康风险评估**和**污染场地生态风险评估**。挥发性污染物的蒸气入侵主要影响人体健康风险，因此对人体健康的评估是蒸气入侵场地评估的核心内容。按照《污染场地术语》（HJ 682—2014）中的定义，**污染场地健康风险评估** 是指在场地环境调查的基础上，分析污染场地土壤和地下水中污染物对人群的主要暴露途径，评估污染物对人体健康的致癌风险或危害水平（环境保护部，2014a）。

深入的风险评估工作需要建立在完备的场地调查基础上，包括：已经构建起较完善的场地概念模型；经过多轮次采样后已经取得丰富的调查数据；场地的地质、水文地质、污染状况已经被充分调查；受影响的建筑物的特征和运行工况已经被充分掌握。

通过风险评估后应对以下问题得到明确的答案：

（1）蒸气入侵暴露途径是否完整？

（2）地下污染是否导致室内空气产生不可接受的人体健康风险？

（3）是否还需要进行额外的调查工作或将室内空气监测常态化？

（4）是否需要安装暴露控制的工程措施以降低蒸气入侵对目标建筑的影响？

（5）是否需要对污染地层进行修复以降低蒸气入侵的危害？

由于蒸气入侵过程的复杂性，对其评估的方法与对土壤或地下水污染的评估方法有很大差异。确定土壤或地下水是否受到污染可只凭单一证据（即土壤或地下水中的污染物浓度数据）做出判断，而确定室内空气是否受到蒸气入侵的影响需依赖多证据方法综合判断。即使两个场地的污染物浓度数据相同，依据多证据方法得出的风险评估结论也可能完全不同。

蒸气入侵过程非常复杂，监测数据很容易受到其他外界因素的干扰。特别是室内空气浓度，很容易受到室内外排放源的干扰。因此，对采样数据的分析解释以及风险评估是蒸气入侵调查的技术难点，也是本章的主要内容。

9.1　对各证据一致性的评估

对于多证据方法来说，最理想的情况是不同证据可以相互印证、相互支持，共同指向同样的结论，然而实践经验表明这种理想状况非常少见。有时候现有的证据无法给出明确的结论，例如，很高的时空变异性导致无法依据单点位单次测定的室内空气浓度数据和底板下土壤气浓度数据准确判断蒸气入侵的严重程度。例如，室内外 VOCs 排放源的背景干扰导致无法准确判断空气浓度中检测到的 VOCs 是否来源于地下污染的蒸气入侵。更糟糕的情况是不同证据指向了相反的结论，存在不一致和自相矛盾的情况。因此完成场地调查后，需要对多证据链条中的各条证据及不同证据间的一致性进行评估。当不同证据存在不一致的情况或是无法给出确定性结论的时候，应考虑以下三种应对方法：①重新评估现有的场地概念模型；②进行补充调查；③多点位多轮次采样。

9.1.1　重新评估现有的场地概念模型

有时候场地调查得到的数据本身没有问题，只是因为场地概念模型与实际情况不符才导致了对调查数据理解和解读的错误。这种情况下，需要重新评估并修改现有的场地概念模型。举例如下：

某场地中发现了二氯乙烷污染了浅层地下水，对污染源上方的建筑的底板下土壤气和建筑周边浅层和中等深度的土壤气进行了采样，检测结果显示建筑周边浅层和中等深度的土壤气中的二氯乙烷浓度都非常低，但是底板下土壤气中检出了高浓度的二氯乙烷。建筑周边浅层和中等深度的土壤气中只检出低浓度的二氯乙烷说明该物质在包气带中的传质通量并不大，这与高浓度的底板下土壤气数据产生了矛盾，现有的场地概念模型无法解释。此时需要考虑以下可能性：①地层中可能存在未被发现的优先传质通道，使得地下水中的二氯乙烷通过该通道直接传输到建筑底板下方；②包气带中可能存在未被发现的污染源；③建筑周边土壤气的采样井安装不合适或是采样流程误差导致样品二氯甲烷挥发损失。

这个例子很形象地说明了对目标场地进行充分调查（包括：寻找优先传质通道，查找到所有污染源）的重要性。这个例子也能说明多证据调查的重要性，如果只依赖建筑周边土壤气的数据，很可能导致假阴性的污染。

9.1.2　补　充　调　查

当不同证据存在不一致并且导致无法给出可靠结论的时候，可以通过补充调查收集额外的证据。

（1）通过 8.3.5 小节中介绍的方法对室内外 VOCs 排放源的背景干扰进行评估。当存在 VOCs 排放源的背景干扰时，可能会出现检测到的室内空气浓度高于基于土壤气浓度或地下水浓度计算出的室内空气浓度的情况。

（2）对建筑物的结构、地下管线分布、场地的地质和水文地质情况进行补充调查，以确定地层中是否存在天然或人工形成的优先传质通道（8.3.2 小节）。当存在优先传质通道时，可能出现室内空气浓度和/或底板下土壤气浓度远超预期，污染物无衰减地向上迁移或无衰减地长距离横向传输的情况。

（3）对污染物在气带中的迁移和衰减进行补充调查，以确定包气带中是否存在传质阻隔层。通过测定 VOCs/O_2/生物降解产物在土壤气纵剖面的浓度分布并利用场地特征性衰减因子估算和数学模型模拟等方法，可以评估 VOCs 在包气带中的迁移路径和降解情况。当实测的底板下土壤气浓度远低于基于地下水浓度或近污染源土壤气浓度估算出的底板下土壤气浓度时，很可能说明包气带中存在传质阻隔层。在某些特殊的地质、水文地质、微生物条件下，大面积传质阻隔层的存在会导致蒸气入侵途径被完全阻断，VOCs 无法到达地表建筑。

（4）通过示踪气体、气压测定、目视检查等方法评估土壤气侵入室内的难易程度（第8.3.3 小节）。当建筑物对土壤气有很强的阻隔能力时，可能出现土壤气中污染物浓度很高，但室内空气浓度很低的情况。

9.1.3　多点位多轮次采样

第 2 章已经讨论过，污染场地中各环境介质中的 VOCs 浓度具有较大的时间和空间变异性，尤其是室内空气浓度和底板下土壤气浓度。因此，单次/单点位采样的结果有可能出现假阳性或假阴性结果，而无法代表场地的真实情况。这也可能是造成不同证据链条之间相互矛盾的原因之一。为了提高数据的准确性和风险评估结果的可靠性，推荐进行多点位、多轮次采样，同时还需要有丰富经验的场地调查人员进行数据的解析和评估。

9.2　判断蒸气入侵暴露途径是否完整

存在完整的暴露途径是存在蒸气入侵危害的前提条件，如果蒸气入侵暴露途径不完整地下污染物一定不会造成不可接受的人体健康风险，因此判断暴露途径是否完整是蒸气入侵风险评估的重要内容。

9.2.1　判断现存建筑是否存在完整的蒸气入侵暴露途径

当目标场地中现存建筑同时满足以下五个条件时，就可认为该建筑存在完整的蒸气入侵途径：

（1）建筑物正下方或者周边距离不远的地层中存在 VOCs 污染源。

（2）污染源中的 VOCs 进入到了土壤气中，并且在土壤中存在 VOCs 向目标建筑的传质途径。

（3）建筑的底板或者墙体存在裂缝，室内外气压差导致目标建筑不断地从周边土壤抽吸土壤气，VOCs 可以随着土壤气进入室内。

（4）在地下污染源中检测到的一种或几种 VOCs 也在室内空气中被检出。

（5）目标建筑物中有人在其中工作或居住，因此侵入室内的 VOCs 可以产生实际的人体暴露。

调查人员需要利用场地调查收集到的证据和资料，基于自身专业知识和实践经验，按照以上的五条原则对现存建筑是否存在完整的蒸气入侵途径进行综合判断。其中，第五条原则比较容易确定，但前四条都需要进行多证据的综合分析。

9.2.2　判断未来建筑是否存在完整的蒸气入侵暴露途径

如果是棕地再开发场地，则目标场地中并没有现存建筑或实际居民，但是该场地未来规划了新建的建筑。那么就需要依据场地规划，对未来建筑是否可能存在完整的蒸气入侵途径进行预估。当满足以下条件时，可认为未来建筑可能存在完整的蒸气入侵途径：

（1）未来规划建筑的区域的正下方或者周边距离不远的地层中存在 VOCs 污染源。

（2）污染源中的 VOCs 可以进入土壤气中，并且在土壤中存在 VOCs 向地表传质途径。

9.2.3　存在完整的蒸气入侵暴露途径并不意味着一定会引起不可接受的风险

存在完整的蒸气入侵途径的含义是污染物从地下污染源到达受体（建筑物内居民）的整个途径是完整的，亦即人体暴露的机会是存在的，但存在暴露机会并不意味着蒸气暴露造成的人体健康风险一定是不可接受的。污染物的暴露是否影响到人体健康取决于以下几个因素：暴露时长、暴露剂量、暴露频率、污染物的毒性及受体对该污染物的敏感性。当确定目标场地中存在完整的蒸气入侵途径，需要通过风险评估对蒸气入侵造成的人体健康风险进行定量评估，定量的风险评估结果是制定场地风险管理和污染管控策略的重要依据。

9.2.4　暴露途径不完整一定不存在蒸气入侵风险

如果暴露途径不完整，那么一定不存在蒸气入侵风险。常见的导致暴露途径被阻断的原因有以下三个。

（1）包气带中存在低渗透性的阻隔层，阻隔层的水平扩展面积远超过目标建筑或污染源的面积。常见的阻隔层包括：低渗透黏土层、高含水率土层等。

（2）污染地下水上方存在一层干净的地下水透镜体。污染物在水相中的扩散速率远低于其在气相中的扩散速率，一定厚度的地下水透镜体可以完全阻断透镜体下方地下水中污染物向上的迁移。

（3）包气带中存在活跃的微生物降解活动可以将污染物浓度显著降低，生物降解活动所需要的营养物质、电子受体、水分在地层中都很丰富，活跃的生物降解区域的水平分布的面积远超过目标建筑或污染源的水平范围。

证明蒸气入侵途径是不完整的需要确凿的证据，需要进行多证据综合评估。为排除潜在的风险，还需要再三核实以下两点：

第一，要对污染源进行仔细调查，确保污染面积不会扩大，污染程度不会加深，如果是地下水污染源，污染羽需要处于稳定或收缩阶段。这是为了确保蒸气入侵的危害在未来不会加重。

第二，要对建筑物和包气带进行仔细调查，确保不存在污染物未经衰减直接进入室内的情况出现，如传质优先通道。

对于待开发场地，场地调查人员需要评估未来的建设活动是否会改变场地的现状进而导致出现不可接受的人体健康风险。在地表新建建筑以后往往会导致地层中污染物浓度、氧气浓度、土壤水气含量的分布的改变，此时就需要评估场地中的上述变化对蒸气入侵潜力的影响。

9.3　人体健康风险评估

9.3.1　风险评估目的

如果确定蒸气入侵暴露途径是完整的，就需要进行风险评估，以确定该途径造成的人体健康风险是否超过了可接受水平。风险评估的主要目的就是对现存场地中蒸气入侵引起的健康风险或可预见的将来场地中可能由于蒸气入侵引起的风险有一个定量的认识。

蒸气入侵引起的健康风险由污染物的毒性、污染物的室内空气浓度、居民在建筑物的停留时间、居民的敏感性等决定。风险评估的参数可以从以下导则中获取（USEPA，2003，2009；环境保护部，2014b）。

9.3.2　风险评估方法

在蒸气入侵途径中，污染物是通过呼吸室内空气产生的人体暴露，因此可以参考原环境保护部制定的《污染场地风险评估技术导则》（HJ 25.3—2014）（环境保护部，2014b）和美国环保署制定的 *Risk Assessment Guidance for Superfund，Volume I：Human Health Evaluation Manual*（*Part F，Supplemental Guidance for Inhalation Risk Assessment*）（*EPA 540-R-070-002*）来计算风险（USEPA，2009）。评估需要用的有害物质信息可以从原环境保护部制定的《污染场地风险评估技术导则》（HJ 25.3—2014）和美国环保署的 Integrated Risk Information System（IRIS）信息库中获取。

吸入空气的健康风险评估可以分为四个步骤：步骤一，现场调查和危害识别：调查收集相关场所资料、识别需要评估的化学物质及其主要健康危害；步骤二，暴露时长与暴露方式评估：通过接触工龄及接触时间调查确定危害因素的暴露期、暴露方式；步骤三，暴露评估：根据危害因素场所浓度监测结果，分析评估吸入暴露途径污染物的暴露浓度（exposure concentration，简称 EC）；步骤四，风险表征：定量计算致癌和非致癌危险。对于蒸气入侵风险评估来说，步骤一在场地调查阶段已经完成，步骤二可以使用一般默认的数值，因此核心步骤为暴露浓度的估算和风险计算。

1. 暴露浓度估算

暴露浓度需要根据污染物暴露特征进行估算。如果污染物暴露特征类似于急性暴露

（暴露时间小于 24 小时），那么暴露浓度等于室内空气中污染物浓度。如果污染物暴露特征类似于亚慢性暴露（暴露时间 30 天至人均期望寿命的 10%）或慢性暴露（人均期望寿命的 10%以上），则暴露浓度按式（9.1）进行估算。致癌风险评估的 EC 估算也按式（9.1）计算

$$EC=（CA×ET×EF×ED）/AT \qquad (9.1)$$

式中，EC 为暴露浓度，$\mu g/m^3$；CA 为污染物的室内空气浓度，$\mu g/m^3$；ET 为暴露时间，h/d；EF 为暴露频率，d/a；ED 为暴露周期，a；AT 为平均时间，致癌评估时采用一生平均时间（人均期望寿命×365 d/a×24 h/d）；非致癌评估时采用暴露周期平均时间（ED×365 d/a×24 h/d）。污染物室内空气浓度（CA）可以通过室内空气的采样分析得到，一般推荐采样多轮次时间积分采样。由于受天气状况、建筑空气调节系统运行、室内居民活动等多种因素影响，室内空气浓度的时间变异性很大（几个数量级），如果只进行单次随机采样，有较大概率会得到假阳性或假阴性结果。

2. 致癌风险表征

按式（9.2）计算致癌风险（carcinogenic risk，简称 CR）

$$CR=IUR×EC \qquad (9.2)$$

式中，CR 为致癌风险；IUR（inhalation unit risk）为吸入单元风险（又称斜率系数），指连续暴露于空气化学物 1 $\mu g/m^3$ 所引起的超过一生癌症危险度估算值的上限值，单位为 $(\mu g/m^3)^{-1}$。吸入化学物的 IUR 的取值可在原环境保护部制定的《污染场地风险评估技术导则》(HJ 25.3—2014) 和美国环保署的 Integrated Risk Information System（IRIS）信息库中获取。如果由多种致癌物并存，一般假设各致癌物之间的致癌机制是相互独立，可以将各致癌物的 CR 进行算术加和以求得总的致癌风险（USEPA，2009）。通常致癌风险以 $1×10^{-6}$ 作为可接受风险水平。如果 CA 大于 $1×10^{-6}$，则说明具有不可接受的致癌风险。如果 CR 小于或等于 $1×10^{-6}$，则说明致癌风险可接受。

3. 非致癌风险表征

非致癌风险可以通过计算危害熵（hazard quotient，简称 HQ）来进行评估

$$HQ=EC/RfC \qquad (9.3)$$

式中，RfC（reference concentration）为参考浓度；HQ 为危害熵数，以 1 为限值，如果大于 1，健康风险较大；如果小于或等于 1，健康风险较小。

吸入化学物的 RfC 的取值可在原环境保护部制定的《污染场地风险评估技术导则》(HJ 25.3—2014) 和美国环保署的 Integrated Risk Information System（IRIS）信息库中获取。如果由多种污染物并存，一般假设各污染物之间的危害机制是相互独立，可以将各物质的危害熵进行算术加和以求得总危害熵（USEPA，2009）。通常非致癌风险以 1 作为可接受风险水平。如果 HQ 大于 1，则说明具有不可接受的非致癌风险。如果 HQ 小于或等于 1，则说明非致癌风险可接受。

对现存建筑的风险评估需要注意以下几点：①室内空气浓度的时间、空间变异性；②需要区分通过蒸气入侵途径造成的暴露和从干扰源排放出的背景暴露；③需要评估采

样周期和实际暴露周期的相关性。

参 考 文 献

环境保护部, 2014a. HJ 682—2014 污染场地术语. 北京: 中国环境出版社

环境保护部, 2014b. HJ 25.3—2014 污染场地风险评估技术导则. 北京: 中国环境出版社

USEPA. 2003. Human health toxicity values in superfund risk assessments (OSWER Directive 9285.7-53). Washington DC: U.S. Environmental Protection Agency

USEPA. 2009. Risk assessment guidance for superfund (volume I): Human health evaluation manual (Part F, Supplemental guidance for inhalation risk assessment)(EPA 540-R-070-002). Washington DC: U.S. Environmental Protection Agency

第 10 章　蒸气入侵风险处置技术

如果场地调查和风险评估的结果显示目标地块存在完整的蒸气入侵暴露途径且可能导致不可接受的人体健康风险，那么就必须采取一定的**风险处置行动（risk response）**。当详细调查的成本过高，可以跳过详细调查步骤而直接对疑似受影响建筑进行风险管控，从而节省详细调查的时间和经济成本。针对蒸气入侵场地的风险处置方法主要有三大类：①污染修复；②制度控制；③风险管控。

污染修复（remediation）是通过将污染物从被污染土壤或地下水中直接清除以达到减少或彻底消除蒸气入侵人体暴露的目的。**制度控制（institutional controls）**是通过法律、行政、规章制度的控制，以最大限度地减少人体暴露。**风险管控（risk control）**又叫**风险减缓（risk mitigation）**是通过阻断暴露途径来降低污染物的暴露风险，蒸气入侵的风险管控通常是通过阻断 VOCs 进入建筑物的途径来实现的，因此该方法也被称为**建筑物控制（building control）**。风险管控可以快速实施并在较短时间内起到降低人体暴露的目的，而污染修复则需要在较长的时间内才能实现降低风险的目的。因此通常会将风险管控与污染修复结合使用。在进行场地修复和风险管控时通常还需要制度控制措施相配合。如果需要进行应急处理或者在选定最终风险管控方案之前，还可以利用风险管控以达到立即降低暴露风险的目的。

10.1 节和 10.2 节将先分别简要介绍污染修复和制度控制的概念；10.3 节将重点介绍常见的蒸气入侵风险管控方法；10.4 节针对 VOCs 沿优先通道侵入室内这种特殊情形的风险管控方法进行介绍；10.5 节介绍了蒸气入侵风险管控系统运行效果的影响因素；10.6 节介绍了风险管控系统的设计和施工；10.7 节介绍了风险管控系统的运行效果的评价指标；10.8 节介绍了风险管控系统的运行维护和监测，10.9 节介绍了风险管控系统的关闭。

10.1　污　染　修　复

污染修复是通过物理、化学、生物的手段将土壤和地下水中污染物的浓度降低到足够低的水平，以至于污染源释放出的污染蒸气浓度无法再构成显著的人体健康损害。理论上讲，通过污染修复可以完全清除地下污染源，从而彻底消除目标场地的人体健康隐患。

从控制蒸气入侵风险的角度看，场地修复技术可以分为三类。

（1）针对整个场地的污染修复，主要用于清除地下污染源，同时也可以削减或阻断 VOCs 向建筑物迁移的质量通量。

（2）有时只需在小范围进行污染修复。例如，只是清除某些传质途径中的污染，如清除作为优先传质通道的地下管线内或者管线周边回填土中的污染物。

（3）对污染源的清挖异位处置可以迅速清除地下污染源，从而降低蒸气入侵风险。

常用于 VOCs 的修复技术有：土壤气提、多相抽提、空气注入、化学氧化、生物修复。土壤气提主要用于清除包气带中的污染，多相抽提、空气注入主要用于清除地下水中的污染。生物修复和化学氧化即可用于包气带也可用于饱水带的修复。场地修复技术不是本书的重点，因此不在这里赘述。

10.2　制　度　控　制

制度控制通过行政或法律手段保护公众健康和环境安全，是场地修复的重要组成部分，包括限制场地使用、改变活动方式、向相关人群发布通知等。制度控制手段包括四类：政府控制、所有权控制、强制执行手段和信息手段（USEPA，2012a；2012b）。

政府控制是指各级行政机构通过发布对公众及资源的限制条文，达到制度控制的目的。包括颁布法律法规、规章制度或者使用区域规划、建筑许可证等土地或资源限制使用的条款（USEPA，2012a；马妍等，2018）。

所有权控制存在于西方国家土地允许私人拥有和买卖的前提下，依托于房地产和物权法基础，主要通过所有权的相关法律法规来限制土地的开发和使用。例如可以禁止土地所有者在目标地块建设特殊类型的建筑（USEPA，2012a；马妍等，2018）。

强制执行手段是指通过双方签署的命令或许可等强制性法律文件，对土地所有者或使用者在目标场地中的行为进行限制。通常由政府部门运用此手段来实施制度控制的强制执行权，其特点是具有合同性质，不随土地转移（USEPA，2012a；马妍等，2018）。

信息手段是指以公告或通告的方式提供有关场地上可能残存的污染物的相关信息，帮助公众了解污染场地的具体情况。该手段通常作为辅助手段来使用，以便确保其他制度控制的完整性（USEPA，2012a；马妍等，2018）。

实施制度控制是为了保护人体免受场地中污染物的暴露危害，同时保障场地中其他修复工作的顺利开展。在制定制度控制措施时应充分考虑以上两点，以保护人体健康为出发点，保证制度控制在修复工程中的顺利应用。制度控制作为非工程技术手段，对工程修复技术是一种有效的补充，在避免人群接触潜在污染物和保障修复措施的完整性方面发挥着重要作用，可以有效降低工程修复手段不确定性带来的长期风险。

如果场地修复措施无法立即消除或降低蒸气入侵风险，需要实施制度控制以确保蒸气入侵问题被有效控制。在大多数情况下，制度控制既可以临时实施也可以或永久制度化地实施，以确保在进行长期污染修复的同时场地内的人体健康得到保护。

对于未开发场地或土地未来利用方式可能发生变化的场地，实施制度控制可以有效避免将来可能发生的暴露。常见的针对未开发场地的制度控制措施包括：①要求铺设污染防渗膜；②要求安装底板下降压系统；③对于任何新建建筑或其他改变场地现状活动进行补充调查等（ITRC，2014）。

制度控制不是本书的重点，因此不在这里赘述，读者可以参考相关资料（USEPA，2000，2012a，2012b，2014；ITRC，2008；ASTM，2017）。

10.3　常见的风险管控方法

风险管控，又叫风险减缓，是通过阻断 VOCs 进入建筑物的途径或阻断进入室内后的人体暴露来降低其暴露风险的一种风险处置技术。常见的蒸气入侵风险管控方法包括：被动阻隔、被动通风、底板下降压、膜下降压、底板下增压、室内增压、室内空气净化、充气地板等。对于 VOCs 沿优先通道侵入室内的特殊情形，10.4 节会介绍其相应的风险管控方法。

10.3.1　被 动 阻 隔

被动阻隔是通过在建筑物地板上面或下面铺设一层阻隔层，通过阻隔层的物理阻隔作用限制污染蒸气进入室内的传质通量。理想状况下，阻隔层可以改变土壤气及其携带的污染物的传质方向，使原本在浓度梯度或气压梯度驱使下侵入室内的污染蒸气从建筑物外围迁移到大气中。实际上，单独依赖被动阻隔很难实现对污染物的完全隔离。因此通常需要将阻隔材料与被动或主动通风系统（后文会介绍）联合使用。美国很多州规定了阻隔层必须联合使用被动或主动通风来提高阻隔效率（ITRC，2014）。

常见的阻隔材料有三类：沥青乳胶膜（spray-on asphalt latex membrane）、环氧地坪（epoxy floor sealant）、低渗透性热塑性膜（low-permeability thermoplastic membrane）。阻隔材料的选取应依据污染物在各种材料中的扩散系数并结合建筑的具体情况来综合选定。

被动阻隔是否有效取决于阻隔膜是否能实现对污染物的完全隔离。在阻隔层中即使存在很小的缺陷（如孔、洞、裂缝、与地板或管线穿透处密封不严）都可能为成为土壤气进入室内的路径。使用厚度更厚的阻隔层可以降低膜被穿刺的概率，因此有些导则对阻隔层的最小厚度进行了规定（USEPA，2008）。不过即使是很厚的阻隔层在建筑施工期间也存在被损坏的风险，特别是当阻隔膜被铺设在底板下面时。

在安装阻隔层、浇筑混凝土地板以及进行其他施工活动时都可能损坏阻隔层，因此在阻隔系统的设计和施工中应该包括质量保证/质量控制计划（QA/QC），另外目标场地未来的修复或建设施工活动应尽量降低对阻隔层的影响和破坏。质量保证/质量控制计划应明确要求：①对阻隔层的边缘或贯穿其他管线和构筑物的阻隔层的密闭性进行检查；②在混凝土浇筑过程中观察阻隔层是否被破坏；③在安装地板后，通过压力测试、烟雾测试、室内空气测试来考察阻隔层的阻隔效果。阻隔膜的选择、安装、检测可以参考ASTM 的导则（ASTM，2018）。

1. 沥青乳胶膜

大多数**沥青乳胶膜（spray-on asphalt latex membrane）**是无缝、可喷涂、不含 VOCs 杂质的水基膜，因此可以起到阻碍 VOCs 传质的作用（图 10.1）。常见的乳胶有聚氯丁二烯或丁苯橡胶。通常在浇注混凝土地板或地下垂直墙壁下铺设沥青乳胶膜，以便实现对整个建筑物完全密封。通常需要将膜喷涂到土工合成材料（土工布或热塑性膜）上作为载体。

图 10.1　正在铺设的沥青乳胶膜（ITRC，2014）

膜厚度对于阻隔膜发挥正常功能至关重要，因此对膜厚度的测量是质量控制的重要环节。沥青乳胶膜的固化过程高度依赖于膜周围的温度、湿度及对流空气交换速率。在膜固化过程中必须非常小心，以避免膜受到刺破和损坏。为降低膜被刺穿的可能性，可以在膜的上方铺设缓冲材料（土工织物或热塑性膜），在膜的下方铺一层沙子或细圆砾石。

沥青乳胶膜的功能和使用特点如下（表 10.1）：

（1）单凭沥青乳胶膜的阻隔作用无法完全消除蒸气入侵隐患。

（2）需要针对目标化合物的渗透性选择合适的膜材料。

（3）在阻隔膜铺设和后期维护的过程中，需要严格的质量控制，以降低膜的损耗。

（4）阻隔膜安装完毕后需要对膜的完整性和功能进行检查。

（5）当膜破损或未能到达预期保护效果时，需要提前做好应对预案，如加装抽气装置。

（6）乳胶的成分和特性有多种选择，应根据目标化合物的兼容性及材料是否会释放 VOCs 来综合选择。

表 10.1　沥青乳胶膜的优缺点

优点	缺点
单价较低、抗化学腐蚀	即使膜上存在很小的缺陷也会导致阻隔效果大大下降
沥青乳胶膜喷涂后可与大部分建筑材料形成紧密贴合，不需要额外的机械固定装置	单独使用效果不佳，往往需要与抽气系统联合使用
土壤沉降时沥青乳胶膜仍可以保持与地板的贴合	不适用于已建成的未安装底板下抽气系统的建筑

2. 环氧地坪

环氧地坪（epoxy floor sealant）是一种具有高强度、耐磨损、美观的地板，其涂层由固体环氧树脂混合物构成，具有无接缝、质地坚实、耐药品性佳、防腐、防尘、保养方便、维护费用低廉等优点（图 10.2）。环氧地坪可根据不同的用途和要求设计多种方案，如：环氧树脂磨石地坪、环氧树脂彩砂压砂地坪、环氧树脂自流平地坪、环氧树脂砂浆型地坪、环氧树脂平涂型地坪。

图 10.2　环氧地坪（ITRC，2014）

环氧地坪既可用于新建建筑也可用于现存建筑的蒸气入侵风险管控。环氧地坪通常直接铺设在现有混凝土板上面，无需额外的混凝土保护。这是一种较新颖的技术，实践证明其与通风系统结合使用时可以有效地降低蒸气入侵风险。地面的油脂、污渍、吸湿材料和其他杂质均可能导致环氧地坪在使用过程中起皮或剥落。因此，在铺设前需要对地板表面进行严格的预处理，以确保地坪膜和混凝土地板紧密黏合。

环氧地坪的功能和使用特点如下（表 10.2）：

（1）既可以用于新建建筑，也可以用于现存建筑，当用于现存建筑时不需要额外配备混凝土保护层。

（2）铺设前需要对地板表面进行预处理，如果处理不当可能造成环氧地坪起皮和剥落。

（3）取决于铺设和使用的情况，将来可能需要修补。

表 10.2　环氧地坪的优缺点

优点	缺点
适用于现存建筑	即使膜上存在很小的缺陷（孔、洞、裂缝）也会导致阻隔效果大大下降
对酸、碱、有机溶剂造成的化学腐蚀抵抗力较强	单独使用效果不佳，往往需要与抽气系统联合使用
	不适用于已建成的未安装底板下抽气系统的建筑

3. 热塑性膜

热塑性膜（thermoplastic membrane）是一种由聚合物树脂制成的塑料膜，这种材料在加热时变为均质液体，冷却时变成固体（图 10.3）。热塑性膜具有阻隔有机物传输的性能，因此可以用作建筑材料的衬里以减缓蒸气入侵风险。不过热塑性膜比较容易被损坏，即使是正常的施工活动也可能对其造成破坏。

图 10.3　热塑性膜（ITRC，2014）

为了减少膜被刺破的可能，可以使用较厚的热塑性膜（如 1.5～2.5 cm 厚的高密度聚乙烯）并且在膜上方或下方铺设缓冲材料（如土工织物、沙子、细圆砾石）。热塑性膜制作的阻隔层往往会存在一些缺陷（孔、洞、裂缝），这导致其阻隔效果大打折扣。随着使用时间的延长，材料会不断老化，进而导致阻隔效果越来越差。另外，选择热塑性膜材料还较容易被有机物腐蚀，因此选择膜材料时应更加小心。

热塑性膜的功能和使用特点如下（表 10.3）：

（1）仅凭热塑性膜的阻隔作用无法完全消除蒸气入侵的隐患。

（2）需要选择足够厚的膜材料以抵御施工造成的损坏。

（3）需要严格的质控程序以确保热塑性膜的完整和密闭。

（4）需要检查膜边缘、管线贯穿部分、接缝处的密封性。

（5）在阻隔膜安装完毕后需要对膜的完整性和功能进行检查。

（6）在膜破损或未能到达预期的保护效果时，需要提前做好应对预案，例如：加装抽气装置。

表 10.3　热塑性膜的优缺点

优点	缺点
价格较便宜	铺设前需要对整个地板表面进行预处理
不需要额外的机械固定装置	长期使用容易起皮和剥落，从而丧失阻隔效果
可以将整栋建筑密封	抗拉强度较低，容易形成孔、洞、裂缝、气泡最终导致丧失阻隔效果

10.3.2　被　动　通　风

底板下通风系统（subslab venting，简称 SSV） 通过在建筑物底板下构筑高渗透性的**通风层（venting layer）** 并且布设排气管，仅靠自然形成的扩散梯度（土壤气积聚引起）或气压梯度（温度或风场变化引起）使得土壤气进入排气管道并最终排放到室外（图10.4）。该方法不需要使用外力，仅靠自然形成的驱动力推动受污染土壤气排放，因此也叫**被动通风（passive venting）**。由于需要在建筑物底板下安装通风层，该方法一般仅能用于新建建筑的蒸气入侵风险管控。与此相反，如果在通风管路中安装了风机，靠风机的外力作用驱动污染土壤气吸入排气管并排放到大气的系统则被称为**主动通风（active venting）**，也就是 10.3.3 要介绍的**底板下降压系统（subslab depressurization）**。

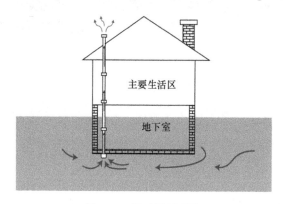

图 10.4　被动通风系统

与主动通风相比，被动通风的压力梯度和换气速率较低（USEPA，1993）。因此，对于相同面积的建筑，被动通风需要铺设更厚的高渗透性通风层，也需要安装更多的抽气和排风管道，并且配合使用密闭性更好的阻隔层。被动通风通常不能单独作为蒸气入侵风险管控方法，往往需要与上一节介绍的被动阻隔联合使用才能起到较好的效果。由于外力驱动，气温、气压或者其他环境条件的改变都可能导致被动通风系统停止运行，因此其稳定性较差，有些技术指南不允许使用被动通风作为风险管控方法。然而对于新建建筑，如果不确定蒸气入侵是否造成了不可接受的人体健康风险，可以先安装被动系统（节省风机和电力的成本），如果将来有必要再升级成主动通风系统。

在被动通风系统中，土壤气收集管和提升管一般只是占总成本的较小一部分。由于被动通风主要依靠通风层的渗透作用和阻隔层的阻隔作用来实现对 VOCs 的阻隔，因此如果想达到相同的阻隔效果，被动通风系统对设备和安装工艺的要求比主动通风更高，这两项的成本也更大。不过被动通风的长期运行和维护成本比主动通风低。

该技术的功能和使用特点如下（表 10.4）：

（1）单靠热塑膜的阻隔作用无法完全消除蒸气入侵的隐患。

（2）需要选择足够厚度的膜材料以抵御施工造成的损坏。

（3）需要严格的质控程序以确保热塑膜的完整和密闭。

（4）需要检查膜边缘、管线贯穿部分、接缝处的密封性。

（5）在阻隔膜安装完毕后需要对膜的完整性和功能进行检查。

（6）在膜破损或未能到达预期的保护效果时，需要提前做好应对预案，例如：加装抽气装置。

表 10.4　被动通风（SSV）的优缺点

优点	缺点
通常安装在可能有蒸气入侵隐患，但未确证其发生的建筑中	对污染物的阻隔效果一般比主动系统差
对新建建筑比较适合	不太适合现存建筑
与主动通风系统相比，其运行和维护的成本较低	阻隔效果受气温、气压或者其他环境条件的影响较大，环境条件的改变可能导致阻隔效果完全丧失
可以方便地升级成主动通风系统	抗拉强度较低，容易形成孔、洞、裂缝、气泡最终导致丧失阻隔效果

10.3.3　底板下降压

底板下降压系统（subslab depressurization，简称 SSD）也叫**主动通风**（active venting），是一种同时适用于新建和现存建筑的蒸气入侵风险管控方法。主动通风系统利用风机将底板下土壤气持续不断地抽出，携带污染物的土壤气进入收集管道，最终通过屋顶上方的排气管释放到大气中（图 10.5）。主动通风系统类似于被动通风系统，只是需要在管路中加装风机来实现对土壤气的主动抽吸。风机的抽吸作用会使得底板下土壤气产生**气压下降**（**depressurization**），进而形成一个低于大气压的负压，这也是该技术名称的由来。

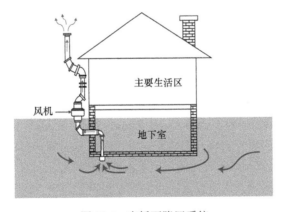

图 10.5　底板下降压系统

实践表明以底板下降压系统为代表的主动系统往往是可靠性最高、性价比最高、效果最好的蒸气入侵风险管控方法。这类主动系统往往可以将气态污染物浓度降低 90%～99%（图 10.6）（USEPA，1993）。如果设计合理且运行工况较好，底板下降压系统对 VOCs 的去除效率甚至可以达到 99.5% 以上（Folkes，2002）。风机抽吸会导致底板下土壤气产生压降，气压压降是底板下降压系统最关键的设计和运行指标之一，一般来说维持 6～9 Pa 的压降即可保证系统的正常运行。

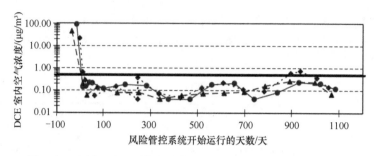

图 10.6　底板下降压系统的运行效果长期监测（Folkes，2002）

该技术的功能和使用特点如下（表 10.5）：

（1）是一种被广泛应用的控制蒸气入侵暴露风险的方法。

（2）既适用于新建建筑，也适用于现存建筑。

（3）由于有主动抽气装置，对于独栋别墅一般只需要布设 1～2 个抽提孔。

（4）对于新建建筑，需要在底板下铺设高渗透性通风层并且在地板上铺设被动阻隔层，以达到最佳的运行效果。

（5）低渗透性土壤会降低系统的运行效果。

表 10.5　底板下降压（SSD）的优缺点

优点	缺点
运行效果好，对 VOCs 去除率一般在 90%～99%，甚至达到 99.5%以上	需要定期维护，需要消耗一定的电力
适用于多种场地和地质条件，同时适用于新建和现存建筑	停电或风机故障时没有保护效果
比较容易判断该系统对风险管控有效性	高含水率、低渗透性土壤会阻滞土壤气的运移，因此抽提效果较差

10.3.4　膜 下 降 压

膜下降压（submembrane depressurization，简称 SMD）是针对管道空间（crawl space）最有效最常用的蒸气入侵风险管控方法。管道空间的地板往往是裸露土壤而非混凝土地板。膜下降压系统利用阻隔膜作为混凝土地板的替代，将一整块不透气阻隔膜覆盖在爬行空内部的裸露土壤的表面，同时利用风机从膜下方持续地抽出土壤气，这样就可有效地防止土壤气体侵入膜上方的管道空间。与底板下降压系统类似，设计合理且运行稳定的膜下降压系统可以达到 99.5%的 VOCs 去除效率（Folkes and Kurz，2002）。

膜的密封性直接影响膜下降压系统的运行效果，因此必须保证膜与墙体、地板、管线的结合部位密封良好，并且应选用具有足够弹性的膜材料以防治其在使用过程中被撕裂。如果管道空间还有其他家具或设备，建议在膜表面放置衬垫或其他保护材料，以防在膜铺设或系统运行期间膜发生破损。由于膜比较薄，较易破损而失去密封性，因此需要对膜的完整性和系统的运行效果进行检查。膜下降压系统的能耗与底板下降压系统相似，但后期检查和维修成本更高。

该技术的功能和使用特点如下（表10.6）：

（1）被广泛应用于带管道空间房屋的蒸气入侵暴露控制。

（2）既适用于新建建筑，也适用于现存建筑。

（3）由于有主动抽气装置，对于独栋别墅一般只需要布设1～2个抽提孔。

（4）膜表面放置衬垫或其他保护材料，以防因不慎划伤导致膜破损。

（5）低渗透性土壤会降低系统的运行效果。

表 10.6　膜下降压（SMD）的优缺点

优点	缺点
适用于带管道空间的建筑	阻隔膜较易破损或者密封不严，这会导致保护效果不佳
设计合理的膜下降压系统运行效果较好	需要定期检查和维护以确保阻隔膜没有漏气
同时适用于新建和现存建筑	停电或风机故障时没有保护效果
	高含水率、低渗透性土壤会阻滞土壤气的运移，因此抽提效果较差

10.3.5　底板下增压

底板下增压系统（subslab pressurization，简称SSP）的结构与底板下降压系统类似，主要的差异在于底板下增压系统利用风机将空气注入底板下的土壤中而不是将土壤气抽出。注入空气将提高底板下土壤气的气压，使其高于大气压，从而迫使积累在底板下的土壤气向四周扩散并最终从建筑物外围释放到大气中。底板下增压系统在高渗透性地层中效果较好，因为如果地层渗透性过高，常规的底板下降压的抽气速率不足以使得底板下区域形成明显负压，此时采用底板下增压的效果更好。底板下增压系统同时适用于新建和现存建筑。不过该系统有一个缺点，当建筑地板或墙体中有裂缝时可能导致系统短路，通过风机注入地下的气体会沿着裂缝进入建筑内部，可能加剧污染蒸气的入侵。

该技术的功能和使用特点如下（表10.7）：

（1）需要建筑物的底板和墙体的密闭性较好，以防止形成气流短路。

（2）低渗透性土壤会降低系统的运行效果。

（3）办公楼商场可以使用该技术。

表 10.7　底板下增压（SSP）的优缺点

优点	缺点
不需要收集土壤气	比底板下降压系统的能耗高
对于高渗透性地层，底板下增压的效果比底板下降压系统更好	建筑地板或墙体上的裂缝可能导致气流短路，进而加剧污染蒸气的入侵
向地层注入空气可能会促进其中好氧微生物的代谢，加快其对污染蒸气的降解	高含水率、低渗透性土壤会阻滞土壤气的运移，此技术不适用
	停电或风机故障时没有保护效果

10.3.6　室　内　增　压

在某些情况下，对建筑物内部而不是底板下土壤气进行增压操作可以有效降低蒸气入侵风险。通常可以通过建筑物的空调暖通系统来实现室内增压。对通风系统或建筑结构进行一定的改造一般可以实现更高效地增压（表 10.8）。很多建筑的暖通空调系统在上班时间开启，但在晚上或周末等下班时间关闭。当暖通空调系统关闭时，有可能导致蒸气入侵。因此应对关闭暖通空调系统时的蒸气入侵程度以及重新启动暖通空调系统时室内空气中污染物浓度下降直至最终达标所需要的时间长度进行评估。

表 10.8　室内增压的优缺点

优点	缺点
同时适用于新建和现存建筑	能耗较大，运行成本较高
降低蒸气入侵风险的效果较好	维持室内稳定的正压需要对暖通空调系统进行经常性地维护
	停电或风机故障时没有保护效果

10.3.7　室内空气净化

10.3.1～10.3.6 小节中介绍的方法都是通过阻断污染物进入建筑物的传质途径来达到降低污染暴露的目的。实际上即使地下污染物进入室内还可以通过室内空气净化将其中的污染物去除，从而降低人体暴露。常用的空气净化设备（如活性炭吸附）可以有效去除室内空气中的有毒污染物。这一技术的使用并不太广泛。通常仅应用于现存建筑，对于新建建筑可以在房屋建设时安装底板下降压等性价比更高且效果更好的风险管控系统。只有当地下水埋深较浅或者土壤的含水率很高时，底板下降压或底板下增压系统往往无法使用，此时室内空气处理是除室内增压以外的另一种可供选择的替代方案。

该技术的功能和使用特点如下（表 10.9）：

（1）对 VOCs 的去除效率不是特别高。

（2）空气净化设备的安装和运行成本较高。

（3）产生的废活性炭还需要处理，增加成本。

表 10.9　室内空气净化系统的优缺点

优点	缺点
没有管路泄漏等问题	安装和运行成本较高
可以彻底去除污染物	处理系统的影响范围有限

10.3.8　充　气　地　板

充气地板（aerated floor）是在传统的混凝土底板下码放了专用的塑料模块，使底板下形成相互连通的空隙，用于代替砂或砾石构成的传统通风层（图 10.7）。充气地板通常要与通风系统联合使用。因为专用塑料模块形成的空隙对土壤气的流动阻力很小，所以相对于砂或砾石构成的传统通风层，充气地板中土壤气的真空度和气流速率更高且分布更均匀。充气地板通常使用专用塑料模块构建，在将塑料模块码放在地基上然后再浇注混凝土地板。该系统最适用于新建建筑，但如果高度足够也可以将充气地板铺设在现有地板之上。充气地板（包括塑料模块和混凝土板）的总厚度通常在十到几十厘米，最常见的是 30～40 厘米。

图 10.7　充气地板实物（ITRC，2014）

充气地板可用于主动通风或者被动通风系统中。不过充气地板不是阻隔系统，当与主动或者被动通风系统联用时，VOCs 主要通过通风管道被排掉，因此通风层的负压情况、通风系统中的气流方向、气体跨越地板的方向决定了整个系统是否正常运行。

该技术的功能和使用特点如下（表 10.10）：

（1）一般用于新建建筑，如果用于现存建筑则需要更换地板，工程量较大。

（2）专用塑料模块形成的空隙对土壤气流移动的阻力很小，可以形成更高和分布更均匀的负压和气流，因此与主动或被动通风系统联用后可以显著提高其运行效率。

（3）由于通风层形成的气压和气流数值更高且分布更均匀，因此对于同样面积的建筑只需要较小功率的排风系统就可以提供足够的压降，整体能耗较低。

表 10.10　充气地板的优缺点

优点	缺点
相对于砂或砾石构成的传统通风层，充气地板中土壤气的真空度和气流速率更高且分布更均匀，这有利于通风系统的运行	适合于新建建筑，对于现存建筑改动工程量较大，需要把原有的地板更换
在达到相同真空度的情况下，充气地板需要的风机的功率和能耗比传统通风层更低	

10.4　VOCs 沿管道侵入室内的风险管控方法

近十年研究人员逐渐发现了一条有别于传统蒸气入侵途径的新型 VOCs 传质方式，即优先通道传质。常见的优先传质通道包括：①地下管道；②管道周围回填的高渗透性杂填土；③天然形成的孔道地质结构（如喀斯特地层）。根据目前的调查结果。第一种优先通道（即直接通过地下管道传质）最常见。针对地下管道的传质，可从以下两个角度进行风险管控：①阻止污染物进入管道中；②阻止管道中的 VOCs 侵入室内。从这两个角度出发，目前有以下风险管控方法。

10.4.1　给管道加装密封性衬里

可以给管道安装一层密封性的衬里以增强其密封性。常见的衬里材料有玻璃纤维、聚酯或环氧树脂纤维网等。

10.4.2　修补损坏的管道

很多管道长期使用以后都存在泄漏或渗漏，可以通过修补的方法大幅降低污染物进入管道的可能性。其中水泥管道较易损坏，钢制管道较易通过腐蚀被损坏，PVC 管道抗损坏性能较好。

10.4.3　修复损坏的水封

如果水封的密闭性不好，建议直接更换一个气密性更好的新水封来确保管道内的 VOCs 不进入室内。如果不更换，也可以通过修补的方法来提高其密封性。

10.4.4　管道内降压

管道内降压是一种应用效果良好的风险管控手段，有很多成功的案例。对管道内降压可以使得室内空气进入管道而不是向相反方向运动，这样即可实现阻隔管道内 VOCs 进入室内的目的。这类系统一般由风机、控制器、活性炭过滤器构成。通过控制器调节风机的运行，将管道内的含 VOCs 气体抽出送入活性炭过滤器，经过滤的气体排到大气中。

10.4.5　管道内降压的管控效果

表 10.11 介绍了丹麦 7 栋建筑物采用管道内降压之前和之后的管控效果（Nielsen and Hvidberg, 2017）。第 1、2、3、6、7 号建筑都取得了比较好的风险管控效果，第 4、5 号建筑没有效果，这说明在这两栋建筑中管道传质并不是 VOCs 侵入室内的主要方式。第 4、

5 号建筑安装了底板下降压系统后，室内空气浓度达到了质量标准。这说明 VOCs 是沿着底板的裂隙进入室内的，其中 5 号建筑建在一个已封场的垃圾填埋场上面，由于地下填埋的垃圾不断被压缩导致建筑的底板和墙体出现裂缝，进而最终导致蒸气入侵问题。

表 10.11　7 个场地管道内降压的管控效果

场地编号	污染物	风险管控前管道中的浓度 / ($\mu g/m^3$)	风险管控前的室内空气浓度 / ($\mu g/m^3$)	风险管控后的室内空气浓度 / ($\mu g/m^3$)
1	PCE	1100	50	8.7
2	PCE	810	53	8.9
3	PCE	7100	820	1.2
4	PCE	120	16	17
5	PCE	190	40	40
6	TCE	12000	4100	21
7	TCE	26	13	0.3

资料来源：Nielsen and Hvidberg，2017。

10.5　风险管控系统运行效果的影响因素

蒸气入侵风险管控技术的选择和设计受到多种环境因素的影响，包括：①土壤的渗透性和含水率；②污染物的种类和浓度；③建筑的尺寸和附属设施；④地基的类型和构造；⑤目标建筑是新建建筑还是现存建筑。

10.5.1　土壤的渗透性和含水率

土壤的渗透性会显著影响土壤气运移。对于一般的底板下降压系统，单个抽气孔在地层中形成的有效影响范围被称为**土壤气吸入场（suction field）**。如果施加相同的真空度，在低渗地层中形成的**土壤气吸入场的范围（extension of suction field）**远小于高渗地层。由于低渗地层限制了土壤气吸入场的范围，在低渗地层使用底板下降压系统时需要设计数量更多、口径更大的抽气孔，也需要采用阻隔性更好的膜及抽吸功率更大的风机（高真空、低流速）（Folkes and Kurz，2002）。在高渗地层中，单个抽气孔形成的土壤气吸入场范围更大，因此底板下降压系统对 VOCs 的去除效果更好。高渗地层的底板下降压系统一般需要使用低真空、高流速风机（USEPA，1993）。如果地层的渗透性过大，往往很难实现地层的有效降压，此时采用底板下增压系统效果可能更好。

土壤的含水率会显著影响土壤气运移，高含水率阻碍土壤气的对流运动及污染物的迁移。如果由于地下水位过浅导致建筑下方的土壤气常年保持高含水率，则无法使用底板下降压方法进行风险管控。如果土壤的高含水率是间歇产生的（例如：间歇性的地表降水、偶发的地表水的倾倒、季节性的地下水位波动），则可以利用底板下降压系统抽吸产生的土壤气流加速土壤的干燥，等土壤含水率降低到一定阈值以下后该系统可以实现正常的风险管控功能。对于间歇性产生的土壤高含水率情况，可以采用以下三种应对方法。

（1）临时停止底板下降压系统的运行。在这期间室内空气中的污染物浓度可能会超过可接受暴露水平，但长期的平均暴露未必会造成不可接受的风险。因此，可以通过风险评估综合判断偶发性的污染浓度超标是否会导致最终不可接受的长期风险。

（2）采用浅池泵抽吸或增大底板下降压系统抽气功率的方法来对地层进行降水干燥。

（3）采用室内增压的方法阻断土壤气进入室内的途径。如果被污染地下水接触并浸湿了建筑物的地板或墙体，那么采取室内增压的方法无法降低污染物的暴露。此时可以在原有地板上铺设一层很薄的通风层，在通风层之上安装一层隔板并进行抽气降压操作。

10.5.2　污染物的种类和浓度

污染物的种类和浓度可以从三个方面影响风险管控措施的设计和运行。

（1）很多有机蒸气具有可燃性，如石油烃及厌氧生物降解产生的甲烷。当某种可燃蒸气的浓度介于其爆炸下限和爆炸上限之间时，遇到点火源（如电火花）都可能导致爆炸。因此主动通风系统应选用本安型风机。对于底板下降压系统或膜下降压系统，当底板下土壤气中的可燃蒸气浓度高于其爆炸上限时，不推荐采用抽气降压或注气增压的操作，因为这两种操作都会引入新鲜的空气，从而使可燃蒸气浓度降到爆炸上限以下。虽然抽气或注气都稀释可燃蒸气，但是无法做到完全清除。

（2）需要达到的污染蒸气去除率直接影响风险管控技术的选择。被动系统一般可实现不高于80%的污染蒸气去除率，如果需要更高的去除效率则需使用主动系统。底板下降压系统或膜下降压系统一般可以去除 90%~99%的污染蒸气（USEPA，1993）。如果设计合理且运行工况良好，其去除效率甚至可以达到99.5%以上（Folkes，2002）。需要达到的污染去除率取决于目标污染物的污染程度和毒性，毒性越大、污染程度越重则需要达到的去除率越高。

（3）有些有机蒸气可以腐蚀风险管控系统的部件，最终导致系统漏气而无法正常运行。有机蒸气可能对阻隔膜和抽气管路产生降解，也可以溶解管路连接部位的黏合剂。

10.5.3　建筑的尺寸和附属设施

一般来说建筑物的尺寸越大，需要的蒸气入侵风险管控设施的规模也越大。对于大型的工商业建筑，由于其种类繁多功能各异（如购物中心、办公楼、医院、厂房、仓库、会展中心）。不同类型的建筑其空气交换率、室内气压分布、通风情况、地板密封性、建筑物内部的房间分布和大小都有很大的差异，因此其蒸气入侵的特点也不尽相同。有些建筑由于具有较好的密封性或较高的空气交换率，被土壤气侵入的可能性较低，甚至不需要安装风险管控系统。

大型建筑物中的电梯在上下运行时会造成室内气压降低，进行增大土壤气进入室内的通量。电梯、下水管、电缆线等通道可以将不同楼层、不同区块的房间相互连通，这会成为 VOCs 在不同房间快速传递的优先通道。这些设施都增加了大型建筑蒸气入侵调查和风险管控的复杂性。

对于大型建筑的蒸气入侵风险管控，一般不能采用被动方法，必须使用主动系统，最常见的还是底板下降压系统。由于大型建筑的占地面积大，往往需要布设很多吸气孔，不同位置的吸气孔可以用单独的风机进行独立控制，也可以将各气孔的排气管集合成一根主管后使用一个大功率的风机统一控制。

相对于多点布设的吸气孔，水平铺设的吸气管对于占地面积较大的建筑更实用，因为吸气管对底板下的土壤气的抽提和降压效率更高。对于新建建筑，可以将水平吸气管的布设纳入到建筑整体设计施工流程中，这是成本最低的效率最高的方法。对于现存建筑，可以通过钻水平井的方式布设水平吸气管，但是其经济成本较高，而且在钻井过程中有可能破坏建筑附属的地下构筑物或管线，因此需要进行周密的前期设计。

10.5.4　地基的类型和构造

地基的类型和构造会影响风险管控技术的选择和设计。底板下降压系统一般用于带混凝土地板的建筑，膜下降压系统适用于管道空间或地面直接是裸露土壤的建筑。有些建筑其不同位置采用了不同的地基类型，因此也需要选择相应的风险管控方法。地下构筑物（例如：基础墙、基础梁）的存在会隔绝土壤气的对流，并且阻断土壤气吸入场的范围。这就需要在每个分隔区域内安装一个吸气孔以形成一个单独的土壤气吸入场。有时可以将地基上现存的排水管或抽提井筒改装成底板下降压系统的抽吸孔。

如果目标建筑的地基空间过于狭小（如狭小的管道空间）以至于无法安装底板下降压或膜下降压系统，则可以采取以下几种解决办法：①从建筑的侧面安装水平抽提井和管路；②在建筑物外围安装通风装置，增大地基内的通风速率；③通过给地基空间增压的办法阻断土壤气的侵入；④通过开挖增大地基空间的体积，以便安装风险管控系统。

如果目标建筑的地基是用空心砖构筑的，受污染的土壤气会沿着空心砖的孔道直接进入室内。即使安装了抽气降压系统，土壤气也会沿着空心砖的孔道形成短路。解决这一问题的方法有：①在空心砖连通形成的孔道中安装吸气孔，对其进行抽气降压；②使用黏合剂封堵孔道的表面开口。

如果目标建筑的地下室是由裸露的土壤或岩石壁构成的墙体或地板，则需要覆盖一层阻隔膜再进行降压作业。

地板上的裂缝、孔洞、管道穿越地板的间隙会导致抽气降压系统土壤气流的短路，进而降低吸气孔的有效作用范围和整体运行效率。解决这一问题的方法有：①通过封堵的方法提高地板的密封性；②另外再钻一个新的吸气孔。

地基上的管路、水泵、抽提井都可能导致抽气降压系统土壤气流的短路或者为蒸气入侵提供优先通道，因此需要对这类设备加以详细调查，必要的时候需要进行拆除或封堵。

10.5.5　新建建筑 VS 现存建筑

相对于现存建筑，新建建筑可选择的蒸气入侵风险管控措施的种类更多。新建建筑可以自由设计和安装通风层、集气管、阻隔膜等部件，因此可以通过系统优化显著提高风险管控系统的效率，在降低能耗的同时提高污染物的去除率。现存建筑由于地基已经成型，无法在底板下铺设通风层，在有些情况下也不方便铺设阻隔膜，这会导致其运行效率降低。

对于新建建筑来说，最好将风险管控系统的设计（吸气孔、集气管、风机等）和安装与整栋建筑的设计和安装结合起来一起进行。这样不但可以节省大量时间和经济成本，而且在风险管控系统的设计可以与建筑其他管路和功能区域的设计通盘考虑，实现管线的合理布置，既提高了污染物的去除效率，又降低了对建筑美观效果的影响。

如果在蒸气入侵高风险地块建设新的建筑，建议在设计和施工阶段考虑以下几点以增强风险管控系统的效果：①安装暖通空调系统，能够实现室内增压；②增加建筑的空气交换率；③减少地板和墙体的裂隙和缝隙，增加建筑物的整体密封性。另外在设计地基时，可以考虑安装穿透基础墙或基础梁的水平吸气管，以减少穿越地板的吸气孔的数量。

10.6　风险管控系统的设计和施工

风险管控系统的设计具体包括：绘制整个系统及各部件的设计图，明确对各种材料的要求，制定安装的工序和流程，制定质量控制计划，明确安装完成后的检测流程。

10.6.1　土壤气吸入场测试

1. 功能

如果计划采用底板下降压系统对现存建筑进行风险管控，在系统设计之前推荐进行**土壤气吸入场测试（suction field extension test）**。该测试可以提供以下三方面的信息：①帮助判断目标建筑的地基和地下构筑物是否可以安装底板下降压系统；②确定底板下降压系统是否能够达到风险管控的目标；③协助确定吸气孔的位置以及风机的功率。

2. 测试步骤

土壤气吸入场测试首先需要在地板居中位置钻一个吸气孔，然后用便携式风机或家用吸尘器连通吸气孔进行吸气操作，采用微压力表测定土壤气中的真空度，从而判断土壤气吸入场的范围。该测试应尽量在较易产生蒸气入侵的情形下进行。例如，建筑物的加热系统或通风系统开启使得建筑物存在室内压降，此时土壤气吸入场的延伸范围是最小的。对于底板下降压系统，土壤气吸入场测试是系统设计前最重要的测试步骤。

土壤气吸入场测试还可以在底板下降压系统安装过程中进行，以便及时调整设计参数。在完成第一个吸气孔钻孔后，可以利用便携式风机或家用吸尘器在该孔中抽气，通过对土壤气吸入场的延伸范围的确定，判断是否需要额外布设吸气孔或使用更大功率的风机。

10.6.2　垂直排气管的设计

在底板下降压和膜下降压系统中，收集到的受污染土壤气最终通过垂直排气管排放到大气中。垂直排气管应安放在不容易被损坏的区域，其末端排放口应离建筑物的屋顶至少 60 cm，距离窗户或建筑物的其他通风口至少 3 m 以上。排气管的直径应与风机的功率和抽吸流速相匹配。排气管的设计应考虑到降雨、降雪的影响，应安装在方便取样的位置，最好还能借用室内加热系统的预热效果以利于气体提升。

10.6.3　暖通空调系统

当通风或暖通空调系统被用于蒸气入侵风险管控时，需要考虑进出建筑物气流的动态平衡。加热系统（火炉、热水器、烘干机等）的运行可能造成通风系统内气压低于大气压，这会导致加热系统沿通风管排出的废气被倒吸进室内，这一现象被称为 "back drafting"。如果建筑物内使用自然通风的加热设备，在安装风险管控系统之前需要进行 back drafting 测试。如果存在 back drafting 问题，需要先修正这个问题再进行风险管控系统的安装。

10.7　风险管控系统的运行效果的评价指标

运行效果指标主要用于指示风险管控系统是否按照设计正常运行，整个系统是否达到了设定的风险管控目标。常见的运行效果指标有：室内空气浓度以及污染物去除率、底板下土壤气浓度、底板下土壤气中生物降解指示物的浓度、气压差、烟雾测试、示踪剂测试。对同一种风险管控系统可以使用多种运行效果指标进行综合判断。

10.7.1　室内空气浓度以及污染物去除率

通过采样监测判断室内空气浓度是否达到设定的浓度目标，这是判断蒸气入侵风险是否被有效管控的最直接最重要的指标。根据测定室内空气浓度还可以计算室内空气中污染物的去除率。

室内空气中的 VOCs 浓度具有较大的时间和空间异质性，因此采样方案应明确具体的采样位置、采样数量、采样时长和采样频率。采样位置和采样时长需要结合人体暴露风险评估的要求来确定。室内空气中的 VOCs 在低层房间的浓度往往比高层房间更高，因此采样位置应安排在可能受蒸气入侵影响的底层房间。对于大型建筑，其不同区域或不同房间具有独立的通风系统，原则上应在每个独立通风的区域分别采样。如果一栋建筑的不同区域或房间采用了不同的风险管控措施（如地下室采用了底板下降压系统，管道空间采用了膜下降压系统），则需要对每个独立的区域分别采样。开阔空间（礼堂、宴会厅、客厅）中的污染物浓度分布相对均匀，样品平行性更好。采样的时长需要按照当地技术导则的规定制定，一般的住宅需要采集 24 小时的时间积分样品及确定累计的人体暴露剂量。

10.7.2　气　压　差

对于底板下降压或者增压系统，底板下土壤气与室内空气的气压差是指示风险缓解系统运行工况的重要指标。在某些情况下，地基墙壁外土壤气与室内空气的气压差也是一个重要指标。气压的测量位置需要与吸气孔间隔足够远的距离，以便反映底板下土壤气平均的压降程度。如果底板下的土壤被一些构筑物分隔成不同的空间，原则上需要对每个空间的气压差进行测量。

一般使用微气压计进行气压差的测量，由于微气压计测量的是瞬时气压值，而土壤气和室内空气的压力时刻都在变动，因此一般取 5～10 秒读数的平均值作为测量值。如果监测结果未发现明显的气压差，则很可能说明风险缓解系统运行不正常。一般认为气压差大于 2.5 Pa 才意味着降压或升压系统运行正常。

10.7.3　烟雾测试和示踪剂测试

烟雾测试（smoke test）是一种定性的测试方法，主要用来：①检测构筑物或管路的泄漏；②探查挥发性污染物的优先传质通道；③调查降压或升压系统中气流的流动路径。通常使用烟雾发生器产生肉眼可见的烟雾（图 10.8），通过观察烟雾的流动路径判断泄漏点或是气流/污染物的流动方向（图 10.9）。可以将烟雾发生器放置在管道接头、地板接缝、阻隔膜的缝合处或裂缝处、地板或墙体上的裂隙和孔洞附近进行测试，还可以将烟雾发生器置于管道内或将产生的烟雾导入管道内进行观察。

图 10.8　压缩机和烟雾生成设备

图 10.9　烟雾测试（ITRC，2014）

烟雾测试是一种定性的方法，如果想得到定量结果需要进行**示踪剂测试（tracer test）**。常用的示踪剂有氦气和六氟化硫，一般的监测方法是将示踪剂注入待测的管道或膜内，然后用专用检测器在可能泄漏的位置进行定量检测，从而得到定量的结果。注意检测器有一定的响应时间，因此扫面的速度不能太快以免漏检。

10.7.4　底板下土壤气中的污染物浓度

土壤气采样监测并不常用于风险管控系统的监控，但是底板下土壤气中的污染物浓度数据能够为评判风险管控系统的运行效率提供很多有用的信息。风险管控系统的运行可以根据底板下土壤气中的污染物浓度的变化而调节。例如，对于底板下降压系统，如果底板下污染物浓度增大，则需要提高风机的抽提功率。如果监测发现底板下污染物浓度持续降低，则可能说明修复系统有效地清除了地层中的污染物或者地层中的生物降解活动有效地去除了会挥发上来的污染蒸气。

10.7.5　底板下土壤气中生物降解指示物的浓度

对于石油烃类物质，生物降解对 VOCs 在地层中的传质通量有显著的影响。氧气、二氧化碳、甲烷可以指示好氧和厌氧生物降解活动发生的程度。一般认为土壤气中氧气含量超过 1%即可发生好氧生物降解，如果氧气浓度超过 5%则意味着石油烃类 VOCs被降解到了很低的浓度。高浓度的甲烷浓度则显示有强烈的厌氧降解活动发生。二氧化碳同时是有机物好氧降解和厌氧降解的主要产物。

10.7.6　阻　隔　膜

阻隔膜主要依靠膜材料对目标污染物的物理阻隔效应来实现风险管控，因此目标污染物在特定膜材料中的有效扩散系数是进行膜材料选型和厚度设计的关键参数。结合污染物的有效扩散系数及期望达到污染浓度的跨膜梯度可以计算出需要的膜厚度。另外，烟雾测试和气压差测试也可以用于膜材料的测试以提供辅助信息。

10.8　风险管控系统的运行维护和监测

在风险管控系统开始运行之前需要制定一个运行、维护和监测计划。这份计划应该包括系统运行前的初始检查及运行期间的常规检查。**初始检查**的目的是确认风险管控系统是否安装正确，是否可以按照设计正常运行。**常规检查**的目的是确认风险管控系统仍然按照设计的参数正常运行，仍然对目标建筑提供了足够的防护。上一节介绍的运行效果指标，特别是气压差测试在初始检查和常规检查中都应被采用，以确保系统按照原始的设计参数正常运行。

检查频率应与系统各部件的预期寿命相匹配，容易出故障的设备或系统应提高检查频率。对主动系统的检查频率应高于被动系统，对运行效果产生直接影响的部件的检查频率应高于只会产生间接或延迟影响的部件。常规检查的频率可以随系统运行稳定性和前次检查结果而调整。例如，当明确证明系统在长时间（一年以上）能保持稳定运行后，可降低检查频率。如果室内空气浓度达到了预定的风险管控目标，也可以适当降低检查频率。与此相反，如果目标建筑的结构发生变化或出现台风、洪水、地震等自然灾害后，应对风险管控系统进行额外的检查。

10.8.1　室内空气监测

对室内空气中目标污染物浓度的监测是对风险管控系统监测的重要一环，当然并不是所有的风险管控系统都需要做室内空气监测。如果系统安装正常，也经过初始检查确认符合初始设计的运行指标，则只有以下情况需要进行室内空气监测：①地层中污染物浓度很高时，需要定期监测室内空气浓度；②当建筑物或者风险管控系统被改造过以后；③如果一块区域有多个建筑安装了风险管控系统，则一般随机抽取 10% 的系统进行确认性检查。

10.8.2　不同风险管控系统的检查重点

1. 阻隔系统

主要检查阻隔膜和密封材料的完整性和密封性。对于环氧地坪需要特别检查经常受到磨损的区域的完整性。对于温度变换较剧烈的管路需要特别注意是否因热胀冷缩产生裂缝。

2. 被动通风系统

检查并清理进气口和排气口的杂物。通过烟雾测试或者示踪剂测试检查土壤气是否流入了集气管路。如果管路有泄漏需要立即进行修补。

3. 底板下降压、膜下降压、底板下增压系统

检查并清理进气口和排气口的杂物。检查风机是否正常工作，如有问题需要及时修理。使用气压计检查系统是否达到了设计的气压差，土壤气吸入场的范围是否达到设计要求。

4. 室内增压系统

对于室内增压系统，一般需要在室内外同时安装气压监测仪。通过仪表读数确认室内压力能够稳定地超过室外大气压，而且气压差值超过了设计的最低标准。由于室内增压一般都是由通风系统实现的，还需要检查通风系统是否正常运行，如有问题需要及时修理。

5. 室内空气净化系统

室内空气净化系统一般使用吸附或过滤材料来实现空气净化。需要按照使用说明并结合室内空气的污染程度，定期更换吸附/过滤材料，防止穿透现象发生。废弃的吸附/过滤材料需要按照当地法规进行安全处置。

10.8.3　系统启动后的诊断性检查

风险管控系统启动后的**诊断性检查**主要通过监测室内空气中污染物的浓度来确认是否达到了最初设计的风险管控目标。为降低时间异质性的影响，一般最少需要进行两次采样监测，而且至少有一次应在冬季采暖季进行。由于风险管控系统开启之前室内空气中可能已经存在污染物，即使管控系统开启，污染物的消散也需要一定的时间。为了保证样品的代表性，一般在风险管控系统启动后至少要等一个月以上再进行诊断性检查。对于新建建筑的室内空气监测，需要注意建筑材料和家具可能会释放 VOCs，因此对新建建筑的诊断性检查应该等待更长的时间间隔后再进行。

对于底板下降压系统的诊断性检查也可只检查其气压差，如果地板上各区域的气压差都符合设计要求，土壤气可以按照设想进入收集管路，那么可以无须监测室内空气浓度。如果室内或者室外存在 VOCs 排放源的干扰，也可以通过详尽的气压场调查来协助判断系统是否符合设计要求。

如果系统启动后的诊断性检查发现该风险管控系统没有达到设计的目标，可以进行以下改进：

（1）增强裂缝、孔洞、结构连接处的密封性，降低气流短路的发生。

（2）增大风机的功率。

（3）增加抽气孔的数量和口径。

10.9　风险管控系统的关闭

对于大部分场地，地层中的污染物经过人为修复或者自然衰减其浓度会逐渐降低，最终降低到不再需要进行风险管控的程度，此时风险管控系统就可被关闭。做出关闭风险管控系统的决定需要通过严格的评估，只有达到一定的条件和标准以后才可以。

风险管控系统关闭的条件和标准会直接影响运行过程中需要采集样品的种类。一般需要通过室内空气的监测数据来判断风险管控系统是否可以关闭。进行此类监测时需要提前关闭风险管控系统，间隔一定时间以后（如一周）再采集室内空气样品，通过分析结果判断关闭风险管控系统是否会导致室内空气中的污染物浓度反弹。室内空气的采样位置、时间、频率可以比照蒸气入侵详细调查阶段的要求进行。

如果不进行室内空气监测，也可通过对地下水、土壤气、土壤中的污染物浓度进行监测来判断污染源是否被修复干净。如果有确凿的证据证明地层中的污染物被彻底清除或者浓度低于对应的筛选值，则可认为该地块不再具有蒸气入侵风险，此时即使不进行室内空气监测也可以关闭风险管控系统。需要注意的是有些修复技术实施以后会有污染浓度反弹的现象，因此需要等修复完成后等一段时间再进行采样。

可以对场地内每一个相关建筑分别进行评估，然后针对各个建筑分别做出是否可以关闭风险管控系统的决定。也可以选取一个或几个风险较大的建筑进行评估，如果风险最大的建筑都通过了评估，那么可以认为这个区块内的所有建筑都没有不可接受的风险了。即使通过评估，也应该鼓励业主长期维持风险管控系统的运行。

参 考 文 献

马妍, 董彬彬, 柳晓娟, 等. 2018. 美国制度控制在污染地块风险管控中的应用及对中国的启示. 环境污染与防治, 40: 100-103, 117

ASTM. 2017. Standard guide for use of activity and use limitations, including institutional and engineering controls (ASTM E2091-17). West Conshohocken, USA: ASTM International

ASTM. 2018. Standard practice for selection, design, installation, and inspection of water vapor retarders used in contact with earth or granular fill under concrete slabs (ASTM E1643-18a). West Conshohocken, USA: ASTM International

Folkes D J. 2002. Design, effectiveness, and reliability of sub-slab depressurization systems for mitigation of chlorinated solvent vapor intrusion: EPA Seminar on Indoor Air Vapor Intrusion. San Francisco, USA

Folkes D J, Kurz D W. 2002. Efficacy of sub-slab depressurization for mitigation of vapor intrusion of chlorinated compounds: Indoor Air 2002, the 9th International Conference on Indoor Air Quality and Climate. International Academy of Indoor Air Sciences. Monterey, USA.

ITRC. 2008. An overview of land use control management systems. Washington DC: Interstate Technology & Regulatory Council

ITRC. 2014. Petroleum vapor intrusion: Fundamentals of screening, investigation, and management. Washington DC: Interstate Technology & Regulatory Council

Nielsen K B, Hvidberg B. 2017. Remediation techniques for mitigating vapor intrusion from sewer systems to indoor air. Remediation Journal, 27: 67-73

USEPA. 1993. Radon reduction technique for existing detached houses technical guidance for active soil depressurization systems, 3rd Edition. Washington DC: U.S. Environmental Protection Agency

USEPA. 2000. Institutional controls: A site manager's guide to identifying, evaluating and selecting institutional controls at superfund and RCRA Corrective Action Cleanups (EPA 540-F-00-005). Washington DC: U.S. Environmental Protection Agency

USEPA. 2008. Brownfields technology primer: Vapor intrusion considerations for redevelopment(EPA 542-R-08-001). Washington DC: U.S. Environmental Protection Agency

USEPA. 2012a. Institutional controls: A guide to planning, implementing, maintaining, and enforcing institutional controls at contaminated sites (EPA-540-R-09-001). Washington DC: U.S. Environmental Protection Agency

USEPA. 2012b. Institutional controls: A guide to preparing institutional control implementation and assurance plans at contaminated sites (EPA-540-R-09-002). Washington DC: U.S. Environmental Protection Agency

USEPA. 2014. Brownfields and land revitalization: Land use & institutional controls. Washington DC, U.S. Environmental Protection Agency

第 11 章　总结与展望

11.1　本书的核心观点概述

本书针对 VOCs 蒸气入侵问题，围绕蒸气入侵的主要机制和过程、采样和监测方法、数学模型、调查评估流程、风险管控技术等方面进行了详细的介绍，除去技术细节作者想传递给读者的核心观点如下：

11.1.1　蒸气入侵问题的重要性

挥发性有机物（VOCs）是污染场地中最常见、最重要的一类污染物，在《建设用地土壤污染风险管控标准（试行）》（GB36600—2018）中规定的 45 个基本项目中（必测污染物）中有 27 个物质属于 VOCs，占比超过了一半。2000 年之后，国外大量的场地调查发现被污染土壤或地下水中的 VOCs 可以以气态形式穿越土壤包气带或者借助优先传质通道（管道或者高渗透性地质结构）积累在地表建筑物的地基下方，地层中的 VOCs 可以沿着建筑物底板或墙体上的裂隙、孔洞、接缝或者直接借助优先通道进入建筑物室内，并与室内空气混合，最后通过室内呼吸产生人体暴露，这一暴露途径就被称为"蒸气入侵（vapor intrusion）"。

VOCs 的长期低浓度暴露会诱发癌症等慢性疾病，短期高浓度暴露会引起神经毒性、头晕目眩等症状，某些 VOCs 在高浓度时还有爆炸等安全风险。对于 VOCs 类污染场地，蒸气入侵是最可能造成实际人体暴露的途径，特别是棕地再开发类的场地。国内外的大量场地调查实践发现：对于挥发类有机物场地，蒸气入侵途径往往决定了场地总体的环境风险的大小，并且会直接影响场地修复与风险管控工作，如修复范围的划定、修复目标值的选取、修复技术的选择、经济成本、修复时间等。从 2000 年以后，蒸气入侵问题逐渐引起场地修复业界重视。2018 年 9 月，美国联邦环保署（USEPA）第一次仅因为蒸气入侵风险将两块场地增补进入超级基金场地的名单（密西西比州 Rockwell International Wheel & Trim 场地和得克萨斯州 Delfasco Forge 场地）。

11.1.2　蒸气入侵过程的复杂性

传统的蒸气入侵场地概念模型认为：受污染土壤和地下水中的 VOCs 主要以气态的形式经由包气带土壤中的孔隙迁移至建筑物地基附近，并通过建筑物地板和墙体结构上的孔隙和接缝等进入室内。在蒸气入侵过程中，污染物通过挥发、吸附、解析、溶解、分配等过程在水相、固相、气相、自由相等多个相态之间相互转化。蒸气入侵传质过程涉及扩散、对流和弥散等迁移机制，在迁移过程中污染物还会通过好氧生物降解、厌氧生物降解、非生物降解等机制发生化学结构的转化。污染物进入室内并与室内空气混合稀释的过程受到建筑结构和特征、室内暖通空调系统运行工况、居民活动、室外的风、降水、气压波动、气温波动等多种室内外环境和人为因素的影响，非常复杂。

最新研究还发现 VOCs 还可以通过多种非传统传质途径侵入室内，例如：地下管线、湿地下室情形等。越来越多的实际场地调查发现在很多挥发性有机物场地，非传统途径可能是蒸气入侵的主要传质方式。不过，这些非传统途径很难借助常规的场地调查手段被发现，学术界和工业界对这些非传统蒸气入侵途径的认识目前还存在很多知识短板。

11.1.3　监测数据的空间和时间异质性

由于 VOCs 的挥发性和迁移性较强，VOCs 在饱水带、包气带、室内空气中的浓度分布受到场地污染状况、场地地质和水文地质特征、地表天气状况（风、气压、降水、温度）、建筑结构、建筑内暖通空调系统运行情况等多种因素的影响，其浓度分布具有非常大的时间和空间异质性。3.10 节列举了三个场地案例，部分监测数据可能存在 3～4 个数量级的波动，这为准确评估 VOCs 的长期平均人体暴露带来了很多困难。但场地调查数据的时间和空间异质性问题尚未引起国内同行足够的重视（Ma et al.，2018）。

常见的导致 VOCs 浓度时间分布异质性的原因包括：①土壤含水率的波动；②室内空气交换率的波动；③非平衡吸附解析；④室内外气压差的波动；⑤场地水文地质状况的时间波动；⑥污染源随时间的变化，其中对 VOCs 室内空气浓度的短期波动影响较大的是室内空气交换率和室内外气压差的波动。常见的导致 VOCs 浓度空间分布异质性的原因包括：①地层地质状况的空间异质性；②场地水文地质状况的空间异质性；③不同建筑物或同一栋建筑不同区域的建筑结构的差异；④不同建筑物或同一栋建筑不同区域的建筑运行工况的差异；⑤优先通道。

11.1.4　多证据调查方法

由于蒸气入侵的复杂性以及数据的时间和空间异质性，任何一项单一证据都无法单独确证蒸气入侵的风险，必须搜集不同种类的证据，综合在一起才能得出可靠的结论，这就是"多证据调查方法"（Ma et al.，2018）。在蒸气入侵调查评估中，多证据方法一般包括地下水、土壤、深层土壤气、浅层土壤气、底板下土壤气、室内空气、室外空气中污染物的监测数据，也包括地表污染物通量监测、单体稳定同位素分析、分子指纹分析、示踪剂监测、室内气压调节监测等新兴调查技术得到的数据。其中，地下水、土壤气、室内空气中的 VOCs 浓度一般构成多证据方法中的核心证据链。

在我国目前的场地调查实践中，污染物土壤浓度的监测数据占据着最核心的地位，是进行场地风险评估的核心依据。不过挥发性有机物 VOCs 与半挥发性有机物 SVOCs 以及重金属在理化特征以及环境行为等方面差异较大，VOCs 的污染特征及其适用的调查手段具有其特殊性。大量研究表明土壤中的 VOCs 浓度和土壤气中 VOCs 浓度并没有显著的相关性，基于土壤 VOCs 浓度数据，利用三相平衡模型计算出的土壤气 VOCs 浓度往往与其实际浓度差异较大。因此，仅依赖土壤浓度进行 VOCs 场地的风险评估特别是 VOCs 呼吸暴露途径的评估存在明显的不足，这一点应引起国内环保管理部门以及调查评估同行更多的重视（Ma et al.，2018）。

11.1.5　层次化的调查评估流程

由于蒸气入侵的复杂性，为了更合理地分配调查资源（时间、经济、人力），蒸气入侵调查评估一般采用层次化的方法，通常包括初步筛查和详细调查两个阶段。初步筛查的目的就是通过简单的筛选将风险较低的建筑或区块排除，以便在详细调查阶段的将工作重点聚焦在高风险的建筑或区块。无论是初步筛查还是详细调查，都包括若干工作步骤，既需要进行采样监测，又需要进行数据分析评估。第 8～10 章分别对初步筛查、详细调查、风险评估进行了介绍。

11.1.6　采样监测数据的质量

环境监测数据是客观评价环境质量状况、反映污染治理成效、实施环境管理与决策的基本依据，高质量的采样监测数据是进行场地风险评估的基础。由于挥发性强、化学性质活泼，VOCs 采样监测技术难度较大，不规范操作会导致样品中 VOCs 的挥发、吸附、反应损失。国内第三方监测实验室的技术能力参差不齐，有可能导致采样监测数据不可靠。第 3 章和第 4 章分别针对 VOCs 的检测技术和采样技术进行了详细的介绍。

11.1.7　数学模型的不确定性

除了采样监测以外，数学模型也是一类常用的风险评估工具。经过几十年的发展，目前共开发出了超过 30 个蒸气入侵模型。这些模型种类繁多、功能各异，既有简单的一维解析模型，也有复杂的三维数值模型。不同模型有着不同的模型假设、边界条件和控制方程，但大部分模型在核心计算步骤上采用了相似的数学原理，甚至完全相同的数学公式（6.3 节）。需要指出的是任何数学模型都是对所模拟过程的简化和数学抽象，在这一过程中会伴随着一定程度的失真（即产生误差）。因此，虽然数学模型是风险评估的重要工具，其结果也可以作为多证据链中的一条，但是模型使用者应该对模型的误差有更为深刻的理解，这一点尚未引起国内同行足够的重视。有关数学模型计算误差及不确定性的讨论详见 6.5～6.7 节。

11.1.8　蒸气入侵的风险处置

如果目标地块或建筑可能因 VOCs 蒸气入侵导致不可接受的健康风险，那么就必须进行风险处置，常见风险处置技术包括：场地修复、制度控制、风险管控。污染修复是通过将污染物从被污染土壤或地下水中直接清除以达到减少或彻底消除蒸气入侵人体暴露的目的。制度控制是通过法律、行政、规章制度的控制，以最大限度地减少人体暴露。风险管控是通过阻断暴露途径来降低污染物的暴露风险，蒸气入侵的风险管控通常是通过阻断 VOCs 进入建筑物的途径来实现的。风险管控可以快速实施并在较短时间内起到降低人体暴露的目的，而污染修复则需要在较长的时间内才能实现降低风险的目的。因此通常会将风险管控与污染修复结合使用。在进行场地修复和风险管控时往往还需要制度控制措施相配合。如果需要进行应急处理或者在选定最终风险管控方案之前，还可以利用风险管控以达到立即降低暴露风险的目的。

在国外风险管控工程措施被广泛用于蒸气入侵的风险管理，取得了非常好的管控效果。蒸气入侵常见的风险管控措施包括：被动阻隔、被动通风、底板下降压、膜下降压、底板下增压、室内增压、室内空气净化、充气地板等（10.3 节）。对于 VOCs 沿优先通道侵入室内的特殊情形，也有其相应的风险管控方法（10.4 节）。蒸气入侵风险管控系统的安装运行包括：系统设计和施工、运行效果的评价指标、运行维护与监测、系统关闭等环节（10.5～10.9 节）。

11.1.9　需要专门制定针对蒸气入侵的技术指南

蒸气入侵的复杂性导致其调查评估的技术难度较大，但由于其重要性日渐被业内认知，很多国家都专门制定了针对 VOCs 蒸气入侵的场地调查评估和风险管控技术指南。随着科学研究的深入和实践经验的积累，很多技术指南还经过了多次修订。目前，我国已经建立起了土壤环境管理的基本的制度框架，但是专门针对蒸气入侵的风险的技术指南仍然较为欠缺，应尽快补齐这方面的制度短板。

11.2　现存的理论短板

由于蒸气入侵的复杂性，仍然有很多科学问题有待回答，我国在这一领域起步更晚，理论和技术方面的差距更大。基于作者有限的知识水平，这里列举几个作者认为比较重要理论短板，这其中有些是我国特有的问题，有些是世界各国共同面临的问题。

11.2.1　理论短板一：基于中国建筑特征的蒸气入侵规律

中国和美国的建筑结构有很大的差异，美国以独栋别墅为主而中国以高层住宅为主。基于独栋别墅建立的调查评估方法未必适合我国高层住宅的风险评估，基于独栋别墅的蒸气入侵规律也未必适用于描述高层住宅的实际情况，但是目前尚未有专门针对高层建筑蒸气入侵规律的研究。高层建筑在建筑材料、建筑结构、通风及上下水管线、通信及电路管线、电梯及楼梯构造、暖通空调系统等方面均与独栋别墅有很大差异。这些差异是否会增大高层建筑的蒸气入侵风险，是会造成整栋建筑的风险还是污染物更容易在某些楼层和地点聚集并不清楚。应针对我国常见建筑类型和特征结构，构建合适的建场地概念模型，而不应简单照搬国外的场地概念模型。

11.2.2　理论短板二：中国的室内外 VOCs 干扰源排放特征

室内空气中的 VOCs 除来自地下污染物的蒸气入侵以外，还可能来源于室内和室外污染源的排放，因此室内外排放源会干扰室内空气采样评估。发达国家的环保部门和卫生部门通过大量实测数据编制了本国的室内外 VOCs 排放源清单和浓度数据库。与发达国家相比，中国居民的生活习惯以及装修材料等存在差异，因此我国常见的室内外 VOCs 排放源的种类和排放特征也必然与发达国家不同，但这一领域尚缺乏研究。

11.2.3　理论短板三：VOCs 在包气带的环境行为

VOCs 在包气带的迁移本质上是有机物在多孔介质中的多相流动耦合反应过程，对于不同种类的 VOCs 在包气带中的对流-扩散、弥散、尺度效应、界面化学行为、生物降解、非生物化学转化等过程尚有很多理论机制不清晰，很多基础数据较缺乏，严重制约了对 VOCs 蒸气入侵行为的准确模拟和计算。

11.2.4　理论短板四：时间和空间异质性

受地层地质和水文地质状况、地下污染物的迁移过程、地表建筑、天气状况等因素影响，VOCs 在地下水、土壤、土壤气、底板下土壤气、室内空气中的浓度分布常出现较大的时间和空间异质性，给蒸气入侵调查评估带来很大的挑战。通过现场实测数据的积累，对 VOCs 的时间和空间分布规律的研究，对指导实际工作具有重要意义。

11.2.5　理论短板五：优先传质通道

优先传质通道是近十年才被发现的一条重要的蒸气入侵传输途径。常规的调查并不会专门对优先传质通道进行评估，因此在实际工程中很容易忽视其存在和作用。目前学术界对于优先传质通道的传质机理、传质速率、影响传质速率的主控因子等方面还存在很多理论研究空白。

11.2.6　理论短板六：湿地下室情形

在我国沿海地区很多城市的地下水位较浅（如长三角和珠三角地区），高层建筑的地下空间（地下室、地下车库等）往往位于潜水面以下，受污染地下水中的 VOCs 可以直接透过建筑材料进入地下空间的室内空气，这在蒸气入侵研究中被称为"湿地下室（wet basement）"（2.7 节）。在湿地下室的 VOCs 入侵方面，国内外均没有太多研究。理论上小分子化合物（水汽或 VOCs）可以透过钢筋混凝土建筑材料，传质通量和渗透系数还没有系统的研究。湿地下室情形是否会导致蒸气入侵危害以及在哪些情形下会导致蒸气入侵的发生尚有待解答。

11.3　现存的技术短板

除理论短板以外，我国在蒸气入侵场地的调查评估以及风险管控的技术方面也存在较多的技术短板，这里仅列举一些。

11.3.1　技术短板一：VOCs 场地调查技术

VOCs 易挥发且化学性质活泼，其环境行为比较复杂，采样监测技术难度较大。不规范的采样和检测操作，很容易会导致样品中 VOCs 的挥发、吸附、降解损失，这会严重影响场地调查数据的准确性。由于 VOCs、SVOCs 和重金属的理化性质差异较大，作者建议国家出台专门针对 VOCs 的场地采样、监测、调查技术指南。

11.3.2　技术短板二：蒸气入侵风险评估技术

目前我国污染场地风险评估主要依照《污染场地风险评估技术导则》（HJ 25.3—2014），该导则对蒸气入侵途径的风险评估主要靠 Johnson & Ettinger 模型的计算，但是该模型在美国仅作为筛查模型进行氯代烃 VOCs 的风险筛查。发达国家的蒸气入侵调查评估主要依靠多证据手段，因此我国也应尽快建立起适应国情的 VOCs 蒸气入侵风险评估技术体系。

11.3.3　技术短板三：蒸气入侵风险管控技术

发达国家实践经验表明，污染场地修复的经济成本很高，对环境扰动较大，但对于 VOCs 蒸气入侵风险来说，很多情况下即使不进行污染修复而依靠风险管控的手段也可以有效控制其环境风险。我国在蒸气入侵风险管控方面的理论研究、技术研发、工程实践完全处于空白状态。

11.3.4　技术短板四：适应中国建筑特征的蒸气入侵数学模型

我国目前的场地风险评估导则照搬美国的 Johnson & Ettinger 模型。由于中国和美国在建筑类型和结构方面的巨大差异，基于美国建筑特征建立的数学模型很难准确模拟中国建筑的情况，既存在过度保守但在某些情况下又有保守性不足的可能，因此需要尽快构建适应中国建筑特征的数学模型。另外，由于模型输入参数偏差引起的计算误差需要引起足够的重视（6.5 节和 6.7 节），应通过大量场地研究获取关键模型输入参数的取值范围，以规范模型使用。

11.4 在借鉴国外先进经验时应注意的问题

他山之石，可以攻玉。欧美各国在蒸气入侵方面进行了三十多年的科学研究和工程实践，积累了大量成功的经验和失败的教训，我国应利用好这些珍贵的知识资源，利用好我国的**"后发优势"**，大力度地吸收国外的各类经验（**包括失败的教训**）（Ma et al.，2018）。在充分吸收国外经验的基础上进行适应本国国情的"再创新"。切忌重复别人已有的工作，甚至重走别人的弯路。只有这样才能以最低的成本、最快的速度、最佳的效果建立起适合我国国情的挥发性有机污染场地调查评估与风险管理技术体系。

学习借鉴他国经验的同时必须结合我国国情。在借鉴他国经验的同时，一定要深刻理解中国与欧美国家在经济、政治、社会、城市建设等方面的差异，要结合我国国情制定适应本国特色的 VOCs 污染场地调查评估与风险管理技术体系。这里仅以建筑结构为例加以说明。中国与北美地区的城市规划和建筑类型有显著的差异，中国以高层建筑为主，而美国以 1～2 层的独栋别墅为主。高层建筑内部的建筑结构、密封性、优先通道分布、对地层中 VOCs 的影响都与独栋别墅有较大差异，因此基于北美建筑总结出的VOCs 衰减规律未必完全适用于中国（Ma et al.，2018）。实际上中国与欧美国家在蒸气入侵风险管理上的差异远不止这一点。

要对外来经验进行分类辨别，更合理地加以利用。由于不同国家国情的差异，首先必须对外来经验（包括原理、规律、方法、技术等）进行区分，需要做出以下判断：哪些经验是各国相通的，可以直接采用"拿来主义"照搬执行（**第一类**）；哪些经验可以借鉴，但需要根据本国国情加以改造（**第二类**）；哪些经验完全不适合我国国情，需要通过我国科学家的研究探索"另起炉灶"，构建全新的体系（**第三类**）。按照这一原则，作者对本书中介绍的部分理论和工程经验进行了分类（表 11.1）。

表 11.1 借鉴国外经验时分类举例

第一类经验	第二类经验	第三类经验
VOCs 从污染源进入土壤气的挥发规律	蒸气入侵场地调查方法	VOCs 进入建筑的规律
VOCs 在地层中的迁移规律	蒸气入侵风险评估方法	VOCs 在建筑物内的传输规律
VOCs 在地层中生物降解规律	蒸气入侵风险管控方法	
VOCs 在地层中非生物降解规律	蒸气入侵数学模型	
VOCs 在地层中的界面化学行为	蒸气入侵数据库	
VOCs 采样技术	筛选值	
VOCs 监测技术	衰减因子	

11.5 构建适应我国国情的多证据层次化蒸气入侵调查评估技术体系

由于蒸气入侵的重要性和复杂性，许多国家已经制定了专门针对蒸气入侵的调查评估技术导则，而我国目前对所有类型污染场地的风险评估工作都还是依照《污染场地风险评估技术导则》（HJ 25.3—2014）。该导则对于蒸气入侵途径的评估工作过于简单，无法起到准确全面评估蒸气入侵风险的作用。**鉴于蒸气入侵途径的复杂性和重要性，作者建议我国应尽快建立专门针对蒸气入侵的场地调查和风险评估技术体系，并由生态环境部发布相关的技术导则，规范基层单位的调查实践工作。**

蒸气入侵的调查评估应采用多证据和层次化的方法（Ma et al.，2018）。**多证据调查方法**一般包括地下水、土壤、深层土壤气、浅层土壤气、底板下土壤气、室内空气、室外空气中采样监测，其中地下水、土壤气、室内空气浓度一般构成多证据方法中的核心证据链。针对不同的环境介质，应颁布相应的采样监测技术导则，使采样监测流程化规范化。土壤气 VOCs 的采样监测有一定的技术难度。土壤气中的 VOCs 浓度差异极大（几个数量级），水汽含量也差异较大。使用采样罐采样很容易造成罐体污染，给后续罐清洗工作带来极大的挑战，甚至导致假阳性结果和采样罐的报废。采用吸附剂管采样则可能存在择性吸附或竞争性吸附的问题，导致采样不具有代表性，因此选择合适的吸附剂种类是吸附管方法成功的关键。在采样方法的优化和标准化方面还有很多研究工作要做。

由于 VOCs 环境分布的空间和时间变异性较大以及容易受到背景排放源干扰的特点，依赖传统侵入式的采样技术和实验室分析方法，调查成本高、周期长，难以客观正确刻画 VOCs 场地污染和支撑 VOCs 场地风险管理策略效果，应引入各类新兴场地调查技术，与现有的侵入式技术相结合的方式实现场地调查的动态化和高精度化。目前研究较多发展比较快的新兴场地调查包括：被动采样、通量箱监测、单体稳定同位素分析、分子指纹分析、示踪剂监测、室内气压调节监测等。

由于多证据方法需要采集的数据较多，经济成本和时间成本较大，因此应当制定**层次化的调查评估流程**。在初步筛查阶段，通过一系列足够保守的筛查指标将目标场地中低风险的区块或者低风险的建筑排除，在后续详细调查阶段只对潜在高风险区块进行进一步的详细调查。

常见的筛查指标包括：水平筛选距离、垂直筛选距离、筛选值。水平筛选距离和垂直筛选距离可以参考国外的取值进行制定，不过在取值时应充分考虑我国与国外在建筑结构方面的差异。

筛选值是蒸气入侵调查中常用的指标，我国应尽快制定土壤气、地下水、室内空气筛选值标准。国外的土壤气筛选标准更进一步细分成浅层土壤气、深层土壤气、底板下土壤气，我国在制定标准时应根据国情开展工作。在筛选值取值方面，国外不同标准的取值差异较大。过于宽松的筛选值起不到足够的保护作用，但过于严格的筛选值又会导致场地调查和风险管控的经济成本难以承受。考虑到我国仍然是发展中国家，建议采用分阶段或分地区逐步提高标准的方法。在初期，先针对最常见的污染物制定相对宽松的标准。随着经济发展和生态文明水平的提高，逐步扩大管控物质的范围，同时逐步提高标准的要求。经济发达的地区可以直接制定相对严格的筛选值标准。

衰减因子是另一种常用的蒸气入侵风险评估工具，常用的衰减因子包括：地下水衰减因子、近污染源土壤气衰减因子、底板下土壤气衰减因子。衰减因子受建筑物结构的影响较大，因此需要基于中国建筑特征构建合适的衰减因子取值。为了实现这一目标，需要通过大量的现场采样监测，构建本土化的蒸气入侵数据库。应鼓励不同的科研单位和场地调查单位将场地调查的资料进行共享，由政府主导构建一个针对我国不同地区地域和建筑特征的蒸气入侵数据库。该数据库应包含所在场地的地质和水文地质信息，建筑物信息，天气和气象信息，污染物种类和浓度（土壤气、地下水、土壤、室内空气、室外空气浓度），采样和检测方法。需要注意的是样品采集和检测方法对 VOCs 的监测结果影响很大，因此应规范和统一 VOCs 的采样检测方法，保证入库数据的可靠性。另外，需要注意入库数据必须是室内空气确定是由蒸气入侵引起，而非来源于其他 VOCs 排放源的干扰。

国外经过二十多年的研究和实践发现，石油烃与氯代烃在包气带中的迁移转化规律差异很大，这导致其蒸气入侵潜力和调查评估方法存在较大的差异。因此，对石油烃与氯代烃类 VOCs 应采用不同的场地调查和评估方法。在条件允许的情况下，甚至应考虑分别编制两套调查评估技术导则和筛选标准（Ma et al.，2018）。

11.6　构建以风险管控为核心的蒸气入侵风险处置技术体系

如果经过多证据和层次化的调查评估之后认定目标场地具有蒸气入侵的风险，则必须风险处置。常见的蒸气入侵风险处置技术包括污染修复、制度控制、风险管控三大类。污染修复是通过将污染物从被污染土壤或地下水中直接清除以达到减少或彻底消除蒸气入侵人体暴露的目的。制度控制是通过法律、行政、规章制度的控制，以最大限度地减少人体暴露。风险管控是通过阻断暴露途径来降低污染物的暴露风险，蒸气入侵的风险管控通常是通过阻断 VOCs 进入建筑物的途径来实现的。

国内通常说的修复就是指污染修复，但需要强调的是修复并不是污染场地风险处置的唯一方法。修复的最终目标是将地层中的污染物彻底清除，进而彻底消除环境隐患，**但是由于污染场地复杂性，很多场地即使采用了工程化的修复手段也很难实现污染物的彻底清除，因此对于污染程度较重、水文地质状况复杂的场地，以现有修复技术无法做到将污染物彻底清除。**另外，工程化的修复技术的经济成本较高。从保护人体健康的角度看，结合制度控制和风险管控手段往往能达到更好的保护效果。**作者建议应建立起以风险管控为核心的蒸气入侵场地治理技术体系，我国应尽快建立专门针对蒸气入侵管控的技术体系，并由生态环境部发布相关的技术导则，规范基层单位的场地风险管控工作。**

发达国家经过几十年的实践探索已经开发出了一系列旨在阻断 VOCs 暴露途径的风险管控技术，包括：被动阻隔、被动通风、底板下降压、膜下降压、底板下增压、室内增压、室内空气净化、充气地板等。针对优先传质通道的特殊情形，也有相应的风险管控手段。实践表明，设计合理的风险管控技术能够以很低的经济成本实现保护居民健康的目的。我国应积极开展试点，在取得成功经验的基础上大力推广这类技术的应用。

对于风险管控技术的应用有以下几个要点：

（1）风险管控技术既可以单独使用，也可以与污染修复和制度控制相结合，有些场地即使不进行污染修复单独依靠风险管控也能够起到切断蒸气入侵暴露途径，保护居民人体健康的作用。

（2）对于某些复杂场地，即使通过多证据的详细调查也很难准确评估其蒸气入侵风险，因此详细调查的时间和经济成本可能比采用风险管控的成本还高，这时可以跳过详细调查直接采用风险管控措施，这在国外已经有很多应用案例，国内在制定相关政策时应允许这一做法。

（3）目前在国外应用比较成熟的各类风险管控技术大都是针对占地面积较小、楼层较低的独栋别墅类建筑开发的，对于我国常见的高层建筑或者商场、办公楼、仓库等大型建筑的应用经验较少，很多技术有待改进以及本土化。因此在应用时应结合我国的建筑特征，充分征求本领域专家的意见，审慎使用。作者建议国家应依托几个典型的项目进行蒸气入侵风险管控的示范和长期的效果评估，经充分的研究和技术优化以及本土化后再大规模推广。

（4）蒸气入侵风险管控工程的项目验收与一般修复工程的项目验收有较大的差异，风险管控的效果应以室内空气的长期监测数据为核心判据，由于室内空气的时间异质性较大，应在一年甚至两年以上多次采样才可评判风险管控的效果。

参 考 文 献

Ma J, Jiang L, Lahvis M A. 2018. Vapor intrusion management in China: Lessons learned from the United States. Environmental Science & Technology, 52(6): 3338-3339

Ma J, Lahvis M A. 2020. Rationale for gas sampling to improve vapor intrusion risk assessment in China. Ground Water Monitoring & Remediation. DOI: 10.1111/gwmr.12361

附录 1　常见挥发性有机物 VOCs、半挥发性有机物 SVOCs 的理化性质

化合物中文名	化合物英文名	CAS编号	分子量 /(g/mol)	水中溶解度 /(mg/L)	土壤有机碳标准化分配系数 /(cm³/g)	蒸气压 /mmHg	亨利常数(25℃)无量纲(气/水)	亨利常数(15℃)无量纲(气/水)	空气中分子扩散系数 /(cm²/s)	水中分子扩散系数 /(cm²/s)	标准沸点 /℃	临界温度 /℃	标准沸点气化焓 /(cal/mol)
苊	Acenaphthene	83-32-9	154.21	3.57	7.08×10^3	2.50×10^{-3}	6.32×10^{-3}	2.55×10^{-3}	4.21×10^{-2}	7.69×10^{-6}	5.51×10^2	8.03×10^2	1.22×10^4
乙醛	Acetaldehyde	75-07-0	44.05	1.00×10^6	1.06	9.02×10^2	3.22×10^{-3}	2.31×10^{-3}	1.24×10^{-1}	1.41×10^{-5}	2.93×10^2	4.66×10^2	6.16×10^3
丙酮	Acetone	67-64-1	58.08	1.00×10^6	5.75×10^{-1}	2.30×10^2	1.58×10^{-3}	1.06×10^{-3}	1.24×10^{-1}	1.14×10^{-5}	3.29×10^2	5.08×10^2	6.96×10^3
乙腈	Acetonitrile	75-05-8	41.05	1.00×10^6	4.20	9.11×10	1.41×10^{-3}	9.17×10^{-4}	1.28×10^{-1}	1.66×10^{-5}	3.55×10^2	5.46×10^2	7.11×10^3
苯乙酮	Acetophenone	98-86-2	120.15	6.13×10^3	5.77×10	3.97×10^{-1}	4.36×10^{-4}	1.91×10^{-4}	6.00×10^{-2}	8.73×10^{-6}	4.75×10^2	7.10×10^2	1.17×10^4
丙烯醛	Acrolein	107-02-8	56.1	2.13×10^5	2.76	2.74×10^2	4.97×10^{-3}	3.37×10^{-3}	1.05×10^{-1}	1.22×10^{-5}	3.26×10^2	5.06×10^2	6.73×10^3
丙烯腈	Acrylonitrile	107-13-1	53.06	7.40×10^4	5.90	1.09×10^2	4.20×10^{-3}	2.60×10^{-3}	1.22×10^{-1}	1.34×10^{-5}	3.50×10^2	5.19×10^2	7.79×10^3
氯甲桥萘	Aldrin	309-00-2	364.92	1.70×10^{-3}	2.45×10^6	6.00×10^{-6}	6.93×10^{-3}	2.07×10^{-3}	1.32×10^{-2}	4.86×10^{-6}	6.03×10^2	8.39×10^2	1.50×10^4
苯胺	Aniline	62-53-3	93.13	3.60×10^4		4.90×10^{-1}	7.77×10^{-5}						
蒽	Anthracene	120-12-7	178.24	4.34×10^{-2}		2.67×10^{-6}	2.66×10^{-3}						
苯并(a)蒽	Benz(a)anthracene	56-55-3	228.3	9.40×10^{-3}		1.05×10^{-7}	1.37×10^{-4}						
苯甲醛	Benzaldehyde	100-52-7	106.13	$3.30E \times 10^3$	4.59×10	9.00×10^{-1}	9.70×10^{-4}	4.40×10^{-4}	7.21×10^{-2}	9.07×10^{-6}	4.52×10^2	6.95×10^2	1.17×10^4
苯	Benzene	71-43-2	78.11	1.79×10^3	5.89×10	9.50×10	2.26×10^{-1}	1.46×10^{-1}	8.80×10^{-2}	9.80×10^{-6}	3.53×10^2	5.62×10^2	7.34×10^3

续表

化合物中文名	化合物英文名	CAS编号	分子量 /(g/mol)	水中溶解度 /(mg/L)	土壤有机碳标准化分配系数 /(cm³/g)	蒸气压 /mmHg	亨利常数(25℃) 无量纲(气/水)	亨利常数(15℃) 无量纲(气/水)	空气中分子扩散系数 /(cm²/s)	水中分子扩散系数 /(cm²/s)	标准沸点 /℃	临界温度 /℃	标准沸点气化焓 /(cal/mol)
苯并芘	Benzo(a)pyrene	50-32-8	252.32	1.62×10^{-3}		5.49×10^{-9}	4.62×10^{-5}						
苯并(b)荧蒽	Benzo(b)fluoranthene	205-99-2	252.32	1.50×10^{-3}	1.23×10^{6}	5.00×10^{-7}	4.53×10^{-3}	1.05×10^{-3}	2.26×10^{-2}	5.56×10^{-6}	7.16×10^{2}	9.69×10^{2}	1.70×10^{4}
苯并(k)荧蒽	Benzo(k)fluoranthene	207-08-9	252.32	8.00×10^{-4}		2.00×10^{-9}	3.39×10^{-5}						
苯甲酸	Benzoic Acid	65-85-0	122.12	2.90×10^{3}		7.00×10^{-4}	1.70×10^{-6}						
苯甲醇	Benzyl alcohol	100-51-6	108.13	4.00×10^{4}		6.26×10^{-2}	4.54×10^{-6}						
氯化苄	Benzylchloride	100-44-7	126.58	5.25×10^{2}	6.14×10	1.31	1.69×10^{-2}	9.35×10^{-3}	7.50×10^{-2}	7.80×10^{-6}	4.52×10^{2}	6.85×10^{2}	8.77×10^{3}
联苯	Biphenyl	92-52-4	154.21	7.45	4.38×10^{3}	9.64×10^{-3}	1.22×10^{-2}	5.58×10^{-3}	4.04×10^{-2}	8.15×10^{-6}	5.29×10^{2}	7.89×10^{2}	1.09×10^{4}
2,2'-二氯乙醚	Bis(2-chloroethyl)ether	111-44-4	143.11	1.72×10^{4}	1.55×10	1.55	7.34×10^{-4}	3.44×10^{-4}	6.92×10^{-2}	7.53×10^{-6}	4.51×10^{2}	6.60×10^{2}	1.08×10^{4}
二氯异丙醚	Bis(2-chloroisopropyl)ether	108-60-1	171.07	1.70×10^{3}		8.80×10^{-1}	4.78×10^{-3}						
酞酸双(2-乙基己基)酯	Bis(2-ethylhexyl)phthalate	117-81-7	390.57	3.40×10^{-1}		6.78×10^{-8}	4.17×10^{-6}						
双-(氯甲基)醚	Bis(chloromethyl)ether	542-88-1	114.97	2.20×10^{4}		3.00×10	8.71×10^{-3}						
二氯溴甲烷	Bromodichloromethane	75-27-4	163.83	6.74×10^{3}	5.50×10	5.00×10	6.52×10^{-2}	4.07×10^{-2}	2.98×10^{-2}	1.06×10^{-5}	3.63×10^{2}	5.86×10^{2}	7.80×10^{3}
三溴甲烷	Bromoform	75-25-2	252.75	3.10×10^{3}	8.71×10	5.51	2.40×10^{-2}	1.32×10^{-2}	1.49×10^{-2}	1.03×10^{-5}	4.22×10^{2}	6.96×10^{2}	9.48×10^{3}
1,3-丁二烯	Butadiene,1,3-	106-99-0	54.09	7.35×10^{2}	1.91×10	2.11×10^{3}	3.00	2.30	2.49×10^{-1}	1.08×10^{-5}	2.69×10^{2}	4.25×10^{2}	5.37×10^{3}
正丁醇	Butanol	71-36-3	74.12	7.40×10^{4}		7.00	3.60×10^{-4}						
酞酸丁基苄酯	Butyl benzyl phthalate	85-68-7	312.37	2.69		8.25×10^{-6}	5.15×10^{-5}						
丁基苯	Butylbenzene,n-	104-51-8	134.22	2.00	1.11×10^{3}	1.00	5.36×10^{-1}	2.78×10^{-1}	5.70×10^{-2}	8.12×10^{-6}	4.56×10^{2}	6.61×10^{2}	9.29×10^{3}
仲丁基苯	Butylbenzene,sec-	135-98-8	134.22	3.94	9.66×10^{2}	3.10×10^{-1}	5.66×10^{-1}	1.07×10^{-3}	5.70×10^{-2}	8.12×10^{-6}	4.47×10^{2}	6.79×10^{2}	8.87×10^{4}

续表

化合物中文名	化合物英文名	CAS 编号	分子量 / (g/mol)	水中溶解度 / (mg/L)	土壤有机碳标准化分配系数 / (cm³/g)	蒸气压 /mmHg	亨利常数 (25℃) 无量纲 (气/水)	亨利常数 (15℃) 无量纲 (气/水)	空气中分子扩散系数 / (cm²/s)	水中分子扩散系数 / (cm²/s)	标准沸点 /℃	临界温度 /℃	标准沸点气化焓 / (cal/mol)
叔丁基苯	Butylbenzene,tert-	98-06-6	134.22	2.95×10	7.71×10^2	2.20	4.85×10^{-1}	2.88×10^{-1}	5.65×10^{-2}	8.02×10^{-6}	4.42×10^2	1.22×10^2	8.98×10^3
咔唑	Carbazole	86-74-8	167.21	1.80		7.50×10^{-7}	3.53×10^{-6}						
二硫化碳	Carbon disulfide	75-15-0	76.13	1.19×10^3	4.57×10	3.59×10^2	1.24	8.66×10^{-1}	1.04×10^{-1}	1.00×10^{-5}	3.19×10^2	5.52×10^2	6.39×10^3
四氯化碳	Carbon tetrachloride	56-23-5	153.82	7.93×10^2	1.74×10^2	1.15×10^2	1.24	8.12×10^{-1}	7.80×10^{-2}	8.80×10^{-6}	3.50×10^2	5.57×10^2	7.13×10^3
氯丹	Chlordane	57-74-9	409.78	5.60×10^{-2}	1.20×10^5	9.80×10^{-6}	1.98×10^{-3}	6.51×10^{-4}	1.18×10^{-2}	4.37×10^{-6}	6.24×10^2	8.86×10^2	1.40×10^4
氯丁二烯	Chloro-1,3-butadiene (chloroprene),2-	126-99-8	88.54	2.12×10^3	6.73×10	2.18×10^2	4.90×10^{-1}	3.04×10^{-1}	8.58×10^{-2}	1.03×10^{-5}	3.32×10^2	5.25×10^2	8.07×10^3
对氯苯胺	Chloroaniline,p-	106-47-8	127.57	5.30×10^3		1.23×10^{-2}	1.08×10^{-5}						
氯苯	Chlorobenzene	108-90-7	112.56	4.72×10^2	2.19×10^2	1.20×10	1.51×10^{-1}	8.81×10^{-2}	7.30×10^{-2}	8.70×10^{-6}	4.05×10^2	6.32×10^2	8.41×10^3
1-氯丁烷	Chlorobutane,1-	109-69-3	92.58	1.10×10^3	1.72×10	1.01×10^2	6.91×10^{-1}	4.46×10^{-1}	8.26×10^{-2}	1.00×10^{-5}	3.52×10^2	5.42×10^2	7.26×10^3
氯二溴甲烷	Chlorodibromomethane	124-48-1	208.28	2.60×10^3	6.31×10	4.90	3.19×10^{-2}	5.58×10^{-3}	1.96×10^{-2}	1.05×10^{-5}	4.16×10^2	6.78×10^2	5.90×10^3
氟里昂-22	Chlorodifluoromethane	75-45-6	86.47	2.00	4.79×10	7.48×10^3	1.10	9.00×10^{-1}	1.01×10^{-1}	1.28×10^{-5}	2.32×10^2	3.69×10^2	4.84×10^3
氯乙烷	Chloroethane (ethyl chloride)	75-00-3	64.51	5.68×10^3	4.40	1.01×10^3	3.60×10^{-1}	2.64×10^{-1}	2.71×10^{-1}	1.15×10^{-5}	2.85×10^2	4.60×10^2	5.88×10^3
三氯甲烷	Chloroform	67-66-3	119.38	7.92×10^3	3.98×10	1.97×10^2	1.50×10^{-1}	9.98×10^{-2}	1.04×10^{-1}	1.00×10^{-5}	3.34×10^2	5.36×10^2	6.99×10^3
2-氯萘	Chloronaphthalene.beta.-	91-58-7	162.61	1.17×10		7.98×10^{-3}	1.28×10^{-2}						
邻氯苯酚	Chlorophenol,2-	95-57-8	128.56	2.20×10^4	3.88×10^2	2.34	1.59×10^{-2}	8.32×10^{-3}	5.01×10^{-2}	9.46×10^{-6}	4.48×10^2	6.75×10^2	9.57×10^3
2-氯丙烷	Chloropropane,2-	75-29-6	78.54	3.73×10^3	9.14	5.23×10^2	5.91×10^{-1}	4.17×10^{-1}	8.88×10^{-2}	1.01×10^{-5}	3.09×10^2	4.85×10^2	6.29×10^3
䓛	Chrysene	218-01-9	228.3	6.30×10^{-3}	3.98×10^5	6.23×10^{-9}	3.86×10^{-3}	9.56×10^{-4}	2.48×10^{-2}	6.21×10^{-6}	7.14×10^2	9.79×10^2	1.65×10^4
巴豆醛	Crotonaldehyde (2-butenal)	123-73-9	70.09	3.69×10^4	4.82	7.81	7.96×10^{-4}	8.24×10^{-4}	9.56×10^{-2}	1.07×10^{-5}	3.75×10^2	5.68×10^2	8.62

续表

化合物中文名	化合物英文名	CAS编号	分子量 /(g/mol)	水中溶解度 /(mg/L)	土壤有机碳标准化分配系数 /(cm³/g)	蒸气压 /mmHg	亨利常数(25℃)无量纲(气/水)	亨利常数(15℃)无量纲(气/水)	空气中分子扩散系数 /(cm²/s)	水中分子扩散系数 /(cm²/s)	标准沸点 /℃	临界温度 /℃	标准沸点气化焓 /(cal/mol)
异丙苯	Cumene	98-82-8	120.19	6.13×10	4.89×10^2	4.50	4.74×10	2.35×10	6.50×10^{-2}	7.10×10^{-6}	4.26×10^2	6.31×10^2	1.03×10^4
双十二烷基二硫代乙二酰二胺	DDD	72-54-8	320.05	9.00×10^{-2}		6.70×10^{-7}	1.64×10^{-4}						
滴滴伊	DDE	72-55-9	318.03	1.20×10^{-1}	4.47×10^6	6.00×10^{-6}	8.56×10^{-4}	2.43×10^{-4}	1.44×10^{-2}	5.87×10^{-6}	6.36×10^2	8.60×10^2	1.50×10^4
滴滴涕	DDT	50-29-3	354.49	2.50×10^{-2}		1.60×10^{-7}	3.31×10^{-4}						
二苯并(a,h)蒽	Dibenz(a,h)anthracene	53-70-3	278.36	2.49×10^{-3}		1.00×10^{-10}	6.01×10^{-7}						
二苯并呋喃	Dibenzofuran	132-64-9	168.19	3.10	5.15×10^3	1.80×10^{-4}	5.14×10^{-4}	3.18×10^{-2}	2.38×10^{-2}	6.00×10^{-6}	5.60×10^2	8.24×10^2	6.64×10^4
1,2-二溴-3-氯丙烷	Dibromo-3-chloropropane,1,2-	96-12-8	236.35	1.23×10^3		5.80×10^{-1}	6.01×10^{-3}						
1,2-二溴乙烷	Dibromoethane (ethylene dibromide),1,2-	106-93-4	187.86	4.18×10^3	2.50×10	1.33×10	3.03×10^{-2}	1.73×10^{-2}	2.17×10^{-2}	1.19×10^{-5}	4.05×10^2	5.83×10^2	8.31×10^3
1,2-二氯苯	Dichlorobenzene,1,2-	95-50-1	147	1.56×10^2	6.17×10^2	1.36	7.75×10^{-2}	4.05×10^{-2}	6.90×10^{-2}	7.90×10^{-6}	4.54×10^2	7.05×10^2	9.70×10^3
1,3-二氯苯	Dichlorobenzene,1,3-	541-73-1	147	1.34×10^2	1.98×10^3	2.15	1.26×10^{-1}	6.82×10^{-2}	6.92×10^{-2}	7.86×10^{-6}	4.46×10^2	6.84×10^2	9.23×10^3
1,4-二氯苯	Dichlorobenzene,1,4-	106-46-7	147	7.90×10	6.17×10^2	1.00	9.79×10^{-2}	5.26×10^{-2}	6.90×10^{-2}	7.90×10^{-6}	4.47×10^2	6.85×10^2	9.27×10^3
3,3'-二氯联苯胺	Dichlorobenzidine,3,3-	91-94-1	253.13	3.10×10		3.71×10^{-8}	1.64×10^{-7}						
氟里昂-12	Dichlorodifluoromethane	75-71-8	120.92	2.80×10^2	4.57×10^2	4.85×10^3	1.40×10	8.93	6.65×10^{-2}	9.92×10^{-6}	2.43×10^2	3.85×10^2	9.42×10^3
1,1-二氯乙烷标准溶液	Dichloroethane,1,1-	75-34-3	98.96	5.06×10^3	3.16×10	2.27×10^2	2.29×10^{-1}	1.54×10^{-1}	7.42×10^{-2}	1.05×10^{-5}	3.31×10^2	5.23×10^2	6.90×10^3
二氯乙烷	Dichloroethane,1,2-	107-06-2	98.96	8.52×10^3	1.74×10	7.89×10	3.99×10^{-2}	2.51×10^{-2}	1.04×10^{-1}	9.90×10^{-6}	3.57×10^2	5.61×10^2	7.64×10^3
1,1-二氯乙烯	Dichloroethylene,1,1-	75-35-4	96.94	2.25×10^3	5.89×10	6.00×10^2	1.06	7.59×10^{-1}	9.00×10^{-2}	1.04×10^{-1}	3.05×10^2	5.76×10^2	6.25×10^3
顺式二氯化乙烯	Dichloroethylene,cis-1,2-	156-59-2	96.94	3.50×10^3	3.55×10	2.03×10^2	1.66×10^{-1}	1.10×10^{-1}	7.36×10^{-2}	1.13×10^{-5}	3.34×10^2	5.44×10^2	7.19×10^3

续表

化合物中文名	化合物英文名	CAS编号	分子量 /(g/mol)	水中溶解度 /(mg/L)	土壤有机碳标准化分配系数 /(cm³/g)	蒸气压 /mmHg	亨利常数(25℃)无量纲 (气/水)	亨利常数(15℃)无量纲 (气/水)	空气中分子扩散系数 /(cm²/s)	水中分子扩散系数 /(cm²/s)	标准沸点 /℃	临界温度 /℃	标准沸点气化焓 /(cal/mol)
反-1,2-二氯乙烯	Dichloroethylene,trans-1,2-	156-60-5	96.94	6.30×10^3	5.25×10	3.33×10^2	3.82×10^{-1}	2.61×10^{-1}	7.07×10^{-2}	1.19×10^{-5}	3.21×10^2	5.17×10^2	6.72×10^3
2,4-二氯苯酚	Dichlorophenol,2,4-	120-83-2	163	4.50×10^3		6.70×10^{-2}	1.29×10^{-4}						
1,2-二氯丙烷	Dichloropropane, 1,2-	78-87-5	112.99	2.80×10^3	4.37×10	5.20×10	1.14×10^{-1}	7.15×10^{-2}	7.82×10^{-2}	8.73×10^{-6}	3.70×10^2	5.72×10^2	7.59×10^3
1,3-二氯丙烯	Dichloropropene,1,3-	542-75-6	110.97	2.80×10^3	4.57×10	3.40×10	7.22×10^{-1}	4.39×10^{-1}	6.26×10^{-2}	1.00×10^{-5}	3.81×10^2	5.87×10^2	7.90×10^3
地尔君	Dieldrin	60-57-1	380.91	1.95×10^{-1}	2.14×10^4	5.89×10^{-6}	6.16×10^{-4}	1.52×10^{-4}	1.25×10^{-2}	4.74×10^{-6}	6.13×10^2	8.42×10^2	1.70×10^4
邻苯二甲酸二乙酯	Diethylphthalate	84-66-2	222.24	1.08×10^3		1.65×10^{-3}	1.84×10^{-5}						
2,4-二甲基苯酚	Dimethylphenol,2,4-	105-67-9	122.17	7.87×10^3		9.80×10^{-2}	8.18×10^{-5}						
酞酸二甲酯	Dimethylphthalate	131-11-3	194.19	4.00×10^3		1.65×10^{-3}	4.29×10^{-6}						
邻苯二甲酸二丁酯	Di-n-butyl phthalate	84-74-2	278.35	1.12×10		7.30×10^{-5}	3.84×10^{-8}						
4,6-二硝基邻甲酚	Dinitro-2-methylphenol (4,6-dinitro-o-cresol)*,4,6-	534-52-1	198.14	1.98×10^2		3.24×10^{-4}	1.75×10^{-5}						
2,4-二硝基苯酚	Dinitrophenol,2,4-	51-28-5	184.11	2.79×10^3		5.10×10^{-3}	1.81×10^{-5}						
2,4-二硝基甲苯	Dinitrotoluene,2,4-	121-14-2	182.14	2.70×10^2		1.47×10^{-4}	3.79×10^{-6}						
2,6-二硝基甲苯	Dinitrotoluene,2,6-	606-20-2	182.14	1.82×10^2		5.67×10^{-4}	3.05×10^{-5}						
邻苯二甲酸二正辛酯	Di-n-octyl phthalate	117-84-0	390.57	2.00×10^{-2}	2.14×10^3	2.60×10^{-6}	2.73×10^{-3}						
硫丹	Endosulfan	115-29-7	406.92	5.10×10^{-1}		1.00×10^{-5}	4.57×10^{-4}	1.45×10^{-4}	1.15×10^{-2}	4.55×10^{-6}	6.74×10^2	9.43×10^2	1.40×10^4
异狄氏剂	Endrin	72-20-8	380.91	2.50×10^{-1}		3.00×10^{-6}	3.08×10^{-4}						

续表

化合物中文名	化合物英文名	CAS编号	分子量/(g/mol)	水中溶解度/(mg/L)	土壤有机碳标准化分配系数/(cm³/g)	蒸气压/mmHg	亨利常数(25℃)无量纲(气/水)	亨利常数(15℃)无量纲(气/水)	空气中分子扩散系数/(cm²/s)	水中分子扩散系数/(cm²/s)	标准沸点/℃	临界温度/℃	标准气化热/(cal/mol)
环氧氯丙烷	Epichlorohydrin	106-89-8	92.53	6.59×10^{4}		1.64×10	1.24×10^{-3}						
乙醚	Ethyl ether	60-29-7	74.12	5.68×10^{4}	5.73	5.37×10^{2}	1.35	9.45×10^{-1}	7.82×10^{-2}	8.61×10^{-6}	3.08×10^{2}	4.67×10^{2}	6.34×10^{3}
乙酸乙酯	Ethylacetate	141-78-6	88.12	8.03×10^{4}	6.44	9.37×10	5.63×10^{-3}	3.52×10^{-3}	7.32×10^{-2}	9.70×10^{-6}	3.50×10^{2}	5.23×10^{2}	7.63×10^{3}
乙基苯	Ethylbenzene	100-41-4	106.17	1.69×10^{2}	3.63×10^{2}	9.60	3.21×10^{-1}	1.84×10^{-1}	7.50×10^{-2}	7.80×10^{-6}	4.09×10^{2}	6.17×10^{2}	8.50×10^{3}
环氧乙烷	Ethylene oxide	75-21-8	44.05	3.04×10^{5}	1.33	1.25×10^{3}	2.27×10^{-2}	1.64×10^{-2}	1.04×10^{-1}	1.45×10^{-5}	2.84×10^{2}	4.69×10^{2}	6.10×10^{3}
甲基丙烯酸乙酯	Ethylmethacrylate	97-63-2	114.14	3.67×10^{3}	2.95×10	2.06×10	3.43×10^{-2}	1.65×10^{-2}	6.53×10^{-2}	8.37×10^{-6}	3.90×10^{2}	5.71×10^{2}	1.10×10^{4}
荧蒽	Fluoranthene	206-44-0	202.26	2.06×10^{-1}		1.23×10^{-8}	6.58×10^{-4}						
芴	Fluorene	86-73-7	166.22	1.98	1.38×10^{4}	6.33×10^{-4}	2.59×10^{-3}	1.04×10^{-2}	3.63×10^{-2}	7.88×10^{-6}	5.70×10^{2}	8.70×10^{2}	1.27×10^{4}
呋喃	Furan	110-00-9	68.08	1.00×10^{4}	1.86×10	6.00×10^{2}	2.20×10^{-1}	1.54×10^{-1}	1.04×10^{-1}	1.22×10^{-5}	3.05×10^{2}	4.90×10^{2}	6.48×10^{3}
α-六六六	HCH,alpha (alpha-BHC)	319-84-6	290.83	2.00	1.23×10^{3}	4.50×10^{-5}	4.32×10^{-4}	1.31×10^{-1}	1.42×10^{-2}	7.34×10^{-6}	5.97×10^{2}	8.39×10^{2}	1.50×10^{4}
β-六六六	HCH,beta- (beta-BHC)	319-85-7	290.83	2.40×10^{-1}		4.66×10^{-7}	3.04×10^{-5}						
1,2,3,4,5,6-六氯环己烷	HCH,gamma- (Lindane)	58-89-9	290.83	7.30	1.07×10^{3}	4.10×10^{-4}	5.71×10^{-4}	1.73×10^{-1}	1.42×10^{-2}	7.34×10^{-6}	5.97×10^{2}	8.39×10^{2}	1.50×10^{4}
七氯	Heptachlor	76-44-8	373.32	1.80×10^{-1}	1.41×10^{6}	4.00×10^{-4}	6.03×10	2.14×10^{-1}	1.12×10^{-2}	5.69×10^{-6}	6.04×10^{2}	8.46×10^{2}	1.30×10^{4}
外环氧七氯	Heptachlor epoxide	1024-57-3	389.32	2.00×10^{-1}		1.95×10^{-5}	3.89×10^{-4}						
六氯-1,3-丁二烯	Hexachloro-1,3-butadiene	87-68-3	260.76	3.20	5.37×10^{4}	2.21×10^{-1}	3.32×10^{-1}	1.64×10^{-1}	5.61×10^{-2}	6.16×10^{-6}	4.86×10^{2}	7.38×10^{2}	1.02×10^{4}
六氯苯	Hexachlorobenzene	118-74-1	284.78	5.00×10^{-3}	5.50×10^{4}	1.80×10^{-5}	5.38×10^{-2}	1.73×10^{-2}	5.42×10^{-2}	5.91×10^{-6}	5.83×10^{2}	8.25×10^{2}	1.44×10^{4}
六氯环戊二烯	Hexachlorocyclopentadiene	77-47-4	272.77	1.80	2.00×10^{5}	6.00×10^{-2}	1.10	4.95×10^{-1}	1.61×10^{-2}	7.21×10^{-6}	5.12×10^{2}	7.46×10^{2}	1.09×10^{4}

续表

化合物中文名	化合物英文名	CAS编号	分子量 /(g/mol)	水中溶解度 /(mg/L)	土壤有机碳标准化分配系数 /(cm³/g)	蒸气压 /mmHg	亨利常数(25℃)无量纲(气/水)	亨利常数(15℃)无量纲(气/水)	空气中分子扩散系数 /(cm²/s)	水中分子扩散系数 /(cm²/s)	标准沸点 /℃	临界温度 /℃	标准沸点气化焓 /(cal/mol)
六氯乙烷	Hexachloroethane	67-72-1	236.74	5.00×10	1.78×10^3	2.10×10^{-1}	1.59×10	8.30×10^{-2}	2.50×10^{-3}	6.80×10^{-6}	4.58×10^2	6.95×10^2	9.51×10^3
正己烷	Hexane	110-54-3	86.18	1.24×10	4.34×10	1.51×10^2	6.80×10	4.49×10	2.00×10^{-1}	7.77×10^{-6}	3.42×10^2	5.08×10^2	6.90×10^3
氢氰酸	Hydrogen cyanide	74-90-8	27.03	1.00×10^6	3.80	7.42×10^2	5.42×10^{-3}	3.76×10^{-3}	1.93×10^{-1}	2.10×10^{-5}	2.99×10^2	4.57×10^2	6.68×10^3
茚并(1,2,3-cd)芘	Indeno(1,2,3-cd)pyrene	193-39-5	276.34	2.20×10^{-5}		1.00×10^{-10}	6.54×10^{-5}						
异丁醇	Isobutanol	78-83-1	74.12	8.50×10^4	2.59	1.05×10	4.81×10^{-4}	2.32×10^{-4}	8.60×10^{-2}	9.30×10^{-6}	3.81×10^2	5.48×10^2	1.09×10^4
异佛尔酮	Isophorone	78-59-1	138.21	1.20×10^4		4.38×10^{-1}	2.72×10^{-4}						
汞	Mercury (elemental)	7439-97-6	200.59	2.00×10	5.20×10	2.00×10^{-3}	4.38×10^{-1}	1.85×10^{-1}	3.07×10^{-2}	6.30×10^{-6}	6.30×10^2	1.75×10^3	1.41×10^4
甲基丙烯腈	Methacrylonitrile	126-98-7	67.1	2.54×10^4	3.58×10	7.12×10	1.01×10^{-2}	6.30×10^{-3}	1.12×10^{-1}	1.32×10^{-5}	3.63×10^2	5.54×10^2	7.60×10^3
甲氧滴滴涕	Methoxychlor	72-43-5	345.66	1.00×10^{-1}	9.77×10^4	6.00×10^{-7}	6.44×10^{-4}	1.58×10^{-4}	1.56×10^{-2}	4.46×10^{-6}	6.51×10^2	8.48×10^2	1.60×10^4
乙酸甲酯	Methyl acetate	79-20-9	74.09	2.00×10^3	3.26	2.35×10^2	4.82×10^{-3}	3.15×10^{-3}	1.04×10^{-1}	1.00×10^{-5}	3.30×10^2	5.07×10^2	7.26×10^3
丙烯酸甲酯	Methyl acrylate	96-33-3	86.1	6.00×10^4	4.53	8.80×10	7.65×10^{-3}	4.76×10^{-3}	9.76×10^{-2}	1.02×10^{-5}	3.54×10^2	5.36×10^2	7.75×10^3
溴甲烷	Methyl bromide	74-83-9	94.94	1.52×10^4	1.05×10	1.62×10^3	2.54×10^{-1}	1.90×10^{-1}	7.28×10^{-2}	1.21×10^{-5}	2.77×10^2	4.67×10^2	5.71×10^3
氯甲烷	Methyl chloride (chloromethane)	74-87-3	50.49	5.33×10^3	2.12	4.30×10^3	3.60×10^{-1}	2.83×10^{-1}	1.26×10^{-1}	6.50×10^{-6}	2.49×10^2	4.16×10^2	5.11×10^3
甲基环己烷	Methylcyclohexane	108-87-2	98.21	1.40×10	7.85×10	4.30×10	4.20	2.64	7.35×10^{-2}	8.52×10^{-6}	3.74×10^2	5.72×10^2	7.47×10^3
二溴甲烷	Methylene bromide	74-95-3	173.83	1.19×10^4	1.26×10	4.44×10	3.51×10^{-2}	2.17×10^{-2}	4.30×10^{-2}	8.44×10^{-6}	3.70×10^2	5.83×10^2	7.87×10^3
二氯甲烷	Methylene chloride	75-09-2	84.93	1.30×10^4	1.17×10	4.33×10^2	8.93×10^{-2}	6.14×10^{-2}	1.01×10^{-1}	1.17×10^{-5}	3.13×10^2	5.10×10^2	6.71×10^3
2-丁酮	Methylethylketone (2-butanone)	78-93-3	72.11	2.23×10^5	2.30	9.53×10	2.28×10^{-3}	1.45×10^{-3}	8.08×10^{-2}	9.80×10^{-6}	3.53×10^2	5.37×10^2	7.48×10^3
甲基异丁基甲酮	Methylisobutylketone (4-methyl-2-pentanone)	108-10-1	100.16	1.90×10^4	9.06	1.99×10	5.63×10^{-3}	3.28×10^{-3}	7.50×10^{-2}	7.80×10^{-6}	3.90×10^2	5.71×10^2	8.24×10^3

续表

化合物中文名	化合物英文名	CAS 编号	分子量 / (g/mol)	水中溶解度 / (mg/L)	土壤有机碳标准化分配系数 / (cm³/g)	蒸气压 /mmHg	亨利常数 (25℃) 无量纲 (气/水)	亨利常数 (15℃) 无量纲 (气/水)	空气中分子扩散系数 / (cm²/s)	水中分子扩散系数 / (cm²/s)	标准沸点 /℃	临界温度 /℃	标准沸点气化焓 / (cal/mol)
甲基丙烯酸甲酯	Methylmethacrylate	80-62-6	100.13	1.50×10^4	6.98	3.84×10	1.37×10^{-2}	7.78×10^{-3}	7.70×10^{-2}	8.60×10^{-6}	3.74×10^2	5.67×10^2	8.97×10^3
2-甲基萘	Methylnaphthalene,2-	91-57-6	142.21	2.46×10	2.81×10^3	5.50×10^{-2}	2.11×10^{-2}	8.47×10^{-3}	5.22×10^{-2}	7.75×10^{-6}	5.14×10^2	7.61×10^2	1.26×10^4
间甲酚	Methylphenol (m-cresol),3-	108-39-4	108.14	2.27×10^4		1.38×10^{-1}	3.54×10^{-5}						
邻甲酚	Methylphenol (o-cresol),2-	95-48-7	108.14	2.60×10^4		2.99×10^{-1}	4.91×10^{-5}						
4-甲酚	Methylphenol (p-cresol),4-	106-44-5	108.14	2.40×10^4		1.10×10^{-1}	3.15×10^{-5}						
甲基叔丁基醚 MTBE	MTBE	1634-04-4	88.15	5.10×10^4	7.26	2.50×10^2	2.55×10^{-2}	1.73×10^{-2}	1.02×10^{-1}	1.05×10^{-5}	3.28×10^2	4.97×10^2	6.68×10^3
萘	Naphthalene	91-20-3	128.18	3.10×10	2.00×10^3	8.50×10^{-2}	1.97×10^{-2}	9.59×10^{-3}	5.90×10^{-2}	7.50×10^{-6}	4.91×10^2	7.48×10^2	1.04×10^4
硝基苯	Nitrobenzene	98-95-3	123.11	2.09×10^3	6.46×10	2.45×10^{-1}	9.79×10^{-4}	4.64×10^{-4}	7.60×10^{-2}	8.60×10^{-6}	4.84×10^2	7.19×10^2	1.06×10^4
对硝基苯酚	Nitrophenol,4-	100-02-7	139.11	1.16×10^4	1.17×10	4.10×10^{-5}	1.70×10^{-8}						
2-硝基丙烷	Nitropropane,2-	79-46-9	89.09	1.70×10^4	1.80×10	5.01×10^{-3}	2.92×10^{-3}		9.23×10^{-2}	1.01×10^{-5}	3.93×10^2	5.94×10^2	8.38×10^3
间硝基甲苯	Nitrotoluene,m-	99-08-1	137.15	5.00×10^2		2.58×10^{-2}	3.80×10^{-4}						
邻硝基甲苯	Nitrotoluene,o-	88-72-2	137.15	6.50×10^2	3.24×10^2	4.50×10^{-2}	5.10×10^{-4}	2.09×10^{-4}	5.87×10^{-2}	8.67×10^{-6}	4.95×10^2	7.20×10^2	1.22×10^4
对硝基甲苯	Nitrotoluene,p-	99-99-0	137.15	4.42×10^2		1.64×10^{-1}	2.28×10^{-4}						
N-亚硝基二正丁胺	N-Nitrosodibutylamine	924-16-3	158.28	1.27×10^3		3.00×10^{-2}	1.29×10^{-2}						
N-亚硝基二正丙胺	N-Nitrosodi-n-propylamine	621-64-7	130.19	9.89×10^3		1.30×10^{-1}	9.20×10^{-5}						
N-亚硝基二苯胺	N-Nitrosodiphenylamine	86-30-6	198.23	3.51×10		6.69×10^{-4}	2.04×10^{-4}						
五氯苯酚	Pentachlorophenol	87-86-5	266.34	1.95×10^3		3.17×10^{-5}	9.98×10^{-7}						

续表

化合物中文名	化合物英文名	CAS编号	分子量 / (g/mol)	水中溶解度 / (mg/L)	土壤有机碳标准化分配系数 / (cm³/g)	蒸气压 /mmHg	亨利常数 (25℃) 无量纲 (气/水)	亨利常数 (15℃) 无量纲 (气/水)	空气中分子扩散系数 / (cm²/s)	水中分子扩散系数 / (cm²/s)	标准沸点 /℃	临界温度 /℃	标准沸点气化焓 / (cal/mol)
苯酚	Phenol	108-95-2	94.11	8.28×10^4		2.76×10	1.62×10^{-5}						
丙苯	Propylbenzene,n-	103-65-1	120.19	6.00×10	5.62×10^2	2.50	4.36×10^{-1}	2.32×10^{-1}	6.01×10^{-2}	7.83×10^{-6}	4.32×10^2	6.30×10^2	9.12×10^3
芘	Pyrene	129-00-0	202.26	1.35	1.05×10^5	4.59×10^{-6}	4.48×10^{-4}	1.38×10^{-4}	2.72×10^{-2}	7.24×10^{-6}	6.68×10^2	9.36×10^2	1.44×10^4
吡啶	Pyridine	110-86-1	79.1	1.00×10^6		2.08×10	3.63×10^{-4}						
苯乙烯	Styrene	100-42-5	104.15	3.10×10^2	7.76×10^2	6.12	1.12×10^{-1}	6.31×10^{-2}	7.10×10^{-2}	8.00×10^{-6}	4.18×10^2	6.36×10^2	8.74×10^3
1,1,1,2-四氯乙烷	Tetrachloroethane,1,1,1,2-	630-20-6	167.85	1.10×10^3	1.16×10^2	1.20×10	9.87×10^{-2}	5.24×10^{-2}	7.10×10^{-2}	7.90×10^{-6}	4.04×10^2	6.24×10^2	9.77×10^3
1,1,2,2-四氯乙烷	Tetrachloroethane,1,1,2,2-	79-34-5	167.85	2.96×10^3	9.33×10	4.62	1.41×10^{-2}	7.87×10^{-3}	7.10×10^{-2}	7.90×10^{-6}	4.20×10^2	6.61×10^2	9.00×10^3
四氯乙烯	Tetrachloroethylene	127-18-4	165.83	2.00×10^2	1.55×10^2	1.86×10	7.50×10^{-1}	4.45×10^{-1}	7.20×10^{-2}	8.20×10^{-6}	3.94×10^2	6.20×10^2	8.29×10^3
甲苯	Toluene	108-88-3	92.14	5.26×10^2	1.82×10^2	2.84×10	2.71×10^{-1}	1.64×10^{-1}	8.70×10^{-2}	8.60×10^{-6}	3.84×10^2	5.92×10^2	7.93×10^3
毒杀芬	Toxaphene	8001-35-2	413.81	7.40×10^{-1}		9.80×10^{-7}	2.45×10^{-1}						
1,1,2-三氯三氟乙烷(CFC-113)	Trichloro-1,2,2-trifluoroethane,1,1,2-	76-13-1	187.38	1.70×10^2	1.11×10^4	3.32×10^2	1.96×10	1.35×10	7.80×10^{-2}	8.20×10^{-6}	3.21×10^2	4.87×10^2	6.46×10^3
1,2,4-三氯苯	Trichlorobenzene,1,2,4-	120-82-1	181.45	4.88×10	1.78×10^3	4.31×10^{-1}	5.79×10^{-2}	2.77×10^{-2}	3.00×10^{-2}	8.23×10^{-6}	4.86×10^2	7.25×10^2	1.05×10^4
1,1,1-三氯乙烷	Trichloroethane,1,1,1-	71-55-6	133.4	1.33×10^3	1.10×10^2	1.24×10^2	7.01×10^{-1}	4.59×10^{-1}	7.80×10^{-2}	8.80×10^{-6}	3.47×10^2	5.45×10^2	7.14×10^3
1,1,2-三氯乙烷	Trichloroethane,1,1,2-	79-00-5	133.41	4.42×10^3	5.01×10	2.33×10	3.72×10^{-2}	2.21×10^{-2}	7.80×10^{-2}	8.80×10^{-6}	3.86×10^2	6.02×10^2	8.32×10^3
三氯乙烯	Trichloroethylene	79-01-6	131.39	1.47×10^3	1.66×10^2	7.35×10	4.20×10^{-1}	2.64×10^{-1}	7.90×10^{-2}	9.10×10^{-6}	3.60×10^2	5.44×10^2	7.51×10^3
一氟三氯甲烷	Trichlorofluoromethane	75-69-4	137.36	1.10×10^3	4.97×10^2	8.03×10^2	3.95	2.86	8.70×10^{-2}	9.70×10^{-6}	2.97×10^2	4.71×10^2	6.00×10^3

续表

化合物中文名	化合物英文名	CAS 编号	分子量 / (g/mol)	水中溶解度 / (mg/L)	土壤有机碳标准化分配系数 / (cm³/g)	蒸气压 /mmHg	亨利常数 (25°C) 无量纲 (气/水)	亨利常数 (15°C) 无量纲 (气/水)	空气中分子扩散系数 / (cm²/s)	水中分子扩散系数 / (cm²/s)	标准沸点 /°C	临界温度 /°C	标准沸点气化焓 / (cal/mol)
2,4,5-三氯苯酚	Trichlorophenol,2,4,5-	95-95-4	197.45	1.20×10^{3}		2.00×10^{-2}	1.77×10^{-4}						
2,4,6-三氯苯酚	Trichlorophenol,2,4,6-	88-06-2	197.45	8.00×10^{2}		2.40×10^{-2}	3.19×10^{-4}						
1,2,3-三氯丙烷	Trichloropropane,1,2,3-	96-18-4	147.43	1.75×10^{3}	2.20×10	3.69	1.67×10^{-2}	9.04×10^{-3}	7.10×10^{-2}	7.90×10^{-6}	4.30×10^{2}	6.52×10^{2}	9.17×10^{3}
1,2,4-三甲苯	Trimethylbenzene,1,2,4-	95-63-6	120.2	5.70×10	1.35×10^{3}	2.10	2.51×10^{-1}	1.31×10^{-1}	6.06×10^{-2}	7.92×10^{-6}	4.42×10^{2}	6.49×10^{2}	9.37×10^{3}
1,3,5-三甲苯	Trimethylbenzene,1,3,5-	108-67-8	120.2	2.00	1.35×10^{3}	2.40	2.40×10^{-1}	1.26×10^{-1}	6.02×10^{-2}	8.67×10^{-6}	4.38×10^{2}	6.37×10^{2}	9.32×10^{3}
乙酸乙烯酯	Vinyl acetate	108-05-4	86.09	2.00×10^{4}	5.25	9.02×10	2.08×10^{-2}	1.30×10^{-2}	8.50×10^{-2}	9.20×10^{-6}	3.46×10^{2}	5.19×10^{2}	7.80×10^{3}
氯乙烯	Vinyl chloride (chloroethene)	75-01-4	62.5	8.80×10^{3}	1.86×10	2.98×10^{3}	1.10	8.53×10^{-1}	1.06×10^{-1}	1.23×10^{-5}	2.59×10^{2}	4.32×10^{2}	5.25×10^{3}
间二甲苯	Xylene,m-	108-38-3	106.17	1.61×10^{2}	4.07×10^{2}	8.45	2.99×10^{-1}	1.70×10^{-1}	7.00×10^{-2}	7.80×10^{-6}	4.12×10^{2}	6.17×10^{2}	8.52×10^{3}
邻二甲苯	Xylene,o-	95-47-6	106.17	1.78×10^{2}	3.63×10^{2}	6.61	2.12×10^{-1}	1.19×10^{-1}	8.70×10^{-2}	1.00×10^{-5}	4.18×10^{2}	6.30×10^{2}	8.66×10^{3}
对二甲苯	Xylene,p-	106-42-3	106.17	1.85×10^{2}	3.89×10^{2}	8.90	3.12×10^{-1}	1.78×10^{-1}	7.69×10^{-2}	8.44×10^{-6}	4.12×10^{2}	6.16×10^{2}	8.53×10^{3}
混合二甲苯	Xylenes, Total	1330-20-7	106.17	1.73×10^{2}	3.98×10^{2}	8.68	3.06×10^{-1}	1.74×10^{-1}	7.35×10^{-2}	8.12×10^{-6}	4.12×10^{2}	6.17×10^{2}	8.52×10^{3}

附录 2 正构烷烃的熔点和沸点

化合物中文名	化合物英文名	分子式	熔点/℃	沸点/℃	室温 25℃ 的状态
甲烷	Methane	CH_4	−183	−164	气体
乙烷	Ethane	C_2H_6	−183	−89	气体
丙烷	Propane	C_3H_8	−190	−42	气体
正丁烷	Butane	C_4H_{10}	−138	−0.5	气体
正戊烷	Pentane	C_5H_{12}	−130	36	液体
正己烷	Hexane	C_6H_{14}	−95	69	液体
正庚烷	Heptane	C_7H_{16}	−91	98	液体
正辛烷	Octane	C_8H_{18}	−57	125	液体
正壬烷	Nonane	C_9H_{20}	−51	151	液体
正癸烷	Decane	$C_{10}H_{22}$	−30	174	液体
正十一烷	Undecane	$C_{11}H_{24}$	−25	196	液体
正十二烷	Dodecane	$C_{12}H_{26}$	−10	216	液体
正二十烷	Eicosane	$C_{20}H_{42}$	37	343	固体
正三十烷	Triacontane	$C_{30}H_{62}$	66	450	固体

附录 3 气体单位换算

气体单位在换算时很容易产生误差，需要特别注意的是气体浓度单位 ppmv（parts per million by volume）和 ppbv（parts per billion by volume）与水溶液浓度单位 ppm 和 ppb 的含义不同，不应混淆。

附表 3.1 气体单位换算

单位	单位	换算关系[*]
$\mu g/L$	mg/m^3	$1\ \mu g/L = 1\ mg/m^3$
$\mu g/m^3$	mg/m^3	$1\ \mu g/m^3 = 0.001\ mg/m^3$
ppbv	$\mu g/m^3$	$1\ ppbv = $ 分子量$/24\ \mu g/m^3$
$\mu g/m^3$	ppbv	$1\ ppmv = $ 分子量$/24\ \mu g/m^3$
ppmv	mg/m^3	$1\ ppbv = $ 分子量$/24\ 000\ mg/m^3$
ppbv	mg/m^3	$1\ \mu g/L = 1000\ \mu g/m^3$
$\mu g/L$	$\mu g/m^3$	$1\ \mu g/m^3 = 0.001\ \mu g/L$
$\mu g/m^3$	$\mu g/L$	$1\ \mu g/m^3 = 24\ 000/$分子量 ppbv
$\mu g/L$	ppbv	$1\ \mu g/L = 24/$分子量 ppmv
$\mu g/L$	ppmv	$1\ ppbv = 0.001\ ppmv$
ppbv	ppmv	$1\ ppmv = 1000\ ppbv$
ppmv	ppbv	$1\ \mu g/L = 1\ mg/m^3$

* 本表中的换算系数（24 和 24000）是在 1 个标准大气压和 20℃下成立，其他温度和压强可根据理想气体状态方程进行估算。

$$PV = nRT \qquad (\text{附 } 3.1)$$

$$V = \frac{nRT}{P} \qquad (\text{附 } 3.2)$$

式中，P 为大气压，atm；V 为理想气体体积，L；n 为理想气体的物质的量，mol；R 为理想气体常数，其取值为 0.0821 L·atm/mol·K；T 为绝对温度，K。在标准状态下（1 个标准大气压，273K）时，1 摩尔理想气体所占据的体积可以用式（附 3.2）计算得到 22.4 L。则单位 $\mu g/m^3$ 与 ppmv 的换算关系如下：

$$1\mu g/m^3 = 1ppmv \times \frac{1mol}{10^9 mol} \times \frac{1mol}{22.4L} \times \frac{273K}{T} \times \frac{10^3 L}{1m^3} \times MWg/mol \times 10^6 \mu g/g \qquad (\text{附 } 3.3)$$

简化可得

$$1\mu g/m^3 = 1ppmv \times \frac{1}{22.4L} \times \frac{273}{T} \times MW \qquad (\text{附 } 3.4)$$

式中，T 为气体样品的绝对温度；MW 为该化合物的分子量。如果气体样品温度是 20℃（293K），则可计算得到换算系数 24。

附录 4　不同地下水温度下亨利常数的校正

有机物在地下水和土壤气之间的分配平衡通常用亨利定律（Henry's law）描述

$$C_g^i = H^i \times C_w^i \qquad\qquad (\text{附 } 4.1)$$

式中，C_g^i 为化合物 i 在土壤气中的浓度，g/m^3；C_w^i 为 i 在地下水中的浓度，g/L；H^i（无量纲，气/水）为化合物 i 的亨利常数。作为一个平衡常数，亨利常数的数值受到多种环境条件的影响，其中比较重要的环境条件是温度。附录 1 中列举了常见挥发性有机物和半挥发性有机物在 15℃ 和 25℃ 的亨利常数，其他温度下的亨利常数可以用克拉伯龙方程（Clapeyron Equation）计算：

$$H_T^i = \frac{\exp\left[-\dfrac{\Delta H_{v,T}^i}{R_C} \times \left(\dfrac{1}{T} - \dfrac{1}{T_R}\right)\right] \times H_R^i}{R \times T} \qquad\qquad (\text{附 } 4.2)$$

式中，H_T^i 为化合物 i 地下水温度为 T 时的亨利常数（无量纲，气/水）；H_R^i 是化合物 i 在参考温度下（例如 25℃）时的亨利常数（无量纲，气/水）；$\Delta H_{v,T}^i$ 为化合物 i 在温度 T 时的气化焓（enthalpy of vaporization，cal/mol）；R_C 为气体常数 1.9872 cal/（mol·K）；R 为气体常数 8.205×10^{-5} atm·m^3/mol·K；T_R 为参考温度 298.15 K。

化合物 i 在温度 T 时的气化焓 $\Delta H_{v,T}^i$ 可以用以下公式计算

$$\Delta H_{v,T}^i = \Delta H_{v,b}^i \times \left[\frac{1 - T/T_C^i}{1 - T_B^i/T_C^i}\right]^n \qquad\qquad (\text{附 } 4.3)$$

式中，$\Delta H_{v,b}^i$ 为化合物 i 的标准沸点气化焓，cal/mol，附录 1 列出了常见 VOCs 和 SVOCs 的标准沸点气化焓；T_C^i 为化合物 i 的临界温度，K，附录 1 列出了常见 VOCs 和 SVOCs 的临界温度；T_B^i 为化合物 i 的沸点，K，附录 1 列出了常见 VOCs 和 SVOCs 的沸点；n 为指数，其取决于 T_B^i 与 T_C^i 的比值（附表 4.1）

附表 4.1　n 的取值

T_B^i / T_C^i	n
<0.57	0.30
0.57～0.71	$0.74 \times T_B^i / T_C^i$ -0.116
>0.71	0.41

附录 5　气体常数不同单位的取值

气体常数是一个常用物理量，但不同文献中经常使用不同的单位，导致其取值不同，本附录列出了气体常数在不同单位下的取值。

R 值	单位
8.314472	J/（mol·K）
0.0820574587	L·atm/（mol·K）
$8.20574587 \times 10^{-5}$	m^3·atm/（mol·K）
8.314472	m^3·Pa/（mol·K）
8.314472	L·kPa/（mol·K）
8.314472×10^6	cm^3·Pa/（mol·K）
62.3637	L·mmHg/（mol·K）
62.3637	L·Torr/（mol·K）
1.98718	cal/（mol·K）
83.14472	L·mbar/（mol·K）